VOYAGE

DANS LES DÉPARTEMENS

DE LA FRANCE,

Enrichi de Tableaux Géographiques
et d'Estampes ;

Par les Citoyens J. LA VALLÉE, ancien capitaine au 46ᵉ. régiment, pour la partie du Texte ; LOUIS BRION, pour la partie du Dessin ; et LOUIS BRION, père, auteur de la Carte raisonnée de la France, pour la partie Géographique.

L'aspect d'un peuple libre est fait pour l'univers.
J. LA VALLÉE. *Centenaire de la Liberté.* Acte Iᵉʳ.

A PARIS,

Chez Brion, dessinateur, rue de Vaugirard, Nº. 98, près le Théâtre-François.
Chez Buisson, libraire, rue Hautefeuille, Nº. 20.
Chez Desenne, libraire, galeries du Palais de l'Egalité, Nᵒˢ. 1 et 2.
Chez l'Esclapart, libraire, rue du Roule, nº. 11.
Chez les Directeurs de l'Imprimerie du Cercle Social, rue du Théâtre-François, Nº. 4.

1793.

L'AN SECOND DE LA RÉPUBLIQUE FRANÇAISE.

Nota. Depuis l'origine de l'ouvrage, les auteurs et artistes nommés au frontispice l'ont toujours dirigé et exécuté.

Ouvrages du Citoyen JOSEPH LA VALLÉE.

Le Nègre comme il y a peu de Blancs.	3 vol.
Cecile, fille d'Achmet III.	2 vol.
Tableau philosophique du règne de Louis XIV.	1 vol.
Vérité rendue aux Lettres.	1 vol.
Serment civique, comédie en 1 acte.	1 br.
La Gageure du Pélerin, en deux actes.	
Départ des Volontaires Villageois, comédie en 1 acte.	
Voyage dans les Départemens.	*Vid.* 29 n°s.

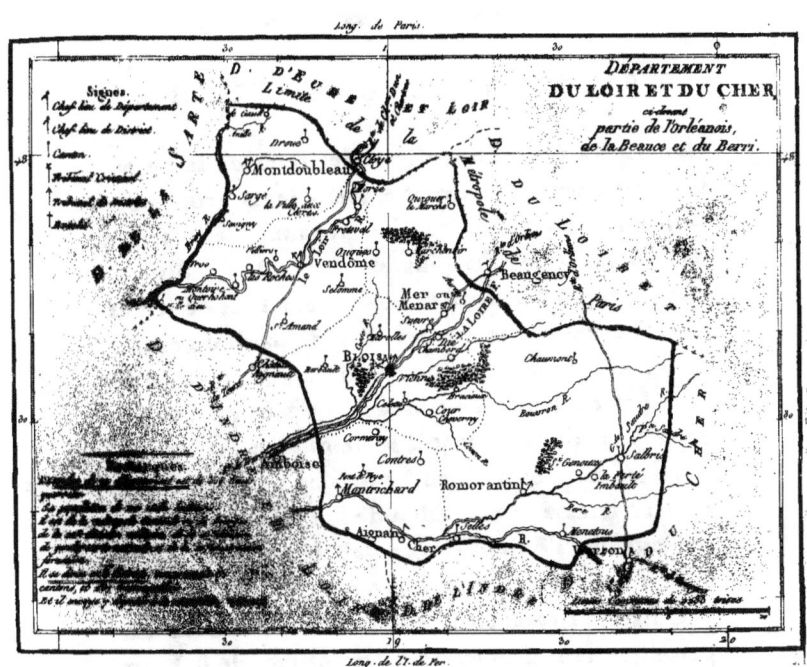

VOYAGE
DANS LES DÉPARTEMENS
DE LA FRANCE.

DÉPARTEMENT DU LOIR ET DU CHER.

Tous les poëtes ont chanté les rives de la Loire: les romanciers ont souvent embelli leurs fictions des tableaux enchanteurs que les côteaux qu'elle arrose ont offerts à leur imagination brillante : l'histoire même n'a pas dédaigné de sourire aux sites délicieux que l'on rencontre sur ses bords; partout s'entendent, se répètent ces mots : *ces bords sont le jardin de la France*. Annonce-t-on au voyageur qu'il va traverser ces contrées? la joie se peint dans ses regards. On n'en parle qu'avec enthousiasme : on ne les cite qu'avec ivresse; c'est l'Eden de la France, le paradis terrestre de l'Europe. Que fait la philosophie au milieu de ce concert de louanges? Elle gémit.

O nature! vainement tu déploies cette riche draperie que ta main étend sur les collines de la Loire. Si tu veux que mon œil savoure la verdure de ces pampres, ces fleurs dont les vallons sont jonchés, l'élégant panache de ces arbres dont la cîme vacillante semble caresser les nuages dorés, l'onde argentée de ces ruisseaux que les grottes voisines confient à ce fleuve majestueux, dont l'onde, en s'échappant, s'enfonce dans l'azur de l'horison lointain; O nature ! cache-moi donc les spectres impurs de Louis XI, de Charles IX, d'Henri III, que j'apperçois planer encore sur ces champs fortunés. Cache-moi ces tours de Blois, si souvent habitées par le crime ; ces lieux où l'humanité, le peuple et la raison ont reçu tant d'outrages. Ailleurs on n'a que les peines de ses semblables à supporter. Ici, l'on souffre encore des maux de ceux qui ne sont plus.

Ce département, dont le sol est à-peu-près le même que celui du département que nous venons de quitter, nous a paru couvert de grains de toute espèce, d'arbres fruitiers de tout genre, de légumes, de vignes, de tout ce qui est nécessaire enfin à la vie frugivore. Cette abondance n'empêche pas d'y trouver des pâturages importans, où l'on élève une très-grande quantité de bestiaux, dont on fait un commerce considérable. La culture des terres, parfaitement soignée dans ces cantons, charme les yeux par l'espèce d'air de propreté, si j'ose le dire, qu'elle répand sur les campagnes. Chaque champ a plutôt l'air d'un jardin soigné par un disciple de *le Nôtre*, que d'un terrein fouillé par le hoyau pesant.

Les bois de marine, de charpente et de chauffage font un article conséquent du commerce de ce département, et le dédommagent de l'industrie de manufacture, qui n'y est pas poussée extrêmement loin. Elle se réduit en général à quelques fabriques de coutellerie et de bonnéterie. Il y a encore quelques manufactures de papier, de gants, de broderies, etc. mais ces divers établissemens sont peu nombreux.

Une opinion fondée sur un préjugé, dont on rendroit difficilement compte, attribuoit à Blois et à ses environs l'honneur d'être le sanctuaire par excellence de la pureté de la langue française. Des esclaves d'un autre genre repoussoient cette opinion, et prétendoient que *la cour* seule étoit en droit et en possession de bien parler. En cherchant à concilier les champions du *parler* de Blois et ceux du *parler* de cour, on reconnoîtra sans peine qu'ils sont partis du même principe; que ce principe est la flatterie; que les longs et fréquens séjours que les *rois* ont faits dans le pays entre Tours et Orléans, ont donné la priorité du préjugé à Blois; que ceux qui modernement donnoient la préférence à la langue de cour, n'ont fait que suivre le déplacement *des rois*, et se transplanter avec eux à Versailles, tandis que ceux qui argumentent aujourd'hui en faveur du *parler* de Blois, ont conservé simplement la tradition ancienne, tradition née de l'habitude, jadis commune *à la province*, de répéter sans examen ce qu'on disoit *à la cour*. La seule différence entre ces deux partis, juges prétendus de la beauté de la langue ou de la prononciation, est précisément celle que l'on remarqueroit entre deux hommes, l'un habillé à la mode du jour; l'autre selon celle que l'on suivoit il y a deux ou trois cents ans.

La vérité est que l'on ne parle pas mieux à Blois que l'on ne parloit *à la cour*; qu'il existe à Blois, et dans ce département, un accent, des circonlocutions, des mots de terroir, dont le langage est autant déparé qu'il étoit gâté dans les habitations des *rois* par les petites phrases guindées, les petites tournures mièvres, insignifiantes et sans graces, les mots tronqués, complices de la fausseté du cœur, le néologisme éternel, nécessité par l'embarras de dire une chose, et d'en penser une autre.

C'est une sottise de dire, on parle bien dans tel canton. On parle bien partout, ou, pour mieux dire, on ne parle bien nulle part, parce que les langues ne sont point aux hommes, mais à l'homme. La langue n'est pas dans la manière de demander du pain, ou d'appeler son chien : elle est dans la peinture, dans l'expression des idées : et l'homme qui parle le mieux est l'homme dont l'imagination est la plus large. De quel droit les grammairiens prescrivent-ils à l'homme de génie de parler comme l'homme inepte ? Grammairiens ! c'est à l'homme qui parle à imposer des loix au langage, et non pas au langage à imposer des loix à l'homme qui sait parler. La tête de l'homme est une république habitée par ses conceptions, ses idées, ses pensées, ses souvenirs : son génie seul peut en être le législateur. Celles des grammairiens, celles de leurs serviles admirateurs, sont des républiques de Sibérie. La tête de l'homme de génie, c'est Rome, dont le cercle, dont les limites étoient l'univers.

Ce département est un des plus agréables de la République : la salubrité de l'air, la douce température du climat ajoutent encore des charmes à la richesse du site. Des champs fertiles, des vallons délicieux sont également épars au milieu des forêts épaisses, ou parmi les coupons de bois taillis, que la main de l'art a, pour ainsi dire, cousus sur la robe de la nature, pour servir d'asyle au gibier. Victime des besoins des hommes du premier âge, moins poursuivi, moins persécuté sans doute, quand les sociétés renfermèrent leurs desirs dans les trésors de l'agriculture, mais cent fois plus à plaindre, plus infortuné, quand la distinction des rangs amena l'amour du luxe, et le luxe l'appétit des délicatesses, le gibier, fut long-tems le désespoir du pauvre et les plaisirs du riche, et malheureux dans son orgueilleuse prédilection, vit, à la honte de l'humanité, le respect des trois quarts de la terre s'attacher à sa déplorable destinée, pour le réserver au funeste honneur de tomber sous les coups de l'homme puissant. O douce liberté! l'homme n'a pu te recouvrer sans que ce bienfait s'étendît jusques sur les animaux : l'oiseau du phase, la perdrix agile peuvent donc sans allarmes braver l'approche du chien infatigable, et traverser les plaines de l'air sans craindre que le plomb, lancé par une main corrompue, les fasse tomber aux pieds du vice oisif. Le cerf, le fauve timide et la biche nerveuse, sans défiance désormais, vivront dans le sein des forêts, où le laboureur, sans crainte des supplices, les tiendra exilées. La liberté remet tout à sa place : l'homme dans son champ, le fauve dans les bois, et l'oiseau dans le palais des nues. Jardins du premier homme! paradis des rives de l'Euphrate! enfans de l'imagination fertile des poëtes mensongers, aimable allégorie! tu cachois aux yeux des tyrans l'histoire de la liberté de l'homme. Le paradis perdu fut le premier jour de l'esclavage.

Blois s'élève en amphithéâtre sur la rive droite de la Loire, et semble couronnée par le château qui la domine. *Les seigneurs* et *les rois* faisoient partager leur superbe foiblesse jusques aux cages de pierre, où leur trop ordinaire nullité se retranchoit contre les regards des humains : il falloit que le lieu tînt quelque chose de leur fierté, et garantît leurs palais d'une sorte de mésalliance.

Les fontaines de Blois, sources de la salubrité de cette ville, où leurs flots limpides entretiennent une éternelle propreté, sont au nombre de ses monumens précieux : et c'est encore les chef-d'œuvres des Romains qui les transmettent dans ses rues. Que reste-t-il sur la surface du monde de la splendeur des peuples esclaves? Des mausolées de rois, des temples de dieux menteurs. Ils ne sont plus, et leurs préjugés vivent. Mais un peuple libre est-il mort? ses travaux portent encore l'abondance parmi les nations qui lui succèdent. Vainement on cherche l'origine de Blois, elle s'est perdue dans le berceau de l'histoire, mais ses fontaines trahissent son antiquité, et leur onde, en murmurant dans les canaux de l'aqueduc, atteste que ses murs étoient déja fameux, que les Césars n'existoient pas. Ces fontaines sourdent à un quart de lieue de la ville, et filtrant à travers les rochers, tombent dans un superbe aqueduc, non pas bâti, mais taillé dans le roc par les

Vue d'une partie du pont St. Michel près Blois

Romains. Cet ouvrage est vraiment précieux, il est fait en forme de grotte, et coupé dans le rocher avec un tel art, que plusieurs personnes peuvent presque partout y marcher de front. Toutes les eaux qui suintent du rocher se rassemblent dans ce canal, qui les verse ensuite dans un réservoir bâti près des murs de la ville, que l'on nomme assez improprement *la fontaine des Arcis*. De là elles se divisent en une foule de canaux de plomb, dont la conduite les distribue dans les différens quartiers de la ville et dans les fontaines publiques. La plus belle est celle vulgairement appelée *la grande fontaine*, dont le décor est du règne de Louis XII.

Au nombre des monumens de Blois, le pont qui traverse la Loire, et joint la ville au fauxbourg de Vienne, mérite une attention particulière. Ouvrage du dixième siècle, porté sur onze arches, il est parfaitement conservé, et semble avoir bravé les injures du tems. Il n'a pas, il est vrai, l'élégance de ceux construits de nos jours, qui, graces à la hardiesse des voûtes plates, sont de niveau avec les deux rives: mais peut-être réunit-il à plus de solidité, plus de majesté, et présente-t-il à l'œil une forme plus analogue à l'idée que l'on a naturellement de ces sortes de monumens. Fait en dos d'âne, le milieu se trouve à une élévation prodigieuse du niveau de la rivière. C'est au point central de la ligne courbe qu'il décrit que l'on a élevé une pyramide de près de cent pieds, dont la délicatesse étonne, et plaît tout-à-la-fois. Vue d'un certain éloignement, elle prête à ce pont une décoration peu commune.

Malgré l'opinion générale sur l'antiquité de Blois, Grégoire de Tours est cependant le premier écrivain qui la cite. Les historiens, dont le défaut fut presque toujours de s'occuper des hommes plus que des choses, n'ont parlé de cette ville que parce qu'il exista des personnages dans ces tems gothiques qui prirent le titre de *comtes* de Blois : et s'il faut en croire à ces siècles de fables, les aïeux de Capet furent du nombre de ces comtes. Depuis cette époque jusqu'au tems de Louis XII, la chronologie de ces *comtes* de Blois n'offre qu'une longue liste de fous, d'imbécilles ou de fripons. C'est un Thibault, dit le *Tricheur* : c'est un Guillaume, dit le *Seigneur du Soleil* : c'est un Etienne, dit le *Saint*, etc. Chacun porte en surnom le cachet de son caractère, suivant l'usage du tems ; usage assez raisonnable. Il semble que nos pères, en l'adoptant, aient prétendu nous adresser, si j'ose le dire, une lettre d'avis, pour nous dire : « voilà, dans » un seul mot, ce qu'étoient ces gens là ; nous les » avons soufferts : faites mieux que nous. »

Ces *comtes* de Blois jettèrent les premiers fondemens du château qui existe encore. Ne croyez pas cependant que ce soit le plus ancien édifice de cette ville. Les prisons réclament la priorité, et soit erreur populaire, soit vérité, elles passent pour le bâtiment le plus antique. Cela dépose bien moins, sans doute, de l'antiquité du respect pour la loi, ou de l'éternel penchant de l'homme pour le crime, que de la vétusté de l'oppression : et peut-être est-il permis de penser que les prisons furent inventées pour l'innocence, et non pour les forfaits. Aux yeux de certains hommes, l'innocence est gênante, et les forfaits utiles : et ce ne sont pas, à coup-sûr, les protecteurs de l'innocence qui conçurent les prisons. Par une raison contraire, ils ne bâtirent pas non plus les palais des rois, ils n'auroient pas si bien logé les foiblesses humaines. Celui de Blois fut l'ouvrage de vingt mains, et il semble que les rois se soient acharnés à qui le défigureroit le mieux. Tour-à-tour il épuisa le mauvais goût de Louis XII, de François Ier, de Henri II, de Charles IX, de Henri III, de Henri IV : et tous ces messieurs, de père en fils, par la sotte vanité de vouloir se mieux loger que leur père, sont parvenus à n'en faire qu'un amas de pierres sans choix et sans graces, et que les stériles admirateurs des sottises royales trouvent superbe.

Ce fut dans ce château, c'est à Blois que s'exécuta l'une de ces grandes tragédies, nées de la lutte de toutes les passions. Ce fut là qu'un *roi* et qu'un *grand* se montrèrent dans tout leur jour, et déchirant de concert le voile dont leurs pareils couvrent communément leur scélératesse, instruisirent les hommes de tous les tems, à mesurer le degré d'estime qu'ils leur doivent.

Comme homme, Henri III étoit l'être le plus aimable. Une figure intéressante, un caractère aimant et sensible, une ame susceptible de générosité, un esprit cultivé, une politesse exquise, un courage éprouvé, des talens agréables, un génie même assez exercé, tous les dons de plaire enfin ; tel étoit le troisième des fils de Médicis. Eh bien ! toutes ces qualités qui, dans un rang ordinaire, en eussent fait un homme charmant, en firent un roi détestable. Sa figure alimenta sa mollesse : son caractère sensible en fit l'esclave de ses favoris, et cette sensibilité se dégrada par les vices. Sa générosité dégénéra en profusion. La culture de son esprit lui fit mettre le mépris des préjugés à la place de la philosophie, qui les déracine en feignant de les cultiver. Sa politesse, trop générale, l'accoutuma à la fausseté. Son courage lui fit chérir des guerres injustes. Ses talens l'endormirent sur les dangers qui l'entouroient. Son génie le fit trop compter sur ses ressources. Enfin, tel est le sort déplorable du diadême, que si la majeure partie des rois sont tyrans par absence de vertus, Henri III le fut par l'abus des siennes.

Il est une vérité cependant, qu'il ne faut pas taire, c'est que, si les rois font naître les circonstances pour le crime, ce furent au contraire les circonstances qui firent naître le crime pour Henri III. Placé entre deux rivaux, Henri de Guise, et Henri de Navarre, il eut la mal-adresse de se trop méfier de celui qui n'étoit pas à craindre, et de trop dédaigner celui qui étoit le plus redoutable.

Sous l'écorce raboteuse d'une franchise enfantée par une éducation grossière, Henri de Navarre entraînoit après lui tous les partisans d'une religion fondée, plus sur l'austérité des mœurs, que sur la pompe de l'autel. De son côté, Henri de Guise, dans le printems de son âge, errant avec art dans le dédale immense de la politique, à l'aide du fil que son oncle le cardinal de Lorraine avoit confié à son adroite main, couvrant des charmes dont il étoit doué les replis tortueux de sa perversité, semblable au serpent superbe dont la robe d'azur et de pourpre caresse l'œil, tandis que son souffle infecte l'air qu'on respire en l'admirant : Henri de Guise, emblême vivant de la religion de Rome, étoit le dieu des hypocrites, et, savant dans l'art de flatter les foiblesses d'autrui pour ajouter de la force aux passions qui dévoroient son cœur, forçoit le fanatisme d'allumer ses torches aux mêmes charbons où le peuple brûloit l'encens en son honneur. Henri III, froissé entre ces deux hommes, et tyran subalterne entre deux tyrans, dont l'un marchoit aux grandeurs par les vertus de ses amis, et l'autre tendoit au trône par les vices de ses partisans : Henri III, dis-je, n'eut pas le bon esprit de se faire un appui de l'un pour écraser l'autre. Dans ce naufrage, il n'apperçut que lui seul pour se sauver, et lui-même n'étoit qu'un foible roseau, qui se brisa sous son propre poids.

Deux religions, depuis vingt ans, se coletoient en France, et rangeoient une moitié des Français sous les drapeaux de la rage, et l'autre moitié sous l'étendart de l'opiniâtreté. D'un côté, les sanglantes plaies de la S. Barthélemi entretenoient la soif de la vengeance. De l'autre, la fièvre du remords ajoutoit à la soif du sang. Le nom de Dieu, tracé sur tous les poignards, pénétroit dans toutes les blessures, et sembloit y déposer un poison incurable de crimes et de forfaits. La France n'étoit plus qu'un immense cimetière, où la superstition, l'erreur, la discorde, et les furies se battoient avec les débris du cercueil de l'humanité. Les hommes n'étoient plus. La terre n'étoit couverte que de spectres, que le fanatisme alimentoit d'hosties, et de prêtres qui s'engraissoient de la vapeur des cadavres. Enfin, l'église romaine disputoit le monde à la nature : et de son souffle impur, avoit évoqué les ténèbres des enfers pour ensevelir la raison dans une nuit éternelle.

La dispute avoit primitivement entamé cette lutte incommensurable : non pas cette dispute salutaire, dont le choc fait jaillir les étincelles de la vérité, mais cette dispute théologique, dont le propre est d'encombrer toutes les avenues de l'entendement. Les prêtres, assiégés par la Minerve, encore informe, et sortie toute armée du cerveau de Luther et de Calvin, les prêtres, du haut de leur chandelier mystique, dont les sept vices capitaux sont les lampions inextinguibles, avoient appellé l'assassinat, l'incendie, et le carnage pour apôtres et pour défenseurs. Toutes les passions humaines, extravasées comme un torrent, obstruoient alors tous les canaux des loix : des rois sans mœurs : des grands sans pudeur et sans foi : des femmes d'une corruption profonde : un peuple de furieux, léopardé de toute la dépravation de l'Italie, et de toute l'inconséquence française : l'épouvantable anarchie divisant avec son fouet agile les sociétés, les amis, les parens, les pères, les frères et les époux : un océan de fléaux, mugissant sous les orages de tous les despotismes, roulant son flux et son reflux depuis les Pyrénées jusques au Rhin; et sur cette horrible mer de calamités sacrées, les bûchers de l'inquisition s'élevant comme des roches inébranlables, pour attester au ciel épouvanté, que le sacerdoce survivroit seul aux funérailles de l'univers : telle étoit la France, quand Charles IX, vomissant par tous les pores son sang impur, étoit descendu dans le tartare à travers l'immense galerie de tombeaux où sa main avoit entassé les victimes. Telle elle étoit encore, lorsqu'Henri III assembla les premiers états de Blois. Que pouvoit un roi, dont les nerfs de soie soutenoient à peine les veines remplies de l'essence des voluptés ? Que pouvoit un émigré de Sybaris, quand tous les sages de la terre, quand tous les philosophes de l'antiquité n'eussent pas suffi peut-être à réconcilier la raison avec les hommes ?

Ainsi donc, foible dans ses moyens, parcequ'il étoit foible de caractère, il convoqua ces premiers états de Blois. Alors les états-généraux, cette institution de Philippe-le-Bel, inventée par lui, bien moins pour rendre hommage à la régénération nationale, que pour accroître l'autorité royale, en balançant la prépondérance *nobiliaire* par le contrepoids du peuple qu'il y appella pour la première fois : les états-généraux, dis-je, n'étoient plus, pour ainsi dire, qu'une sorte de *lit de justice*, où l'orgueil de l'église, l'arrogance des *nobles*, et l'asservissement du peuple se montroient dans toutes leurs nuances, et concouroient, mais par des motifs bien différens, à la volonté du *prince* qui les présidoit. La paix y fut conclue avec les protestans : l'église la vouloit pour gagner du tems, la *noblesse* pour accaparer les charges, et le peuple par lassitude de la guerre. Mais cette paix ne fut pas plutôt conclue, que les deux premiers *ordres* la calomnièrent; qu'ils répandirent partout qu'elle étoit onéreuse au parti catholique; que la religion étoit perdue; et de la critique de la paix, il passèrent bientôt à la censure du *roi* qui l'avoit sollicitée, et de cette censure naquit la haine.

Henri III la mérita, et mit, par sa conduite dépravée, la raison du côté de ceux que leur fanatisme devoit rendre odieux. Quand la voix des allarmes devoit seule retentir à ses oreilles, il s'endormit dans le sein des plaisirs. La France se traînoit en longs habits de deuil sur les campagnes fumantes encore du sang de la S. Barthélemi : et l'homme qui se disoit son roi, le front ceint de roses, dansoit avec insouciance au son des gémissemens funèbres qui s'exhaloient des tombeaux, que son indolence retenoit entr'ouverts. Bientôt la majesté, la décence et la vieillesse s'éloignèrent en rougissant. Les siècles d'Othon, de Sénécion, de Sporus se renouvellèrent; la difformité de la jeunesse cessa d'être un problême; et le foible Henri, royal esclave de ses imberbes favoris, leur livra l'état, ses trésors et son cœur. Un dernier trait entraîna la fortune loin de lui. Ce fut la mort du duc d'Alençon, son frère : et le *trône*, sans héritiers, se montra dans l'éloignement le partage de ce Henri de Navarre, que le fanatisme proscrivoit d'avance dans l'esprit de tous les dévots.

Ce fut alors que, semblable à l'étoile du pôle, dont l'aspect inattendu dans une nuit obscure fixe les yeux du nautonnier inquiet, le duc de Guise et ses charmes perfides s'offrirent aux caresses de la discorde,

discorde, et parurent aux catholiques forcenés comme un astre tutélaire que le Dieu d'Isaac et de Jacob leur envoyoit pour marcher à la terre promise. Cet astre étoit le brandon des furies que l'ambition secouoit sur la France. De Guise, précédé par une réputation de héros, se montre : son hypocrisie lui gagne les prêtres ; son affabilité les *nobles*, et son argent le peuple : la ligue se forme, Henri tremble, Guise marche, et déjà l'on parle de lui donner le sceptre. Déplorable état que celui d'un tyran, quand la multitude l'abandonne ! mais plus déplorable encore est celui d'un peuple que le fanatisme maîtrise. Le plus scélérat alors est celui que l'on prend pour un Dieu. Henri III, capable de la force du crime, mais incapable du crime de la force, tenta d'adoucir celui qu'il devoit vaincre, et crut triompher de son rival, en se déclarant le chef de ceux que ce rival traînoit à sa suite. La foiblesse est l'assassin des foibles. Guise n'en devint que plus audacieux. Henri lui défend de venir à Paris. Il étoit trop tard, il y paroît la journée des baricades ; y marque son entrée. Henri fuit, et Blois est encore son asyle.

Il calcula, non ses ressources, non son courage, non le bénéfice du tems : mais le crime, mais la difficulté du crime, mais les avantages du crime. Et sans doute ce crime devoit être énorme : il effraya Catherine de Médicis ! il le fut en effet. Aux yeux de la nature, il est épouvantable ; c'est un assassinat. Aux yeux des préjugés, il est atroce : c'est un assassinat commis par un roi.

B

Il sembla que Henri craignît de n'avoir pas assez de témoins de son opprobre. Il voulut que toute la France fût autour de l'amphithéâtre. Et cette fois le salut de l'état ne convoqua point les états-généraux, mais la honte d'assister au forfait d'un lâche. Et le peuple, à cette époque, ne sentit pas à quelle dégradation il est réduit, quand il vit sous un *maître!* Car, ne nous aveuglons pas sur le principe : être témoin d'un assassinat, et ne pas l'empêcher, ou bien n'en pas punir l'auteur, c'est en être complice. Mais si le délire d'Henri III paroît inconcevable, la téméraire démence de Guise l'est plus encore. Henri l'attendoit à Blois pour le poignarder, et Guise vint à Blois, en disant, il n'oseroit. Il connoissoit les hommes, mais il ne connoissoit pas les tyrans : parce qu'il ne connoissoit que lui, et qu'il se jugeoit avec amour-propre. Dès qu'il se prononça, tous ceux que le fanatisme aveugloit le regardèrent comme un astre tutélaire. Valois lui défend de paroître à Paris, il y vient. La fameuse journée des barricades (1) signale-t-elle son arrivée ? il va jusqu'à Blois ; et c'est là que la mort l'attend.

Henri III n'avoit osé le punir, n'avoit osé le combattre : il osa l'assassiner. La méchanceté, le mensonge, la calomnie, les billets, les avertissemens anonymes, tous ces ressorts que les factions font jouer avec adresse pour répandre l'inquiétude, l'allarme, les angoisses dans le cœur de ceux qu'elles veulent égarer, et qu'il leur importe d'entraîner dans les forfaits pour les rendre odieux, et justifier les excès auxquels elles se préparent elles-mêmes;

tout, dis-je, fut employé pour déterminer Valois à ce coup décisif. Ces indignes moyens n'eurent que trop d'empire sur un homme déja profondément ulcéré par le besoin de vengeance que la rivalité entretenoit dans son sein. La bassesse des courtisans acheva de fixer son incertitude : d'Aumont, Rambouillet, Beauvais-Nangis, consultés par lui sur le parti qu'il avoit à prendre dans une circonstance où un *sujet* rebelle venoit le braver au milieu de la nation assemblée, conclurent à l'assassinat, puisqu'il étoit impossible de lui faire son procès. L'indigne, le foible roi ne rougit pas de faire lui-même les apprêts de ce grand crime, d'en prévoir toutes les circonstances, et d'en dessiner le plan odieux. Il n'y manquoit que la détestable perfidie des fausses caresses : et l'on fut loin d'oublier, dans une cour corrompue, ce genre d'opium politique, si utile pour endormir la victime que l'on veut frapper dans les filets qu'on lui tend. Une réconciliation solemnelle fut le prologue de cette tragédie. Henri et Guise s'embrassèrent aux yeux de tous. Dans les bras l'un de l'autre, ils marchèrent à l'autel, et là reçurent la communion de la main du même prêtre. L'un jura sur cette présence réelle de Jesus-Christ dans l'eucharistie, si souvent disputée, dont le doute a traîné sur les bûchers tant de malheureux égorgés par les opinions de l'église, et que Guise et Henri, dans un moment semblable, démentoient avec bien plus de force que Bérenger ; l'un jura, dis-je, d'oublier toutes les injures passées ; l'autre, d'être obéissant et fidèle à l'avenir. Mais ils juroient tacitement de se plonger réciproquement le poignard dans le cœur ; l'un pour régner à la place d'un *roi* qu'il méprisoit ; l'autre à la place d'un *sujet* qu'il détestoit.

Au milieu de cet amas d'horreurs, il n'est qu'un éclair de vertu : il appartient à la nation française. Ne le laissons pas échapper. Les ordres sont donnés pour l'accomplissement du crime. Les rôles sont distribués aux acteurs. Crillon refuse celui qu'on lui présente. « Je me battrai contre lui, dit Crillon, » mais je ne l'assassinerai point. Je ne parerai point, » il me tuera, mais je le tuerai. Mon honneur et » celui du *roi* seront au-moins à couvert. » Pour un homme qui pensoit avec dignité, on en trouva quarante-six qui pensoient en scélérats. *Lognac*, premier *gentilhomme* de la chambre, et quarante-cinq gentilshommes de la nouvelle garde du roi, se chargèrent de la commission. Lognac en choisit neuf des plus déterminés, et les aposta dans le cabinet du roi.

Cependant, si les avis anonymes avoient conjuré la perte de Guise, en versant les poisons dans l'esprit de Henri, de même, et plus officieux, ils conjuroient Guise de songer à sa sûreté, le prévenoient du complot, lui en décrivoient les détails, et le pressoient de s'y soustraire. Il n'oseroit, répondoit Guise. Cette réponse étoit fondée sur le mépris qu'il avoit pour Henri, mais il ne connoissoit pas le cœur humain, et ne savoit pas que l'ennemi le plus lâche est celui que l'on doit compter pour le plus dangereux. Il tint cependant conseil avec l'archevêque de Lyon, et le cardinal de Guise son frère. Le cardinal opinoit pour qu'il partît, et retournât à Paris. L'archevêque, au contraire, lui fit entrevoir la pusillanimité de ce conseil, lui peignit le découragement de son parti, s'il le suivoit, lui montra le déshonneur qui s'en suivroit s'il partoit tandis que les états étoient assemblés, fit enfin briller la couronne à ses yeux, et lui démontra la circonstance plus propre que jamais pour l'acquérir. Guise se décida. Le conseil de l'archevêque fut adopté. Il resta.

Ce fut le 23 décembre 1588 qu'il se rendit chez le roi. La garde avoit été renforcée, et les cent-suisses étoient rangés en haie le long de l'escalier. A peine eut-il franchi le seuil de la première salle, que l'on en ferma la porte. Il se sentit perdu, mais ne se déconcerta point. Il salua avec ses graces ordinaires tous ceux qui s'offrirent à son passage, et s'entretint de sang-froid avec quelques-uns. Enfin, il arriva à la porte de l'appartement du roi, et ce fut là que, presque sous ses yeux, il fut frappé de plusieurs coups de poignard avec trop de célérité pour tenter de se défendre; il expira, en s'écriant : ah! mon Dieu, ayez pitié de moi. Henri le vit sans pâlir, contempla son cadavre, et, sûr de son exécrable triomphe, courut en porter la nouvelle à sa mère. « Je ne sais dit-elle, si vous en avez bien prévu » les suites! » Mot profond, parce qu'il partoit d'une femme bien plus exercée dans le crime que son fils. Le cardinal de Guise, son frère, le suivit de près au cercueil. Il fut massacré le lendemain. On jetta leurs corps dans la chaux vive. On brûla leurs os dans une des salles du château; l'on en jetta les cendres au vent, et la fumée qu'ils exhalèrent fut l'épouvantable encens dont Henri parfuma le festin qu'il ordonna pour célébrer son exécrable victoire.

Vous avoir peint les grands crimes qui s'y sont commis, c'est vous avoir dessiné le plan du château de Blois, et peut-être, en effet, ne devroit on plus parler des palais des rois, que pour rappeler les forfaits dont ils furent le théâtre. Une des singularités de cette ville, c'est de voir la statue de la Vierge sur toutes les portes. La tradition veut que ce soit en reconnoissance de la délivrance miraculeuse d'une peste dont Blois étoit affligée. On dut l'extinction de ce fléau à la nature. La nature est vierge.

Elle est de même ici prodigue de ses bienfaits. Sa main généreuse a surtout répandu les charmes et les agrémens sur un sexe enchanteur, dont la destinée est de plaire, et dont l'intéressante douceur veille sur notre enfance, embellit notre jeunesse, et verse encore, au déclin de nos jours, l'oubli de la vieillesse dans nos cœurs. Mères, maîtresses, épouses et filles, ces compagnes délicieuses semblent se distribuer nos jours pour les unir par des chaînes de fleurs. Si le sang est beau dans ces cantons, ce n'est pas aux dépens de l'esprit. Les hommes y sont fertiles en saillies, ceux de la campagne surtout. On nous en a cité quelques traits, où l'on trouve un certain penchant à l'épigramme, mais à l'épigramme agréable, dont la pointe aiguise le sourire sans arriver jusqu'au cœur. Un évêque parcouroit des églises de village. Dans l'une d'entre elles, il apperçut un

S. Martin de Tours, assez grossièrement sculpté en cavalier, et monté sur un cheval, dont l'effigie ne valoit guère mieux que celle du saint. Ce prélat, mécontent que l'on n'eût pas habillé le saint de bois en évêque, plutôt qu'en cavalier, s'en plaignit avec amertume au paysan marguillier de cette paroisse. *Monseigneur*, lui repondit le paysan, c'est tout bénéfice pour nous. Il ne faut qu'un cheval pour un cavalier, il en faut six pour un évêque. Vous voyez bien que nous y avons gagné cinq chevaux.

Un petit maître, c'est-à-dire, une de ces superfluités de l'espèce humaine dans l'ancien régime, traversoit les rues de Blois dans un costume très-élégant. Un paysan, chargé de fagots, lui crie *gare* à diverses reprises; le petit maître ne crut pas de sa dignité de se rendre à l'invitation. Sa parure en souffrit, le paysan l'accroche, et l'habit du merveilleux se trouve déchiré. Grand bruit, force cris, toutes les épithètes dont les messieurs *comme il faut* gratifioient alors les gens *comme il en faut* aujourd'hui, voltigent sur les lèvres de roses du sublime personnage. *Polisson*, *manant*, et le reste, embellissent son éloquence courroucée. La garde arrive. La garde, toujours esclave alors des gens d'une certaine classe, arrête le malheureux accablé sous le faix, pour satisfaire à l'homme dont l'orgueilleuse foiblesse succomboit sous le poids d'un habit de soie. On le mène chez le commissaire: l'offensé détaille fort au long sa douloureuse aventure, et se plaint avec amertume du ridicule extrême qu'un homme *comme lui* fût froissé par une *espèce* pareille. Le juge invite le paysan à répondre. Celui-ci se tait, il l'interroge, même silence. Enfin, à chaque question, loin d'y satisfaire, le paysan a même l'air de ne pas les entendre. Vous voyez, dit le juge au *monsieur*, que cet homme est sourd et muet, il faut lui pardonner. Comment muet! s'écrie le jeune-homme. C'est un fripon; avant qu'il déchirât mon habit, il crioit *gare* à tue tête. J'en suis fâché pour vous, répondit le commissaire au petit maître, mais ce paysan, sans parler, vous a forcé à vous condamner vous-même.

Ce penchant à la raillerie est encore aujourd'hui le même, et la liberté semble lui donner un caractère plus franc encore. Du-moins n'est-il plus gêné par le prêtre bigot, ou le moine hypocrite, dont les vices, intéressés à éviter le sarcasme, faisoient un crime à l'homme simple des étincelles de son esprit.

Après les règnes de Charles VI et de Charles VII, et depuis encore sous Charles IX, Henri III et Henri IV, les couvens de Blois, de Vendôme, de Romorantin n'évitèrent point la corruption générale. Telle est la nuance entre la liberté et la licence. La liberté, en supprimant les couvens, a rendu l'homme à la nature : la licence ne fit qu'ouvrir les couvens pour vouer l'homme au libertinage. Les religieuses de Romorantin et de Blois eurent, comme celles de Provins, (2) des cordeliers et des capucins pour époux; et tandis qu'aujourd'hui quelques gens osent crier encore à l'impiété, parce que des prêtres forment avec modestie des nœuds légitimes, alors on plaisantoit ouvertement sur des unions libertines que l'on sembloit même applaudir, en les surprenant dans le cloître ; et n'a-t-on pas vu le *galant* Henri IV corrupteur d'une religieuse de Montmartre (3) badiner une la Trimouille, abbesse de l'abbaye du Lys, sur ce que *ses filles* n'avoient pas chacune leur *directeur?* et cette abbesse lui répondre ingénument : il faut bien qu'il y en ait quelques-unes de vacantes; sans cela, comment feroient les étrangers ou les voyageurs qui s'arrêtent dans notre maison? nous n'aurions rien à leur offrir.

Cette petite ville de Romorantin, dont le nom a si fort exercé les étymologistes pour y trouver quelque rapport avec le séjour que César a fait dans ces cantons, est située non loin du Cher, sur une petite rivière, nommée le *Morantin*. Il seroit possible cependant, qu'elle dût son origine à quelques forts que César fit construire à cette place; mais conclure, que de ce qu'une de ses portes s'appelle Lambin, César y mit Titus Labienus pour gouverneur, l'on conviendra que c'est mettre l'érudition à la place de la raison.

Hélas! la discussion de quelques bagatelles, voilà ce qui consume les jours de la plupart des hommes. Qu'importe à l'humanité de savoir si Romorantin vient de *Roma Minor*, ou de *Rivus Morantini*. Conservons-lui son nom de Romorantin, il doit nous être cher. C'est là que le chancelier de l'Hôpital sauva la France des horreurs et de la honte de l'inquisition. Cet édit fameux garantit au-moins les erreurs d'opinion de la flamme des bûchers. L'Hôpital eut le bon esprit de sentir que ce n'est jamais la vérité qui juge l'opinion, et que l'erreur qui condamne est bien plus dangereuse que l'erreur qui tolère. Cet édit porte le nom de Romorantin. L'imberbe François second régnoit alors, ou, pour mieux dire, sa mère régnoit sous son nom ; et l'incroyable ascendant de ces Guises, dont nous avons parlé plus au long, il n'y a qu'un instant, se prononçoit déja avec énergie. Elle ne put toutefois empêcher l'édit de Romorantin, contraire à leur ambition comme à leurs préjugés, et l'Hôpital, leur ami, leur protégé, leur créature enfin, eut le bon esprit, le courage et la philosophie de servir l'humanité, au détriment de sa fortune. On s'étonne de trouver l'Hôpital jetté pour ainsi dire au milieu de ce siècle corrompu et de ces hommes pervers ; mais quoi ? il falloit bien que, de loin en loin, les nations pussent voir un honnête homme parmi les cours, pour se convaincre qu'un jour elles seroient détruites.

Je ne vous parlerai ni du château de Menars, cette honteuse Caprée du frère d'une courtisanne *royale*, ni de celui de Chambord, où le père du dernier des Capets tua à la chasse un jeune-homme qu'il avoit élevé. Ce jeune-homme portoit lui-même le nom de Chambord. Il étoit neveu de madame de Pompadour. Le *dauphin* l'avoit pris en amitié. Il vient chez la mère de cet enfant. Quel jour pour cette femme superbe ! elle voit chez elle l'*héritier du trône*, et son fils, le compagnon chéri du *descendant des rois*. Jamais le présomptueux espoir de l'orgueil maternel n'éprouva une catastrophe plus terrible. Le dauphin va à la chasse. Le jeune-homme l'accom-

pagne ; il s'en écarte un instant. Le vol incertain de l'oiseau poursuivi dévie la marche du chasseur *prince*. Un mouvement agite un buisson. Il tire. C'est le jeune Chambord que le plomb atteint. Il tombe. Il meurt, et c'est son corps sanglant que l'on rapporte à sa mère, qui préparoit des fêtes à celui dont la mal-adresse venoit de l'assassiner. Et ce dauphin, depuis, a souffert que ses enfans fussent chasseurs !

Mont-Doubleau et Vendôme, que nous avons vus en passant la Loire, n'ont rien d'intéressant que leur situation, et la fertilité des campagnes qui les environnent. Si la Vierge a délivré Blois de la peste, Vendôme, en pareil désastre, eut recours à des protecteurs plus subalternes, et se contenta de saint Sébastien pour chasser ce fléau. Une fête ridicule a consacré sa puérile reconnoissance. Cette fête s'appelle, et vous nous pardonnerez bien d'appeller les choses par leur nom, cette fête, dis-je, s'appelle la fête *des culs blancs*. On ne conçoit pas trop bien le rapport que ce nom peu décent a entre S. Sébastien et la peste. La fête vint des prêtres, et le nom de la bizarrerie des habits. C'est au sein de l'hiver, lorsque la terre est le plus surchargée de glaces et de frimats, qu'on la célèbre. Alors le peuple s'assemble en procession. Il n'a pour tout habit qu'un drap de toile, dont il se couvre depuis la tête jusqu'aux pieds. Ce drap est arrangé de sorte qu'il serre tellement tous les membres, que les formes se dessinent à travers la mince texture de la toile, et laissent deviner à l'esprit tout ce que l'on croit cacher à l'œil. Dans cet état, on court les rues, les églises, les maisons, on grelotte en l'honneur de S. Sébastien ; et l'on meuble la ville de catharres et de fluxions de poitrine, pour remercier Dieu de ce qu'il l'a délivrée de la peste. O raison !

Vendôme a produit l'homme le plus singulier du seizième siècle. C'est le poëte Ronsard. Cet homme, doué d'un génie brillant, d'une imagination féconde, naquit trop tôt pour sa gloire : deux cents ans plus tard, il eût été plus justement célèbre, et l'on peut dire qu'il posséda tout ce qui constitue le grand homme dans les lettres poëtiques, et qu'il ne lui manqua qu'une langue pour exprimer ses conceptions. Il précéda la naissance du goût, et ce fut son plus grand tort : mais pressentant la carrière nouvelle qui s'ouvriroit après lui, cherchant à soumettre la poésie aux règles d'un art qu'il cherchoit à tâtons, concevant la sublimité des Muses sans savoir l'appliquer, et prenant souvent les formes gigantesques d'un colosse pour l'auguste majesté de la nature, il étonna les lecteurs de son siècle, et se fit des admirateurs nombreux, parce qu'alors, dans ce genre, il n'y avoit rien à admirer. On lui paya, si j'ose le dire, sa gloire en argent comptant, et les siècles qui suivirent crurent ne lui plus rien devoir.

Si sa muse étoit vaine et présomptueuse, elle suivoit l'impulsion du caractère du poëte, et jamais homme ne poussa plus loin le ridicule de l'orgueil. Tout sembla d'accord pour entretenir en lui cette extrême manie. Il vit *les rois* mandier ses faveurs, et ce qu'ils n'eussent pas fait pour le mérite modeste, le prodiguer à l'insolence : des villes, des *provinces* entières le recherchèrent : on le surchargea des titres du Parnasse. Toulouse, par un décret, le proclama le poëte français par excellence. Enfin, son siècle se montra, si j'ose le dire, aussi extravagant dans ses éloges que le poëte l'étoit dans ses ouvrages.

En sortant de Vendôme, nous nous sommes rendus à Mont-Doubleau, petite ville très-agréable, et dont la situation nous a paru charmante. C'est la dernière que nous ayons visitée avant de pénétrer dans le département d'Eure et Loir. Bâtie sur une éminence, la *Crête* arrose agréablement son territoire, abondant en grains, en bois, en vins, en fruits de toute espèce. Ces richesses de la nature sont les seules qu'elle possède.

En parcourant ce département, nous n'avons point arrêté vos regards sur les nombreux châteaux dont le luxe et la *grandeur* y jouissoient jadis. Les terres immenses qu'ils dominoient éprouvent maintenant un partage plus juste. L'esprit public nous a paru très-bon dans toute son étendue, et à la hauteur des circonstances. Par-tout où les grandes villes sont rares, et les paysans nombreux, on est sûr de trouver dans toute sa pureté, l'amour de la patrie, de la liberté et de l'égalité.

NOTES.

(1) Les barricades furent l'effet de l'amour aveugle du peuple pour un homme qui le caressoit pour mieux l'enchaîner, et le peuple de Paris alors sembloit abandonner un tyran pour en choisir un autre. Cette journée fut le résultat de l'ambition de Henri de Guise. Il vint à Paris malgré la défense de Henri III, qui fut obligé de se sauver.

(2) Rien n'est si plaisant et quelquefois si obscène que le détail des amours des cordeliers pour les religieuses de Provins; et Dulaure a consigné dans ses ouvrages des renseignemens très-précieux sur cet objet, qu'il dit avoir tirés d'un *factum* ou mémoire que des amantes ou jalouses ou délaissées, ou peut-être même quelques femmes plus vertueuses publièrent alors, pour rappeller l'ordre dans leur monastère. Voici un des passages de ce *factum*, que nous puisons dans l'auteur estimable que nous venons de citer.

« Les nouveaux amans, y est-il dit, c'est-à-dire les
» cordeliers et les religieuses qui desiroient de s'unir,
» s'adressoient aux amies de celles qu'ils convoitoient
» pour se les rendre favorables. On faisoit des épreuves
» d'amitié, des demandes, des conventions. On prenoit
» des jours pour dresser des articles, faire des fiançailles,
» et enfin les nôces, où il se faisoit des festins, où l'on
» disoit mille impertinences. Voici l'exemple de l'un de
» ces mariages. Un cordelier, comme père du Père
» épouseur, fit la demande à l'abbesse, qui passoit pour
» la mère de la sœur. Un autre cordelier servit de no-
» taire, on publia les bans au parloir. Un autre père

» servit de curé et les maria, en leur faisant dire les
» mêmes paroles, et faisant de son côté les mêmes prières
» et les mêmes cérémonies dont on use dans les véritables
» mariages. On donna la bague à l'épousée. Une sœur,
» déguisée en cordelier, leur fit une exhortation sur les
» devoirs du mariage, et ils furent renvoyés ensuite seul
» à seule à un autre parloir pour consommer le ma-
» riage. »

(3) Henri IV, faisant le siége de Paris, devint amoureux d'une religieuse de Montmartre, Marie de Beau-
villiers. Il la fit sortir de son couvent, et la traita publiquement à Senlis de sa maîtresse. Gabrielle d'Estrées la
fit bientôt oublier. Elle fut obligée de revenir à son couvent, dont elle devint abbesse. Parce qu'elle avoit été
peu sage, elle prétendit que les autres le fussent. Cette
abbaye de Montmartre vivoit dans le plus profond déré-
glement. Les religieuses, piquées de la réforme que l'abbesse *déroyalisée* prétendoit introduire, tentèrent de
l'empoisonner. Elle échappa à la mort en prenant du
contre-poison; mais toute sa vie il lui en resta une difficulté de respirer, et une extinction de voix dont elle ne
put jamais guérir.

Ordre que l'on suit dans les Voyages des 84 Départemens de la France.

1. Paris.	44. Deux-Sèvres.
2. Seine et Oise.	45. Vienne.
3. Oise.	46. Indre et Loire.
4. Seine inférieure.	47. Indre.
5. Somme.	48. Cher.
6. Pas-de-Calais.	49. Nièvre.
7. Nord.	50. Allier.
8. Aisne.	51. Rhone et Loire.
9. Ardennes.	52. Puy-de-Dôme.
10. Meuse.	53. Cantal.
11. Mozelle.	54. Corrèze.
12. Meurthe.	55. Creuse.
13. Vosges.	56. Haute-Vienne.
14. Bas-Rhin.	57. Charente.
15. Haut-Rhin.	58. Charente inférieure.
16. Haute-Saône.	59. Gironde.
17. Doubs.	60. Dordogne.
18. Jura.	61. Lot et Garonne.
19. Mont-Blanc. (1)	62. Lot.
20. Ain.	63. Aveiron.
21. Saône et Loire.	64. Gers.
22. Côte-d'Or.	65. Landes.
23. Haute-Marne.	66. Basses-Pyrénées.
24. Marne.	67. Hautes-Pyrénées.
25. Aube.	68. Haute-Garonne.
26. Yonne.	69. Arriège.
27. Seine et Marne.	70. Pyrénées orientales.
28. Loiret.	71. Aude.
29. Loir et Cher.	72. Tarn.
30. Eure et Loir.	73. Hérault.
31. Eure.	74. Gard.
32. Calvados.	75. Lozère.
33. Manche.	76. Haute-Loire.
34. Orne.	77. Ardèche.
35. Sarthe.	78. Isère.
36. Mayenne.	79. Drôme.
37. Ille et Vilaine.	80. Hautes-Alpes.
38. Côtes du Nord.	81. Basses-Alpes.
39. Finistère.	82. Bouches-du-Rhône.
40. Morbihan.	83. Var.
41. Loire inférieure.	84. Alpes-Maritimes.
42. Maine et Loire.	85. Corse.
43. Vendée.	

(1) Il paroîtra aussitôt qu'on aura arrêté quels seront les cantons de ce département.

VOYAGE
DANS LES DÉPARTEMENS
DE LA FRANCE,

Enrichi de Tableaux Géographiques
et d'Estampes;

Par les Citoyens J. LA VALLÉE, ancien capitaine au 46ᵉ. régiment, pour la partie du Texte; LOUIS BRION, pour la partie du Dessin; et LOUIS BRION, père, auteur de la Carte raisonnée de la France, pour la partie Géographique.

L'aspect d'un Peuple libre est fait pour l'univers.
J. LA VALLÉE. *Centenaire de la Liberté*. Acte Iᵉʳ.

A PARIS,

Chez Brion, dessinateur, rue de Vaugirard, Nº. 98, près le Théâtre de l'Egalité.

Buisson, libraire, rue Hautefeuille, Nº. 20.

Desenne, libraire, galeries de la maison de l'Egalité, Nºˢ. 1 et 2.

Et au Bureau de l'Imprimerie, rue du Théâtre de l'Egalité, Nº. 4.

1794.
L'AN SECOND DE LA RÉPUBLIQUE.

AVIS.

L'assassinat de LEPELLETIER et de MARAT, deux Estampes faisant pendant, gravées d'après les tableaux de Brion, peintre, éditeur et dessinateur de cet ouvrage. A Paris, chez BRION, rue de Vaugirard, N°. 98 ; et chez BANCE, rue Severin, N°. 115 ; prix 6 livres chaque en noir, et 12 livres en couleur.

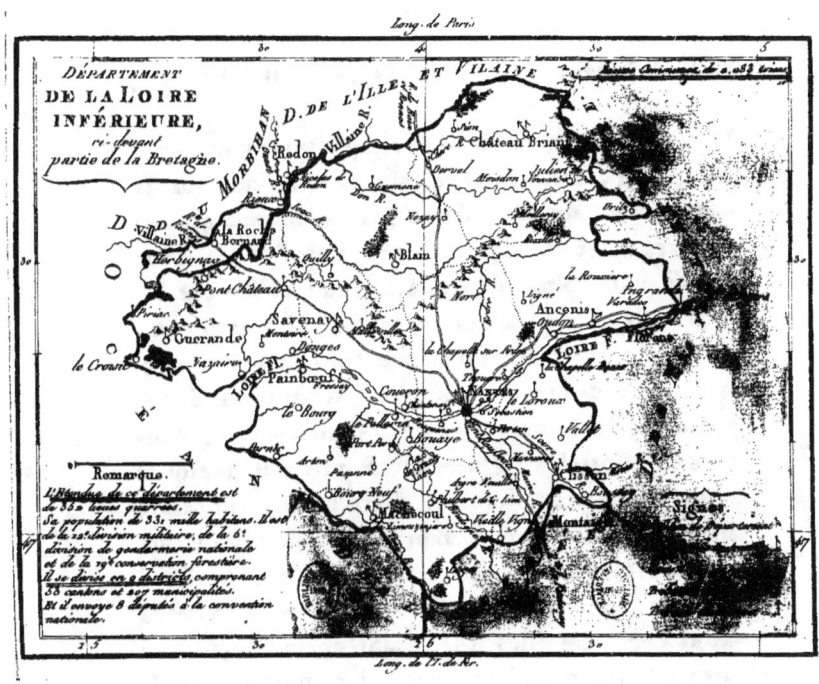

VOYAGE
DANS LES DÉPARTEMENS
DE LA FRANCE.

DÉPARTEMENT DE LA LOIRE-INFÉRIEURE.

C'EST en voguant sur l'Océan que nous vous avons fait passer, dernièrement, nos observations sur le département du Morbihan, par un bateau qui devoit regagner le rivage avant nous. Elles vous auront paru plus incomplettes que celles sur les autres départemens que nous avons parcourus, parce que nous espérions que les vents nous permettroient de revoir l'Orient, d'où nous étions partis, et de joindre à notre relation ce qu'Hennebond, Josselin, Ploermel, Pontivy et quelques autres petites cités avoient offert à notre curiosité; mais forcés à louvoyer devant la Baye de Quiberon, sans pouvoir y entrer, et avares du tems que l'oisiveté dépense, mais que la philosophie mesure, nous avons couru les isles d'Ouessant et de Groaix, où nous n'avons trouvé ni luxe, ni monumens, mais des pêcheurs, mais des hommes simples et vertueux, bien voisins de la nature, et bien dignes d'être républicains; mais est-il de si bons naturels que le contac de la religion catholique n'ait altérés?

Le besoin d'un Dieu se fait sentir au marin bien plus qu'aux autres hommes. Lorsque lancé sur les flots, seul pour ainsi dire avec le globe, n'ayant sur la tête que l'immensité du ciel et sous les pieds que l'abîme des mers : quand il songe qu'entre la mort et lui il n'existe que l'épaisseur d'une planche, et que son existence tient peut-être au dernier coup de dent que le plus foible insecte va donner à la nacelle vermoulue qui le porte : est-ce dans son courage, est-ce dans la robusticité de ses membres qu'il se confie ? Non, c'est un Dieu qu'il lui faut. Dieu est un maître pour tout ce qui respire, le marin seul en a fait sa société, son compagnon ; il le voit dans les orages, il le voit encore dans la sérénité de l'horison. Il se lève pour lui sur le char du soleil, il veille avec lui porté sur les astres des nuits. C'est un Dieu caressant que le zéphir promène sur la surface de l'onde, c'est un Dieu terrible dont les tempêtes édifient le trône en amoncelant les vagues menaçantes. Dans la nature, tout est Dieu pour le marin, parce que le marin ne vit que de miracles. Mettez alors un prêtre à côté de cet homme, et concevez, s'il est possible, l'armée de superstitions qu'il introduira dans son cœur. Hélas ! ce prêtre commet un grand crime ! Ce marin étoit heureux quand il n'y avoit entre son camarade fidèle, entre ce Dieu de l'univers et lui, que sa pensée. Cette pensée flottoit fortunée sur les ailes de trois ou quatre vérités premières ; le prêtre paroît, il l'entoure de saints, et le charme, la douce magie de la confiance en l'Eternel sont disparus. A force de lui désigner des protecteurs, il l'accoutume à croire qu'il n'est plus protégé. De-là ces madones de tous noms, ces saints de tout sexe dont il pavoise son éloquence. Il invoque le paradis avec le langage de l'enfer. On lui a caché l'Etre suprême, et il ne voit plus que les dangers qui l'environnent; et les terreurs enfantées par le sacerdoce, viennent s'enlacer dans les carreaux de la foudre et dans les replis des vagues pour décupler les tourmens de son ame.

Le marin est donc devenu nécessairement l'être le plus crédule. Plus il étoit près de la nature, plus son ame devoit être ouverte à toutes les impressions. S'il n'y eût eu que Dieu, il auroit toutes les vertus : il les possède encore, mais comme la terre possède la lumière du soleil quand des nuages interceptent son disque.

Les gens du monde *d'autrefois* croyoient que la licence étoit la base des mœurs des marins: j'entends ici les marins matelots, car les marins *de qualité* étoient honorés, plus ils étoient corrompus. A la rudesse donc du langage des matelots, à la boure de leurs amusemens, à l'aspérité de leurs formes, ils les prenoient pour des êtres insociaux. Eh bien! le catholicisme, habile en métamorphoses, avoit soumis ces êtres en apparence si indociles et si sauvages, à cette discipline monotone dont il avoit apathisé ses moines. Un couvent et un vaisseau étoient la même chose. Dans cette forteresse flottante, prodige admirable de la grandeur du génie, toutes les petitesses humaines étoient réduites en pratique. La cloche appelloit le peuple nautonier à la prière, et du matin, et du midi, et du soir. Là se chantoient et messes, et matines, et vêpres; peu s'en falloit que les processions n'y fussent de mode. Mais les jeûnes, mais les confessions, mais les flagellations, mais les communions n'étoient point oubliés, et tandis que l'aumônier, à table avec les *nobles* mécréans qui gubernoient le vaisseau, s'égaudissoit des pieuses momeries qu'il débitoit à cent francs par mois, le bon, l'intéressant matelot croyoit qu'il devoit aux litanies du matin le vent heureux dont la voile s'enfloit. On aura de la peine à déraciner l'arbre du mal que le prêtre a planté dans cette terre fertile; mais c'est là qu'il faut sur-tout porter l'instruction publique, car c'est aux bons qu'on la doit, parce que les méchans ne s'instruisent pas.

Ce petit archipel, qui borde les côtes de la ci-devant *Bretagne*, a donc réellement besoin d'instruction. Parlez à ses habitans des travaux des représentans du peuple, racontez-leur les lois démocratiques que le législateur a conçues pour la félicité publique, vous verrez leurs fronts rayonnans d'amour, se couvrir d'une joie pure, et les mots de *vive la République* se presseront sur leurs lèvres reconnoissantes; mais tentez de leur dire que des prêtres sont inutiles à leur bonheur, vous verrez le sérieux du doute, la teinte rembrunie des regrets décolorer insensiblement les roses du plaisir que vos discours avoient fait naître. Qu'étoit-ce donc que les prêtres? puisqu'ils avoient eu l'art de se créer une vie qui devoit leur survivre. Par une raison extravagante on dégoûta beaucoup d'hommes de la Divinité, en leur parlant trop sou-

PAINBŒUF

vent des prêtres; mais par une raison bien entendue, il faut parler souvent aux marins de la Divinité, pour les dégoûter des prêtres.

Contraints d'obéir aux vents, au lieu de retourner dans le département du Morbihan, nous sommes entrés dans la rivière de Nantes, et c'est par-là que nous avons pénétré dans le département de la Loire-Inférieure. C'est à Painbœuf que nous sommes débarqués.

Painbœuf est à proprement dire le port de Nantes, quoiqu'il en soit distant de quelques lieues. C'est là que mouillent tous les vaisseaux que le commerce attire dans cette commune, l'un des grands entrepôts de la fortune océanique, et tous les armateurs y tiennent leurs navires et leurs magasins maritimes. Tout le retour des marchandises et des denrées des colonies de l'Amérique se débarquoit à Painbœuf, et ce qui ne se distribuoit pas sur d'autres bâtimens pour être reversé dans les différens ports de l'Europe, se transportoit dans les magasins des commerçans de Nantes sur des gabares propres à la navigation de la rivière qui se refusoit aux vaisseaux qui tiroient un certain nombre de pieds d'eau.

On ne conçoit pas trop pourquoi Nantes n'est pas bâti à la place de Painbœuf, et pourquoi des gens ne s'établissent pas où ils ont affaire; mais c'est au nombre des contrariétés humaines, et la moins bisarre n'est peut-être pas celle qui veut que l'homme préfère une longue incommodité, tandis qu'il n'auroit qu'un pas à faire souvent pour l'éviter.

Plusieurs quartiers de Nantes sont admirables par

l'élégance et la richesse de leurs maisons. On sait combien les villes commerçantes présentent, en général, de luxe extérieur, et *Rouen*, comme nous l'avons remarqué dans le département de la Seine-Inférieure, est la seule ville de la République qui se soit garantie de cette manie d'éclat dont le commerce est possédé par-tout ailleurs.

La Fosse, l'isle Feydau, et quelques autres cantons de Nantes le disputent en magnificence aux plus superbes villes de l'Europe. Et l'étonnante activité du peuple, le mouvement et l'agitation perpétuelle que nécessitent les armemens maritimes, la prodigieuse quantité de ballots, de caisses, de marchandises et d'apparaux qui sortent des magasins, ou qui y rentrent à chaque heure du jour, semblent mettre en action l'opulence, qu'au premier coup-d'œil on apperçoit immobile sur le frontispice des maisons.

Ici l'esprit est tout autre que dans les différentes communes des départemens qui se composent de la ci-devant Bretagne. Sans rien en induire de défavorable au républicanisme de Nantes, le peuple nous y a paru plus dépendant de l'homme riche. A Rennes, bien que ce soit aussi une grande commune, le peuple plus pauvre, et moins environné de gens opulens qui appètent son intérêt par l'appât d'un bénéfice plus constant et plus fort, nous a paru saisir d'un bras plus robuste les époques révolutionnaires. A Brest, la situation est différente; c'est bien le même mouvement, la même activité qu'à Nantes, mais c'est la patrie qui y répand le

NANTES

prix du travail, et le peuple y est révolutionnaire par reconnoissance, comme il l'est à Rennes par le sentiment fier de sa pauvreté. Mais à Nantes, l'esprit du peuple vibre à mesure que la corde de l'intérêt du commerçant est plus ou moins pincée: il voit plus souvent l'homme que la patrie, et malheureusement il s'accoutuma dès long-temps à tenir l'aisance de son ménage de la fortune d'un tel, plutôt que de la fortune publique. Cela conduiroit à une vérité que bien des gens peut-être voudroient couvrir d'un voile, c'est que le génie commercial est en opposition avec le génie républicain; mais cette crainte vient de ce que le commerce en luimême est mal interprété. Il ruina Carthage, parce qu'il abaissa la république en grandissant les particuliers. Il fera à la longue le même effet à Londres et à Amsterdam. Il n'y a plus de patrie où des particuliers peuvent avoir des palais et des armées. Par la raison inverse, il soutient les villes Anséatiques, parce que la patrie ne s'étend pas au-delà des murs. Elles sont donc à l'égard du commerce la miniature des grandes républiques : il faut du commerce nécessairement, mais il faut qu'il soit national pour que le peuple le partage, et non pour qu'il en dépende.

Et l'on a beau dire; c'est que pour l'homme du peuple aisé par le bénéfice qu'il tient d'un particulier ou qu'il tient de la patrie, la somme de bonheur n'est pas la même. Il est une teinte d'esclavage entre aller toucher son paiement dans un comptoir ou le recevoir de la banque nationale. Pourquoi sous l'ancien régime l'homme du peuple étoit-il entraîné par une sorte d'ascendant vers la caisse du commerçant ? C'est que les *rois* et le gouvernement ne payoient jamais ; c'est que le pire des états étoit de travailler en sous-ordre pour les cours, parce qu'elles faisoient des crédits énormes aux fournisseurs qui tôt ou tard étoient payés, parce qu'ils payoient eux-mêmes les délivreurs d'argent, et que ces fournisseurs abusoient de ces crédits qu'ils faisoient pour refuser aux ouvriers leurs salaires. C'est à cette prépondérance que les négocians avoient acquise sur le peuple, qu'il faut imputer bien plus qu'on ne le croit, les malheurs de Lyon, aujourd'hui Commune-Affranchie. Mais dans une République, il n'en sera pas, et il n'en peut être ainsi. Inflexible pour le fournisseur ou manufacturier infidèle, ce seroit également un crime en politique que de faire attendre l'ouvrier après son paiement ; et c'est ici que commence la différente nuance de bonheur pour l'homme du peuple. Voyez-le, la veille du décadi, se présenter timide chez le négociant superbe, recevoir le salaire de ses sueurs, comme l'indigent reçoit quelquefois le secours fastueux de la bienfaisance d'apparat, quelquefois aussi contraint de batailler pour obtenir la juste mesure de sa récompense, obligé de marchander le remboursement de ses fatigues qu'il a eu la bonne-foi de donner à crédit, souvent inquiet si la mauvaise humeur qu'affecte l'avarice pour le frustrer de quelques deniers, n'est pas le signal de la suspension de ses travaux, ou l'annonce plus fâcheuse encore du méchant ordre des affaires de l'homme qui l'occupe ? Quelle joie voulez-vous qu'il rapporte dans sa famille ? quel sourire offrira-t-il à sa femme, à ses enfans, lorsque son cœur est meurtri par l'arrogance de l'accueil qu'il aura reçu, ou son ame bourelée par l'inquiétude d'un avenir incertain ? Qu'arrivera-t-il ? c'est que le lendemain, loin de se livrer aux douces sensations de la nature, aux tendres épanchemens de l'hymen, n'appercevant dans sa femme, dans ses enfans, que des êtres dont l'existence le tourmente et l'allarme, il fuira ses foyers, et ira chercher dans l'ivresse peut-être l'oubli d'un avenir qu'il n'a pas encore connu, et commencera par perdre ses mœurs, parce qu'il craindra de perdre le travail, leur unique soutien.

Mais tient-il son salaire de la patrie, quelle différence ! l'inquiétude et ses chimères disparoissent. Il n'a qu'un jour de repos, mais il n'est point troublé par l'agitation des plaisirs étourdissans. Son corps se repose, et son ame aussi se délasse. Il fait la félicité de tout ce qui l'entoure. Il apporte la vie, l'amour et la nature dans son modeste asyle. Le travail l'enlevera aux bras de tout ce qu'il aime, mais le travail heureux, parce qu'il sait que rien n'arrêtera ce pendule uniforme de travail et de félicité. Il ne craint plus pour sa santé, parce que la patrie veille auprès de son lit ; il ne craint plus pour sa vieillesse, parce qu'il sait que la patrie s'inclinera devant ses cheveux blancs. Que manquera-t-il à son bonheur ? il aura tout sur la terre, du travail, une femme et des enfans : et qui sait peut-être ? ce luxe charmant de la médiocrité, un ami !

La Loire, une des plus majestueuses rivières de la France, traverse Nantes et achève d'y répandre la splendeur. Ce fleuve qui depuis sa source promène les voluptés à travers les campagnes, et dérobe à Flore assise sur ses rives le zéphire dont l'aile amoureuse caresse ses ondes argentées, arrive à Nantes escorté de sa romantique magie. Il coule lentement aux pieds des palais, et le souvenir des champs fortunés qu'il vient de parcourir, semble descendre encore de son urne pompeuse. On devine à l'ambre qu'elle exhale, que les myrthes de Chenonceaux ont effeuillé leurs tiges dans son sein. L'un croit y voir l'opale des raisins de Bacchus velouter son onde fugitive ; l'autre tressaillit d'amour à l'aspect des roses qui navigent sur son lit. Et le philosophe aussi l'interroge au nom de l'humanité, et lui demande s'il est vrai que la mort de (1) Louis XI ait vengé l'univers.

Hélas ! sans doute son odieux sépulcre s'étoit ouvert : la France, le monde n'avoient pas le pouvoir d'enfanter les brigands de la Vendée. Ce fut l'infernal génie d'Albion, dont la main secoua les torches de la discorde sur les cendres de ce monstre. La poussière de ses os se remua, et l'armée royaliste ne put être vomie que par le cercueil de ce Néron de la France.

Mais que dis-je ? faut-il fouiller dans le sarcophage de Louis XI pour y chercher les miasmes du crime ? et quand il est des monarques vivans, tous les for-

Vue pittoresque des ci-devant capucins à NANTES

faits ne sont-ils pas vivans ? L'Autriche, l'Angleterre, l'Espagne, l'Italie ont des trônes, tous les attentats sont donc en vie.

J'ai souvent dit à la nature, fais-moi donc voir le cœur d'un roi ! Elle restoit muette, et mon imagination ne me satisfaisoit pas ; et je répétois à la nature, fais-moi donc voir le cœur d'un roi ! j'errois sur les rives de la Loire. Le soleil sortoit de l'Orient et la terre des ténèbres. L'un exhaloit ses feux, l'autre ses parfums, et leurs deux amours se rencontroient dans l'immensité. Le matin paré des perles de l'aurore, marchoit à mes côtés, et son humide vapeur imbibée de l'encens des fleurs, se balançoit sur l'onde et sembloit huiler de son vernis les couleurs de l'oiseau, dont l'aile légère agitoit les buissons. Je l'avouerai : je ne pensois plus aux rois, la nature étoit si belle ! je marchois, et mon ame marchoit plus vîte encore. Elle étoit à la fois sur les bords fortunés du Gange, aux rives de l'Eridan, dans les jardins d'Armide, au sein des dieux, que sais-je ? la Loire et sa magie l'ennivroient de mensonges. Tout à coup une odeur fétide enveloppe ma respiration. Mon œil, mollement égaré sous l'horison, revole inquiet veiller autour de moi. Qu'est-ce donc ? où suis-je ? j'avance : c'est un cadavre. O dieux ! fuirai-je ? non, mes pas sont enchaînés. Quelle est donc cette curiosité féroce qui force l'homme à se cramponner pour ainsi dire à l'objet de sa terreur ! Tous les sens se rebroussent. N'importe, ils reviennent, ils s'arrêtent. L'objet est horrible. Homme ! tu le verras : telle est l'incroyable contradiction de l'humanité. Je le vis, un sabre étoit à ses côtés. *Soldat de l'armée catholique*, étoit-il écrit sur la lame. Horreur ! peindrai-je cet objet funeste ! il étoit nud. Un sang noir s'étoit figé à l'entour de ses plaies. Ses entrailles s'étoient déroulées sur le sable. Une verte et bleuâtre lividité s'étoit étendue sur ses membres immobiles. Déjà la corruption avoit gercé les chairs, et les cavernes de la putréfaction se creusoient sur son sein déchiré. C'étoit le règne, c'étoit l'empire de la mort, mais de la mort vieillie sur sa victime. Qui le croiroit ? La vie mille fois multipliée, s'agitoit, fourmilloit autour de cette masse anéantie. Des peuplades de vers se débordoient sur ce cadavre. Des colonies ailées de frêlons carnivores bourdonnoient, rouloient en tourbillons dans l'atmosphère empesté qui l'entouroit. Est-ce erreur ? est-ce vérité ? Je crus entendre une voix qui me crioit, tu demandois à voir le cœur d'un roi ; regarde, l'image en est sous tes yeux. Oui, m'écriai-je, oui : l'insensibilité cadavereuse, le méphitisme et la putridité, les millions de bassesses qui s'agitent, se replient, se glissent, et dont ces vers sont la peinture ; ces mouches qui nourrissent dans le sang le venin de leurs aiguillons, et voleront au loin déchirer l'homme sans défiance ; ces entrailles sans chaleur, ces nerfs sans mouvement ; cette peste enfin qui jaillit de ce bloc ensanglanté. Oh ! oui, oui ! à cet emblême je reconnois le cœur d'un roi. Oui, ce l'est, car je cherche en vain ; je ne vois point là de serpens ; ils sont l'image du remords.

Hélas ! ce n'est ici que le *proscenium* de ce théâtre d'horreur où les rois de l'Europe avoient vomi le fléau de la Vendée. Ah !... n'entrons pas trop tôt sur cette scène épouvantable qu'il nous faudra parcourir en avançant vers l'ouest. Laissons encore les rois haleter un moment dans l'ombre : nous traverserons bientôt la Loire pour les traduire à notre tour au tribunal de la postérité, et puisque le tems n'est pas encore venu pour nous de parler de leurs forfaits, qu'un coup-d'œil sur ceux de leurs prédécesseurs remplisse l'intervalle qui nous en sépare encore.

Les calamités de la guerre font déjà figurer Nantes avec éclat dans les premières pages de l'histoire, et tour à tour on la voit et la proie et l'adulatrice des *ducs* de Bretagne, des *comtes* d'Anjou et de ses propres comtes. De grands scélérats se pressent et s'entassent dans cette chronologie des *ducs* de Bretagne ; il est des *Conan*, il est des *Eudons* qui ne le cèdent en rien aux plus fameux tyrans. Dès le onzième siècle, un de ces Conan, le second du nom, pensa déchirer l'Europe par une de ces prétentions folles que l'ambition des *couronnés* a seule le talent d'enfanter. C'étoit une de ces folies qui venoit d'inspirer à Guillaume-le-bâtard de conquérir l'Angleterre. Il est assez plaisant qu'il se trouve inquiété dans son projet par un autre extravagant qui se met en tête de conquérir les *propriétés* de Guillaume, pendant que Guillaume se mettoit en tête de conquérir les *propriétés* d'Hérald, *roi* d'Angleterre : car c'étoit ainsi que l'on parloit alors ; les nations étoient dites *propriétés* d'un tel.

La flotte de Guillaume étoit prête pour passer en Angleterre. Elle étoit de trois mille vaisseaux, nombre prodigieux sans doute, mais que l'on ne peut réduire sans démentir l'histoire. Conan part de Nantes suivi d'une armée, annonce ses droits prétendus par des ravages, et la flamme à la main fait dire à Guillaume qu'il ait à lui céder la Normandie, comme à l'héritier légitime de Richard premier. Guillaume eût ri de ces menaces, mais alors quand les foudres de la religion grondoient avec la furie des *souverains*, le mal étoit affreux. Conan déclara que si Guillaume ne le satisfaisoit pas, il encourroit les malédictions de l'église, réservées aux usurpateurs. Quand ces malédictions étoient lancées, alors tout fuyoit l'excommunié. Ses plus féaux l'abandonnoient, il se trouvoit seul avec sa puissance, c'est-à-dire nul sur la terre. Guillaume sentit qu'il falloit prévenir ce malheur par la guerre. Mais comment ? en divisant sa flotte, il pouvoit échouer en Angleterre, il pouvoit être battu sur le continent. Que faire ? convoquer le véritable arrière-ban des rois, c'est-à-dire le crime, et le crime lui fut fidèle. Ce ne fut pas un homme du peuple dont il se servit. Les rois n'usent du peuple que dans les batailles, ils réservent les grands pour l'assassinat. Conan avoit un de ses chambellans qu'il avoit comblé de bienfaits. C'étoit par conséquent un excellent sujet pour un grand attentat, car l'ingratitude est un véhicule puissant pour le cœur

d'un

Site pittoresque de la Tour D'OUDON

d'un courtisan. Cet homme empoisonna les gands, le cor et la bride du cheval de Conan, qui mourut au moment où il alloit faire son entrée dans la place de Château-Gontier. Vous croiriez peut-être que si ce chambellan ne périt pas sur l'échafaud, au moins fut-il voué à l'opprobre? Vous vous tromperiez. Lisez les historiens, ils vous diront qu'il eut raison, qu'il possédoit des terres en Normandie, qu'en conséquence il avoit prêté serment de fidélité à Guillaume, et que ce fut en lui une action vertueuse d'assassiner Conan qui faisoit la guerre à son *seigneur*. On faisoit lire l'histoire aux enfans de l'ancien régime. Vous avez maintenant le mot de l'énigme de la conduite des émigrés. Faites donc récrire l'histoire, si vous voulez que vos enfans la lisent.

Ces *ducs*, ou *comtes* particuliers, que les Nantois eurent long-tems la sottise de se donner, (car telle fut quelquefois l'extravagance de l'homme, qu'on le vit attacher de l'amour-propre à avoir tel plutôt que tel pour maître;) ces *ducs*, dis-je, les opprimèrent cruellement. L'ambition faisoit naître les prétendans. Les prétendans se déchiroient, et le peuple étoit toujours la victime de ces divisions. Tour à tour combattante, ou assiégée, on voit Nantes parcourir ainsi les fastes de la ci-devant Bretagne, et cette oscillation perpétuelle d'esclavage, de soulèvement, de défensive et d'offensive, ne jamais se rasseoir. C'est à cette sorte de vice endémique qu'il faut rapporter le malheur fréquent qu'elle éprouva de se voir au pouvoir des Anglais. Eudon et Conan IV furent au nombre de ceux qui la tourmentèrent le plus vivement. La guerre que lui fit *Eudon* fut aussi sanglante qu'opiniâtre. Cet homme vouloit absolument être duc de Nantes. Il commença par déchirer les habitans par des factions, mais ce moyen ne lui ayant pas réussi, il eut recours à une guerre plus franche. Il leva une armée et se présenta sur le territoire de Nantes. Les Nantois sortirent à sa rencontre. La bataille se livra. Ce fut celle connue dans l'histoire sous le nom de Resai.

L'inconstance de leur caractère les exposoit à ce fléau autant encore que l'ambition des grands. S'ils avoient la cruelle manie d'avoir des tyrans, ils avoient l'habituelle inquiétude de vouloir en changer. Nantes fut long-tems en petit, ce que fut Bizance en grand. Chaque jour amenoit ou le couronnement d'un homme, ou le renversement d'un trône, et le château de Nantes étoit l'hyppodrome Breton. C'est ainsi que tour à tour on vit les Nantois se choisir des *souverains* parmi eux, les chasser soudain, appeller pour les gouverner tantôt les *comtes* d'Anjou, tantôt ceux de Blois; bientôt s'en dégoûter pour se livrer aux *ducs* de Bretagne, qui à leur tour les livroient aux *rois* d'Angleterre, lesquels de leur côté les disputoient aux *rois* Français : pourvu toutefois qu'ils ne s'entendissent pas pour les opprimer.

La fin du douzième siècle fournit un exemple puissant de cette coalition momentanée des rois Anglais et Français contre ce peuple infortuné. Conan IV avoit appellé Henri premier d'Angleterre pour appaiser les guerres intestines qui déchiroient la *Bretagne*. La manière dont s'y prennent les rois pour pacifier les nations, c'est de les réduire sous leur joug. Henri n'étoit pas parfaitement stilé à ce genre de pacification, mais il avoit un saint à ses côtés, et avec de telles gens un roi fait des progrès. Le fameux Thomas Bequet, autrement dit *Saint-Thomas* de Cantorbery, que depuis Henri fit massacrer par reconnoissance, acheva de le convaincre que rien n'étoit plus convenable à un roi que d'usurper et voler la propriété d'autrui, pourvu que ce vol se terminât par un pélerinage, et le pélerinage par une petite concession d'un tiers ou de la moitié du butin aux moines possesseurs du saint *péleriné*. Henri, en roi dévot, fut docile aux préceptes de l'église. Il vola la *Bretagne*, et fut en procession remercier *Saint-Michel* de ce que sa *majesté* avoit un peu de rapine à présenter à son *archangélité*. Hélas ! protection de gens du ciel ne garantit pas de la jalousie des méchans de la terre. Eudon trouva mauvais qu'un *roi* d'Angleterre tranchât du duc de Bretagne. Il vint l'attaquer et fut battu. Ce fut alors, comme nous l'avons raconté dans le département du Morbihan, que Henri, pour le rendre plus circonspect, exigea qu'il lui remît sa fille en ôtage, et par passe-tems *royal*, s'amusa à la violer. Je ne sais pas si Michel l'archange et Bequet le saint trouvèrent cela bon, mais tous les *seigneurs Bretons* le trouvèrent mauvais, et se liguèrent pour lui faire une guerre à mort. Louis VII, en *roi de bonne race*, trouva la *plaisanterie* de son confrère très-jolie, et lui aida à ravager la Bretagne, pour apprendre à ce peuple à trouver mauvais qu'un roi fût un scélérat.

Un autre *bouffon* du *même genre*, dans le treizième siècle, remplit à son tour ce pays de ses gentillesses. Ce fut Pierre Mauclerc, l'un des plus fameux brigands que les Gaules aient connu. C'est le même que dans un autre département nous vous avons montré jouant un grand rôle dans la croisade contre les Albigeois. A quoi croyez-vous que les écrivains se soient occupés en parlant de cet homme? A faire détester ses forfaits? point du tout; mais bien à deviner pourquoi il s'appelloit Mauclerc. Ce nom a presque enfanté autant de commentaires que celui qui le portoit a fait couler de larmes. Une petite anecdote prise au hasard dans le courant de sa vie, suffira pour faire connoître ce brigand dont nous aurons dans la suite occasion de parler encore plus d'une fois.

Sordidement avare, il aimoit tous ceux qui pensoient comme lui. L'évêque de Nantes excommunie un usurier. Quoique Mauclerc fît la guerre à ceux qui ne vouloient pas se convertir, et que même en cas de besoin il les fît brûler, il ne haïssoit pas les excommuniés, et cette petite formalité épiscopale ne le brouilla point avec son ami l'usurier. Cet ami vient à mourir. Un curé, par respect pour l'excommunication, décide que le *gripon* n'aura pas l'honneur d'être enterré dans la terre sainte. Une pareille décision en termes catholiques vouloit dire que l'enterré étoit condamné à ne pas ressusciter. Mauclerc aimoit ces amis en ce monde comme en l'autre. Il ne trouva point de meilleur remède pour appaiser l'ombre du mort, que de faire attacher le curé vivant sur le cadavre de l'usurier, et de les faire enterrer de compagnie. L'évêque, l'usurier, le curé et Mauclerc, que l'on choisisse ! lequel de ces quatre hommes est le plus fou, le plus imbécille, ou le plus scélérat ?

Si le caractère de légèreté que l'histoire semble prêter aux Nantois les a rendus plus que d'autres la victime des grands, elle en a fait aussi bien plus qu'ailleurs le jouet des préjugés religieux et des superstitions. Cette ville fut souvent le théâtre de la ridicule colère des prêtres, et le berceau de leurs insociales inventions. Le clergé jouissoit encore à la fin du treizième siècle de deux droits, l'un le plus vexatoire, l'autre le plus immoral qui aient pu sortir de cerveaux desséchés par le sacerdoce. L'un étoit le droit de *tierçage*, l'autre le droit appellé *part nuptial*. Insensiblement le clergé s'étoit arrogé le pouvoir de tiercer dans les successions. Les prêtres, dans l'origine, abusant de la foiblesse de l'homme à l'heure de la mort, et mettant à profit les terreurs dont ils enveloppoient sa raison agonisante, étoient parvenus à convaincre les mourans de la nécessité de payer des hommes pour prier pour eux quand ils ne seroient plus ; et les allarmant sur l'insouciance et l'égoïsme de leurs héritiers, ils se faisoient donner par le moribond ce que ceux-là leur auroient sans doute refusé. Insensiblement cette tentative couronnée par le succès, dégénéra en usage, et l'usage en droit. Et pendant quelques centaines d'années le tiers de chaque succession appartint aux prêtres. Jean II de Bretagne, un peu plus sage, trouva ce droit odieux, comme il trouva celui qu'ils s'arrogeoient sur les nouvelles mariées passablement indécent. Il les abolit l'un et l'autre en 1288. Le clergé cria à l'abomination de la désolation. Il ne pouvoit plus ruiner les familles et déshonorer les femmes ; c'en étoit fait, le ciel étoit pour jamais fermé aux malheureux humains. Il se souleva, menaça Jean II de sa colère. Le duc fut inflexible, et le droit de tierçage ne fut point rétabli. Par malheur ce Jean II étant à Lyon, fut écrasé sous la chûte d'une maison. Alors l'église ne manqua pas de dire que Dieu avoit pris en main sa vengeance. Enfin le pape, en 1309, pour mettre fin aux sarcasmes que l'avarice des prêtres leur attiroit, s'en mêla, et réduisit le droit de tierçage au neuvième ; mais par une distinction toujours injurieuse pour le peuple, il exempta les nobles de cette redevance, et pour feindre quelqu'intérêt pour les pauvres, ceux qui n'avoient pas quarante sous de meubles furent compris dans cette exemption.

Mais ce fut peu : Nantes sembloit réservée à être le foyer des incendies dont le catholicisme embrâsa le monde. Ce fut dans ces murs, qu'en 1418 l'Europe vit éclore les trop célèbres disputes pour la confession paschale. Jamais la profonde politique d'un côté, et l'insigne absurdité de l'autre, n'inventèrent et ne souffrirent rien de plus formellement contraire à la nature, à la décence et au pacte social, que la confession. Prendre un homme pour confident de ses fautes secrettes, se figurer que cet homme, souvent plus foible et plus criminel, a reçu de la Divinité le pouvoir de vous absoudre de fautes que vous recommettrez le lendemain avec autant de joie et de facilité que la veille, c'est assurément de toutes les erreurs de l'esprit humain la plus grave dans ses conséquences, la plus scélérate dans ses motifs, la plus humiliante dans son mode. Est-il étonnant que des prêtres manufacturiers de cette trame perfide, qui pendant cinq cens ans enveloppa toutes les consciences, aient persécuté le seul philosophe qui dans ces tems d'orages sacrés ait porté les livrées de l'église ? O malheureux Abailard ! qu'aviez-vous fait au ciel pour naître dans ces jours de douleur, où la douleur même avoit les formes de l'insensibilité ! Abailard vit le jour dans les environs de Nantes. Il vit le jour pour souffrir, c'est le sort de tous les hommes ; mais aussi le ciel l'avoit fait naître pour éclairer ses semblables, et c'est le sort de bien peu. L'amour, ce délassement de toutes les jouissances, ce sentiment que l'on ne peint que quand on ne le sent pas, l'amour empoisonna sa vie. Réduit à n'avoir plus que le pouvoir de dire j'aime, son esprit devint seul propriétaire de sa qualité d'homme. Et qui le croiroit ? Les lettres auroient dû le consoler, et l'envie, les préjugés, l'ignorance des beaux esprits de son tems versèrent à grands flots l'amertume sur ses jours. On dessécha son génie par l'éternel contact des sophismes théologiques. Il étoit formé pour instruire, on le réduisit à disputer. Les prêtres se mirent en embuscade contre toutes les vérités que son imagination dévoiloit, et le malheureux Abailard, au bout d'une longue carrière, eut la douleur de ne laisser de sa vie que le sujet d'un roman.

Quel mêlange incroyable d'atrocités et d'inepties que celui dont les prêtres ont offert le tableau depuis le neuvième siècle jusqu'à nos jours ! Croiroit-on, par exemple, que tandis que sur des bûchers on auroit fait brûler le malheureux qui se seroit permis des plaisanteries sur le pape, que tandis que l'église arma tant de fois toutes les puissances de l'Europe contre les infortunés amis de la raison qui pouvoient croire que le *vicaire* de Jésus-Christ n'étoit pas infaillible, tandis enfin que les persécutions de tout genre déchirèrent Abailard, parce qu'il révoquoit en doute les triples absurdités de la cour de Rome ; croiroit-on, dis-je, que les pontifes Nantois trouvoient très-bon que leurs enfans-de-chœur, à certains jours de l'année, tournassent en ridicule le *très-saint-père*, et qu'ils assistassent *in fiochi* à la fête appellée *le pape des fous*?

Cette fête étoit l'une de ces mille sottises que l'église catholique, apostolique et romaine s'accorda si long-tems. Les enfans-de-chœur, à une certaine époque, s'assembloient dans la cathédrale. Le vin, les jeux et la débauche étoient le prélude de ce rassemblement, où l'on tiroit au sort quel seroit l'heureux mortel dont la tête porteroit la thiare pendant un tems donné. Quand *sa sainteté* sortoit de ce conclave passablement abreuvé et nourri, il nommoit ses *cardinaux*, ses *prélats*, ses *évêques*, et à coup sûr ses *chantres*, parce que le vin ne tarissoit pas. Alors sa *papauté folle*, pour ne pas déroger à la dignité pontificale, s'accostoit quelque courtisanne à qui il conféroit la *principauté*. Il simuloit les largesses du Vatican en distribuant à quelques écoliers, qu'il appelloit sa famille, les pièces de monnoie que tous les assistans étoient obligés de lui donner. Il se présentoit au chœur de l'église, où un trône placé sous un riche dais l'attendoit. Là tout le chapitre, jeunes comme sexagénaires, devoit baiser sa mule, qu'il avoit soin de bien crotter pour rendre l'adoration plus auguste. Ce que l'on appelloit avec tant de recueillement *les saints mystères*, n'étoit pas exempt de sa profanante démence; il se donnoit du pape tout à son aise en disant la messe assis, et pour que rien ne manquât à la pantomime, ses prélats factices lui apportoient l'hostie en procession, qu'il recevoit couvert et assis sur son fauteuil, tout aussi gravement qu'eût pu le faire *Sixte-Quint* et le sage *Lambertini*. Le scandale de tout cela étoit sauvé, parce que l'on disoit que l'hostie n'étoit pas *consacrée*. Chose étonnante! trois mots de latin de plus, et tous ces gens eussent été déicides.

Après la pompe venoient les plaisirs; il falloit bien qu'il fût pape tout entier. On le promenoit par la ville. Des arcs de triomphe étoient dressés par-tout; des ânes, des grelots, des marottes, des chapes et des surplis accompagnoient sa marche. Enfin, en deux mots, du triomphe à la table, de la table à la danse, et de la danse, Dieu sait où.

Malgré tout le ridicule de ces sortes de fêtes, plût au ciel que l'église se fût bornée à leurs folies; mais quand on est à Nantes et que l'on parle d'église catholique, comment éviter le souvenir de la révocation de ce fameux édit qui porta le nom de cette ville ? Trois cens mille familles au moins sortirent ou furent chassées de France; et pourquoi? parce qu'un roi devenu vieux, incapable de continuer la guerre son unique passion, effrayé par les remords d'une vie consumée dans l'orgueil, le sang, la débauche et l'adultère, parce que Louis XIV s'avise de se faire enfin dévot; parce que des courtisans, qui dans sa jeunesse avoient flatté ses passions, flattent de même sa superstitieuse crédulité; parce qu'un ministre scélérat, Louvois, désespéré qu'une longue paix rendît sa place moins importante, s'imaginoit que pour chasser des innocens il faudroit des soldats, et qu'il redeviendroit quelque chose. Ce qu'il y a de plaisant, s'il est possible de trouver quelque chose de plaisant dans la révocation de l'édit de Nantes, c'est qu'un *roi*, dont ce n'étoit pas l'affaire, s'avisât de *purger* la chrétienté, et qu'un pape, dont c'étoit le métier, s'avisât presque de le trouver mauvais. Odeschalchi, Innocent XI, vendu à l'Autriche, ne demandoit pas mieux qu'on tourmentât les protestans, qu'on les massacrât même, mais il n'auroit pas voulu que ce fût Louis XIV qui prît ce soin. Ce n'étoit pas le crime que ce pape haïssoit, c'étoit le roi, car il trouva charmant que Victor-Amédée de Savoie brûlât, saccageât, pillât et massacrât les pauvres et innocens Vaudois. Papes, ducs et rois! basses créatures! Quand Louis XIV à Marly poursuivit un pauvre domestique du Serdau, et qu'il lui brisa sa canne sur le dos, parce qu'il avoit mis un biscuit dans sa poche, et ce parceque Louis-le-Grand avoit de l'humeur contre un gazetier de Hollande qui s'étoit moqué dans sa feuille de sa chère progéniture *le duc du Maine*, étoit-il si difficile à l'observateur de deviner toutes les barbaries dont cet homme étoit capable? On a bien peint Louis XIV à pied, à cheval, en buste, en perruque, etc. Eh bien! à mon avis, son seul portrait ressemblant est celui qu'il grava lui-même sur le dos de ce pauvre preneur de biscuit. Je voudrois bien voir comment Boileau s'y seroit pris pour faire un poëme sur cette aventure? il eût été peut-être embarrassé; il y a pourtant là-dessus bien plus de choses à dire que sur le passage du Rhin.

Avant de quitter Nantes, nous vous dirons encore un mot des folies dont elle fut le théâtre; et telle est la malheureuse condition des historiens ou des voyageurs, c'est qu'ils ont moins souvent qu'on ne se l'imagine occasion de parler de la sagesse. Ceux qui dans quelques siècles écriront l'histoire, seront plus heureux que nous; ils auront une grande somme de vertus à raconter. Mais nous placés entre un monde qui finit et un monde qui commence, nous sommes comme ces troupes campées sur les frontières d'un état dévoré par la peste, qui crient aux voyageurs, n'approchez pas, voyez la mort qui vous attend, si vous fréquentez ces lieux.

Nous vous avons parlé de la folie des confessions, des persécutions souffertes par Abailard, du *pape des fous*, qui pourtant étoit bien le pape des sages, puisqu'on se moquoit du pape ; il nous reste à vous parler du *rachat des autels*, guerre lucrative que les moines des neuf, dix et onzième siècles livrèrent aux évêques, et qui fut plus opiniâtre à Nantes qu'ailleurs.

Les moines se mirent un jour en tête que l'exercice du culte devoit leur appartenir exclusivement. Ils avoient *raison*, parce que le peuple s'étoit mis en tête un tarif pour tous les *professeurs* de prières; tant la messe, tant le *pater*, tant l'évangile : il n'y avoit pas jusqu'au *credo* qui n'eût sa facture, et les prêtres à ce prix auroient facilement passé leurs jours à répéter, je crois en Dieu. Les moines qui croyoient beaucoup plus à l'argent, prétendirent que les vicaires ne satisfaisoient pas aussi lestement qu'eux aux besoins que les fidèles avoient de prières, et que le droit de les dire devoit appartenir aux plus habiles. Quand un vicaire mouroit, le droit incontestable de lui donner un successeur étoit à l'évêque; mais les moines étoient à l'affût, ils s'emparoient de l'église et de l'autel. Les évêques crièrent, mais les moines disputèrent, et tout en disputant ils prioient et se faisoient payer par les chalands en *oremus*. Ce scandale, pour me servir de l'idiôme du tems, ou ce brigandage, pour parler d'une manière intelligible pour le tems des lumières, dura près de trois cens ans. Le véritable fond de la querelle étoit l'argent que les évêques et les moines vouloient voler au peuple. Les voleurs s'accordèrent en partageant le butin, et la somme dont on convint de part et d'autre s'appella *redemptio altarium*, rachat des autels; et en honneur l'expression étoit bien significative, car l'autel fut toujours l'esclave des passions des prêtres.

On a prétendu avec bien moins de vérité qu'un certain *Vitalien*, pape de profession, avoit tenu un concile à Nantes. Les historiens qui lui font cet *honneur*, se sont bien gardés de dire ce qu'on fit à ce concile. Ils auroient été bien embarrassés de le trouver, et moi je suis bien plus embarrassé qu'eux de savoir ce que *ce pape* seroit venu faire en basse-*Bretagne*. Certes, quoiqu'il fût un *grand saint*, il étoit bien plus occupé à Rome à recevoir les présens de l'empereur *Constans*, bien qu'il fût hérétique, et à partager avec lui les dépouilles des églises que cet *Auguste* du bas-empire butinoit, que desireux de venir à l'embouchure de la Loire où rien ne tentoit son avarice, puisque la découverte de l'Amérique et le commerce qui s'en est ensuivi étoient encore bien loin d'enrichir ces lieux assez pour tenter la voracité pontificale; or, il est permis d'en conclure que le concile de Nantes n'est autre chose qu'une petite courtoisie que les chroniqueurs ont voulu faire à l'antiquité de cette ville; que quelque assemblée de prêtres dans quelque taverne, au retour de quelque enterrement, aura donné lieu à cette fable, et que les vingt canons *décrétés*, dit-on, à ce concile, ne sont autre chose que la tradition de vingt brocs de vin qu'ils auront bu ; et s'il faut enfin dire la vérité toute entière, tous ces conciles dont on a doté tant de villes et dont il ne reste que le nom, ne sont, comme mille autres choses, qu'une affaire de mode, parce qu'alors il étoit du bon ton sans doute d'écrire telle ville a eu un concile, comme il est d'usage de nos jours de dire telle ville a un bon spectacle.

Aucune commune de ce département n'offre rien d'intéressant après Nantes. Château-Briant, Ancenis, Machecoul, Guerande et Blain sont plutôt de gros bourgs que des cités, environnés d'un territoire plus ou moins fertile. Il reste quelques vieux débris de châteaux dans ces différentes villes. On prétend que celui de Château-Briant renfermoit des oubliettes comme ceux d'Ham et d'Amboise. On forçoit le malheureux que l'on destinoit à ce genre horrible de supplice, à passer dans un corridor étroit qui sembloit le conduire à une salle dont il appercevoit la porte. Ses premiers pas posoient sur une bascule dont il n'appercevoit pas la jointure, mais quand il avoit dépassé le pivot ou essieu sur lequel elle tournoit, le poids de son corps la faisant enfoncer, il rouloit dans un trou de quarante ou cinquante pieds, au fond duquel se trouvoit une roue garnie de lames tranchantes; et l'infortuné dans sa chûte faisant mouvoir cette roue, passoit entr'elle et le mur, à peu près comme le café passe entre la meule et les parois du moulin, et les débris de son corps, tailladé et fracassé se plongeoient dans un puits qui se trouvoit au-dessous de la roue. Les lettres de cachet ont succédé aux oubliettes ; le pouvoir d'une feuille de papier a rouillé les rasoirs de la fatale roue. Les oubliettes n'étoient qu'un tourment de quelques minutes; les lettres de cachet en devinrent un de quelques lustres. Cela s'appelle passer les supplices à l'alambic. Une réflexion consolante pour l'humanité, c'est que jamais on ne découvrit d'oubliettes dans les chaumières, et que les lettres d'un laboureur n'ont jamais porté, *et plus bas Phélipaux.* Les hommes méchans ne sont donc pas si communs qu'on le croit. Est-il si difficile de compter les couronnes ? Quand on calcule que deux ou trois galbanons de Bicêtre contiendroient tous les rois de la terre, on ne conçoit pas trop comment une semblable *masse* a pu si long-tems effrayer le monde.

La ci-devant *Bretagne* que nous allons quitter tout-à-l'heure, fut pendant bien des siècles le pays des miracles. On berçoit, et malheureusement on berce peut-être encore les enfans de ce département avec ces contes, et les *bonnes femmes* y ont un art particulier pour enchevêtrer les relations du sabbat et la puissance surnaturelle des saints. Leur prolixe imagination trotte avec la même facilité sur le manche à balai d'une sorcière et sur l'auréole d'un Dieu. On est stupéfait de voir une lettre divine apportée par une colombe, ou l'intarissable projection de Saint-Guignolet servir d'épisode à l'apparution d'un loup-garou. On vous montre avec le même sang-froid à Machecoul, la tour où les revenans ont établi leur domicile, et la maison où le juif *Jonathas* essaya de faire bouillir une hostie qui brava tous les efforts judaïques. Sans doute il étoit riche ce juif; car à

Paris comme à Machecoul, à Bruxelles comme à Paris, on retrouve des maisons de ce juif *Jonathas*, où la même profanation s'étoit commise. Il est vrai que celle de Paris doit être la bonne, car ce fut celle où la réparation fut plus authentique. Des Carmes ont occupé cette maison et joui pendant plusieurs siècles de cent mille livres de rente pour consoler l'hostie de la barbarie d'un juif. Il faut dire cependant qu'à la longue ces pauvres mendians à cent mille livres de rente, l'objet de l'estime des *rois* depuis Philippe-le-Bel jusqu'à Louis XIII, trouvèrent la discorde si douce et les dissentions si flatteuses, qu'on prit le parti pour la tranquillité publique de les laisser s'éteindre ; mais les moines étoient une si bonne chose, qu'on appella des Carmes de Rennes pour remplacer ceux-là, qui portèrent dans Paris des *vertus* d'un autre genre, et dont il est inutile de rappeller la mémoire.

Quoique ce département n'ait pas fourni des hommes bien célèbres dans les sciences et les lettres, il n'en est pas moins vrai que l'esprit est commun à ses habitans. Ils ont de la facilité dans l'imagination, de la saillie dans les réponses, de la sagacité dans le jugement, et du penchant à l'épigramme. On attribue à un Breton cette jolie plaisanterie sur la statue de Colbert que l'on voyoit représentée à genoux sur son tombeau à Saint-Eustache, devant un livre qu'un ange tenoit ouvert. C'étoit certes un plaisant pupitre que le sculpteur avoit donné là à ce fameux ministre : cet emblême vouloit dire peut-être qu'il falloit être ange pour rendre service à Colbert.

Quoi

Quoi qu'il en soit, notre breton accrocha un jour au col de la statue un écriteau sur lequel on lisoit :

Res ridenda nimis, vir inexorabilis orat.

« C'est une chose plaisante de voir prier un homme » que l'on pria toujours en vain ».

Ce département fournit de beaux bois de charpente. On y trouve des mines de fer assez abondantes, et plusieurs forges y sont en activité. Un des grands ridicules du gouvernement de l'ancien régime, ou pour mieux dire, une des friponneries ordinaires aux ministres de ce tems, étoit de faire venir de l'autre bout de la France les boulets nécessaires à la marine, tandis que l'on avoit aux portes de Brest et de Nantes assez de fer pour épargner cette onéreuse dépense.

Le costume des habitans des villes diffère peu de celui du reste de la France, et celui des habitans des campagnes est à-peu-près semblable à celui que nous avons déjà décrit dans un autre département formé comme celui-ci de la ci-devant Bretagne. Les femmes de Nantes, ainsi que celles de Vannes, Rennes, etc., portent des espèces de mantelets ou capes dont la forme n'est connue que dans ces cantons. Elles descendent jusqu'aux pieds, sont assez larges pour envelopper, et communément faites de taffetas de diverses couleurs, jaune, bleu, brun, blanc, etc., ce qui donne un coup-d'œil assez original aux promenades fréquentées par les femmes. Ces capes sont plutôt une parure qu'un objet d'utilité, car elles ne garantissent ni du froid, ni de la pluie ; et malgré leur ampleur, il n'est pas d'usage de les fermer par-devant ; on les laisse flotter négligemment au vent. Les femmes en ont cependant d'une étoffe plus commune lorsqu'elles sortent le matin pour aller au marché, ou pour quelque autre besoin de leur ménage. Sous l'ancien régime, les femmes de la *noblesse* ne portoient point de ces capes, et c'étoit à cette parure que l'on reconnoissoit une femme de la bourgeoisie, comme à la chaise à porteur on reconnoissoit la femme *à écussons*, ou la femme *parlementaire*. Ces chaises à porteur étoient un grand luxe en *Bretagne*, où les carrosses n'étoient presque point d'usage.

Il est assez plaisant que ce soit par la *noblesse* même que dans tous les tems on ait connu les ridicules de la *noblesse*. Les *qualités* de Paris persifloient les *qualités* de province, et les *qualités* de province parloient en pliant les épaules des *qualités* campagnardes. Le peuple les regardoit en pitié, mais ne s'occupoit guères à peindre leur fatuité. Le tout se passoit de *nobles* à *nobles*, et sans la célèbre Sévigné, nous n'aurions pas le tarif des qualités de la *noblesse* Bretonne. Cette femme qui écrivoit bien mieux qu'elle ne pensoit, qui n'eut de l'amour maternel que l'esprit, et que l'on pourroit appeler le stras de la littérature, venoit souvent en Bretagne, et si l'on vouloit juger de ce pays par ses lettres, on n'auroit dans la tête qu'un mémoire à-peu-près semblable à celui que l'on pourroit faire sur les ours de Berne. Au reste, il y auroit un peu de folie à présumer un jugement bien sain sur les hommes dans une femme folle pendant quelques semaines, parce que Louis XIV lui avoit adressé la parole.

Ces hommes que madame de Sévigné trouve *pitoyables*, sont pourtant les pères et le sang de ceux qui depuis se sont montrés si vigoureusement dignes de la liberté, et dont quelques erreurs depuis ont été le crime des prêtres, et non pas le leur. Cette liberté ne doit point se rappeller sans reconnoissance qu'à son réveil en France deux cens quatre-vingt-quinze mille hommes furent tout-à-coup sous les armes en Bretagne, et qu'à la fameuse époque du 6 octobre, cette armée fut sur le point de voler à la défense de la représentation nationale. Dès-lors les rois et les tyrans étoient jugés en Bretagne.

NOTE.

(1) Tout le monde sait que Louis XI habitoit de préférence les bords de la Loire. La ci-devant Touraine est un des pays qui tout à-la-fois a reçu le plus de bienfaits de la nature et mérite le plus de reproches de l'humanité. Le ciel lui prodigua tout, elle a tout prodigué aux tyrans. A partir depuis Louis XI inclusivement jusqu'au ministre Choiseuil, que de monstres l'ont habité, et c'est une observation qui n'est pas méprisable à faire, que les bords de la Loire ont presque toujours été le théâtre des grandes crises de la France. La guerre de la Vendée étoit digne d'y figurer, et l'on peut pardonner l'instant d'indignation qui fait supposer que le génie infernal de cette guerre est sorti du tombeau de Louis XI.

C'est à *Notre-Dame* de Cleri que ce monstre est enterré. Il est à genoux sur un mausolée assez mesquin : j'entrois un jour dans cette église avec une femme à qui l'on pouvoit pardonner d'ignorer que Louis XI étoit enterré là. Elle me dit, en me montrant cette statue : Oh ! que cet homme devoit être méchant ! Elle ne savoit pas de qui elle parloit ; elle en jugeoit par instinct.

Ce tyran n'étoit pas insensible au mérite de l'esprit. Au Plessis-lès-Tours il entre dans sa cuisine ; un enfant tournoit la broche ; sa figure le frappe ; il lui dit : D'où es-tu ? quel est ton nom ? combien gagnes-tu ? —— De Berry ; Etienne ; marmiton ; autant que le roi ; répondit l'enfant. Surpris de ce laconisme, Louis XI lui demande, et combien gagne le roi ? —— Sa vie, et moi la mienne, ajoute l'enfant. On dit qu'il lui fit du bien.

C'est à la tyrannie de Louis XI que nous devons la poste aux lettres. Cette invention étoit digne de la soupçonneuse inquiétude du Néron de la France. Ce fut pour sa commodité qu'il l'imagina. Depuis elle est devenue générale. La poste est une fille du despotisme que son père a violée bien des fois.

Cet homme fut le plus méchant des rois, et cette perfection n'est pas facile. Eh bien ! il trouvoit des flatteurs. Il est vrai que c'étoit parmi les grands : cela n'est pas étonnant, car il les méprisoit. Voilà un petit animal bien fort, disoit un jour Brézé en voyant Louis XI monté sur un petit cheval. Pourquoi ? lui demanda le monarque ; parce qu'il porte le roi et son conseil, répondit Brézé d'un air doucereux. C'étoit l'enfer qu'il portoit.

VOYAGE
DANS LES DÉPARTEMENS
DE LA FRANCE,

Enrichi de Tableaux Géographiques et d'Estampes ;

Par les Citoyens J. LA VALLÉE, ancien capitaine au 46.º régiment, pour la partie du Texte ; LOUIS BRION, pour la partie du Dessin ; et LOUIS BRION, père, auteur de la Carte raisonnée de la France, pour la partie Géographique.

L'aspect d'un peuple libre est fait pour l'univers.
J. LA VALLÉE. *Centenaire de la Liberté.* Acte I.er

A PARIS,

Chez Brion, dessinateur, rue de Vaugirard, N.º 98, près le Théâtre-François.
Chez Buisson, libraire, rue Hautefeuille, N.º 20.
Chez Desenne, libraire, galeries du Palais de l'Egalité, N.ºs 1 et 2.
Chez l'Esclapart, libraire, rue du Roule, n.º 11.
Chez les Directeurs de l'Imprimerie du Cercle Social, rue du Théâtre-François, N.º 4.

1793.
L'AN SECOND DE LA RÉPUBLIQUE FRANÇAISE.

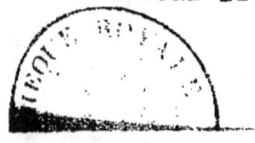

Nota. Depuis l'origine de l'ouvrage, les auteurs et artistes nommés au frontispice l'ont toujours dirigé et exécuté.

Ouvrages du Citoyen JOSEPH LA VALLÉE.

Le Nègre comme il y a peu de Blancs.	3 vol.
Cecile, fille d'Achmet III.	2 vol.
Tableau philosophique du règne de Louis XIV.	1 vol.
Vérité rendue aux Lettres.	1 vol.
Serment civique, comédie en 1 acte.	1 br.
La Gageure du Pélerin, en deux actes.	
Départ des Volontaires Villageois, comédie en 1 acte.	
Voyage dans les Départemens.	*Vid.* 18 n°*.

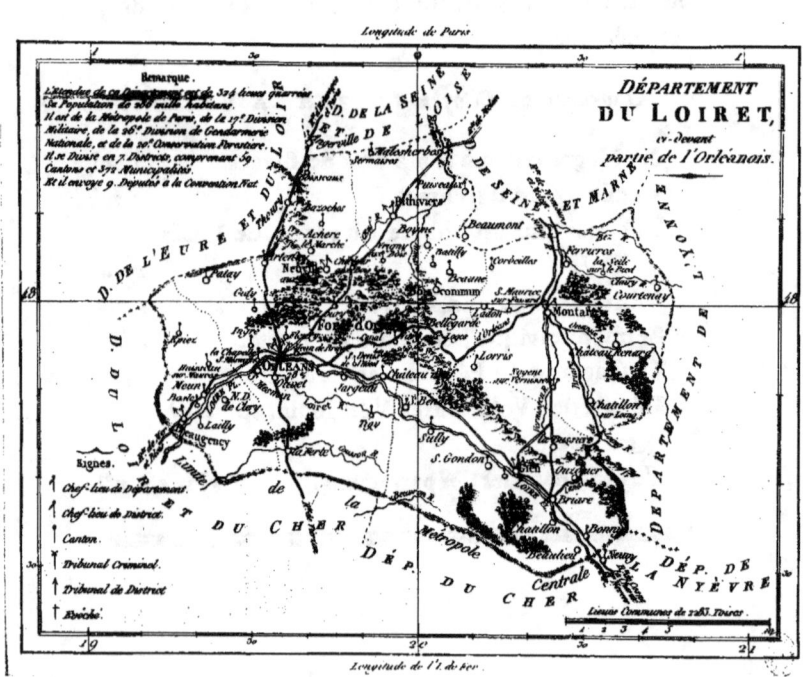

VOYAGE
DANS LES DÉPARTEMENS
DE LA FRANCE.

DÉPARTEMENT DU LOIRET.

Orléans est le chef-lieu de ce département, et c'est la première ville où nous nous sommes arrêtés en sortant du département de Seine et Marne, après avoir traversé diagonalement la forêt qui porte son nom, et que la retraite que son épaisseur offroit aux brigands, a rendu long-tems aussi célèbre que dangereuse.

Si la liberté enfanta les grands-hommes et les héros de tout genre, la licence a produit également les célèbres pirates de grand chemin. L'invariable fermeté dans les principes éternels est donc ce qui constitue l'homme libre proprement dit. En-deçà des principes, c'est un esclave : au-delà, c'est un scélérat. Libre, mais libre avec tous, voilà le vrai citoyen : libre, mais simplement avec quelques-uns, voilà le brigand. Résistance à l'oppression de la loi d'un seul, voilà les droits de l'homme : résistance à la sévérité de la loi générale, voilà les droits du brigand. Egalité dans les fortunes, voilà la base de la meilleure des sociétés : exigeance du superflu ou partage forcé de la propriété d'autrui, voilà le fondement de la pire des associations. Cependant, en remontant jusqu'au point d'où sont écoulés des résultats si différens, on trouvera qu'ils sont partis du même principe, et que la manière d'interpréter *le tien et le mien* est la première nuance ou la dégradation se fait sentir : que c'est, pour ainsi dire, l'enfourchure de l'arbre de la nature, d'où part, d'un côté, la branche saine, et de l'autre, la branche pourrie. L'homme qui met plus d'importance *au mien* qu'*au tien*, est le brigand, comme celui qui, dans son cœur, attache plus de respect *au tien* qu'*au mien*, est le véritable homme de bien.

L'appareil des tortures et des supplices, la cadavereuse noirceur des squelettes desséchés, les dépouilles rebutantes des scélérats tombés sous le glaive des loix, n'ont plus attristé nos yeux, en parcourant les routes ténébreuses de cette forêt, antique comme le monde. Nous n'avons plus été contraints d'associer la majesté sauvage avec le souvenir de la corruption civile. Enfin, s'il est permis de le dire, nous nous sommes, pour la première fois, trouvés seuls avec l'Être Suprême, sans avoir à lui demander comment il souffrit que les hommes devinssent méchans.

Il semble que les lieux habités par les humains nuisent à la vie de la nature. Les villes, si j'ose parler ainsi, sont les pustules de la terre; les habitations des hommes sont la maladie cutanée du globe. Mais si l'on rencontre un point où le bruit des mortels n'arrive point à l'oreille, où l'on surprenne l'astre de la lumière tête à tête avec le silence des nuits, où l'innocence des animaux s'agitte seule au sein de la candeur des végétaux, c'est alors que la santé de la nature se développe entière sur tout ce qui vous entoure. Vingt fois, au milieu de la forêt d'Orléans, prêtant en vain l'oreille pour écouter le fracas lointain des cités, ne recueillant que le bruit léger de la feuille frémissante sous le souffle de zéphir, nous nous sommes demandés : est-ce la famille d'Adam que le Créateur vient de jeter au sein de l'univers ? L'idée des palais, des jardins enchanteurs, des monumens superbes, de tout ce fard dont la coquéterie des passions a recrépi les rides de la terre : le souvenir des riches moissons, des travaux de la campagne, des bienfaits enfin de l'agriculteur, qui, dans le fond, ne sont cependant que les traces des larmes de l'humanité : tout sembloit effacé sur la glace de notre mémoire. Nous vivions tout entiers, parce que la nature vivoit toute entière sous nos regards, parce que l'haleine de l'homme n'avoit pas encore paralysé le sol que nous touchions. La mousse où s'imprimoit la trace de nos pas : les arbres, dont l'ombrage nous couvroit : l'air, dont le fluide injectoit nos veines des parfums de la sève, tout étoit vierge ; et, s'il est permis de le dire, là nous n'éprouvions pas même les besoins, parce que la nature n'avoit rien encore accordé aux besoins de l'homme.

Hélas ! aimable roman de l'esprit ! douce et fugitive erreur ! A peine faisions-nous un pas, mon ami, qu'elle étoit détruite. Nous voyions les oiseaux, les animaux timides fuir à notre approche. Ah !

dîmes-nous, nous ne sommes pas seuls sur la terre. Il existe des hommes, puisque la terreur saisit les habitans des bois à notre seule vue. Il en existe sans doute, et les cavernes profondes, dont les bouches se découvrent à peine à travers la ténébreuse horreur des précipices, ont été le repaire des crimes. Ce fut là que, plus d'une fois, assouvi de rapines et de carnage, l'assassin, fuyant le jour souillé par son existence, vint demander à la nuit un sommeil que la crainte et le remords arrachoient à son œil ensanglanté. Terrible, quoique tremblant, il se faisoit un rempart du renom de ses forfaits; et combien de fois, dévoré par l'épouvante, brava-t-il, sous l'égide de son atroce renommée, le courage des protecteurs de la sûreté publique ? Il est un corps qui, sous l'ancien régime, comme sous le nouveau, mérita bien de la patrie. C'est la gendarmerie nationale. Et si jadis, sous un titre moins vénéré, il fut quelquefois l'instrument du pouvoir arbitraire, ce fut le vice de ses chefs, et non pas celui des subalternes. Grace à ces *Thésées* de la France, le libre voyageur respiroit sans allarmes, et l'enthousiasme du devoir, toujours auguste quand l'humanité l'inspire, enfanta plus d'un héros parmi ces hommes, dont le préjugé feignoit d'écarter la gloire. Les fastes de la forêt d'Orléans en ont consigné plus d'un exemple. Je ne vous en citerai qu'un, il est du commencement du règne de Louis XV.

Une bande de voleurs célèbres, après la chûte des billets de Law (1) désoloit ces cantons. Leurs assassinats fameux se renouvelloient chaque jour : ils bravoient le nombre des voyageurs ; redoutables, ils avoient déja fait mordre plus d'une fois la poussière aux cavaliers de maréchaussée qui les avoient attaqués ; adroits dans leur scélératesse, ils avoient l'art de dérober à tous les yeux le repaire qu'ils habitoient. Ennemis nés de la maréchaussée, c'étoit sur-tout au *grand prévôt* d'Orléans, dont ils connoissoient l'active vigilance, qu'ils avoient voué leur haine sanguinaire. Ils brûloient de le sacrifier à leur inimitié. Instruit de cette disposition, un simple brigadier résolut d'en profiter pour les détruire. Il confie son projet au grand prévôt, lui indique ce qu'il doit préparer pendant son absence pour concourir à son succès, se déguise ensuite, revêt les haillons du brigandage, et, armé d'un fusil, de quatre pistolets, d'un poignard et d'un sabre, part et se rend dans le quartier de la forêt qu'il sait être le plus fréquenté par les voleurs. Il avoit besoin d'une action d'éclat pour mériter la confiance des compagnons qu'il alloit chercher. Tout étoit prévu. Rendu sur la place où il savoit que les voleurs devoient être, il s'embusque. Un de ses amis, avec qui il s'étoit concerté, passe à cheval sur le chemin, comme si le hasard l'y eût conduit. Notre faux voleur lui lâche un coup de fusil, et s'élance à la bride de son cheval. Alors commence entr'eux un combat simulé à coups de pistolet. Le voyageur feint de succomber, le brigadier le dépouille, s'empare de son cheval, et s'enfonce dans la forêt. Bientôt, entouré des brigands, invisibles témoins du combat qu'il vient de rendre, il se trouve interrogé, félicité, caressé : on le juge digne d'être admis, et, pour sa bien venue, on lui demande de partager son butin. Il y consent, en se plaignant de sa fatigue. La nuit approche, on le conduit dans la caverne, retraite ignorée de ces misérables; et l'ami, qu'il a laissé gissant par terre, profite de cet éloignement pour se sauver.

Mais quel danger! A peine est-il entré dans la caverne, qu'à la lueur du brasier où l'on faisoit cuire le souper des brigands, il reconnoît, parmi leur troupe nombreuse, un voleur que, quatre ans avant, il avoit conduit dans les prisons d'Orléans. Il voit, d'un coup-d'œil, le péril imminent où il est. Reconnu, sa mort est certaine. Que faire? La fuite est impossible. Sa présence d'esprit le sauve. La table est dressée; on s'asseoit, on mange, on boit, on rit même. Le tumulte est le simulacre de la joie parmi les scélérats. Lui seul est sérieux ; on s'en étonne, on le lui reproche. Il avoit surpris souvent les yeux du voleur qu'il avoit reconnu attachés sur lui. Le besoin d'écarter les soupçons devenoit à chaque minute plus instant. Comment, leur dit-il, me livrer à la joie? Le desir de la vengeance me ronge le cœur. J'étois seul, je ne pouvois la satisfaire : maintenant je me trouve avec vous : je commence à concevoir quelqu'espérance d'égorger mon plus cruel ennemi : cette idée seule m'occupe, et m'empêche de partager vos plaisirs. Soudain vingt questions se succèdent. Quel est-il? où est-il? est-il riche? parle. Il périra, nous te le jurons. Frémissez, leur dit-il. C'est un frère, un monstre, qui m'a réduit à l'état où je suis. Il est brigadier dans la maréchaussée d'Orléans. C'est le plus déterminé de tous nos ennemis. Il dit vrai, s'écrie le voleur qui l'avoit reconnu. C'est un coquin à qui j'en garde une bonne.... C'est bien son frère, il lui ressemble. Ah! s'il pouvoit me tomber sous la main!... Mais qu'est-ce qu'il t'a fait? — Ce qu'il m'a fait! que le tonnerre me punisse, s'il ne périt par mon bras. J'étois amoureux de la fille du grand prévôt. Ils s'en sont apperçus. Ils ont voulu que, pour l'épouser, j'endosasse leur infernal habit.... Plutôt mourir! j'ai résisté. Eh bien! mon scélérat de frère, bas flatteur de son officier, m'a pris le peu de bien que notre père nous a laissé, m'a chassé de chez lui, et m'a plongé dans la prison, ou j'ai langui quelques mois. Enfin, j'ai trouvé le secret de m'évader; aidé par ma maîtresse, j'ai pénétré dans la maison du grand prévôt, j'ai forcé son bureau, où j'ai trouvé quelques louis. Je m'en suis servi pour acheter quelques armes, je me suis enfoncé dans la forêt. Ce soir, j'ai fait mon coup d'essai, vous voyez ce dont je suis capable, et me voilà.

A peine a-t-il fini, que le capitaine lui dit: tu connois donc bien la maison de ce grand prévôt? — Mieux que celle de mon frère. — O mes amis! l'heureux coup, si, par son adressse, nous pouvions pénétrer chez ce misérable, qui nous a donné tant d'alertes, nous en défaire, et ravir tout ce qu'il possède. A la bonne heure, s'écrie toute la troupe, mais savoir s'il le peut. — Oui, répond-il, mais à condition que vous jurerez d'épargner ma femme.

Nous le jurons sur nos poignards, répondent-ils. A demain donc pendant la nuit, reprend le capitaine. Mais du sang-froid, messieurs, demain au soir, tout le monde à la diète, nous boirons à notre retour. Par la mort! si quelqu'un y manque.... Pendant le jour, demain, que personne ne sorte. La nuit nous dédommagera de ce qui nous échappera dans la journée. On s'occupera à mettre les armes en état. Buvons maintenant.

Quelle nuit! quel jour! pour notre téméraire brigadier. Enfin, ils s'écoulèrent. A onze heures du soir on part. Il est le guide. La nuit étoit profonde. Une heure du matin sonne. Ils entroient dans Orléans. Tout dormoit. Ils arrivent à la maison du prévôt. Cette salle basse, dit-il au capitaine, communique à l'escalier qui monte à sa chambre. Soudain un barreau des fenêtres est coupé, un carreau cassé, la fenêtre ouverte. Suivez-moi, dit il au capitaine, dont il ne quitte pas la main. Il franchit la fenêtre, et le reste de la troupe le suit. A peine sont-ils entrés, qu'il plonge son poignard dans le sein du chef des brigands. Il pousse un cri. C'est le signal. Dix brigades, embusquées dans la maison, se jettent sur les scélérats. La résistance est vaine. Le trouble, la confusion, la frayeur les ont déja vaincus : on les désarme, on les enchaîne, et bientôt ils vont, dans le fonds des cachots, attendre le supplice qu'ils méritent.

Peu de traits portent un caractère plus marqué d'audace, d'intrépidité et de présence d'esprit. Un *intendant*, qui possédoit cent mille livres de rente

Orléans.

pour avoir le droit de voler impunément toute une province, crut beaucoup faire, en donnant cent écus de gratification à un homme qui, pendant quarante-huit heures, s'étoit mis entre la vie et la mort pour assurer la tranquillité publique, et que, dans l'ancienne Grèce, on eût récompensé par des statues. Et telle est l'absurdité de payer la vertu avec de l'argent, que c'est laisser les autels et les couronnes en partage aux vices.

Cette ville d'Orléans, qui dut sa splendeur à l'empereur Aurélien, dont elle porta long-tems le nom, embellit la rive droite de la Loire, qu'elle traverse sur un pont, regardé comme l'un des plus beaux monumens de ce genre que possède la République. Cette ville est plus agréable qu'elle n'est belle. En général, ses rues sont étroites, et, si l'on en excepte celle qui conduit au pont, les édifices de toutes les autres sont d'un mauvais goût. Aussi le quartier de cette rue du pont est-il le plus fréquenté, mais sa population et son commerce la rendent extrêmement vivante, et ce commerce est en effet très-considérable. Sa position, sur la rive droite de la Loire, la fait communiquer d'un côté à la mer, tandis que, de l'autre, par un canal ouvert à deux lieues de ses murs, elle peut facilement joindre la Seine. Elle se trouve ainsi l'entrepôt de toutes les marchandises des départemens du Midi et de l'Est de la France, qu'elle verse à Paris par le canal et par terre, ou dans l'Océan par la Loire, dont elle reçoit en retour toutes les denrées de l'Amérique par Nantes, et toutes les productions de l'ouest. La chapellerie, la coutellerie, la tannerie, la bonnetterie, occupent une infinité de bras dans cette ville. On y fabrique aussi des espèces de calottes de laine extrêmement fine, que l'on fait teindre en écarlate, et dont la destination est pour le Levant et la Turquie, où elles passent par Marseille. Son industrie s'exerce sur-tout sur le rafinage du sucre, et la manière d'épurer ce suc de roseaux, que l'Amérique fournit autant à notre délicatesse qu'à nos besoins, a été poussée à Orléans beaucoup plus loin qu'ailleurs. Il faut avouer cependant que la blancheur, exigée plutôt par la mode que par la raison, atténue la substance de ce sel, et que le sucre brut est infiniment meilleur que le sucre épuré.

Le superbe pont d'Orléans en a remplacé un très-antique, sur lequel on voyoit un monument en bronze, élevé en l'honneur de la fameuse Jeanne-d'Arc, vulgairement appelée Pucelle d'Orléans. Ce monument, fondé par Charles VII, se ressentoit du mauvais goût de son siécle. Il représentoit la Vierge, assise aux pieds de la croix, tenant sur ses genoux le corps du Christ, et l'on avoit placé, à droite et à gauche, Charles VII et la Pucelle, armés de toutes pièces, et à genoux, fort étonnés de se trouver dans le même grouppe avec une femme de Judée, qui avoit vécu quatorze cents ans avant eux.

Les dehors de cette ville, et le fauxbourg, que l'on nomme d'*Olivet*, sont on ne peut pas plus agréables. Ils sont ornés de maisons de campagne, où les négocians de cette ville vont se délasser de leurs travaux, et ont rassemblé tout ce que le luxe et la richesse peuvent réunir d'agrémens, s'il est vrai que la splendeur du superflu puisse ajouter quelque chose aux charmes de la vie, et qu'il ne soit pas le terme où les jouissances cessent, parce que la nature s'éloigne.

On distingue trois enceintes à cette ville; la première, qu'on nomme l'ancienne, est celle qu'Aurélien lui fixa peut-être; la seconde est du règne de Philippe-de-Valois; la troisième fut commencée par Louis XI, continuée par Charles VIII, et terminée par Louis XII. Ces enceintes avoient des tours, dont plusieurs subsistent encore. Sa cathédrale a de la majesté, et son jubé, ouvrage de sculpture du célèbre *Tuby* (2) plaît aux connoisseurs. Une des baroqueries de cette église, étoit de compter Jesus-Christ au nombre de ses *chanoines*. On lui faisoit l'honneur de le regarder comme le doyen : mais, selon toute apparence, on ne lui attribuoit point de prébande : on l'avoit relégué parmi les pauvres de l'hôtel-Dieu; et dans toutes les distributions que le chapitre faisoit à cet hôpital, la seule distinction du *chanoine-Dieu* étoit d'avoir double portion.

Cette ville tient un rang considérable dans l'histoire. Elle donna son nom à un des petits royaumes de la première race. Elle eut ses tyrans, qui portèrent le nom de *rois d'Orléans*. Ce triste *honneur* dégénéra en titre de *duché*, que lui donna Philippe-de-Valois. Charles VII donna ce duché à son frère Louis, dont la postérité le posséda jusqu'à la mort de Charles VIII, où Louis XII commença cette branche de *rois*, que l'on a nommée d'Orléans.

Attila, ce roi des Huns, dont nous avons peint la

chûte épouvantable dans les plaines de Châlons, la désola en 450 par un siége aussi long que meurtrier, et ce siége, en calculant la route que ce conquérant barbare dut prendre en se débordant dans les Gaules, paroît être le fondement de l'opinion de ceux qui rapportent aux campagnes de Poitiers la défaite de ce fameux brigand. En effet, on ne conçoit pas trop comment étant entré sur le territoire, appelé France aujourd'hui, par Strasbourg, il seroit venu mettre le siége devant Orléans, pour rétrograder ensuite du côté de la Champagne, tandis que le pillage, principal objet de sa course désastreuse, lui présentoit des ressources bien plus vastes, en continuant sa marche à travers les pays fertiles, situés entre la Loire et la Dordogne. Mais l'éclaircissement de ces obscurités de l'histoire s'éloigneroit trop de notre sujet pour le discuter sérieusement. Laissons la trace incertaine des crimes d'Attila. On instruit moins en répétant l'histoire des forfaits d'un semblable conquérant, sur la scélératesse duquel tout le monde s'accorde, qu'en recueillant et révélant ceux qu'un masque d'hypocrite vertu trouva l'art d'embellir aux yeux des hommes, toujours si enclins à se laisser tromper.

Plus l'on trouve la religion catholique anciennement établie quelque part, plus on est sûr de retrouver, en remontant vers son établissement, de ces opinions que l'église, contredite par elles, voulut flétrir, en les qualifiant d'hérésies. On pourroit en conclure que, bien loin que la vérité de la religion chrétienne eût, de prime abord, frappé tous les yeux, comme les prêtres l'avancent faussement, elle révolta au contraire, et qu'occupant tous les esprits par ses propositions nouvelles, au-lieu de les réunir, elle ne fit qu'enfanter une foule d'erreurs, méconnues jusques-là, et qui, sans elle, n'eussent pas tourmenté les malheureux humains. Orléans tira long-tems à gloire d'être un des plus anciens évêchés du monde chrétien, et l'orgueil pastoral y datoit, dit-on, du second ou du troisième siècle. L'un des plus grands ennemis du système chrétien, celui qu'il ne réussit jamais à étouffer, parce qu'il est sans cesse alimenté par l'interminable imbroglio des biens et des maux où l'homme a tant de peine à démêler son existence, celui qui vit encore, après dix-huit cents ans de combats, c'est le système de Manès. A l'aspect des misères humaines, et des triomphes périodiques du vice et de la vertu : à cette oscillation perpétuelle de jouissances et de souffrances, est-il étonnant que deux principes, un de bien, et l'autre de mal, se soient présentés à l'esprit de l'homme ? Ce fut, et c'est sans doute la plus exécrable des erreurs, mais ce dut être également un monstre formidable pour les prêtres catholiques, dont la folie fut toujours de persuader aux hommes que les maux étoient des biens, et que les biens étoient des maux. Il est à remarquer que par-tout où les passions de quelques-uns furent la source des troubles de tous, c'est-à-dire, dans les pays où l'ambition de quelques chefs attirèrent les divisions, les guerres et les fléaux qui les suivent, le Manichéïsme trouva plus facilement créance. Les longues convulsions que la France avoit éprouvées sous une longue suite de *rois fainéans*, tour-à-tour conduits dans le précipice par des prêtres fanatiques et rapaces, et des maires du palais superbes et déprédateurs, venoient à peine d'être suspendues par la révolution sanglante que les Hugues avoient préparé de longue main, et que le premier des Capets avoit terminée en montant sur le trône. Robert son fils, d'un caractère plus pacifique, ne vivoit pas dans un siècle où la philosophie pût tourner cette douceur au profit de l'humanité. Le fanatisme tout-puissant, au contraire, eut soin d'en profiter pour valider la persécution. Je dis valider: car tels sont les hommes; la persécution, aux yeux de la multitude, passe trop souvent pour justice, en raison de l'opinion que l'on a conçue du moral de l'homme dont elle part. Le Manichéïsme avoit fait des progrès considérables en France, et Orléans étoit le tronc d'où s'étendoient au loin les racines profondes de ce système religieux. Où la raison est exilée de l'autel, les bûchers sont les apôtres du culte. L'irascible église romaine arma donc la débonnaire foiblesse de Robert contre des hommes dont le crime étoit de penser que l'on pouvoit souffrir sur la terre, et qu'il étoit possible d'y rencontrer le bonheur. *Héribert* et *Lisoyus*, qu'un peu plus de connoissances avoient mis au-dessus de leurs contemporains, étoient les chefs de cette opinion. Ce fut contre eux que l'on dirigea les poignards *royalement sacrés* du *bon roi* Robert. Un concile s'assembla, car alors l'église vouloit bien que les rois fussent cruels et féroces, mais elle vouloit encore que ce

fût

Vue sur le Loiret

La Chapelle St Mesmin

fût par son ordre seul ; et tant que les conciles furent de mode, les rois furent les *exécuteurs de la haute justice* des conciles. Le concile donc, juge et partie dans sa propre cause, exige qu'*Héribert* et *Lisoyus* se rétractent. Nous sommes prêts à le faire, dirent-ils, si vous nous prouvez que nous avons tort. Au-moins, dans ce moment là, la sagesse étoit-elle de leur côté. Le concile ne perdit pas le tems à prouver, il étoit pressé de condamner : et il condamna au feu *Héribert* et *Lisoyus*. Dans une telle détresse, leurs vertus rassemblèrent autour d'eux quelques amis, dont les larmes venoient adoucir le sentiment douloureux de l'horrible injustice qui les accabloit. Ce fut un outrage impardonnable aux yeux de la *chrétienne* charité de leurs bourreaux. Leurs amis infortunés furent enveloppés dans leur perte, et le même bûcher s'alluma pour les persécutés et pour ceux qui pleuroient sur la persécution. Le *bon*, le *saint* roi Robert présida à l'érection de ce bûcher. Il se reput *célestement* des douleurs des victimes déplorables de son imbécille dévotion, et mérita le paradis sacerdotal à force d'insensibilité catholique.

Tous les biens des suppliciés furent confisqués au bénéfice de l'église ; et tel fut, dans tous les tems, le dénouement de ces tragédies pontificales. La cruauté et l'ignorance furent par-tout les trésoriers des prêtres. Elles tenoient leur mission du fanatisme, et ministres fidèles, surchargèrent l'autel de l'or des Nations. Il n'est pas une pierre des superbes temples de l'Europe, il n'est pas une pièce de monnoie dans les vastes trésors où le clergé romain puisoit l'oisiveté,

B

le luxe et la luxure, à qui l'humanité ne puisse demander compte d'un crime. Une procession passe : c'est un spectacle pompeux : le jour s'est doublé par les reflets de l'or et des rubis : depuis l'ostensoir de de diamans que l'on promène sous le dais immense, dont la pesante richesse fait ployer les vertèbres des marguilliers qui le supportent, jusqu'à la corbeille de jonc, où l'innocente enfance en tunique de lin puise des roses pour en parsemer les pas du lévite orgueilleux : tout a mis les arts à contribution pour enrichir la pourpre et la soie que traînent les acteurs de ce cortége solemnel. Peuple ! l'admiration se peint dans vos yeux : on vous dit que c'est le triomphe d'un Dieu, et vous tombez sur vos genoux. Ah ! levez-vous ! c'est le triomphe des enfers : ce sont les furies que l'on fête. Ces payettes d'or dont ces chappes sont couvertes, c'est la cendre des bûchers, c'est la poussière des tombeaux : comptez, si vous le pouvez, tous les points de cette broderie, vous aurez compté les larmes des opprimés. Les os des squelettes, noircis par les bûchers de la superstition, sont les aiguilles qui brodèrent ces ornemens. O peuple ! Dieu, ce soutien, cet ami du pauvre, ce consolateur de l'homme persécuté, ce Dieu n'est point au milieu des pompes mondaines : retournez dans vos chaumières, vous l'y trouverez, il est assis à côté du pain dont vous soutenez votre existence, et sa bienfaisante main vous présentera l'infortuné pour le partager avec lui. Peuple ! quand vous contemplez une église magnifique, le luxe de l'autel, l'éclat des processions, pensez-vous au pauvre qui

Environs d'Orléans.

vous acoste. Retournez dans vos asyles, vous vous souviendrez que l'homme peut souffrir, votre cœur s'ouvrira, vous en sortirez meilleur. Un acte de vertu par jour, voilà la pompe que l'homme doit à l'Eternel. Si l'on veut, a-t-on dit dans tous les tems, que le peuple soit religieux, frappez les regards par les cérémonies. Et pourquoi disoit-on cela ? C'est qu'on vouloit qu'il fût religieux envers les hommes. Dieu n'entroit pour rien dans le calcul. On risque tout en ne croyant pas, a dit l'auteur des *Provinciales*, et l'on ne risque rien en croyant. C'est un beau mensonge sous le manteau de la vérité. Il falloit dire, dans l'obscurité dont la divinité s'enveloppe, on risque tout à vivre sans vertu. A l'heure de la mort, on ne doit pas demander à l'homme dans quelle religion avez-vous vécu ? On doit lui demander quel bien avez-vous fait ? S'il peut répondre, qu'il s'endorme en paix. Il a cru.

A leur inauguration, les évêques d'Orléans s'attribuoient le droit de délivrer et d'absoudre un certain nombre de criminels. Quel régime ! des hommes toujours au-dessus de la loi pour protéger le crime, et au-dessous pour accabler l'innocence. Quelle logique que celle de l'église ! Dieu même a-t-il le pouvoir d'empêcher qu'une chose qui fut n'ait pas été ; et le prêtre qui vous dit, je t'ôte ce crime, peut-il empêcher que ce crime n'ait pas été commis. Un des droits de l'homme, est d'ôter les souffrances qui peuvent conduire au crime, mais non pas d'ôter le crime qui conduit aux souffrances. Ce prétendu droit des évêques étoit un don, disoient-ils, du *saint* roi robert, qui se croyoit le droit de faire brûler les *hérétiques*, et par conséquent, de donner à des évêques le droit de délivrer des assassins ou des empoisonneurs catholiques. L'un et l'autre droit étoient marqués au coin de la même *sagesse*. Ce *roi* Robert étoit né à Orléans, comme François second y est mort, époques toutes deux mémorables dans le catalogue des fureurs religieuses.

La situation d'Orléans, sur les bords d'un grand fleuve, point de frontière entre les deux vastes contrées long-tems désignées dans les Gaules par *langue de hoc* et *langue de oui*, la rendit intéressante pour tous les partis qui pouvoient s'élever dans un grand état soumis au même gouvernement : et de là les siéges fréquens et meurtriers qu'elle éprouva. Celui de la conquête de Charles VII et celui de François de Guise sont au nombre des plus fameux.

Celui d'Attila tient à l'esprit du tems. C'est un saint Aignan qui se met en voyage pour aller trouver Aétius, général romain, à Arles, pour qu'il vienne au secours d'Orléans. C'est un évêque qui, tout-à-coup, se transforme en général d'armée, fait relever les tours, creuser les fossés, armer *son* peuple, et quand l'ennemi arrive, se retire prudemment dans son temple pendant que les autres se battent, et se met à prier Dieu de détruire cette multitude de barbares, appelés Huns. C'est un orage qui dure trois jours : assez furieux pour suspendre le siége, et survenu tout-à-propos pour donner le tems aux Romains d'arriver. Après l'orage, ce sont les Huns qui entrent par une porte, et les Romains par l'autre, quand on les croit encore à cinquante lieues de là ; c'est Attila qui se retire, en lançant des regards foudroyans sur une ville où il voit l'ange exterminateur sur la pointe des clochers qui le menace de l'épée flamboyante; c'est enfin toutes les fables de la légende dorée, dont la superstition du cinquième siècle enveloppa les événemens où les chrétiens pouvoient avoir part.

Un autre genre de merveilleux distingue le second siège d'Orléans. Ici ce n'est plus à un évêque qui fait des miracles, c'est à une jeune fille qui se dit inspirée, qu'Orléans doit sa délivrance. Graces à la scélératesse d'Isabelle de Bavière, les Anglais régnoient en France. Le duc de Bedford, régent pour Henri V, la gouvernoit, et il étoit important, pour abattre le parti de Charles VII, de lui ravir Orléans. Ce fut au mois d'octobre 1428, que le comte de Salisbury, qui y perdit la vie d'un coup de canon, mit devant cette place le siége, qui dura jusqu'au mois de mai de l'année suivante. Alors à la tête du pont, du côté de la Sologne, existoit un fort, appelé Château des Tourelles, et ce fut par là que le général Anglais dirigea son attaque. Pendant le mois d'octobre et de novembre, l'intrépidité des assiégés et des assiégeans fut égale. Le Château des Tourelles ne fut emporté qu'après de vigoureux assauts. Les Orléanois défendirent le pont pied à pied, en détruisant les arches à mesure qu'ils se retiroient, et élevant des forts sur ce même pont pour protéger et prolonger leur retraite. Les rigueurs de l'hiver mirent un peu de trève à cette ardeur : et par une politesse de ce siècle chevaleresque, on voit les assiégeans prêter leur musique aux assiégés pour célébrer le jour de Noël. L'approche du printemps ramena le jour des combats, mais les deux partis souffroient également de la disette, les Orléanois par l'épuisement de leurs vivres, les Anglais, parce qu'ils avoient dévasté tous les pays circonvoisins. Alors se passa cette affaire de *Rouvrai*, dans la Beauce, dont le malheureux succès devoit entraîner la perte d'Orléans. Il s'agissoit d'enlever un convoi de vivres que le duc de Bedfort faisoit passer au comte de Suffolk, successeur du comte de Salisbury dans la conduite du siège. Le *comte* de Clermont le tenta avec trois mille hommes et un détachement de la garnison d'Orléans. L'Anglais Fastot commandoit le convoi. A l'approche de Clermont, Fastot se fit un rempart circulaire de ses chariots, et n'y laissa que deux issues, qu'il garnit de ses archers. Le Français, souvent battu par le désir de vaincre, fut encore victime ici de sa funeste impatience. Il arrive, c'est la nuit. Il veut attaquer sans reconnoître, ni à quel ennemi il a affaire, ni quel est son genre de défense. Il attaque enfin, et l'Anglais est vainqueur, après une opiniâtreté égale de part et d'autre. Il ne revint que cinq cents hommes de cette affaire, que l'on nomma la journée des *Harengs*, parce que le convoi des Anglais étoit presque en entier composé de cette espèce de vivres. Orléans tenta, mais vainement, la voie de la conciliation auprès du régent Bedfort. Après cette malheureuse réussite, cette ville étoit perdue, quand une servante d'auberge, des confins de la Lorraine, se mit dans la tête qu'elle étoit appelée à sauver la France. Nous vous avons dit ailleurs, dans le cours de ces voyages, ce que nous pensons de la mission prétendue de cette fille. Ici ce ne fut ni le Dieu du ciel, comme le crurent les Français, ni le dieu des enfers, comme le pensèrent les Anglais, dont cette fille fut remplie. Ce fut le dieu de tous les hommes qui la fit vaincre, et ce dieu est l'enthousiasme, cet éternel compagnon de la démence, mais compagnon fortuné, dont le délire assure le succès, et dont le triomphe tient beaucoup plus à l'impulsion donnée qu'à la combinaison conçue. Le foible Charles VII alloit fuir en Dauphiné, son épouse et sa maîtresse le font rougir de cette lâcheté. Jeanne arrive, le ciel a l'air de s'en mêler, tout change alors. Le courage renaît avec les rêves de l'imagination. On endosse l'armure à la Pucelle : elle part pour Orléans : tous les hommes d'une ville n'avoient pu repousser une armée accoutumée à vaincre : une servante de cabaret en vient à bout. La terreur s'empare des Anglais, ils sont attaqués, pressés, repoussés, culbuttés, après un combat de six heures, Jeanne est blessée. Ce malheur déconcerte les guerriers, ils sont prêts à ployer. Jeanne s'en apperçoit, elle retourne au combat, d'un bras ensanglanté enfonce son étendart sur les retranchemens de l'ennemi. C'en est fait, leur déroute est complette, le siége est levé, et Orléans respire.

Les *chimériques* miracles de saint Aignan, les *politiques* visions d'une jeune fille avoient délivré deux fois Orléans. Les poignards plus réels du fanatisme

(car le fanatisme est à la solde de tous les cultes) la délivrèrent une troisième fois. Dans le seizième siècle, le calvinisme régnoit dans Orléans, et peut-être lui étoit-il permis de s'en applaudir. C'étoit une vengeance que l'humanité tiroit des outrages qu'elle avoit reçus de cette foule de conciles, que l'ergotisme et l'obscure et diffuse théologie y avoient tant de fois convoquée. François de Guise, ni l'ami des catholiques, ni l'ennemi des huguenots, mais fidèle amant de l'ambition, cette éternelle souveraine de sa funeste maison, tout entier au parti de Rome, parce qu'alors ce parti étoit le dispensateur des fortunes, vint mettre le siége devant cette place d'armes du parti calviniste, dont la réduction pouvoit y porter un coup irréparable. Bientôt maître du fauxbourg de Portereau et du boulevard qui le protégeoit, il ne s'agissoit plus que de forcer le Château des Tourelles qui subsistoit encore, et sa soumission entraînoit infailliblement celle d'Orléans. Une artillerie formidable le foudroyoit. Poltrot de Méré assassine, d'un coup de pistolet, François de Guise, et le siége est levé. Ce Poltrot étoit un *gentilhomme*, cependant; et n'est-ce pas ici le lieu d'observer qu'il assassine son ennemi, quand le peuple, calomnié pendant tant de siècles, combattoit loyalement ce même ennemi. Quoiqu'il en soit, Méré fut écartelé pour satisfaire aux mânes de François, tandis que les faveurs de la cour avoient récompensé ce même François du massacre de Vassi. On pardonneroit aux écrivains catholiques leur juste horreur pour le forfait de Méré, si, à la honte du cœur humain, on ne les trouvoit pas enclins à justifier l'attentat de Vassi. Mais tel étoit le régime dont nous avons vu la chûte, que l'impunité s'y mesuroit sur l'antiquité du *sang*, comme l'adulation de l'histoire s'y ployoit à la *vilité* des tyrans.

L'amour, ce consolateur des humains, aimable marotte de la jeunesse, et songe délicieux, dont la main effeuille des fleurs sur le sommeil de la vieillesse; l'amour, dont le souffle adoucit tout: seule divinité assez puissante pour contraindre le tigre au bonheur d'être deux : l'amour enfin, dont la tendre influence suspend la soif du sang dans les monstres des forêts, n'amollit point le cœur du détestable Charles IX. Quels hommes étoit-ce donc que les rois, puisqu'on étoit réduit à leur désirer le goût des voluptés? Ce fut dans Orléans que la nature épuisa ses trésors sur Marie Touchet. Beauté, douceur, esprit, elle avoit tout, excepté la vertu, puisqu'elle céda aux désirs effrontés de Charles IX : non pas que nous voulions consacrer ici le principe détestable que la vertu d'une femme consiste dans le désespoir de son amant : mais elle est à se défier de l'éclat de cet amant. En amour, les combinaisons de l'avenir sont les meurtrissures des faveurs présentes. En vain la belle Touchet parfuma de myrthes le front de Charles : il en secouoit sans cesse les fleurs pour se ceindre d'un diadême de serpens. C'étoit un Léopard qu'elle abreuvoit d'ambroisie, et que l'habitude rappeloit à lécher le sang des cadavres : et la même main qu'elle venoit de presser sur son cœur, la quitta pour l'arquebuse meurtrière dont le plomb poursuivit les flancs des hommes infortunés qu'il nommoit *ses sujets* (3).

Les superbes tours de l'église de Sainte-Croix d'Orléans sont un chef-d'œuvre de ces hommes que l'opinion a si long-tems soumis à des tyrans. Lorsque le génie mesure avec orgueil ces monumens superbes épars sur la surface de la terre, et qu'à l'aspect de ces colosses, éternels dépositaires de la puissance humaine, on s'interroge soi-même, et qu'on se dit : comment, il ne tenoit qu'au caprice d'un monarque de plonger vivans dans des cachots, ou de trancher à son gré les jours des mortels, auteurs de semblables merveilles ? La sueur froide de l'indignation s'étend sur tous les membres : on compare la foiblesse du despote avec l'énormité de l'édifice : on est tenté de maudire l'homme d'avoir amassé tant de marbres, sans trouver une pierre pour briser ses fers, et l'on est presque tenté de croire que les rois furent un être de raison. Ces tours, dont les colonnes circulent en spirale jusqu'à leur faîte, voisin de la nue, se découvrent au loin au-dessus des arbres épais dont les remparts d'Orléans sont couverts, et l'imagination du voyageur, séduite par leur aspect auguste, se recule dans les siècles, et croit toucher aux murs que Bélus a fondés.

Si les arts, par leur magique imposture, y rappellent Babylone, ils y versent de même les richesses de Memphis, et les canaux d'Orléans et de Briare ont ouvert dans ce département des débouchés précieux pour ses productions et ses manufactures. Celui qui porte le nom du chef-lieu part de la Loire, deux lieues au-dessus d'Orléans, traverse la forêt et les plaines qui lui succèdent, gagne la rivière de Loing auprès de Montargis, passe à Nemours, dans le département de Seine et Marne, et se jette ensuite dans la Seine. Celui de Briare a la même source et la même embouchure, mais il commence beaucoup plus haut, à la petite ville dont il a pris son nom, trois lieues au-dessus de *Gien* ; il côtoie le ruisseau de *Trésée*, passe par *Rony*, *Châtillon*, *Montargis*, tombe dans le Loing à *Cepoy*: et cette rivière, devenue navigable, transmet ses eaux, ainsi que celles de son collègue, dans le lit de la Seine. Ce canal est le premier ouvrage de ce genre que l'on ait tenté en France. On en doit l'entreprise à Sully, ministre, dont une République n'eût pas dédaigné les vertus, ainsi que Louis XIII. Sa disgrace honorable suspendit pour quelque tems la confection du canal. On la reprit bientôt, sur la soumission que *Jacques Guyon* et *Guillaume Bouteroue* firent de l'achever à leurs frais ; mais ces désintéressemens d'autrefois n'avoient rien de civique. C'étoit une mise en avant pour recueillir de larges moissons, et grace à l'habitude des rois de récompenser avec le bien d'autrui, le peuple payoit toujours les services de ces faux généreux. Des lettres-patentes leur accordèrent les ouvrages déja commencés, le fonds du canal, les matériaux qu'ils en retireroient, et tant de droits à prélever sur les marchandises que l'on y flotteroit.

Cette petite ville de Briare, ainsi que Gien, n'ont rien d'intéressant que leur situation, et il faut avouer que peu de localités présentent des sites plus piquans que ceux que l'on rencontre en foule dans leurs environs et ceux d'Orléans. La vue de Gien, la beauté de la Loire en cet endroit : le pont immense dont elle est coupée : les côteaux qui s'enfoncent avec grace sous l'horison : la fraicheur des bocages, dont l'ombre se reflète dans la surface paisible et limpide du fleuve, forment un paysage délicieux. Nous avons quitté ces rives enchanteresses, dont nous vous reparlerons plus d'une fois, et suivant le canal de Briare, nous sommes parvenus à Montargis, ou un point de vue d'un autre genre, mais non moins intéressant, a flatté nos regards. Vous ne vous attendez pas sans doute à trouver les dieux enfantés par la brillante imagination d'Ovide, fondateurs de Montargis. C'est cependant à la jalouse Junon, si l'on s'en rapporte à la fable, que nous devons cette ville : ce fut sur la montagne où est placé le château, que cette déesse établit le fidèle Argus, pour veiller sur Io. Cette montagne, en effet, d'où l'œil peut, sans obstacle, décrire un cercle immense, étoit faite pour donner naissance à cette ingénieuse allégorie. La vue plane avec délices sur la ville, les prairies fécondes qui l'entourent, les eaux du Loing qui l'arrosent, la forêt qui l'ombrage, et va chercher encore au loin des objets qu'elle saisit à peine à travers les vapeurs du bleuâtre horison.

En refusant sans injustice à Montargis sa divine origine, on n'en connoît pas mieux ses fondateurs mortels, on sait seulement que les Romains l'ont habitée, et la renommée parle d'eux encore sur les vestiges des monumens qu'ils y bâtirent. Quelques ponts sur le Loing, les tours de *Chenevière* et le cirque qui les avoisine : une voie militaire, encore appelée maintenant le chemin de César : un portique enfin, enseveli sous terre par la main du tems, découvert en 1725, et dont le pavé présente une mosaïque précieuse (4) attestent que les vainqueurs du monde ont porté près de Montargis, et la grandeur de leur génie, et leur amour pour les arts. Elle tenoit donc dès-lors un rang dans le monde. Mais tout porte à croire qu'elle n'est plus ce qu'elle fut, et même depuis trois siècles à-peu-près, elle a pris une forme nouvelle. Réduite en cendres en 1527, quatre maisons seules échappèrent à l'incendie (5) et le Montargis d'aujourd'hui est une ville moderne.

Un siége fameux a transmis à la postérité, et le courage de ses habitans, et l'intrépide intelligence du gascon Lafaille qui les commandoit. Et une anecdote de ce siége n'est pas indifférente pour l'histoire des mœurs de ce siécle. C'étoit en 1427, et sous le règne chevaleresque de Charles VII, qui gouvernoit dans les bras d'une jeune femme galante, et triomphoit par celui d'une *Vierge*. Warwich, Suffolk, et Jean de la Poll, attaquèrent Montargis avec trois mille Anglais. Il ne falloit pas alors des armées de cent mille hommes pour assiéger une place. La résistance qu'ils éprouvèrent les retint trois mois devant Montargis, mais la bravoure des habitans étoit prête à céder par l'épuisement total de leurs provisions. Le beau *Dunois*, et le *preux la Hire*, avec seize cents hommes, se mettent dans la tête de chasser les

Anglais. Ils conviennent de leur plan, Dunois se charge de deux points d'attaque, et la Hire d'un troisième ; ils s'arment, s'embrassent, et partent la lance au poing, et la visière baissée. En chemin, la Hire rencontre un chapelain, et dévotement lui demande l'absolution. Confessez-vous, lui dit le prêtre. Je n'ai pas de tems à perdre, répond la Hire, je vais me battre : donnez toujours, j'ai fait tout ce qu'un chevalier peut faire. Le chapelain, content de l'excuse et de l'aveu, étend ses doigts sacrés, et purifie le bouillant chevalier. La Hipe, bien absous, s'agenouille, et s'écrie : « mon Dieu! je te prie que » tu fasses aujourd'hui pour la Hire, ce que tu » voudrois que la Hire fît pour toi, s'il étoit Dieu. » Après cette *raisonnable* prière, il se relève, fond sur les Anglais, tue, massacre, pourfend, en attendant l'heureux coup qui pouvoit l'envoyer en paradis. Il ne vint pas, mais bien la victoire, les Anglais furent chassés. Dunois et la Hire entrèrent dans Montargis, et l'abondance avec eux. Les jeux, la table et les plaisirs succédèrent au bruit des armes, et le lendemain, le bon la Hire auroit eu bon besoin d'une absolution nouvelle.

Eh bien ! si la Hire bien absous eût trouvé la mort dans la journée de Montargis, force bannières et trophées eussent orné son cercueil. Sa tombe eût été couverte de toute la fumée de la gloire, et l'amitié peut-être ne l'eût pas visitée. Hélas ! mortels ! vous vous dites amis, le sentiment est parole chez vous ; il se tait dès que la mort impose silence à l'homme que vous avez aimé. L'ami mort est l'ami qui demeure fidèle :

lettres, écrits, dons, bienfaits, tout parle encore de sa tendresse à l'homme qui lui survit; c'est en vain, il reste sans réponse. Hommes, dont l'orgueil se flatte de posséder l'essence du sentiment, brisez donc les images du chien de Montargis, car elles vous accusent de jactance : *Res non verba*, voilà la devise de ce chien. Hommes! c'est rarement la vôtre.

L'histoire de ce chien d'Aubri de Montdidier est trop connue pour la rapporter ici : mais à qui doit-on le souvenir de la fidélité de cet animal ? Est-ce à l'étonnante générosité de son courageux procédé ? Non : disons-le, à la honte de l'humanité. C'est au ridicule, à la barbare ignorance de ces hommes, de ces êtres qui se disent les rois de la nature : et si leur cruauté n'eût pas inventé le combat à mort pour juger entre le crime et l'innocence, ils auroient vu avec indifférence le chien d'Aubri punir l'assassin de son maître. Sa victoire l'a rendu plus célèbre que son attachement, et le trophée fut pour le préjugé, et non pour la nature. Ah ! peut-être pour l'école de l'homme, auroit-il fallu sauver de l'obscurité les vertus des animaux. Quand il n'y auroit gagné que la douceur de s'attendrir, c'eut été beaucoup.

S'attendrir! oui, je le répète. Un marchand part de chez lui pour aller, à six lieues de là, toucher douze cents francs dans une petite ville. Il étoit à cheval, et n'avoit avec lui que son chien ; chien fidèle, qui toujours en avant, éclairoit le danger : et menaçante avant-garde, après avoir couvert la marche de son maître, trouvoit le soir sa récompense dans un geste ou dans un mot plus doux de l'homme, dont il protégeoit la vie. Le marchand reçoit son argent, enveloppe le sac dans son manteau, l'attache sur le devant de la selle, et se remet en route. Le chien a tout vu, tout est gravé dans sa mémoire; il semble qu'il ait deviné l'intérêt que son maître attache à ce sac, qu'il voit pour la première fois. A quelques lieues de là, une petite pluie surprend nos voyageurs. Le marchand se détourne un peu du chemin, gagne quelques arbres voisins, met pied à terre. Le chien est là. Assis sous la tête du cheval, dont on a confié la bride à sa gueule haletante, son œil actif veille au loin, veille auprès : il est présent à tout. Mais la pluie continue : le marchand, distrait, détache son manteau, dépose à terre le sac de douze cents francs, met le manteau sur ses épaules, s'arrange, reprend la bride, et lève le pied pour saisir l'étrier. Jusques là le chien, silencieux, a respecté la distraction de son maître, mais le danger presse, il s'agite, il aboie, il mord l'étrier. Tous ces mouvemens sont pris pour la joie, ordinaire signal du départ. Un coup de fouet l'éloigne. L'homme est-il toujours juste ? Le chien l'étoit du moins. Il ne se rebute pas. Le maître est à cheval. C'est alors que l'inquiétude se manifeste davantage. Il ne jappe plus, il crie, il heurle, le fouet est sans autorité, rien ne le fait taire, mais bientôt c'est cent fois pis encore: Le maître part. C'est alors que la rage du désespoir s'en mêle. Il saute furieux à la bride, à la croupe, à la botte. Rien ne l'épouvante, il est sourd à la voix, il est insensible aux coups ; plus l'on s'éloigne,

plus

plus sa fureur s'accroît. C'est un combat enfin qu'il livre tout entier. Le marchand s'allarme à la longue. Ce chien faisoit toute sa joie, qu'a-t-il ? que veut-il ? Les caresses ont succédé aux menaces, et les caresses ont été sans effet. Mon chien est enragé ! s'écrie-t-il avec douleur. L'infortuné le crut. Il commence à trembler pour lui-même : le sacrifice est affreux, mais l'humanité l'exige, il faut le faire : il arme un de ses pistolets d'arçon, le coup part. C'en est fait, le chien chancelle, pousse un cri lamentable, et le maître, au galop, s'éloigne en soupirant.

Au bout d'une heure, son argent lui revient en mémoire, il le cherche, et ne le trouve plus. Il se rappelle alors tout ce qui s'est passé. Ah ! malheureux ! dit-il, voilà la cause de l'agitation de mon chien. Retournons, s'il en est tems encore. Il revient sur ses pas, il retrouve sans peine la place où il s'étoit arrêté, mais qu'apperçoit-il ? Le chien, le chien fidèle, couché auprès du sac, et sa tête expirante gardant encore jusqu'au dernier soupir le dépôt qu'il n'avoit pu sauver. Le maître l'appelle. Un léger mouvement de joie perce à travers les angoisses de la mort ; il lèche un instant la main qui reprend le sac, il se soulève, jette un regard sur son maître. Il retombe. Il est mort.

La majesté de l'histoire, la gravité de mon sujet pourroient-elles s'offenser de cette anecdote ? Que du-moins les cœurs sensibles me la pardonnent ! Ah ! parlons quelquefois des animaux ! on parle si souvent des hommes ! et il est si rare que les meilleurs fassent parler d'eux. En quittant Montargis,

C

après avoir vu Pithiviers, petite ville peu importante, et regagnant les bords de la Loire, Châteauneuf nous a rappelé le plus vil des ministres de l'ancien régime, la Vrillière. Louis XV, heureux sans doute du mal qu'on faisoit en son nom, récompensa ce méprisable *visir*, en érigeant pour lui cette ville de Châteauneuf en duché. On *débaptisa* une ville pour lui donner le nom d'un homme couvert d'opprobre ! Aussi lâche qu'ignorant, aussi bête que corrompu, ce *grand* homme étoit de l'académie des sciences : cela ne m'étonne pas ; mais ce qui m'étonne, c'est qu'alors il soit resté une académie des sciences. Lorsqu'il fut, selon l'usage, question de faire son éloge, nul de ses collégues ne voulut s'en charger ! mais comment s'étoit-on chargé d'être son collégue ? Cela ne nuira-t-il pas à l'éloge de ceux qui se refusèrent au sien ? La bassesse de la Vrillière étoit telle, que l'on n'a pas pu même faire une bonne épigramme sur lui.

Je ne vous dirai rien du château de ce misérable satrape, ni du temple de Priape, que les évêques d'Orléans appeloient à Meun-sur-Loire leur maison de campagne, ni du tombeau du tartuffe Louis XI, que l'on voit à Notre-Dame de Cléri. Que l'indignation de l'humanité s'appesantisse sur eux !

Mais en revanche, nous vous citerons avec plaisir Beaugency, petite ville charmante, et dont les vins ont une sorte de réputation. La philosophie les estime. Ils ne sont pas assez précieux pour que le riche en soit tenté, et le pauvre privé.

L'espèce d'hommes est naturellement belle dans

ce département, et en général d'une taille plus élevée que ceux des derniers départemens que nous venons de parcourir. Les femmes y sont de même agréables et jolies. La langue nationale est ici plus pure que par-tout ailleurs, peu d'accent, point de patois. L'esprit public, sans être perverti, ne nous a pas paru à la hauteur des circonstances. On est peut-être tout ensemble un peu trop riche et un peu trop pauvre pour être parfaitement Républicains.

Des grains de toute espèce, des vins en abondance, des fruits excellens, de superbes bois de construction, voilà ce que nous avons rencontré à chaque pas.

Quelques hommes célèbres naquirent dans ce département. De ce nombre est le fameux abbé Suger, élevé dans l'abbaye de S. Denis avec Louis-le-Gros qui, depuis fut *roi*. Ses mœurs ne se ressentirent point d'une éducation aussi dangereuse. Il n'en retint que le goût du faste, vice même dont la raison le corrigea bientôt, mais il y gagna des lumières au-dessus de son siècle, et son génie s'y développa par la comparaison des préjugés dont on entouroit la jeunesse d'un prince, et la voix de la vérité toute puissante sur son cœur. L'amitié de l'enfance fit plus en sa faveur que n'eût fait le mérite, et Louis VI eût au-moins le bon esprit d'écouter cette amitié, en l'appellant à la cour. Devenu abbé de S. Denis, ministre de la justice et des affaires étrangères, cette haute fortune n'éblouit point Suger. Il étoit né parmi le peuple, et porta dans les grandeurs cet esprit de droiture et de désintéressement que l'on ne trouve que dans le peuple : et lorsque S. Bernard, dans le cloître, faisoit au monde tout le mal qu'il pouvoit, Suger, dans le monde, réparoit tous les maux que le cloître enfantoit. Simple, modeste, ennemi du fracas, il voulut, à la mort de Louis VI, goûter les charmes de la solitude. Louis VII, dit le *Jeune*, ne le permit pas, et, prêt à partir pour la Palestine, lui remit les rênes du *royaume*. Ce fut alors que l'on vit un *roturier* vraiment roi, dans toute l'étendue du terme que la vertu, long-tems trompée, accorda à ce titre, faire tout le bien que l'opinion demandoit de ce rang, et tandis que Louis VII, dans les plaines de l'Afrique, faisoit à la France des plaies incurables, verser sur ces mêmes plaies le beaume d'une administration économe et sage. Suger étoit en avant de son siècle, il le sentoit, sa philosophie eut le bon esprit de se mettre à la portée du tems où il vivoit. Il fut un grand homme alors, il l'eut encore été de nos jours.

Orléans est une des villes qui ait fourni le plus d'hommes érudits, et tout-à-la-fois inutiles. Amelot de la Houssaye, Gédoyn et le père Pétau méritent seuls peut-être d'être nommés. Mais parmi cette foule de savans, éclipsés aujourd'hui par les lumières du dix huitième siècle, on trouve un exemple du danger des satyres. Dolet, dont la postérité n'eût connu ni le nom ni les ouvrages, sans l'affreuse vengeance de ceux que sa causticité avoit ulcérés, l'infortuné Dolet fut tout-à-la-fois imprimeur, poëte, orateur et humaniste. Il eut le courage d'attaquer les erreurs du seizième siècle, sans calculer le degré de leur puissance. Au-lieu de convaincre tant de gens, dont l'intérêt étoit attaché à leur aveuglement, il les irrita plutôt qu'il ne les combattit. On l'accusa d'athéïsme. C'étoit alors une arme bien sûre pour perdre ses ennemis, et Dolet ne put l'émousser. On le condamna à être brûlé ; c'étoit le supplice favori de l'église. Son caractère ne l'abandonna pas jusqu'à la mort. Le peuple, non encore éclairé, mais dont la sensibilité commençoit à présager le terme des erreurs, le peuple, fatigué de ces spectacles inventés par la furie sacerdotale, donna quelques larmes au déplorable Dolet. Ce malheureux, touché de cet attendrissement, dit, en marchant à la mort :

Non dolet ipse *Dolet* : sed pia turba dolet.

Si les Muses conduisoient Dolet au supplice, elles entr'ouvrirent les portes du temple de mémoire à mademoiselle Barbier. Si ses ouvrages dramatiques fussent sortis de la plume d'un homme, nous ne les citerions pas, mais on doit tenir compte aux femmes des efforts qu'elles font pour accroître la splendeur de la république des lettres. Mademoiselle Barbier, avec de la facilité, de l'entente même dans le choix des sujets et dans la charpente de ses pièces, a traité son sexe avec préférence. Les femmes sont les héros de ses tragédies, mais ce sont des héros gigantesques : les proportions n'y sont pas gardées, et chez elle, les Romains et les Egyptiens sont presque toujours des Français petits maîtres : et personne n'a plus enfreint la défense de Boileau :

N'allez pas. . . . .
Faire Brutus galant, et Caton dameret.

Trop d'amour de la gloire empoisonna la vie de mademoiselle Barbier. Elle supporta avec peine l'injuste soupçon que l'on avoit qu'elle ne faisoit que prêter son nom à l'abbé Pellegrin. Heureuse si elle eût mis en pratique un des axiômes favoris de l'abbé de Reyrac, philosophe aimable, qu'Orléans possédoit, et que les lettres ont perdu en 1792. « Ce ne » sont, disoit-il, ni les livres ni les succès qui ren- » dent heureux les gens-de-lettres, mais bien la » retraite, la modération de l'ame, la vie simple, » et l'amitié. » Reyrac a mérité d'être comparé à Fénélon ; non-seulement par ses écrits : ici ce n'est que de la gloire : mais encore par son caractère et ses mœurs. Voilà l'honneur.

NOTES.

(1) Jean Law, écossois, a plus épuisé la calomnie qu'il n'épuisa les trésors de la France. Son système ne fut mauvais, que parce qu'il fut administré par des intrigans. Ce ne sont pas les systèmes qui sont ruineux, ce sont les fripons : et sous la régence, l'excès du vice, devenu pour ainsi dire un besoin, en enfanta des milliers. La mauvaise fortune qu'eut le projet de Law, fit que la méchanceté fut chercher au loin des motifs de déprimer l'homme que l'on avoit encensé comme une idole. Le sauveur de la France, tel est le nom que l'enthousiasme lui prodigua ; et tel est le malheur de ma patrie, que, dans tous les tems, et même depuis la liberté, l'amour des noms marche toujours avant l'amour des choses. Law disgracié, alors l'aveugle orgueil lui fit un crime d'être le fils d'un coutelier : et si de nos jours tant de gens ont regretté leur *noblesse*, c'est bien moins par douleur de renoncer au

titre chimérique de la naissance, que par chagrin de n'avoir plus à censurer celle d'autrui. On prétendit qu'amoureux en Ecosse de la fille d'un lord, il avoit tué le frère de sa maîtresse, et s'étoit vu condamné à être pendu. Distinguons le grand homme à travers ses nuages, et rendons justice à Law, en disant qu'il possédoit une ame droite, un génie vaste, un esprit fécond en ressources, toutes les qualités du spéculateur, qu'enfin ses vertus furent à lui, et ses vices au régent.

(2) Jean-Baptiste Tubi, dit le Romain, obtint de la célébrité dans la sculpture, dans un siècle où l'on étoit difficile sur les chefs-d'œuvre des arts. On a de lui, dans le jardin de Versailles, une figure représentant la poésie lyrique, et à Trianon, une superbe copie du fameux grouppe de Laocoon. Il mourut en 1700.

(3) Lorsque l'on traitoit le mariage de Charles IX avec Elisabeth d'Autriche, on montra son portrait à Marie Touchet. Elle l'examina long-tems. « Elle est belle, mais » je ne crains point cette Allemande. Il n'y a point d'es- » prit derrière ces yeux là. » Elle eut deux filles légitimes de Balzac. L'une fut maîtresse de Henri IV, et l'autre du maréchal Bassompierre.

(4) Ce portique fut découvert près de Cepoi. La mosaïque qui forme son pavé est précieuse : elle est formée de petites pièces de rapport de diverses couleurs, parfaitement nuancées entr'elles, dont se composent des figures dont le dessin est précieux. On y voit, entr'autres, un canard qui avale un poisson, et que les connoisseurs estiment.

(5) Le souvenir de ce terrible incendie s'est conservé de tradition par un méchant proverbe ou dicton :

L'an mil cinq cent et vingt sept
Montargis fut mis au net.

(40)

Ordre que l'on suit dans les Voyages des 84 Départemens de la France.

1. Paris.
2. Seine et Oise.
3. Oise.
4. Seine inférieure.
5. Somme.
6. Pas-de-Calais.
7. Nord.
8. Aisne.
9. Ardennes.
10. Meuse.
11. Moselle.
12. Meurthe.
13. Vosges.
14. Bas-Rhin.
15. Haut-Rhin.
16. Haute-Saône.
17. Doubs.
18. Jura.
19. Mont-Blanc. (1)
20. Ain.
21. Saône et Loire.
22. Côte-d'Or.
23. Haute-Marne.
24. Marne.
25. Aube.
26. Yonne.
27. Seine et Marne.
28. Loiret.
29. Loire et Cher.
30. Eure et Loir.
31. Eure.
32. Calvados.
33. Manche.
34. Orne.
35. Sarthe.
36. Mayenne.
37. Ille et Vilaine.
38. Côtes du Nord.
39. Finistère.
40. Morbihan.
41. Loire inférieure.
42. Mayenne et Loire.
43. Vendée.
44. Deux-Sèvres.
45. Vienne.
46. Indre et Loire.
47. Indre.
48. Cher.
49. Nièvre.
50. Allier.
51. Rhône et Loire.
52. Puy-de-Dôme.
53. Cantal.
54. Corrèze.
55. Creuse.
56. Haute-Vienne.
57. Charente.
58. Charente inférieure.
59. Gironde.
60. Dordogne.
61. Lot et Garonne.
62. Lot.
63. Aveiron.
64. Gers.
65. Landes.
66. Basses-Pyrénées.
67. Hautes-Pyrénées.
68. Haute-Garonne.
69. Arriège.
70. Pyrénées orientales.
71. Aude.
72. Tarn.
73. Hérault.
74. Gard.
75. Lozère.
76. Haute-Loire.
77. Ardèche.
78. Isère.
79. Drôme.
80. Hautes-Alpes.
81. Basses-Alpes.
82. Bouches-du-Rhône.
83. Var.
84. Alpes-Maritimes.
85. Corse.

(1) Il paroîtra aussitôt qu'on aura arrêté quels seront les cantons de ce département.

VOYAGE
DANS LES DÉPARTEMENS
DE LA FRANCE,

Enrichi de Tableaux Géographiques et d'Estampes;

Par les Citoyens J. LAVALLÉE, ancien Capitaine au 46e. Régiment, pour la partie du Texte ; Louis BRION, pour la partie du Dessin ; et Louis BRION, père, auteur de la Carte raisonnée de la France, pour la partie Géographique.

L'aspect d'un Peuple libre est fait pour l'Univers.
J. LAVALLÉE, Centenaire de la Liberté. Acte Ier.

PARIS,

Chez
- Brion, Dessinateur, rue de Vaugirard, n°. 98, près le Théâtre-Français.
- Debray, Libraire, au grand Buffon, maison Égalité, galeries de Bois, n°. 235.
- Langlois, Imprimeur-Libraire, rue de Thionville, ci-devant Dauphine, n°. 14.
- Regnier, Imprimeur-Libraire, rue du Théâtre-Français, n°. 4.

L'AN TROISIÈME DE LA RÉPUBLIQUE FRANÇAISE.

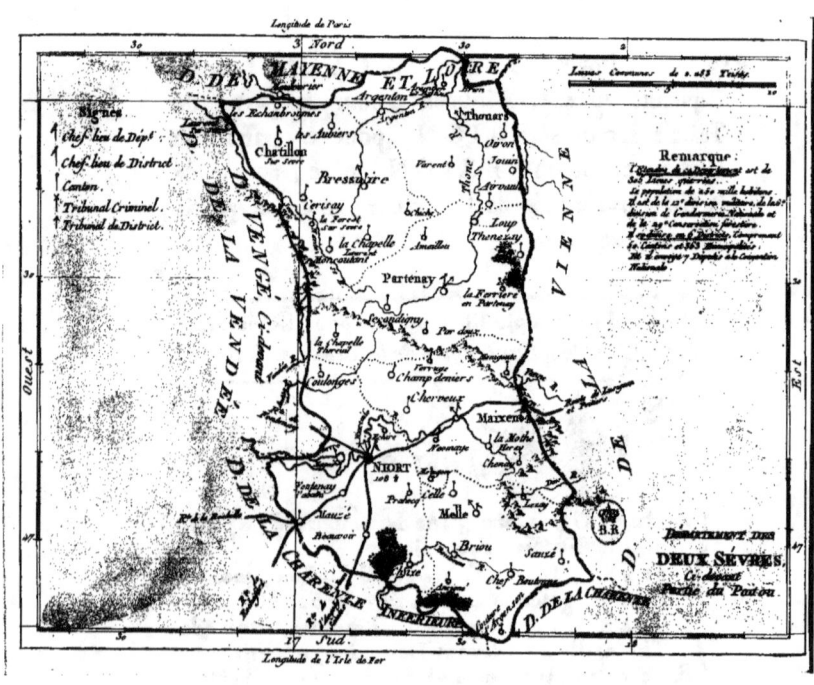

VOYAGE
DANS LES DÉPARTEMENS
DE LA FRANCE.

DÉPARTEMENT DES DEUX-SÈVRES.

Nous ne déchirerons pas encore, citoyen, le voile sombre qui s'est insensiblement, et presque à notre insçu, étendu sur notre ouvrage, depuis que nous sommes entrés sur cette terre, ci-devant appelée Poitou. La Vendée, que nous venons de quitter, est un nom générique qui tapisse encore de deuil la nouvelle contrée que nous parcourons, et malheureusement nous retrouverons encore ailleurs cette tenture funèbre dont l'aspect prolongé meurtrit notre ame, et la consigne, pour ainsi dire, dans un cercle de douleurs.

O français! si vous voulez faire l'épreuve de vos cœurs, si vous voulez vous connoître vous-mêmes et calculer la mesure de votre amour pour la patrie, venez dans ces cantons : et celui de vous dont les yeux verseront le plus de larmes, pourra se dire, à coup-sûr, le véritable républicain, et le patriote le plus sincère. C'est aussi sur ce sol, tant humecté de sang, que vous apprendrez combien la cause des rois enfante de crimes et d'erreurs, et qu'elle n'a pour soldats que l'ignorance séduite et l'immoralité corruptrice. C'est aussi sur ce sol que vous verrez en action tous les forfaits du fanatisme, et que vous serez spectateurs de ce que si long-tems on regarda comme des chimères inventées par la philosophie, pour le plaisir de les combattre. Il falloit donc aux malheureux humains une sorte de dynastie de massacres religieux pour les détromper sur une religion de sang. O français, vous avez anéanti les rois ! la raison sera-t-elle moins puissante que vos bras ? Est-il plus difficile de renoncer à une erreur qui déchire qu'à un tyran qui opprime ? C'est une idée consolante que celle d'un Dieu ; mais quand vient-elle inonder la pensée ? c'est dans le calme, c'est dans la paix qui suivent une bonne action ; c'est dans le sein d'une famille où des guirlandes de fleurs unissent et les devoirs et les sentimens ; c'est à côté de l'amitié dont les douceurs font glisser le char du tems sur le sentier de la vie, comme la pureté d'un beau jour épanche la santé dans les veines ; c'est au milieu des sacrifices que l'on fait à la patrie ; c'est quand on meurt ou qu'on triomphe pour sa gloire ; et c'est aussi quand on écrit et pour elle et pour la vertu. O mortels, vous ne pensez pas à Dieu quand le prêtre vous fait boire le sang de vos frères, dont il pressure le cœur dans son calice impie ! C'est pour conjurer, dites-vous, la vengeance céleste. Ah ! soyez bons, soyez justes. Il n'y a point de Dieu vengeur pour les hommes de bien.

Parthenai, Thouars, Châtillon, Saint-Maixent : Voilà les lieux que nous parcourons. Il est difficile d'être gai dans un tel voyage. L'éternel opprobre du gouvernement anglais, le mépris pour les viles ressources du royalisme, de fortes leçons contre l'ambition des hommes : voilà le chapitre que l'horrible démon des guerres intestines ajoutera aux annales de ce pays.

Niort est la première ville que nous ayons trouvée en entrant dans les Deux-Sèvres. C'est le chef-lieu de ce département. Deux rivières du même nom, dont l'une se verse dans l'Océan et l'autre dans la Loire, l'ont fait appeler le département des Deux-Sèvres ; l'une des deux se nomme Sèvre Niortoise, et c'est celle qui se perd dans la mer, au-dessous de Marans, du département de la Charente-Inférieure, presque en face de l'isle de Ré, et à la pointe la plus Sud du département Vengé.

Le territoire du Département des Deux-Sèvres est extrêmement fertile. Des pâturages immenses et superbes, des grains de toute espèce, des troupeaux nombreux, des bois magnifiques, des mines riches en fer, en antimoine, etc., et des débouchés avantageux et commodes, rendent ce pays opulent. Les grains vont à Bordeaux et à Nantes, et les bestiaux dans toute la France. L'industrie ne nous paroît pas en revanche proportionnée aux richesses territoriales. On n'y fabrique que des étoffes grossières, telles que serges, droguets, toiles communes, et si l'on en excepte les tanneries et les chamoiseries, qui y sont portées à un grand point de perfection, toutes les autres manufactures sont peu importantes.

C'est à Niort, sur-tout, que les tanneries et les chamoiseries jouissent d'une célébrité méritée. Les dehors de cette ville sont agréables, non-seulement par le site, dont la fécondité rend le paysage délicieux, mais encore par les promenades charmantes dont l'art se plut à former sa ceinture. Il est fâcheux qu'elles ne puissent cacher les murailles qui l'entourent, et dont l'aspect rappelle le souvenir des désolations que les guerres religieuses répandirent dans cette ville infortunée, pendant près de deux siècles. C'est une des garnisons affectées à la cavalerie, pendant la paix.

Cette ville opulente, et qui, sous l'ancien régime, étoit la plus commerçante du ci-devant Poitou, sans en être cependant la capitale, n'a rien dans son intérieur qui puisse arrêter les yeux, soit en monumens publics, soit en édifices particuliers. Les rues en sont communément tortueuses et étroites, et les places sans ordonnance. La préparation des cuirs et des peaux y répand une odeur désagréable pour les étrangers. On ne la regarde pas cependant comme mal-saine, et Niort passe pour l'une des villes, de cette partie de la République, où la salubrité de l'air est généralement reconnue.

Les foires et les marchés qui s'y tiennent sont extrêmement suivis. Ce sont sur-tout des chevaux, des mules et des mulets excellens, que les marchands français et étrangers viennent y chercher. Le champ ou place où se tiennent ces foires est vaste et commode, et ce n'est que depuis peu d'années qu'on l'a disposé en conséquence.

C'est sans doute l'importance de Niort qui l'a fait choisir pour être le chef-lieu du département des Deux-

Sèvres, ainsi que Fontenay-le-Peuple l'est du département Vengé, car à coup-sûr, ce n'est pas la commodité des habitans que l'on a consulté, puisque Niort touche presque la frontière Ouest de son département, et Fontenay la lisière Est du sien. Aujourd'hui que les fonctions administratives des directoires de départemens sont infiniment restreintes, cet inconvénient est moins grave pour les administrés : mais lors de la division, cette observation échappa sans doute aux législateurs, et cette question n'est peut-être pas encore assez résolue, de savoir si en politique il convient mieux que la réunion des autorités constituées se trouve de préférence dans la ville la plus riche d'un département. L'affirmative est au moins contraire aux principes de l'égalité. C'est un systême qui semble perpétuer une sorte d'urbanocratie, et l'inamovibilité des autorités constituées dans tel ou tel lieu, que les uns sont obligés de venir chercher de très-loin, tandis que d'autres les ont presque sous la main, ne peut exister sans que la commodité des uns ne soit au détriment de celle des autres.

La maison qu'occupoient les prêtres de l'oratoire mérite quelqu'attention. C'étoit une des plus anciennes que cet ordre anti-jésuitique eût en France, et l'un des six premiers compagnons du cardinal de Berulle, la fonda. Il se nommoit *Gastaud*, étoit de Niort, et voulut faire ce *présent* au lieu de sa naissance. Ce prêtre étoit riche ; l'église fut bâtie à ses frais, et cette maison achetée de ses deniers. Elle parut assez belle pour que le 10 Octobre 1627, on la choisît pour loger Louis XIII, lorsqu'il alloit à la Rochelle.

Il étoit tout simple qu'un roi, qui voyageoit pour aller punir les habitans d'une ville de ce qu'ils n'entendoient pas la messe, fût logé chez des prêtres dont le métier étoit de la dire.

Il faut être juste cependant : les oratoriens étoient moins prêtres que les autres, moins prêtres sur-tout que les jésuites, qui les détestoient *chrétiennement*. Riches ils eurent le bon esprit de se moins faire remarquer par le luxe et par les intrigues. Ils doivent en rendre grâces aux lettres dont le charme, adoucissant la férocité des institutions religieuses, faisoit germer quelques philosophes dans le sol aride des cloîtres. L'ordre de l'oratoire, plus moderne que les autres ordres religieux, dût se ressentir des lumières qui commençoient à poindre lors de son institution, et n'apporta point en naissant cet âpreté gothique que les siècles d'ignorance sembloient faire couler du sommet des tems, jusques sur les moines que nous avons vus (a) Certes, quand à la fin du dix-huitième siècle on entroit dans un couvent de chartreux ou de capucins, on croyoit vivre dans le neuvième ou le dixième. Le langage, le costume, la morne sottise qui secouoit en silence ses énormes oreilles dans leurs antiques dortoirs, tout annonçoit que le moment où vous

(a) On connoît le jugement que le président de Harlay, l'homme de son tems le plus sagace, en porta. Les jésuites et les oratoriens plaidoient ensemble, ils eurent recours à lui pour les concilier ; quand il eut travaillé avec eux, il dit aux jésuites en les reconduisant : mes pères, c'est un grand plaisir de vivre avec vous, et s'adressant tout de suite aux oratoriens, et un grand bonheur, mes pères, de mourir avec vous.

viviez dans ces cloîtres n'appartenoit point à l'âge que vous aviez laissé sur le seuil de la porte ; et dans l'homme instruit les souvenirs de l'histoire le chassoit bien plus vite encore de ces asyles religieux que l'ennui qui l'assailloit de tous côtés. Le même sentiment ne s'éprouvoit pas en entrant à l'oratoire, et sous l'étole on étoit surpris de trouver l'homme du monde et souvent le littérateur aimable. On m'objecteroit sans doute avec raison que les lettres étoient aussi cultivées chez les jésuites et les bénédictins ; mais chez les jésuites c'étoit par ambition, et chez les bénédictins par orgueil. Une grande réputation littéraire attiroit autour des jésuites tous les enfans des nations où ils étoient soufferts, et de cette manière ils s'emparoient de l'esprit des générations naissantes, pour s'emparer plus sûrement de la domination du monde. Quand aux bénédictins, le soin de conserver leur réputation savante étoit plutôt une habitude somptueuse qu'une impulsion politique. Les bénédictins faisoient peu d'éducations, et les oratoriens en faisoient moins que les jésuites, et ce qui vient à l'appui de l'observation que je faisois tout-à-l'heure, sur les divers esprits qui portoient ces ordres vers les lettres, c'est que les éducations faites par les jésuites furent plus brillantes, et celles des oratoriens plus solides. Les jésuites s'occupoient plus de l'esprit dans leurs élèves, et les oratoriens davantage du cœur. Ainsi, toutes choses égales, plus de lumières mais moins de vertus dans les élèves des uns ; plus de qualités, mais moins de talens, dans les élèves des autres. Ces réflexions bien approfondies et plus développées, on trouveroit le germe de bien des épisodes de la révolution. On n'a pas toujours bien conçu, ce me semble, comme l'on devoit écrire l'histoire des hommes. L'historien s'en empare quand ils marquent dans le monde, soit par leurs actions, soit par leurs emplois; on retranche l'histoire de leur enfance; c'est cependant là le creuset de leur vie politique. S'il existoit des historiens de l'enfance, beaucoup d'évènemens qui paroissent problématiques dans les fastes des empires seroient résolus.

On y trouveroit, par exemple, pourquoi les tems des guerres de religion sont ceux où la corruption est la plus générale. En apparence, cela semble contradictoire, car tout devroit être vertueux quand on combat pour la divinité, mais c'est que dans l'éducation, ce n'est pas la divinité que l'on fait connoître aux enfans, mais bien ce que les instituteurs en pensent. On trouve dans l'histoire de Niort un trait qui montre ce que sont les mœurs quand on se bat pour l'autel : il date de 1560, époque où le *comte du Lude*, avec cinq mille hommes, faisoit le siége de Niort. Il avoit en tête ce *Lanoue* et ce *Pluviaut* que nous avons cités déjà dans le département Vengé. Ces noms annoncent que du Lude éprouva une vigoureuse résistance. Ces troupes fatiguées de divers assauts, sans succès, se présentèrent de mauvaise grace au dernier qu'il voulut tenter. La *comtesse* du Lude assistant à cet assaut, et s'appercevant que les reproches dont elle accabloit les capitaines avoient peu d'effet, s'avisa, pour aiguillonner leur courage, de leur promettre la jouissance des jolies filles que Niort renfermoit. C'est un genre d'impudeur que l'on est loin de soupçonner dans une femme, et dont l'exemple é oit réservé à ces tems de corruption.

La *bienfaisante* du Lude s'imagina sans doute qu'il lui suffisoit des capitaines pour vaincre, et en effet l'espoir du viol les ramena à l'assaut, mais les soldats, que la *comtesse* avoit oubliés dans la distribution de ses *récompenses militaires*, refusèrent d'escalader la brèche; du Lude fut obligé de lever le siége; et la chasteté des filles de Niort échappa à la *généreuse prodigalité* de la *comtesse*. Cette femme n'étoit pas dans les secrets de l'amour; ce n'est pas ainsi qu'il couronne la valeur.

Cette ville fut assiégée deux fois dans cette année 1569. La première, comme on vient de le voir, par le *comte* du Lude, et la seconde par le *duc d'Anjou*, depuis Henri III, après la bataille de Montcoutour. En 1577, les ligueurs l'attaquèrent, et une circonstance assez plaisante, c'est que la place fut défendue par un abbé. En 1588, Henri IV la surprit. L'affectation que l'on a mis à embellir tout ce qui a trait à Henri IV, se remarque dans les relations des excès qui succédèrent à la surprise de cette ville. La *politesse* que les écrivains ont eu pour ce roi leur a fait dire que le pillage se fit avec toute la *décence* possible; les soldats saccagèrent les maisons avec une *modération* digne d'éloges; les femmes et les filles furent insultées avec une *retenue* admirable; je ne sais pas même si quelques bâtimens publics ou particuliers ne furent pas brûlés avec des *égards* infinis; tant il est vrai que la flatterie fait écrire des absurdités dont l'homme rougiroit s'il étoit possible que sa raison succédât au délire de son imagination.

Il semble que les anciennes chroniques, quoique remplies d'une infinité de fables, de mensonges et d'erreurs, furent un peu plus véridiques sur le compte des *souverains* du tems, que les histoires plus rapprochées de nos jours. Il est aussi une raison de cette espèce de complaisance que l'on a eue pour Henri IV ; c'est qu'alors les esprits étoient fatigués des scélérats par qui la France s'étoit vu gouvernée et déchirée, et que tout s'embellit aux yeux des hommes que le besoin de la paix et du repos maîtrise. Souvent les circonstances transforment en héroïsme ce qui, dans d'autres tems, passeroit à peine pour une demie vertu, et même pour un simple devoir. De nos jours, nous avons vu le respect pour les cendres de Henri IV devenir presque un culte public. On arrêtoit les voitures devant ses images, on forçoit les passans à se découvrir, et même à s'agenouiller devant elles. La présence des méchans rois rendoit plus cher le souvenir des bons, s'il en fut, par la même raison que la présence de la liberté rend odieux le souvenir de tous. C'étoit la volonté d'être libre qui forçoit à l'adoration de Henri IV, et ce fut la certitude de l'être qui fit abattre ses statues. La politique des nations se réduit à ses deux choses : desir d'avoir, volonté de conserver.

Pour revenir au jugement plus vérace que les anciennes chroniques portoient des *princes* de leur tems, Guillaume VII, *duc* d'Aquitaine et *comte* de Poitou, en est la preuve. Certes aucun écrivain, avant la révolution, n'auroit osé décrire les débauches infâmes de

Louis XV, et l'on en auroit trouvé mille pour lui forger des vertus. Un académicien célèbre a bien cherché, dans un long ouvrage, à rendre Louis XI intéressant (1). Et bien ce Guillaume VII est dépeint, par les chroniqueurs, comme un des grands hommes de son siècle, soit par son courage, soit par son esprit, et cela ne les empêche pas de tomber vivement sur une espèce d'abbaye de femmes de mauvaise vie qu'il établit dans son château de Niort ; ils le traitent d'impie, de libertin, etc. L'établissement de ces sortes de maisons se retrouve plus d'une fois dans les Annales de l'Europe ; et sans compter le couvent de débauchés que le pape Félix V fonda, dont il fut le premier supérieur, et que nous avons cité ailleur, nous trouvons de semblables maisons à Avignon, instituées par Jeanne première, *reine* de Naples et *comtesse* de Provence, dont elle dicta elle-même les statuts, et dont elle fut abbesse, à Toulouse où elles sont confirmées par les rois Charles VI et Charles VII ; à Montpellier, etc. Les lettres-patentes, rendues en faveur de celle de Toulouse, ont cela de particulier qu'elles furent solicitées par les capitouls et les syndics de cette ville, et que cette maison y est formellement désignée sous le nom d'*abbaye* occupée par les femmes publiques, avec cette clause, que celles qui les habitent en jouiront et useront paisiblement et perpétuellement, sans les molester ou souffrir être molestées.

Guillaume VII fit donc bâtir, pour ce même usage, une maison superbe dans laquelle il appela toutes les femmes prostituées du Poitou. La hiérarchie des dignités de cette maison fut établie suivant les talens reconnus des aspirantes ; ainsi la plus célèbre fut proclamée *abbesse*, une autre *prieure*, et ainsi de suite. Dans Guillaume VII, un pareil établissement tenoit peut-être à la politique. Les uns l'en ont traité de scélérat, les autres en ont plaisanté ; politique, blâme, indifférence ! communes folies de l'espèce humaine. Quand il s'agit des mœurs, il est dangereux d'en parler, il faut en avoir. Tel fut jusqu'à présent la base vicieuse des gouvernemens, que les bonnes mœurs ont été des propriétés individuelles et jamais des richesses nationales. Les religions les prêchent et ne les enseignent pas ; les gouvernemens les commandent et ne les surveillent pas ; l'éducation les donne : voilà pourquoi elles sont rares.

Ce Guillaume VII étoit un homme de tête ; il résista au trop fameux saint Bernard ; et une semblable résistance, dans le douzième siècle, annonce au moins de la sagesse si elle ne prouve pas des vertus. La division la plus ridicule, mais aussi la plus atroce, entre deux papes, rendoit non-seulement l'Italie, mais encore toute l'Europe, le théâtre des scènes les plus scandaleuses et les plus révoltantes pour l'humanité. On devine déjà que je veux parler du fameux schisme d'Innocent et d'Anaclet.

A peine Honorius II, tout fumant encore du sang d'Arnould, archevêque de Lyon, qu'il avoit fait assassiner pour s'être élevé avec dignité contre les débordemens, l'impureté et les forfaits du vatican et du clergé romain, est-il descendu dans la tombe, que Rome toute entière se partage en deux factions pour le choix de son successeur. L'une élit Grégoire, fils de Vido, et c'est Innocent II ; l'autre consacre Pierre, fils de Pierre Leva, et c'est Anaclet II.

Innocent II, moins fort que son rival, vole à Ostie, où l'évêque le sacre, tandis qu'Anaclet II, maître de Rome, se fait ouvrir tous les trésors, pille couronne, calices, croix, crucifix d'or et d'argent, s'empare de tous les ornemens, de tous les bijoux de grand prix, verse tout dans le creuset, en tire des sommes immenses, et en achète des rois et des armées pour se maintenir sur le trône du christ.

Innocent, fugitif avec ses cardinaux, s'embarque, se sauve à Pise ; et delà se forme et éclate cet épouvantable orage d'anathêmes et d'excommunications dont les foudres vont au loin frapper Anaclet et ses adhérens. Anaclet ne fut pas ingrat, il rendit à usure les malédictions dont Innocent l'accabloit, et si l'on se rappelle que la privation même du feu et de l'eau étoit la conséquence des excommunications, on peut dire que toute l'Europe étant partagée entre ces deux hommes, tout sentiment d'humanité, toute espèce de devoirs ordonnés par la nature, par la bienfaisance et par l'hospitalité, furent éteints dans le quart du globe, parce que deux prêtres vouloient régner.

Quelle belle époque pour un saint dont l'ardente soif de la gloire, la fièvre dévorante de l'ambition et la faim canine des richesses brûloient les entrailles ; et dont l'éloquence, étonnante dans ces âges de stupidité, asservissoit à ses volontés capricieuses et sanglantes, et les rois imbéciles et les bergers abrutis. Saint Bernard ne la laissa pas échapper ; il se déclara, sans raison, pour Innocent II ; je dis sans raison et c'est à tort. Les légats d'Innocent étoient venus du fond de l'Italie, caresser son orgueil; et si Anaclet eût pris les devants, si ses ambassadeurs fussent venus implorer la fierté de Bernard, Anaclet eût été pour lui le vrai successeur de Pierre, et Innocent un schismatique digne du feu. Voilà le saint.

Le concile d'Etampes se tint. Saint Bernard se prononça pour Innocent II, et la France engourdie fut entraînée. Louis le Gros envoye une ambassade à Innocent pour lui offrir un asyle, et bientôt Clermont et Reims possédèrent ce fourbe couronné, et le trouble, l'intrigue, l'empoisonnement et l'assassinat qui formoient son cortége. Mais tout étoit bien, un saint l'avoit voulu; et l'on va voir ce que c'est qu'un dieu entre les mains d'un intrigant.

Saint Bernard avoit des jaloux; peut-être dans son siècle n'y avoit-il pas assez de vertus pour qu'il eût des ennemis. Il s'étoit déclaré pour Innocent II; c'en fut assez pour que l'abbé du Mont-Cassin se déclarât pour Anaclet. Les moines de cet ordre avoient du pouvoir sur Guillaume VII, et conséquemment il partagea leur opinion. Saint Bernard s'irrite, un *souverain* ne pas penser comme lui ! et la terre tourne encore !

Il vint d'abord à Poitiers; Guillaume VII s'y trouvoit; Bernard annonce qu'il officiera pontificalement dans la Cathédrale. Saint Bernard ! tout le Poitou s'y trouva.

A l'instant de la consécration, tenant l'hostie à la main; l'hostie ! qui dix-huit cents ans fit courber tous les fronts devant le prêtre et non le dieu, il s'avance, s'avance, et appelant Guillaume par son nom, il le somme trois fois, au nom du *Dieu vivant*, d'abandonner le parti d'Anaclet; Guillaume, sans s'émouvoir lui répondit froidement, j'y songerai.

Cette fermeté étonna Bernard et ne le rebuta pas ; mais elle pouvoit faire un mauvais effet dans le peuple, dont l'opinion alors se modeloit sur les actions des grands. Le saint fit envelopper Guillaume dans les anathêmes prononcés, par Innocent II, contre ceux qui protégeoient son rival. Alors les églises étoient interdites aux excommuniés, et forcés de rester à la porte des temples, ils étoient publiquement exposés à tout ce que cette posture avoit d'humiliant. Ce fut ce moment d'avilissement que Saint-Bernard choisit pour renouveler avec plus d'éclat encore sa pieuse jonglerie. Il vint à Parthenai, séjour ordinaire de Guillaume : même empressement pour le voir, même concours à son spectacle pontifical. Au milieu de la messe, qu'il disoit dans l'église de la *Couldre*, il quitte l'autel : et l'hostie à la main, les yeux enflammés de colère, énergumène sacré, et copiste effronté du scandale insolent, dont jadis Saint-Ambroise avoit donné l'exemple sur le parvis de l'église de Milan, il s'avance dans la place publique où se trouvoit Guillaume, et entouré de ce prestige religieux, dont la crédulité populaire environnoit un prêtre, plein de cette frénétique fureur, que l'erreur prenoit pour l'inspiration d'un Dieu ; « je vous ai supplié, dit-il à Guillaume, en présence d'une foule de peuple le front dans la poussière, je vous ai supplié, et vous avez méprisé ma prière. Voici

B

maintenant votre juge et votre maître, tombez à ses pieds, et soumettez-vous ».

Triste et malheureux effet de l'ascendant de l'erreur! Guillaume, cette fois, Guillaume vraiment grand homme pour son siècle, sentit sa fermeté l'abandonner. Peut-être autant frappé de l'arrogance du prêtre que de la présence prétendue de la divinité; placé entre l'insolence qui menace et l'imbécillité qui adore; surpris, étonné, confondu, ne sachant que répondre, il fléchit le genouil, et ce n'est pas la seule fois que la sagesse se soit prosternée devant la fourbe. C'étoit bien la fourbe, en effet, car de quoi s'agissoit-il ? Ce n'étoit pas de l'intérêt du Dieu que Bernard tenoit dans ses mains. En voici la preuve: « je vous présente, ajouta-t-il, l'évêque de Poitiers que vous avez chassé. Rendez-lui son siège; Dieu le veut. Reconnoissez Innocent II pour pape, et réparez le mal que vous avez fait » (a).

(a) Guillaume avoit assez raison d'en vouloir à cet évêque de Poitiers. Guillaume devenu amoureux de Malberge, femme du vicomte de Châtelleraud, l'avoit enlevée et épousée ; certes, il avoit tort : mais on ne voit pas trop en quoi cela regardoit l'évêque de Poitiers. Il accourut cependant fort en colère, et beaucoup plus que le mari abandonné, qui se trouvoit fort heureux d'être débarrassé d'une femme qui ne l'aimoit point. Il ordonna à Guillaume de chasser cette femme adultère, et sur son refus se mit en devoir de l'excommunier. Il commence la formule. Guillaume, pour lui éviter la peine de la prononcer, tire son sabre pour *l'occire*, dit le chroniqueur. L'évêque tremblant

Quel étoit cet homme que Saint-Bernard soutenoit avec une morgue si superbe ? Possède-t-il quelques vertus pour excuser l'enthousiasme du saint ? Non, c'étoit l'assemblage de tous les vices ; l'ennemi déclaré de tous les droits des hommes ; un homme digne, enfin, de plaire à Saint-Bernard. Nous sommes trop loin engagés pour ne pas ajouter quatre mots encore sur le reste du règne de ce pape.

Anaclet s'étoit fait un appui de Roger, duc de Calabre, et de la Pouille, et l'avoit créé roi de Sicile, au détriment de son cousin-germain. Innocent II voulut, de son côté, avoir un empereur pour appui. Saint-Bernard fit venir, à Liège, Lothaire (2) qui n'étoit pas encore couronné, et Innocent lui promit le globe impérial. Cette promesse lui valut une armée. Le pape, l'empereur et cette armée, entrèrent en Italie, et avec eux toutes les horreurs. Rome fut saccagée ; Anaclet obligé de fuir ; et Innocent au milieu des cadavres, à la lueur des incendies, et entouré des cardinaux, décerna l'empire au brigand qui l'avoit si bien servi. Lothaire, revêtu de sa pompeuse honte, repartit pour l'Allemagne, et Anaclet reparut à son tour. Tout ce que la vengeance peut inventer, tous les forfaits qu'elle entraîne se ren-

---

se jette à genoux, demande quelques minutes pour se réconcilier avec Dieu, et quand il se croit prêt, dit au comte, maintenant tu peux frapper. Je ne t'aime pas assez, lui répond Guillaume, pour t'envoyer tout droit en paradis : et se mettant à rire il chasse cet énergumène.

contrèrent avec cette férocité qui tient au sacerdoce. Lothaire revînt sur ses pas, et les crimes inconstans comme la fortune, changèrent avec elle. La mort d'Anaclet, et celle de Lothaire, qui se succédèrent de près, mirent un terme à ces horreurs, mais non à la rage d'Innocent II. Maître de la thiare, n'ayant plus d'ennemis à Rome, il fût en chercher ailleurs: et Roger, roi de Sicile, protecteur d'Anaclet, devînt l'objet de son ressentiment. Il se mit lui-même à la tête de l'armée, mais aussi mauvais général que méchant homme et malin prêtre, il fut battu, fait prisonnier, et lâche comme tous les brigands, promit tout, signa tout pour se conserver la vie, et revînt à Rome.

Cette ville éprouvoit, à cette époque, un de ces souvenirs de son antique liberté. Souvenirs impuissans! qui, pendant quelques siècles, n'ont fait qu'attester à l'univers son extrême dégradation : images de ces convulsions qui préludent à la mort dans l'homme comme dans les nations. Cette lueur de liberté dura quarante-cinq ans. Innocent II employa prières, menaces, excommunications, anathêmes, pour empêcher le rétablissement du gouvernement républicain; et enfin, le ciel las de la présence de ce scélérat, e fit mourir de rage aux pieds de la statue de la liberté.

Parthenai, dont les crimes de Saint-Bernard nous avoient rapproché, et dont les attentats de son protégé nous ont éloigné quelques instans, est peu considérable, mais son territoire est excellent. Ses grains et ses bestiaux font sa richesse, et Parthenai pourroit

Thouars

se passer du reste de la terre. En général cette ville partage cette fertilité avec les différens chefs-lieux de district de ce département. Saint-Maixent, Châtillon, Melle, Thouars, etc., sont entourrés de plaines abondantes en grains et de pâturages couverts de bestiaux, et comme nous l'avons dit ailleurs, personne n'ignore que le ci-devant Poitou en fournissoit à la France entière. Presque toutes ces villes ont eu pour origine des châteaux, c'est-à-dire, de ces repaires redoutés, où la féodalité souvent vivoit plus de ses brigandages que de ses propriétés. Les familles de Parthenai et de Thouars, tiennent, sur-tout, une grande place dans l'histoire de Poitou, et la vérité nous oblige à dire que ce n'est pas par leurs vertus.

Dans le cours de cet ouvrage nous nous sommes quelquefois servi de cette expression : tel bien ou telle terre fut réunie à la couronne en tel tems. C'étoit le formulaire dont on se servoit jadis. Voici l'instant de donner une idée de la manière dont ces réunions se faisoient et de l'espèce de justice qui les dirigeoit. Thouars nous en fournit un exemple heureux.

La famille Thouars étant éteinte, et la dernière femme de ce nom ayant tranporté dans la famille d'Amboise tous les biens de la maison de Thouars, un Louis d'Amboise s'en trouva unique possesseur sous le règne de Charles VII. Ce roi, que la flatterit investit du surnom de *victorieux*, ne remporta jamais un seul triomphe sur ses passions, et fut, pendant le cours de son règne orageux, le pitoyable jouet de ses maîtresses et de ses courtisans. Malheureux père autant que foible *monarque*, il hâta la fin de sa carrière pour épargner à son fils, Louis XI, la peine de l'empoisonner. Quel homme !

Lâchement esclave de la *Tremouille*, l'un de ses favoris, il ne rougit point de laisser indignement compromettre son autorité par cet ambitieux. Louis d'Amboise, *vicomte* de Thouars, aussi fier de son nom que de ses immenses richesses, avoit trois filles, et son orgueil ne les destinoit qu'à des souverains. L'aînée étoit promise à l'héritier de Bretagne lorsque la Tremouille, que sa faveur rendoit arrogant, s'imagina pouvoir prétendre à sa main. Le *vicomte* de Thouars ne se laissa point éblouir par l'alliance du ministre d'un roi qui n'avoit point encore de royaume, puisque le règne désastreux de Charles VI, et les crimes d'Isabeau de Bavière avoient laissé la France aux anglais. Il refusa donc la Tremouille qui courut à la vengeance. Il persuada à Charles VII que des intérêts de politique exigeoient qu'il y eut une conférence en son nom entre lui la Tremouille, le vicomte de Thouars et le connétable de Richemont, autre courtisan de Charles VII. Le roi donna dans le piége, et indiqua lui-même le rendez-vous dans les environs de Parthenai. Il ne fut pas difficile à la Tremouille d'occuper ailleurs le connétable de Richemont, et de se trouver seul à l'entrevue. Le vicomte de Thouars y vint sans défiance. Par une perfidie sans exemple, la Tremouille feignit que Louis d'Amboise étoit venu dans le dessein de s'emparer de sa personne, et, partant de ce prétexte, le fit arrêter, charger de fers, et conduire à Poitiers, où le parlement, servile instrument de la vengeance du courtisan, lui fit son procès, et le condamna à mort comme criminel de lèze-*majesté*, pour avoir, est-il dit dans l'arrêt, voulu s'emparer de la personne du roi, en faisant arrêter le *seigneur* de la Tremouille qui gouvernoit le *royaume*, afin d'arriver, par ce moyen, à gouverner l'État et à meubler les emplois de ses créatures. Il n'auroit manqué à la honte de Charles VII que de laisser exécuter l'arrêt; mais il n'en eût pas le criminel courage. Le vicomte de Thouars en fut quitte pour la prison; mais ses biens immenses furent confisqués et réunis à la couronne. Voilà ce que l'on appeloit une réunion.

Cependant la vérité perça. Au bout de quelques années, la *reine* Marie d'Anjou fit entendre à Charles VII que l'on avoit indignement abusé de son autorité. Le *vicomte* de Thouars fut tiré de sa prison; ses biens lui furent rendus à l'exception de la *baronnie* d'Amboise qu'il perdit pour jamais, par cette fatalité qui voulut toujours que la justice des rois fut échancrée par quelque côté. Il maria ses filles à sa volonté; et par une impudeur qui ne semble vraiment être annexée qu'aux grands seigneurs, c'est que la troisième épousa le fils de ce même la Tremouille, qui, quelques années avant, avoit, pour ainsi dire, conduit à l'échafaud de Louis d'Amboise; et que, par la suite de cette alliance, tous les biens de la maison de Thouars passèrent dans cette maison de la Tremouille qui avoit voulu en dépouiller le véritable propriétaire.

Les lettres *royales* de restitution et de réhabilitation étoient un titre précieux pour le vicomte de Thouars ; aussi étoient-elles déposées dans un coffre qui ne quittoit pas le chevet de son lit. Ces lettres reconnoissoient authentiquement les services que le *vicomte* de Thouars avoit constamment rendus à l'État, et avouoient que son procès et sa spoliation avoient été le fruit de l'intrigue et de la malveillance : mais le hasard voulut que Louis XI succédât à Charles VII ; et le sort que le *vicomte* avoit échappé sous un roi foible, il ne l'échappa pas sous un tyran.

Commines, *digne* historien de Louis XI, convoita quelques terres du *vicomte*, et pour s'en emparer, persuada à son maître qu'il falloit le dépouiller. Louis XI *se laissa* convaincre. Le difficile étoit de s'emparer des lettres de restitution. Commines leva la difficulté. Il se présenta à main armée au château de Thouars, se fit ouvrir les archives, et parvint enfin à découvrir le coffre qui contenoit les lettres. Comme *Beaumont*, l'un des commissaires nommés par Louis XI pour assister à cette expédition, les tenoit à la main, Commines les lui arracha et les jeta au feu. *Jean Chambon*, un des autres commissaires qui n'étoit pas dans le secret, s'en saisit, empêcha qu'elles ne fussent brûlées, et, blâmant l'action de Commines, exigea qu'elles fussent portées au roi. Commines, qui connoissoit le cœur de son maître, y consentit aisément. Son espoir ne fut point trompé ; Louis XI les reçut avec joie, les brûla lui-même, et fit prêter serment à tous ceux qui avoient trempé dans cette affaire, de ne jamais la révéler. Le *vicomte* fut donc dépouillé une seconde fois, une seconde fois ses biens furent réunis à la *couronne*; et je le répète, voilà ce que l'on appeloit une réunion.

Mais comme s'il eût été de sa destinée d'être sans cesse resassé dans la roue des évènemens où se confond la rapacité des courtisans avec les fautes et les remords des rois, il arriva que l'approche de la mort fit craindre l'enfer à Louis XI. Déchiré par ses terreurs, il déclara que tous les actes qu'il avoit pu passer avec le vicomte de Thouars étoient illusoires, et ordonna que ses biens lui fussent restitués : et par une bizarrerie sans exemple et bien digne des cours, c'est que, tandis qu'aucune des volontés écrites de ce tyran ne fut respectée, celle-ci, qui ne fut que verbale, fut exécutée à la lettre. Mais le pauvre *vicomte* avoit vécu : il ne goûta pas le plaisir de voir ce second jour de justice, et, comme nous le disions tout-à-l'heure, ce fut la famille de son persécuteur, les la Trémouille, qui seuls en profitèrent.

Nous venons de voir comment les rois s'y prenoient pour réunir à leur *couronne* les biens des particuliers; voyons maintenant comme les seigneurs agissoient entre eux pour se dépouiller; et c'est Parthenai qui va nous fournir, à son tour, ce trait d'histoire.

Jacques d'Harcourt avoit formé le dessein de ravir à son oncle la terre de Parthenai. Charles VII avoit acheté cette terre, 140,000 écus d'or, de *Jean* de Parthenai qui s'en étoit réservé l'usufruit, et l'avoit donnée, du consentement du vendeur, à *Artus* de Bretagne *comte* de Richemont et connétable de France, et à ses enfans mâles. A leur défaut elle devoit passer à *Pierre*, *duc* de Bretagne, et à ses héritiers. Ce Jacques d'Harcourt, neveu de Jean de Parthenai, par les femmes, et qui conséquemment croyoit avoir des droits sur cette terre, ne trouva point la libéralité de Charles VII de son goût, et crut qu'il falloit posséder par la force ce qu'il croyoit lui être ravi par l'injustice.

Roulant dans sa tête le projet de s'en emparer, il vint donc voir son oncle qui le reçut à bras ouverts. Pendant le séjour qu'il fit dans le château, il en examina avec soin l'intérieur et l'extérieur, s'attacha à en connoître les endroits foibles, la quantité de gens de guerre qui le défendoient, et les moyens les plus sûrs pour le succès du coup-de-main qu'il préméditoit. Lorsqu'il eut acquis les connoissances nécessaires et que son plan fût bien conçu, il prit congé de son oncle et fut rassembler les forces dont il crut avoir besoin. Il revint avec elles sur ses pas, choisit une nuit pour les disposer au tour du château, assigna à chacun son embuscade, et convint d'un signal pour l'heure où il leur conviendroit d'agir. Tout étant prêt, il entra dans le château, suivi de quelques hommes secrètement armés. Il comptoit surtout sur un souterrain dont l'entrée répondoit dans l'intérieur du château, qu'il avoit garni de troupes qui devoient débusquer à propos. Son oncle lui fit le même accueil qu'il en avoit éprouvé la première fois, et, sans défiance, le fit dîner avec lui. A la fin du repas, Jacques d'Harcourt, mettant le sabre à la main, déclara au *seigneur* de Parthenai qu'il étoit son prisonnier, et qu'il eût à lui céder le château. Dans ce premier trouble, et les gens d'Harcourt n'ayant pas répondu assez tôt au signal, ceux du dedans eurent le tems de s'armer, et quelques-uns d'entre eux se portèrent à la tour du pont-levis. De-là leurs cris avertirent les habitans de la ville qui s'armèrent aussitôt et accoururent en foule au château. Ils dressèrent des échelles contre les murs, parvinrent à abattre le pont et pénétrèrent dans la place. Le *seigneur* de Parthenai revenu de son premier effroi, se mit à leur tête, et alors le combat devint général. Les gens d'Harcourt, attaqués et repoussés, soit dans le souterrein, soit au dehors, furent tous massacrés. Lui-même, combattant toujours, et après des prodiges de valeur qu'une meilleure cause auroit dû honorer, se vit contraint de se réfugier dans le cachot d'une tour, où assailli et accablé par le nombre, forcé de succomber sous un coup de lance qui lui traversa les deux cuisses, il reçut enfin la mort due à sa basse trahison.

En sortant de Parthenai, et revenant par Maixent, nous avons vu Charroux, petite ville bien peu importante aujourd'hui, mais que la crédulité environna jadis d'une sorte de splendeur. Une *abbaye de bénédictins* en possédoit le territoire entier. Le canton avoit dû cette *faveur* à un certain *Roger, comte* de Limoges, et à sa femme *Euphrasie.* Charlemagne combla de biens ces moines déjà riches, grace au limousin qui les avoit fondés. Il ajouta à ces dons une bibliothèque qui ne leur servoit guères, et des reliques qui leur servirent beaucoup. Il paroît que ce nom de Charroux tire son nom de *caro rubra.* Cette chair rouge étoit une de ces reliques données par Charlemagne; c'étoit, disoit-on, un morceau de chair de Jésus-Christ; mais ce morceau de chair, où l'avoit-on coupé ? En analisant toutes les coupures qu'on avoit pu lui faire, on parvint à se persuader que c'étoit le *prépuce* du *sauveur du monde* que possédoit l'abbaye de *Chair-rouge*, et cette conjecture *savante* valut un *prépuce* de plus au Christ, et aux moines, des richesses de trop. Je dis un *prépuce* de plus, car Saint-Jean-de-Latran à Rome, en possède un; Anvers, un autre; Hildesheim, un autre; le Pui-en-Velay, un autre; l'abbaye de Coulombs, un autre; sans compter les prépuces moins connus dont la réputation ne passe pas au-delà des chapitres qui les conservent. Cette fécondité de *prépuces* a pensé faire une hérésie bien plaisante dans l'église. Des docteurs célèbres s'avisèrent d'écrire que Jésus-Christ étoit ressuscité en entier, et l'on doit penser combien cette relique, si précieuse aux moines, dut les faire crier quand on prétendit la leur enlever. On se fait peu d'idée combien cette sottise a fait écrire de sottises, sans compter les miracles que l'on en rapporte. Un des plus bouffons, c'est l'origine de cette maladie vulgairement appelée *fringale*. Les moines de Charroux, effrayés de l'approche des Normands, réfugièrent leur sainte relique dans le sein d'*Ulgrin*, *comte* d'Angoulême. Son fils *Alduin* prit un tel goût pour elle qu'il refusa de la rendre quand les normands eurent laissé Charroux tranquille. Qu'arriva-t-il ? Le *comte* et tous les habitans d'Angoulême furent saisis d'un tel appétit que, ne trouvant plus rien dans leur pays pour se satisfaire, ils finirent par se manger réciproquement les uns et les autres. Le mal devint tel qu'il fallut rendre la relique, et la *fringale* cessa. On pourroit croire que l'on n'a fait que changer la scène de lieu, et que c'étoient les moines de Charroux qui mourroient de faim en l'absence de la relique.

Et ce fut pourtant pour soutenir la créance de tant d'absurdités que madame de Maintenon fit commettre à Louis XIV tant de cruautés. Cette femme célèbre étoit née à Niort dans les murs d'une prison ; et c'est delà qu'elle fut appelée à faire le fléau de la plus glorieuse des nations, la honte du *monarque* le plus ridiculement jaloux de la gloire, l'opprobre de son sexe par l'hypocrisie de sa fausse vertu et le raffinement de sa prostitution, et l'exemple fameux de l'ingratitude en donnant la première le signal de l'abandon pour l'homme qui l'avoit comblée de bienfaits, quand il ne lui resta plus, d'un règne de soixante ans, que la nécessité de mourir. Conduite au berceau en Amérique, ramenée encore enfant, ou pour mieux dire, rejetée par le hasard et l'infortune, sur les côtes de France à la Rochelle ; prise en pitié par la mère de la maréchalle de Noailles ; servante plus que complaisante de cette femme avaricieuse ; conduite par elle à Paris ; lancée, autant par la misère que par sa beauté, dans la société, et enfin dans le lit du poëte Scarron ; veuve sans avoir eu véritablement d'époux ; reléguée dans un grenier du quartier Saint-Eustache ; entretenue par le père du maréchal de Beuveron, par les trois

Villarceaux, par le maréchal d'Albret et bien d'autres; heureuse des vices de madame de Montespan qui lui confia ses enfans qui n'étoient peut-être pas ceux de Louis XIV; maltraitée, rebutée, outragée par cet homme superbe qui l'avoit prise en grippe à peu près comme il gouvernoit, c'est-à-dire sans savoir comment; Tels furent les étranges degrés qui conduisirent cette femme extraordinaire au trône.

Ce n'est pas la première fois que nous parlons d'elle dans ces voyages : mais dans le grand livre du cœur humain il est tels chapitres qu'il est de la sagesse de commenter plus d'une fois. Madame de Montespan l'avoit accablée de biens, et elle chassa madame de Montespan. Il est difficile de trouver un exemple d'ingratitude plus marqué. Elle le fit avec d'autant plus de scélératesse que Louis XIV lui sut bon gré de l'avoir délivré d'une femme qu'il avoit adoré; et la conduite de la Maintenon a cela de plus affreusement particulier, c'est que chacun des charmes qu'elle employoit étoit une calomnie tacite de sa rivale. Le caractère de la Montespan lui donnoit beau jeu. Malgré tout ce qu'on en a dit de contraire, elle épousa Louis XIV. C'est un fait dont on ne doute plus aujourd'hui. Le père Lachaise dit la messe au milieu de la nuit dans un cabinet du roi; Bontemps, valet de chambre, la servit. L'archevêque de Paris *Harlay*, le ministre *Louvois* et *Montchevreuil*, servirent de témoins. Le lendemain elle eût un appartement à côté de son mari et toute la France à ses pieds. Fausse, capricieuse, légère, irascible, inconstante, vindicative sur-tout; tels sont les vices principaux qu'elle revêtit du manteau de la dévotion et du masque d'une hypocrite douceur; vices que la couronne ne fit qu'irriter davantage. Fausse : il est douteux qu'elle ait aimé Louis XIV ; elle n'approcha point de son lit de mort, ne le pleura point, et parut, à ses intimes, débarrassée d'un fardeau. Capricieuse : ceux qu'elle avoit flattés aujourd'hui, le lendemain elle les reconnoissoit à peine, le froid succéda toujours en elle à l'affabilité. Légère : ses inconséquences ont perdu plus de monde que son pouvoir n'a fait d'heureux, témoin le célèbre Racine. Irascible : il étoit dangereux de la contredire, ce fut là l'origine des amertumes si longues de la vie du cardinal de Noailles. Inconstante : elle se mêla de tous les couvens, de toutes les abbayes, de tous les évêchés, de toutes les affaires de religion, moins par piété que parce que le tableau étoit plus mouvant. Vindicative : le *duc* d'Orléans l'éprouva ; et l'anecdote suivante, bien peu connue, mérite d'être rapportée.

Dans la guerre, dite de la succession, ce d'Orléans commandoit les armées françaises en Espagne. Une princesse des Ursins, intrigante du premier ordre, mais subordonnée à madame de Maintenon, avoit été envoyée par elle à la cour d'Espagne; ensorte que ces deux femmes gouvernoient, l'une à Versailles, l'autre à l'Escurial, et certes elles se diputoient la gloire à qui feroit le plus de mal. Le duc d'Orléans étoit un être très-indifférent à madame de Maintenon; mais la princesse des Ursins l'avoit vu de meilleur œil et fait quelques tentatives pour le subjuguer. En attendant elle laissoit manquer de tout aux armées françaises; et son ineptie ou sa mauvaise foi étoit telle à cet égard que le duc d'Orléans passoit ses jours à trouver des expédiens pour nourrir les troupes, et se voyoit forcé d'employer à les faire vivre, un tems destiné à tracer des plans pour les faire agir. Il voyoit l'origine du mal et tout le monde le reconnoissoit aussi bien que lui. Pour donner à cette anecdote le ton de décence que m'impose le respect que je dois à mes lecteurs, ils me permettront de leur rappeler que certains mots, reçus dans la langue, indiquant un objet propre à celui qui parle, indiquent également qu'on le partage avec les autres; ainsi l'on dit mes *concitoyens*, mes *confrères*, mes *condisciples*, etc. Le duc d'Orléans se crut permis sans doute de donner quelqu'extension à cette tournure de mots, et ce fut de ce néologisme dont furent vivement piquées madame de Maitenon et madame des Ursins.

D'Orléans excédé sans doute un jour des difficultés où l'exposoit l'incurie de ces deux femmes pour son armée, donnoit à souper à quelques seigneurs espagnols et français. Alors il étoit de mode de porter les santés de personnages absens, et c'est ce qu'on appelle encore, en Angleterre, *toast*. Après diverses santés, d'Orléans, prenant son verre, dit à la compagnie, messieurs, je vous porte la santé de notre concapitaine et de notre conlieutenant. Cette saillie, dont tous les convives comprirent la malignité, fut reçue avec transport, accueillie par de nombreux applaudissemens; et sans déchirer le voile, cependant les deux santés furent bues au milieu des éclats de

rire

rire et des sarcasmes. La mauvaise plaisanterie de d'Orléans fut bientôt rapportée à la princesse des Ursins; et elle dépêcha un courrier extraordinaire à madame de Maintenon pour l'en instruire. Dès lors ces deux femmes jurèrent la perte du duc d'Orléans. Peu s'en fallut que par la suite elles ne le conduisirent à l'échafaud, et il ne tint pas à elle que cela n'arrivât. Cette folie, plus digne du cabaret que de la table d'honnêtes gens, fut l'origine de la mauvaise tournure que prirent les affaires en Espagne. Combien d'hommes périrent, combien de millions sortirent du trésor public, combien de dangers assaillirent la France! parce qu'un *prince* s'étoit permis une fade polissonerie, et que deux vieilles femmes s'en étoient offensées. Voilà les cours; voilà quelle fut cette Maintenon, si prétieuse aux dévots, si odieuse aux gens de bien, si méprisable pour le sage.

Il seroit doux de faire succéder à ce tableau celui des vertus républicaines, cette nuance touchante que l'aspect des sentimens tendres et paisibles de l'égalité et de la fraternité communique aux écrits de l'homme qui sait voir. Il renaîtra des jours heureux pour ces cantons où l'ignorance et les préjugés ont épanché tant de fléaux. La justice et ses douces compagnes, l'instruction et l'humanité, y cicatriseront des plaies qui saignent encore. Les lâves des volcans coalisés du fanatisme et du royalisme se coaguleront sous le souffle de la raison. Un jour l'abondance, ramenée par le printems de la nature et le soleil de la sagesse, étendra sa riche draperie sur le sol fécond et riant de ces contrées délicieuses. Les passions douces succéderont aux fureurs intestines ; et que faut-il pour en faire naitre l'aurore ? Des loix, un dieu, des hommes.

Quelques personnages illustres dans les lettres ont vu le jour dans ces cantons ; entre autres Beausobre, que des opinions religieuses forcèrent à fuir sa patrie, et qui mourut depuis à Berlin. Ses écrits, qui ne sont guères connus que des lettrés, font honneur à son génie, à sa profonde érudition et à son style. C'est sur-tout dans son histoire du manichéïsme que l'on retrouve toutes ces qualités réunies.

Le poëte Villon a fini également ses jours à Saint-Maixent. Ce fut le plus mauvais sujet de son tems. Son véritable nom étoit Pierre Corineil, et ce surnom de *Villon* signifioit de son tems *frippon*. Il le méritoit. Boileau a jugé ses poésies avec trop de sévérité. Il paroît qu'il étoit à la tête d'une troupe de farceurs quand il se retira à Saint-Maixent, car dès-lors ces sortes de gens ne méritoient plus le nom de troubadours qui ne se présente à l'esprit qu'entourré de graces. Tout le monde sait comment, ayant voulu faire jouer, à Saint-Maixent, une de ces pièces intitulées alors *tosies*, et un chapelain lui ayant refusé une superbe châpe pour hâbiller l'acteur qui jouoit le père éternel, il s'y prit pour l'obtenir, et comment, ayant fait habiller tous ses gens en diables, et les ayant postés la nuit sur le passage du pauvre sacristain, il lui fit une si belle peur qu'il lui persuada que le père éternel lui-même étoit très-encourroux de son refus impoli.

Il nous seroit aussi difficile de parler de l'esprit

public dans ce département que dans celui qui le précède. Comment le distinguer en effet au milieu des nuages épais dont la terreur l'incarcère depuis si long-tems ? A-t-il pu surnager sur les flots de sang que les tempêtes de discordes intestines font rouler depuis deux ans sur ces déplorables contrées ? N'a-t-il pas fui à l'aspect des hordes catholiques ? A-t-il pu revenir sur le char sanglant de la vengeance ? Il reviendra, mais sur les aîles de la justice : et bientôt l'humanité présentera à ces habitans infortunés le génie consolant de la république qui ne veut, qui ne caresse que les vertus. Il en trouvera sur ce sol malheureux. Tous les pinceaux n'ont-ils pas retracé l'héroïsme de la généreuse habitante de Mitié ? Qui peut voir cette femme courageuse, entourée de ses enfans, mettant entre elle et les vendéens ce mur terrible du dévouement national, assise pour ainsi dire sur la foudre qui doit l'incendier la première pour les mieux écraser ? L'œil terrible, les deux mains armées de la mort, menaçant de l'un de ses pistolets, ses farouches ennemis ; et de l'autre, signalant le baril de poudre qui n'attend que la flâme pour les écraser tous. Sa vie n'est rien, mais celle de ses enfans suspendus à son sein ou couchés dans l'innocence du berceau sur ce théâtre d'épouvante ; voilà le sacrifice ! voilà l'héroïsme ! Les charbons de Porcie sont glacés à côté de cette scène. Quel homme, dis-je, a pu la contempler sans se dire : il est de grandes vertus civiques dans la Vendée.

NOTES.

(1) Duclos (Charles Dineau) étoit de Dinan en Bretagne ; on ne peut lui refuser d'avoir été l'un des beaux esprits du dix-huitième siécle ; mais peut-être est-il permis de dire que ce ne fut pas un des meilleurs amis de la vérité. Quand il eut terminé sa vie de Louis XI, Louis XV dit que c'étoit l'ouvrage d'un honnête homme, et il me semble que Duclos est jugé par ce mot. Duclos avoit pris Tacite pour modèle ; mais si Tacite eût eu à écrire la vie de Louis XI, certes, Louis XV n'eût pas dit que c'étoit l'ouvrage d'un honnête homme. Les honnêtes gens aux yeux des rois ne sont pas les honnêtes gens aux yeux de la nature. Claude auroit dit aussi que Vitellius étoit un honnête homme, et Thrasea n'eût pas, à-coup-sûr, reçu Vitellius chez lui : je n'entends pas parler ici de l'empereur de ce nom, mais du Vitellius de la cour de l'empereur Claude. Duclos étoit historiographe de France. Quand on le pressoit de faire paroître quelque chose du règne où il vivoit, il répondoit : « je ne veux ni me perdre par la vérité, ni m'avilir par l'adulation ». il étoit bien loin de la devise de Jean-Jacques. Il déserta presque le parti des philosophes ; il disoit : « ils finiront par me rendre dévot ». Il y avoit peut-être un peu d'humeur d'amour propre. Il y a des gens qui ne veulent jamais de la seconde place. Des hommes de mérite ont écrit ce qu'ils pensoient de Duclos, entr'autres Bougainville et Palissot. Nos lecteurs peuvent les consulter. Je ne juge pas ; je dis ce que je pense. Au reste, Duclos avoit de grandes qualités. Il étoit fils d'un chapelier ; j'aurois voulu qu'il ne se fut pas laissé ennoblir. Mais les préjugés du tems ! On est quelquefois effrayé de l'indulgence qu'il faut avoir pour les sages.

(2) Lothaire, empereur d'Occident, etc. sous son règne, tous les priviléges ecclésiastiques furent confirmés, toutes les magistratures subordonnées aux seigneurs féodaux ; il est vrai qu'il avoit baisé les pieds d'Innocent II, et conduit la mule de ce pape par la bride. Cela valoit bien la peine d'être empereur pour faire l'office de palfremier, et tant de mal à l'humanité !

VOYAGE

DANS LES DÉPARTEMENS

DE LA FRANCE,

Enrichi de Tableaux Géographiques
et d'Estampes ;

Par les Citoyens J. LA VALLÉE, ancien capitaine au 46e. régiment, pour la partie du Texte ; LOUIS BRION, pour la partie du Dessin ; et LOUIS BRION, père, auteur de la Carte raisonnée de la France, pour la partie Géographique.

L'aspect d'un peuple libre est fait pour l'univers.
J. LA VALLÉE. *Centenaire de la Liberté*. Acte Ier.

A PARIS,

Chez Brion, dessinateur, rue de Vaugirard, No. 98, près le Théâtre François.
Chez Buisson, libraire, rue Hautefeuille, No. 20.
Chez Desenne, libraire, galeries du Palais-Royal, numéros 1 et 2.
Chez l'Esclapart, libraire, rue du Roule, nº. 11.
Chez les Directeurs de l'Imprimerie du Cercle Social, rue du Théâtre-François, No. 4.

1793.

L'AN SECOND DE LA RÉPUBLIQUE FRANÇAISE.

Nota. Depuis l'origine de l'ouvrage, les auteurs et artistes nommés au frontispice l'ont toujours dirigé et exécuté.

Ouvrages du Citoyen JOSEPH LA VALLÉE.

Le Nègre comme il y a peu de Blancs.	3 vol.
Cecile, fille d'Achmet III.	2 vol.
Tableau philosophique du règne de Louis XIV.	1 vol.
Vérité rendue aux Lettres.	1 vol.
Serment civique, comédie en 1 acte.	1 br.
La Gageure du Pélerin, en deux actes.	
Départ des volontaires villageois, comédie en 1 acte.	
Voyage dans les Départemens.	24 n^{os}.

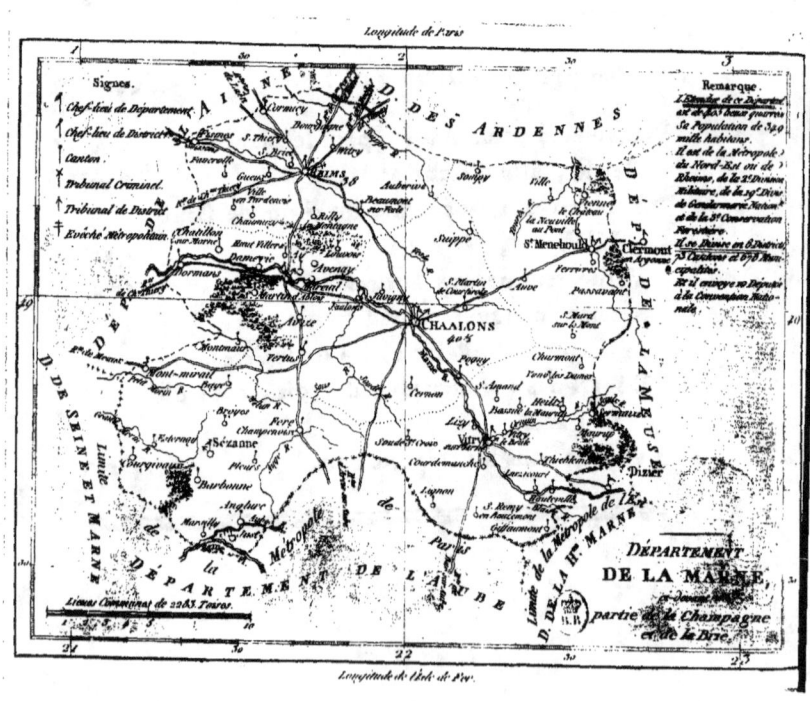

VOYAGE
DANS LES DÉPARTEMENS
DE LA FRANCE.

DÉPARTEMENT DE LA MARNE.

Rheims et Châlons ! quel rapprochement pour le philosophe ! quelle leçon profonde pour les nations quand elles voudront l'entendre ! Rheims consacrant, légitimant les fureurs de Clovis ; Châlons s'énorgueillissant de l'épouvantable chûte d'Attila. Rheims versant sur la tête des rois toute la magie de la superstition, pour les rendre inviolables aux peuples ; Châlons offrant complaisamment ses plaines à qui tenteroit de combattre les tyrans. Enfin Rheims souillée de l'opprobre du dernier sacre d'un monarque, et Châlons illustrée par la première victoire de la liberté sur les satellites du despotisme. Quelles destinées diverses ! Quel incompréhensible jeu de la providence d'avoir réuni dans un seul point, pour ainsi dire, et le triomphe authentique du préjugé le plus gigantesque, et le théâtre auguste de son éternelle destruction.

Je me figure quelquefois le jour du sacre d'un roi :

mon imagination se représente ce char superbe où le génie des arts s'est épuisé pour l'enrichir ; je vois cette troupe immense de valets de tout rang, surchargés d'or, d'argent, de pourpre et de soie, armés par l'insolence et l'esclavage, ouvrant devant eux les flots de ce peuple que la curiosité attire, entourer l'idole méprisable que le fanatisme appelle dans un temple, pour le désigner au respect de l'univers ; je vois ce mortel proclamé *roi*, se cachant aux regards sous les feux des diamans et des rubis, de crainte qu'on ne s'apperçoive qu'il est homme, entrer dans ce temple où le clergé superbe, étalant les dépouilles des nations dont il compose sa parure, l'attend pour goûter le plaisir orgueilleux de voir à ses genoux le maître des humains ; je vois l'huile dérobée à la lampe de la veuve de Sarepta, sacrer l'homme dont chacun des jours sera le fléau de la veuve et de l'orphelin ; je l'entends prononcer des sermens si loin de son cœur, qu'il faut les dicter à sa bouche ignorante ; j'entends un million de cris confus voter une longue vie à l'être dont le caprice ordonnera peut-être la mort d'un million de malheureux et d'innocens ; j'entends les accords enchanteurs de l'harmonie, mêler leurs sons célestes à la fête inventée par le raffinement de l'ambition féroce ; j'entends l'airain tonnant devancer le vol rapide de la renommée, pour apprendre aux campagnes que la liberté vient d'être solemnellement égorgée ; et je me dis avec une joie dont le frémissement, pour ainsi dire, tient de la terreur, je me dis, c'est à côté de cette pompe impie tant de fois renouvelée, c'est aux portes de Rheims, c'est cette plaine dont l'uniforme tapis se déroule vers Châlons, que l'éternel choisit pour venger les longs outrages faits à l'humanité. Ici fut le zénith de la gloire de Capet ; là la première marche de son échafaud. *O altitudo !*

Notre esprit se fatigue à deviner l'avenir : nous en faisons un logogriphe, quand il est écrit par-tout en lettres de feu. Croit-on que ce soit en vain que le temps ait respecté les ruines dont la terre est parsemée ? Tout périt ; et les colonnes silencieuses debout encore dans les déserts de Babylone, n'étoient pour nous que des pierres insensibles, tandis qu'elles étoient en effet les pages du livre des destins. Nous sourions à l'aspect de l'antre où les prêtres d'Apollon rendoient leurs oracles, et notre raison fugitive ne nous disoit pas : c'est ainsi qu'un jour la postérité rira en touchant le vase desséché que devoit remplir une huile immortelle. Ces pilastres du temple de Rheims, ces colonnes énormes, victorieuses à leur tour de l'injure des siècles, appelleront les nations au souvenir de votre ampoule ridicule, et ces nations elles-mêmes n'y reconnoîtront pas le sort préparé à quelqu'autre préjugé plus bizarre peut-être auquel elles seront asservies. Portiques de Lybie ou temple de Rheims ; triomphe d'Aurélien ou sacre de Capet ; intronisation d'Apis ou procession du clergé romain ; qui que vous soyez enfin, monumens, cérémonies, pompes antiques ou modernes, vous êtes le mot éternel de l'énigme de l'avenir.

En entrant dans ce département, la nature a reçu notre premier hommage. Sa main a tapissé les riches côteaux d'Aï et d'Epernai, de ces pampres bienfaiteurs, dont la fraîcheur dérobe la grape précieuse aux rayons trop brûlans du soleil, sans la ravir à la douce chaleur qui porte la maturité. Moins balsamiques que ceux de la Côte-d'Or, moins veloutés que ceux de la Gironde, Hygie doit à ses vins moins de reconnoissance ; mais l'aimable joie, mais les folâtres jeux sont groupés dans leur mousse légère. Dans chaque globule qu'ils exhalent, un plaisir est caché ; et s'il est vrai qu'Amour éteignit son flambeau dans les bains d'Erigone, la baignoire sans doute étoit une cuve de Champagne.

Il semble pourtant que cette liqueur enchanteresse ne soit point faite pour être savourée sur le sol qui la produit. On chercheroit vainement ici ces bosquets délicieux, ces ombrages anacréontiques, où, le front ceint de roses, la volupté nonchalante verse ailleurs les flots ambrés de l'Aï pétillant dans les vases de cristal. Point de myrthes ici pour reposer la tête appesantie du Sylène incertain : point de gazons ombragés d'aubépine, où puissent les amans répéter les couplets qu'on trouve au fond de la coupe des Ménades. L'œil fatigué des blanchâtres reflets des plaines sablonneuses, parcourt en vain l'horizon pour y trouver la verdure des bois, et reposer sa paupière demi-close : il n'y rencontre que l'arbre isolé, exilé loin des forêts, sur la cîme chenue des collines arides. La Marne roule ses flots d'un verd sombre à travers la craie dont e

Châlons

blanchissent les campagnes, et l'aspect de la stérilité semble s'étendre sur un sol où toutefois la richesse n'est pas étrangère.

C'est au milieu de ce site sérieux que s'élèvent les flèches de Châlons, chef-lieu de ce département. Son commerce est assez considérable en toiles de lin et de chanvre, de toutes largeurs; en étamines, en serges rases et drapées : mais ce sont sur-tout ses tanneries qui occupent un grand nombre d'ouvriers. Plusieurs pâturages qui l'environnent sont couverts de bestiaux dont elle consomme une partie.

Quoique grande, Châlons, en général, est mal bâtie; ses rues sont étroites; beaucoup de ses maisons sont en bois; et les places sont peu régulières. Il y a cependant quelques édifices publics, dignes d'attention, et sa maison commune ne manque ni de goût, ni de grace.

Mais ce qui flatte vraiment l'œil de l'étranger, c'est une promenade, la plus belle peut-être que possède aucune ville de la république. On la nomme le *Jard*. Les allées en sont magnifiques pour la longueur et la beauté des arbres; le dessin des différens quinconces, élégant et varié; et le soin que l'on apporte à son entretien, ajoute un charme au plaisir que l'on éprouve à la parcourir. Le Nau et la Marne l'embellissent encore, et leur onde fugitive n'abandonne qu'à regret ce lieu dont la fraîcheur et la teinte romantique, rappellent ce que la fable nous décrit des jardins des féeries.

La cathédrale est gothique, mais elle est grande et passablement claire. L'autel est du plus beau marbre. Châlons étoit un des quartiers de ces hommes que l'on appeloit autrefois gardes du corps, et souvent elle fut le théâtre des scènes insolentes que leur immoralité donnoit au public, et qui, presque toujours, restoient sans punition, quand elles tomboient sur des hommes du peuple; et telle étoit l'odieuse conduite de l'ancien régime, que l'insulte faite à l'une de ces femmes que l'on appeloit jadis femmes de qualité, étoit vengée avec éclat, tandis qu'il sembloit qu'une femme du peuple dût se trouver trop heureuse d'avoir été l'objet des désirs effrontés d'une jeunesse indisciplinée.

Le patriotisme a purifié Châlons de l'air impur que l'esclavage y avoit répandu, et l'esprit public de cette ville est excellent. Lorsque les ennemis de la liberté, les hordes du nord, conduites par les despotes, et introduites en France par la plus lâche trahison, étoient à ses portes, ses préparatifs de défense annoncèrent à la république l'assurance qu'elle devoit prendre sur le civisme généreux de ses habitans. Les fils étoient aux combats, et les pères partageoient leur toit hospitalier avec les volontaires qui, de tous les points de la république, accouroient au secours de la patrie.

La postérité la croira-t-elle, cette époque mémorable de la gloire française? Ô vous qui nous devrez le jour, parlez avec orgueil de vos pères! il vous sera glorieux de nous citer; et lorsque vos yeux satisfaits jouiront du tableau de la paix universelle, lorsque vous verrez les hommes de tous les climats, goûter, à l'ombre des loix que le temps aura mûries et consolidées, après les avoir épurées dans le creuset de l'expérience ; quand vous les verrez, dis-je, goûter les charmes de la liberté, de l'égalité, de la concorde fraternelle, que notre souvenir frappe votre mémoire ; amenez les nations sur nos tombeaux ; que vos mains les parfument de fleurs ; faites que les mortels s'embrassent à l'aspect de nos urnes cinéraires. Hommes de la postérité, aimez-vous ! et nous n'aurons pas acheté trop cher la liberté que nous vous laisserons.

Alors les passions seront éteintes, parce que nul homme n'aura connu les tyrans : alors les ressentimens, les inimitiés, l'intrigue et l'ambition auront moisi dans le cercueil des despotes : alors le glaive des vengeances populaires se sera caché sous l'écorce de l'olivier. Le déluge de vices dont la terre est encore inondée se sera desséché ; l'arche des révolutions ne sera plus battue par les orages, et tranquille sur un monde nouveau gouverné par la justice, n'offrira plus à l'œil que le berceau de la nature humaine. Alors, et le ciel puisse-t-il accomplir ce présage ! alors il ne sera plus question de chants guerriers. L'hymne marseillois restera muet devant les tables de la loi, et la postérité sera muette devant l'hymne ; il sera comme le *Jehova*, que par respect l'homme primitif n'osoit pas prononcer.

Nations futures ! cet hymne nous fit vaincre. C'en étoit fait de la liberté ; trois ans de travaux, de combats, de privations, de souffrances, alloient s'évanouir, comme un songe de l'esprit, devant le souffle de la tyrannie long-temps comprimé par la crainte. La France avoit des hommes, mais n'avoit point de soldats; elle avoit des généraux, mais ne comptoit que des la *Fayette*; elle avoit des législateurs, mais sa loi n'étoit que la foiblesse; elle avoit des places fortes, mais la trahison en tenoit la clef à sa ceinture. Enfin, un homme suant l'or et la perfidie par tous les pores, corrompoit au loin, comme autour de lui: et salarioit toute l'Europe pour traîner jusqu'aux pieds de son trône, l'incendie, le carnage et la mort, qu'il eût desiré d'empoigner, pour les lancer tout-à-coup sur vingt millions d'hommes que ses sermens avoient déçus. O nuit terrible! nuit à jamais formidable! où ce refrain: *aux armes, citoyens!* croissant de minute en minute, comme le bruit de l'orage dont les flancs apportent la grêle, réveilla jusqu'à l'égoïste, que la fuite du jour avoit plongé dans le sommeil. Aux armes, citoyens! ce chœur immense d'une ville habitée par un million d'hommes, se propagea d'un bout de la France à l'autre, et l'univers en silence connut, à ces chants, qu'un nouveau monde venoit de naître. Tout-à-coup tous les liens de la nature semblent brisés; l'époux s'arrache avec joie du sein de sa femme; le fils quitte son père en souriant; les seuls enfans pleurent; ils sont trop jeunes pour marcher. La vieillesse a retrouvé sa force; la jeunesse a doublé sa vie; les guerriers sourdent de toutes parts; les villes les enfantent; les chemins, les campagnes, les fleuves en sont couverts: ce ne sont plus des bataillons que l'on rencontre, ce sont des armées.

Ces ennemis nombreux dont l'audace n'étoit fondée que sur la perfidie d'une cour liberticide; ces Prussiens, ces Autrichiens, que l'amour du pillage attiroit sur le sol de la France; ces émigrés, lâches enfans d'une patrie qu'ils brûloient de déchirer; deux cents mille hommes enfin déja possesseurs d'une surface de quarante lieues, connurent la crainte. Les Français paroissent. D'abord dix-sept mille hommes et Dumouriez arrêtent cette horde innombrable d'esclaves salariés. Bientôt les bataillons républicains accourent, se grossissent, s'amoncèlent; c'est l'océan de la liberté dont les flots vont couvrir ces phalanges du nord. Elles frémissent, elles s'ébranlent, elles fuient. Les cadavres que la misère, la faim, la maladie ont surpris dans leurs rangs, jonchent la terre, et décèlent les sentiers où leur fuite s'est cachée.

C'est delà, c'est des plaines de Châlons que seroit sorti le signal de la conquête de l'Europe, si la France, toujours sublime, n'avoit renoncé aux conquêtes, à l'instant où toutes les conquêtes lui étoient possibles; mais c'est delà que le signal de la liberté de tous les peuples est parti. A l'instant où nous parcourons ces plaines où nous voyons avec reconnoissance la trace des pas de nos braves défenseurs, nous nous plaisons à réfléchir qu'il n'y a pas six mois que les armées des *rois* coalisés fouloient encore de leurs pieds profanes cette terre de la liberté; et que depuis, l'immense Belgique, la Savoie, une partie du Piémont, Spire, Worms, et Mayence, et presque toute la Hollande, Liége et la Westphalie, ont vu leurs fers brisés, à l'aspect de la victoire, dont l'infatigable vol a guidé les armées de la république. Que l'on rassemble tous les exploits des héros de l'antiquité; que l'on descende l'histoire de la terre depuis le siége fameux entrepris pour venger Ménélas, jusqu'à l'heure où le farouche Nadir renversa le trône de Scha-Thamas; Bacchus, Alexandre, Xerxès, les Scipion, les César, Genseric, Attila, Timur et Gingis-Kan, n'offriront pas une vélocité semblable; et les François, ennemis des tyrans de tous les siècles, n'ont pas même voulu laisser à ceux qui ne sont plus, l'unique propriété qui leur restoit, la gloire d'avoir su vaincre avec rapidité.

La gloire! la gloire des combats! ô philosophie! seroit-il possible que tu te reconciliasses avec elle? Il le faut, c'est un pardon de mort qu'elle implore de toi; ne le lui refuse pas. Cette gloire va disparoître de la terre : la liberté va creuser sa tombe, et l'universelle paix, amenée par la fraternelle égalité, couvrira de son ombre tutélaire ces champs tant de fois inondés du sang des malheureux mortels. Respire, ô tendre humanité! Il est bien temps, après cinq mille ans de larmes; et c'est ma patrie, c'est la France qui va donner le bonheur au monde! Sois à jamais bénie, ô France!

Tel est le propre des combats rendus pour la liberté, que les lieux qu'ils ont honorés ne s'oublient jamais, et que malgré toute la célébrité des bâtailles livrées par les *rois*; on en perd bientôt de vue le théâtre. Il n'est point de républicain qui ne retrouvât les champs de Marathon et les gorges des Thermopyles ; et quoique la défaite d'Attila soit bien plus moderne, nous ne sommes pas certains de la place où ce barbare reçut le prix de ses longs forfaits. On nous a montré, dans les environs de Châlons, le camp de cet homme ; mais quand nous nous trouverons à Poitiers, à Montauban, et même dans la Calabre, l'on nous montrera encore les plaines, témoins, nous dira-t-on, de cette fameuse défaite. Les gestes des *rois* ressemblent aux reliques des saints ; il est difficile d'affirmer qu'elles aient appartenu à tel ou tel homme ; il n'est qu'un genre d'immortalité pour eux, c'est celle qu'ils assurent à leurs flatteurs. Nous ne sommes pas sûrs de l'endroit où périt Attila, et nous savons que le poète Marule osa le faire descendre des dieux immortels, et vanter sa clémence et sa magnanimité. Si cette flatterie passe en bassesse tout ce que l'esprit humain peut concevoir en ce genre, la récompense qu'elle obtint passe en férocité tout ce que l'imagination peut inventer. Quand il présenta son poëme à Attila, il ordonna que l'ouvrage et l'auteur fussent brûlés.

Les *pairs* de Champagne n'ont jamais pu réussir à posséder Châlons, quelques efforts qu'il aient faits pour y parvenir. Les ducs de Bourgogne leur promirent souvent leur assistance pour en venir à bout, et leur manquèrent toujours au besoin. Thibaut de Grandpré ne consentit à se croiser que sous cet espoir, et Philippe-le-Bon, duc de Bourgogne, y parvint, en l'amusant de l'assurance d'une armée pour soumettre Châlons, lorsqu'ils seroient de retour de la terre sainte.

Ce fut dans une de ces fêtes bizarres, que le faste grossier inventoit pour subjuguer l'ignorance, Thibaut de Grandpré, pair de Champagne, se trouvoit à la cour de Philippe-le-Bon. Ces deux princes se trompoient réciproquement. Philippe souhaitoit que Thibaut se croisât pour éloigner un voisin qu'il trouvoit redoutable ; Thibaut feignoit d'entrer dans ses vues, afin d'en obtenir le secours nécessaire pour conquérir quelque partie de la Champagne. Mais Thibaut n'étoit pas le seul que Philippe voulût tromper : il lui importoit d'entraîner alors ses *sujets* dans une croisade, pour se procurer de l'argent dont il avoit besoin, et que le peuple, fatigué de ses prodigalités, n'eût accordé qu'en murmurant. Une scène, moitié profane, moitié religieuse, lui parut convenir au succès de son dessein.

Alors, dans les festins, le mot *entremets* n'avoit pas la même signification qu'aujourd'hui. Les *entremets* consistoient en des espèces d'intermèdes, mêlés de chants, de danses, d'instrumens et de décorations analogués au sujet que l'on vouloit traiter ; et comme ces intermèdes s'exécutoient entre les services, ils en retinrent le nom d'*entremets*. Sous Philippe-le-Bon, ces sortes de représentations ne remontoient guère à plus de deux cents ans, et les premières avoient paru aux noces de *Robert*, frère de *saint Louis*.

Philippe rassembla donc tous les *seigneurs* de sa cour, et plusieurs *souverains* voisins de ses états. Le festin se donna sous une galerie découverte, afin que tout le peuple pût être présent. Sur la fin du repas, l'*entremets* que sa politique avoit médité, commença. D'abord on établit dans la salle diverses décorations représentant une mer couverte de vaisseaux, des rochers, des arbres, des montagnes, des figures d'hommes et d'animaux extraordinaires; des personnages véritables, des oiseaux, des chiens, des chevaux donnoient de la vie à ces décorations, et la musique ajoutoit quelque charme à cette espèce de pantomime grossière.

Bientôt après, on vit paroître un géant habillé en Sarrasin, guidant un éléphant qui portoit une tour, dans laquelle étoit enfermée une religieuse; elle paroissoit fondre en larmes. Cette religieuse n'étoit rien moins que la *religion* dont les plaintes méthodiquement exprimées dans les couplets d'une mélodie traînante, accusoient l'insensibilité de tant de puissans *princes* qui la laissoient ainsi languir sous le joug des infidèles. De tems en tems, le Sarrasin lui assenoit quelques coups d'une massue de carton qu'il portoit; et de telle sorte qu'il *cuidoit l'occire*, et que c'étoit chose *moult* pitoyable. Quand la complainte fut finie, Toison-d'or, *roi* d'armes de la toison, entra, et présenta au duc Philippe un faisan en vie: ce faisan portoit un collier d'or, enrichi de perles et de pierreries. Le faisan étoit, dans ces temps de chevalerie, un des symboles de la foi des chevaliers, et souvent ils juroient ou sur un faisan, ou sur un paon. Quand Philippe apperçut le faisan, il se couronna la tête de fleurs, ainsi que toute sa suite, se leva, et jura, sur le faisan, qu'il ne coucheroit plus dans *un lit*, qu'il n'eût délivré l'église opprimée par les infidèles. Tous les seigneurs l'imitèrent, jurèrent de se croiser, et s'imposèrent de même quelque pénitence ridicule ; les uns de porter le cilice toute leur vie, les autres de passer dix nuits devant la porte de leur belle, sans dormir, et mille autres extravagances semblables. Le fameux serment prononcé, et le duc rusé ayant demandé à ses sujets présens l'argent nécessaire pour une si sainte entreprise, qu'on lui accorda avec *liesse infinie*, une seconde religieuse, habillée de blanc, parut sur la scène; et pour que les spectateurs sussent son nom, on avoit ingénieusement écrit sur son front : *Je m'appelle Grace-Dieu*. Elle conduisoit avec elle douze vertus qui portoient leur nom écrit sur leur épaule, et que douze chevaliers menoient par la main. Ces dames étoient Foi, Charité, Justice, Tempérance, Raison, Force, Prudence, Vérité, Sagesse, Diligence, Espérance et Vaillance. Comme il eût été indécent que le *souverain* eût éprouvé un plaisir commun avec le reste des spectateurs, il avoit escamoté l'argent du peuple, et cela ne faisoit rire personne que lui ; mais pour amuser le public, et le distraire de l'amusement particulier du duc, les douze Vertus se mirent à danser. *Tempérance* se mit à table ; *Raison* se mit à boire, et *Vérité*

fit

fit des contes à la compagnie. L'on ne parla pendant six mois, dans toute l'Europe, que du fameux entremets de Philippe-le-Bon ; et l'issue de cette farce *ducale* ou *royale*, car il affectoit la royauté, fut qu'il dépensa l'argent qu'on lui avoit donné pour la croisade, dépouilla les petits seigneurs qui faussèrent le vœu du faisan ; se moqua intérieurement de la religion, dont le masque avoit si bien servi son avarice ; et joua le pair de Champagne, en lui refusant les secours qu'il lui avoit promis.

Non loin de Châlons, en parcourant ces plaines dont la monotonie répand dans l'ame une involontaire mélancolie, que le souvenir du sang dont elles furent tant de fois arrosées (1) accroît encore, nous arrivâmes dans un village où l'Amour en deuil et les Muses éplorées nous attendoient. Ces lieux champêtres, nous dirent-ils, ce village est Fimes. Honorez le berceau d'Adrienne le Couvreur.

Un cœur honnête, mon ami, quand il est éclairé par la raison, aime la révolution ; il se livre sans peine aux doux sentimens de la nature dont il reconnoît la marche dans celle des grands évènemens dont ses yeux et les nôtres ont été les témoins depuis quatre ans : mais il est des momens où cet amour tient de l'enthousiasme, et ce sont ceux qui rappellent quelques-uns de ces préjugés, ou ridicules, ou odieux, dont l'humanité se trouvoit grevée, et dont la liberté nous a purgés. Comment se faisoit-il que l'art qu'honorèrent les talens de le Couvreur, fût un déshonneur, fût une flétrissure ? Quelle étoit l'origine d'un semblable vice dans l'ordre social ? Les uns ont cru la voir dans la profession même, sujette aux caprices du public, par l'achat passager qu'il fait du plaisir que lui doit alors l'acteur scénique ; les autres l'ont attribuée, plus faussement encore, aux mœurs souvent dépravées des comédiens ; comme si les mœurs d'un homme avoient quelque autorité sur l'art qu'il professe. Nul peut-être n'a rencontré juste à cet égard. On n'a pas observé, et l'on a voulu prononcer. La flétrissure de l'art du théâtre n'a pas commencé avec l'art ; il a été le résultat de ses progrès. On flétrissoit les comédiens, non parce qu'ils étoient comédiens, mais parce que leur métier étoit d'apprendre des vérités, et de les réciter en public. Si l'on avoit pu flétrir les vérités, on n'eût pas flétri les comédiens.

Si, après l'honorable emploi d'écrire, la profession de dire eût été la plus auguste ; si l'on eût environné de respect l'homme qui récitoit Zamore ou l'Indigent, la révolution seroit arrivée quarante ou cinquante ans plutôt. Il y a parité de métier entre les comédiens d'église et les comédiens de théâtre ; mais il n'y avoit pas parité de considération, et voilà pourquoi tant de platitudes, de sottises, d'erreurs l'ont emporté si long-temps sur tant de vérités sublimes. Le déshonneur prétendu de l'état de comédien étoit un ressort du gouvernement despotique, et l'on ne s'en doutoit pas. On mettoit l'auteur à la bastille, et ses maximes dans des bouches qu'on disoit impures. On enveloppoit l'or de boue, pour empêcher qu'on ne le ramassât.

N'en doutons pas, les cours connoissoient bien

le danger dont les comédiens eussent été pour elles, si leur état eût joui de la considération publique. En lui supposant cette considération, la mort de le Couvreur eût peut-être amené une révolution. La nation auroit vu que les vérités étoient un poignard pour les grands, et son mépris pour eux auroit suivi de près. Mais le Couvreur étoit entourée du préjugé; elle périt, à peine y prend-on garde; et le philosophe se surprend seul en pleurs au milieu de l'indifférence publique. Quatre vers de Phèdre coûtèrent la vie à le Couvreur. Belle, spirituelle, sensible, elle méritoit d'être aimée. Elle le fut. Un homme eut le bon esprit d'abandonner la faveur intéressée d'une femme du *premier rang*, pour la société d'une femme dont les talens immortels étoient le moindre ornement. La rivale de le Couvreur n'avoit pas besoin d'être aimée, mais elle avoit nécessité d'amour, et c'est alors que la douleur de l'infidélité s'exhale par des crimes. On jouoit Phèdre. Cette femme entre au spectacle. Couvreur parloit; et l'admiration, l'haleine suspendue, l'écoutoit en silence. Le bruit d'une loge qu'on ouvre distrait un moment l'actrice : elle y porte les yeux; c'étoit sa rivale. Alors ces vers, que sa mort ont rendus plus fameux que le coloris de Racine, découloient de sa mémoire, encore embellis par son organe enchanteur.

Je ne suis point de ces femmes hardies,
Qui, goûtant dans le crime une tranquille paix,
Ont su se faire un front qui ne rougit jamais.

C'est à moi qu'elle les adresse, dit sa rivale; elle

m'a fixé (2). Le supplice des cœurs méchans est de lire leur condamnation sur tous les fronts. Le public etoit loin de penser à la jalousie de cette femme dont il ignoroit la cause. Elle crut le public de concert avec le Couvreur pour l'outrager ; et les applaudissemens que l'on donnoit à l'actrice sublime, elle les imputa aux vautours qui déchiroient son sein. Vengeance ! dit-elle. Elle sort ; elle étoit puissante, et le crime est aisé à la main qui le peut acheter. Le même soir le Couvreur fut empoisonnée.

Cette femme atroce craignoit que sa victime ne lui échappât, et elle multiplia les fils du piége qu'elle trama pour la perdre. En voici la preuve dans une anecdote peu connue. Un abbé qui soupoit souvent chez Mll^e. le Couvreur, en sortant du spectacle où elle venoit de jouer pour la dernière fois, fut arrêté par quatre hommes masqués, et conduit par eux aux Tuileries, aux pieds de la statue d'Annibal. Demain à telle heure, lui dirent ces masques, vous viendrez ici; vous trouverez sur ce piédestal des pastilles que vous porterez à Mll^e. le Couvreur. Si vous y manquez, et si la moindre indiscrétion vous trahit, vous êtes mort. Ils dirent et disparurent. L'abbé effrayé fut long-temps à s'arrêter au parti qu'il devoit prendre. Enfin il crut devoir se confier au lieutenant de police, et fut raconter à ce magistrat ce qui venoit de lui arriver. Si l'on eût envoyé chez Mll^e. le Couvreur, il eût peut-être été temps encore de la sauver. L'alarme auroit amené les précautions. Le magistrat ne s'arrêta qu'au rapport que l'abbé lui faisoit. Allez demain, lui dit-il, au rendez-vous que l'on vous a indiqué ; soyez tranquille sur votre sûreté, on y veillera. Je disposerai des gens qui cerneront la statue ; et l'on arrêtera tous ceux qui sembleront observer ce que vous ferez. Mesure vraiment inique ; mesure de l'ancien régime qui comptoit pour rien les angoisses de l'innocence. L'abbé obéit ; il trouva les pastilles. Les mouches arrêtèrent quarante personnes environ (3), et l'on ne connut rien de cette trame ; mais Mlle. le Couvreur périt. On s'étoit défié de la discrétion de l'abbé : peut-être même l'avoit-on observé, et l'on avoit pris d'autres moyens pour consommer le forfait. Une femme de cour l'empoisonna pour la punir d'avoir su plaire ; l'église lui refusa la sépulture pour la punir d'avoir su charmer.

Nous avons suivi les traces de la fuite de nos ennemis jusqu'à Sainte-Menehould, et nous avons vu par-tout encore les marques de leur lâche barbarie. Ici des temples en cendres, là des chaumières dévastées, plus loin des femmes, des vieillards, des enfans, retournant vers leurs asyles détruits et leurs champs ravagés, non pas les larmes dans les yeux, mais la joie de la liberté sur le front, et s'écriant: nous avons tout perdu ; mais la patrie, mais cette bonne mère nous reste ; elle est libre, et nous sommes riches encore.

Sainte-Menehould étoit jadis une de ces citadelles de la férocité fiscale, une de ces barrières où la ferme insultoit à la propriété, et où la liberté de l'homme étoit attachée à une once de tabac. La main de l'héritier de ce roi (4) que la philosophie a presque nommé grand, la même main qui avoit rendu à l'évêque de Verdun son sceptre fanatique, avoit rétabli les barrières de Sainte-Menehould, au nom de Louis XVI. Il ne savoit pas qu'en refermant ces barrières, il achevoit d'ouvrir pour Capet celles de l'échafaud. L'imprudence et l'orgueil ne se quittent jamais. Aujourd'hui les méchans disent que la nation française a conduit *son roi* au supplice; la postérité plus juste dira que ce sont ses protecteurs qui l'y ont fait monter. Sainte-Menehould que l'on appela *Château-sur-Aine* jusqu'au quatorzième siècle, doit son nom *pieux* aux reliques d'une fille de *Sigmar*, comte du Perthois. Cette fille s'appeloit *Manehildis*. Sigmar et Manehildis sont deux êtres fort inconnus; mais enfin les chroniques nous disent que Sigmar étoit bon, et que Manehildis étoit sainte, et il ne tient qu'à nous de le croire. Ce fut dans le septième siècle que Drogon VI, duc de Champagne, bâtit le château de cette ville, ou pour mieux dire, le château autour duquel se forma cette ville. Il subsistoit encore en partie en 1719. Mais un des plus fameux incendies dont l'histoire fasse mention, et qui réduisit cette ville en cendres, détruisit en entier ce que l'on en voyoit encore. Plus de sept cents maisons furent la proie des flammes. Cette ville a été rebâtie telle qu'on la voit aujourd'hui.

Sa position qui la rend frontière de la ci-devant Lorraine, son rocher sur lequel étoit situé son château, et qui domine sur les environs, et le génie de ses habitans tourné du côté des armes, l'ont rendue célèbre dans les annales de la guerre. Elle a soutenu sept siéges, et n'a subi que trois fois le joug des vainqueurs ; mais une circonstance assez plaisante, c'est que deux évêques de Verdun, malgré l'*horreur* de l'église pour le sang, l'ont assiégée en personne ; et tous deux pour se venger sur le peuple des rapines que les *comtes* du Perthois faisoient sur leur territoire. Rien de plus *épiscopal* que cette conduite ! Le premier étoit *Théodore*, évêque de Verdun, qui la prit d'assaut, et passa tout au fil de l'épée ; et cela pour punir le *comte Manassés*, qu'il épargna comme de raison. On ne peut rien de plus pastoral ; c'est le berger qui tue les moutons pour pardonner au loup. Le second étoit *Arnould*, également évêque de Verdun, qui se plaignoit aussi des brigandages d'un *Albert Pichat*, *seigneur* de Sainte-Menehould. Celui-là, moins bon guerrier que son prédécesseur, se fit tuer à ce siège par un trait d'arbalête. Les aimables évêques que les évêques de Verdun ! En cas de besoin, le dernier de ces pontifes si *pacifiques*, auroit très-bien fait le siège de Sainte-Menehould, comme Théodore et Arnauld, pour rendre grace au roi luthérien (5) qui l'avoit sacré évêque pour la seconde fois ; et en digne émigré, eût fait très-saintement égorger tous ceux qu'il y auroit trouvés.

 L'histoire de cette ville ⸺ trait de fermeté digne de louange, quo͏̈ ͏ͅ ur un roi, parce qu'il fut dicté par l'̈ ͏ ͏ isme, et qu'il tient parfaitement au ͏ ͏ ͏ ͏ nçais. Sous le règne de Henri III, le ͏ ͏ erneur nommé Duvalk de Mondreville, voulut livrer la ville aux ligueurs : l'horreur qu'ils inspiroient à ceux en qui le malheureux esprit du temps n'avoit pas entièrement étouffé la raison, pénétra Renneville, lieutenant-général du bailliage. Cet homme ferme prend son parti : c'étoit un jour de fête ; il se revêt de sa robe, et suivi de quelques habitans qui lui étoient dévoués, il monte au château sous prétexte d'aller à la paroisse qui se trouvoit renfermée dans ses murailles ; mais au lieu de s'y rendre, il entre chez le gouverneur, et l'arrête : Mondreville lui demande à voir son ordre. Le voici, lui répond Renneville, en tirant un pistolet de dessous sa robe ; c'est-là l'ordre dont je me sers pour arrêter les traîtres. Mondreville fut obligé de le suivre, et de traverser ses propres gardes, sans oser faire le moindre geste qui pût les instruire. Renneville l'avoit pris sous le bras, et le cachant en partie par sa robe, le conduisoit en lui tenant le pistolet sur le sein. Il se contenta de le mener hors des portes de la ville, et de le chasser.

C'est devant Sainte-Menehould que le Louis XIV, de *superbe* mémoire, a fait ses premières armes sous le maréchal du Plessis-Praslin, et c'est par la brêche que son canon avoit faite à cette ville, qu'il entra, et dans sa première conquête, et dans la route des forfaits héroïques. C'est encore une de ces époques où l'on peut saisir l'orgueilleuse indifférence de ces hommes *prétendus grands* pour l'humanité. Louis XIV trouva très-bon que la vigoureuse résistance des habitans de Sainte-Menehould eût coûté de part et d'autre quelques milliers d'hommes ; il les en félicita en entrant chez eux ; et pour les en récompenser, il leur permit de porter *sa livrée*. Quelles espèces que les rois ! Et l'on parle des animaux de l'Afrique ! On a bien vu les tigres déchirer des moutons, mais jamais le tigre ne pria l'agneau de se revêtir de ses couleurs.

Sainte-Menehould a été le douaire de trois reines; de Marie Stuart entr'autres. Frédéric Guillaume, dans ses projets de conquêtes, auroit dû s'en souvenir dernièrement, quand, à la tête de son armée, il apperçut les clochers de Sainte-Menehould; l'idée d'une reine sur l'échafaud l'eût peut-être convaincu que le glaive des bourreaux s'aiguise aussi quelquefois pour les rois injustes.

La philosophie a détourné les yeux des hommes célèbres que cette ville ou son territoire ont produits ; mais l'impartialité de l'histoire veut qu'on les cite, et même avec éloge, quand la célébrité qu'ils ont acquise, n'a pas insulté à l'humanité. Tels sont Gerson (7) et Mabillon. Nous n'en dirons pas autant de Robert Sorbon, né au village de Sorbon, non loin de Sainte-Menehould. Cet homme (qu'on me pardonne cette expression gigantesque) fut l'assassin des lumières, en fondant cette maison héritière de son nom, où toutes les vérités étoient citées pour s'y voir égorgées. Quel épouvantable abus des connoissances humaines ! et comment se peut-il qu'il ait existé des hommes dont la main ait forgé les fers du monde, avec la flamme du génie des sciences ! Quand on entroit dans cette maison, tout sembloit y respirer le calme des muses. L'ame de l'ami des lettres flottoit avec douceur dans cet air tranquille, qu'il croyoit embaumé par les fleurs de l'étude. Mais quelle métamorphose ! quand la raison souffloit sur ce prestige, que restoit-il ? l'hypocrisie, le fanatisme, l'inquisition morale, souvent l'ignorance, par-tout le cadavre de toutes les vérités, et pour comble d'horreur, le mausolée de Richelieu. C'étoit là pourtant que les rois avoient placé le trépied des oracles de la France : c'étoit le boisseau sous lequel on cachoit toutes les lampes ; boisseau, véritable piédestal du préjugé, d'où son bras impie se promenoit sur le front de tous les écrivains, et brisoit de son sceptre de plomb, la tête de celui qui s'élevoit vers la nature. Nous ne concevons pas cette lutte éternelle de l'empire et du sacerdoce contre la vérité : ne nous en étonnons pas ; nous ne fûmes jamais rois. Christine de Suède, capricieuse amante des arts, parcouroit les monumens de Rome. Une superbe statue de la vérité frappa ses regards ; elle ne pouvoit s'en éloigner. Le cardinal, chargé de l'accompagner, lui dit : on n'accusera pas votre majesté du défaut que l'on reproche aux rois, de haïr la vérité. Elle lui répondit : toutes les vérités ne sont pas de marbre. Christine, par ce mot profond, trahit le secret des rois.

Sainte-Menehould, rebâtie presqu'à neuf depuis l'incendie dont nous vous avons parlé, intéresse par cet air de fraîcheur. Le fer est son commerce ; les bois qui l'entourent, et le voisinage de la forêt d'Argonne, en facilitent la fusion, et l'on y fait une

Vitry, sur Marne

quantité considérable de bombes et de boulets. En tournant sur la droite, nous avons voulu voir Vitri, avant de nous rendre à Rheims, et nous avons traversé le champ de bataille où Kellermann, par une canonnade de quinze heures, arrêta toutes les forces de la Prusse et de l'Autriche, qui tentèrent en vain de se faire jour pour marcher sur Paris. Nous avons vu le moulin qui servoit de point d'alignement à son armée, et de point de mire au feu terrible des ennemis. Là, quelques habitans, que le bruit des armes n'avoit point dispersés, nous ont peint encore avec un enthousiasme agreste, la joie, la gaieté, la fermeté et la patience de nos volontaires. Cette canonnade, que l'on ne peut pas titrer de bataille, quoiqu'elle ait été plus terrible peut-être, doit faire époque dans l'histoire, puisqu'elle décida la retraite de cette armée des hordes du nord, qui marchoit sur Paris. Après avoir parcouru ce théâtre de la gloire des armes françaises, et mouillé des larmes de la reconnoissance les cendres de nos frères dont les tombes militaires se voient dans le jardin du moulin dont nous parlions tout-à-l'heure, nous avons continué notre route jusqu'à Vitri, ci-devant dit le *Français*, maintenant sur Marne. Cette ville, rebâtie par François Ier, est quarrée. Ses rues sont larges, ses places agréables, ses bâtimens publics d'un assez bon style, et ses maisons assez uniformes. Elle n'est pas extrêmement peuplée ; il y a cependant quelques manufactures de chapellerie, de bonneterie, de serges façon de Londres, et de galons, moitié soie, moitié fil. Le commerce de vin, de bled et de bois fait sa plus grande richesse. Ses environs sont charmans, et le pays qui la sépare d'un autre Vitri, dit le Brûlé, est enchanteur, et semble réunir tout ce qui peut ajouter au charme de la vie.

C'est ici que se commit le plus grand crime royal dont l'histoire fasse mention ; et ce crime fut encore stimulé par l'orgueil et le fanatisme d'un pape ; et ce crime fut encore expié par le plus grand forfait que le ridicule des pénitences ait inspiré à un criminel. On ne peut s'en souvenir sans horreur ; on ne peut l'écrire sans frémir. Et quelle fut l'origine de cette chaîne de scélératesses ? la nomination d'un archevêque ! Le clergé de Bourges se choisit un prélat ; Innocent II casse l'élection, et nomme à cette chaire une de ses créatures. Louis VII se déclare contre le choix du pape ; Innocent furieux excommunie le roi, et met *son domaine* en interdit. Vous savez ce qu'offroit de terrible, dans ces temps de désastreuse ignorance, cette double foudre du prêtre-dieu du Tibre. La malédiction s'attachoit aux flancs de l'infortuné qui s'en trouvoit frappé. Tous les temples étoient fermés pour lui ; le feu et l'eau lui étoient refusés ; ses propres serviteurs le fuyoient ; le ciel et la terre devenoient d'airain pour ce malheureux : sa présence étoit la peste, son approche la mort, sa conversation l'arrêt de l'éternelle damnation de ceux qui la souffroient ; enfin, la voix d'un prêtre, plus puissante que celle de l'éternel, fermoit la nature à la victime de sa superstition, et la nature, esclave des préjugés, obéissoit en silence.

Maintenant, peignez-vous le mortel le plus inconsidéré, le plus colérique, le plus susceptible, le plus foible, et toutefois le plus opiniâtre, à peine aurez-vous l'idée du caractère de Louis VII. Jugez alors des ressentimens d'un homme semblable; Thibaut III, comte de Champagne, avoit partagé les sentimens du pape : c'en fut assez ; et ce fut sur lui, ou pour mieux dire, sur ses innocens *sujets*, que tomba tout le poids de la fureur d'un monarque extravagant. Les léopards n'ont pas cet excès de férocité. Il accourt; il fond sur Vitri. Dans le même jour, tout est égorgé, tout est en feu. Treize cents habitans se réfugient dans une église ; ce sont des vieillards, des femmes, des hommes enfin. Soudain les portes en sont fermées à la voix d'un monarque exécrable. Les torches s'allument : le soldat, vil instrument de la vengeance d'un monstre, les lance sur les combles : le feu prend ; tout s'embrase. Le pétillement affreux de l'incendie ; le fracas épouvantable des poutres qui s'écroulent ; le formidable bruit des murailles qui se crevassent, s'entr'ouvrent et se renversent ; les cris affreux des treize cents hommes que les flammes dévorent ; les hurlemens sanguinaires des satellites qui repoussent avec des crocs les infortunés qui cherchent à fuir sur les débris brûlans du temple englouti sous les feux, rien de ce spectacle horrible, non, rien ne suspendit la rage effrénée de l'artisan de tant de maux : il le vit d'un œil sec, il osa le voir jusqu'à ce que la fumée silencieuse, en s'élevant lentement dans les airs, lui prouva que la dernière étincelle de la vie de tant d'êtres innocens venoit de s'éteindre sous les monceaux de cendres. Alors il quitta ces lieux où son crime venoit d'écrire son nom en traits indélébiles. La nuit étoit venue, il dormit.

Il dormit ! Oui, les tyrans dorment ; sans le sommeil, ils seroient moins communs. Et l'histoire ne s'est pas voilée, quand des historiens ont osé écrire que le lendemain, à l'aspect de ce vaste champ de carnage où la flamme avoit essuyé le sang, à l'aspect des membres à demi-rongés par les charbons, dispersés par les tourbillons de feux, à travers les pierres calcinées, ce monstre s'étoit attendri, et que les larmes avoient trouvé le chemin de sa paupière ? Ah ! ne les en croyons pas, pour l'honneur de l'humanité. Quel homme voudroit pleurer, si Louis VII avoit connu les larmes. Non, ce fut la terreur de son crime, ce fut la vengeance du ciel suspendue sur sa tête, qui comprimèrent son cœur entre l'épouvante et le remords. Alors parut le patriarche de tous les intrigans ; c'étoit Saint-Bernard. Les crimes des rois ont presque toujours été le patrimoine des saints. ,, Monarque, lui dit-il, vous avez
,, péché ; allez, par un nouveau baptême de sang,
,, vous laver de l'incendie de Vitri. C'est par le
,, massacre des infidèles, que vous appaiserez le
,, courroux du très-haut, irrité du martyre de tant de
,, catholiques. Que tous les Sarrasins périssent ! que
,, leurs campagnes soient ravagées, leurs femmes
,, et leurs enfans égorgés ! Il n'en tombera jamais
,, assez sous vos coups pour expier votre faute.

» Mais dans une aussi sainte entreprise, pour vous
» rendre favorable le Dieu des armées, comblez
» ses autels des plus riches présens ; offrez à Dieu,
» dans la personne de son église, des trésors périssa-
» bles qui ne font qu'amuser les voluptés. Pendant
» que vous combattrez à la terre sainte, les prêtres
» du seigneur éleveront les bras vers lui pour l'im-
» plorer en votre faveur, et leurs mains verseront
» sur les pauvres les biens dont vous les aurez
» rendus dépositaires. Allez: c'est à ce prix que je
» vous promets l'absolution. «

Plus les tyrans ont le cœur sauvage, plus ils ont l'esprit foible. Vainement l'abbé Sugger opposa-t-il le langage de la raison à la logique du fanatisme et de la cupidité; Saint-Bernard l'emporta sur le sage ; la croisade fut résolue. Quatre-vingt mille hommes, Louis VII et sa femme Eléonore de Guyenne, dont la galanterie alloit chercher un amant parmi ces Sarrasins que son mari alloit tuer, s'embarquèrent et partirent. Jamais expédition ne fut plus malheureuse. Ainsi le massacre de toute une ville, l'émigration et la perte presque totale de quatre-vingt mille hommes, la mort de quarante mille Sarrasins à-peu-près ; eh pourquoi ? parce qu'un *pape* a voulu nommer un archevêque dans un pays où il n'avoit pas le moindre droit; parce qu'un roi a voulu se venger d'un outrage qui ne le regardoit pas ; et parce qu'un saint a voulu s'enrichir aux dépens de l'un, et s'élever en flattant l'autre. Humains ! vous le voyez ; avec des papes, des rois et des saints, vous n'êtes que de vils troupeaux.

Ce sont cependant les semblables de Louis VII, qu'une mystique cérémonie rendoit dans Rheims invulnérables à la sévérité de la loi, quelques crimes qu'ils commissent. Les hommes attachoient assez d'importance à quelques gouttes d'huile, pour présumer que la tête qu'elles avoient ointe, devoit être sacrée pour eux. Vous n'imaginez pas sans doute, mon cher concitoyen, que nous ayons cherché dans Rheims à voir cette amphore *miraculeuse* que les fables saintes ont fait descendre du ciel dans le bec d'une colombe, pour oléariser le front sans pudeur du plus méchant de tous les hommes, Clovis ; lequel Clovis ne fut jamais sacré, puisqu'il est certain que cette cérémonie fut entièrement inconnue aux rois de la première race, et que Pepin-le-Bref, ou pour mieux dire, le Court, ce qui s'entend mieux, père de Charlemagne, fut le premier dont la politique en introduisit l'usage. Jusqu'aux rois de la troisième dynastie, Rheims n'eut point la coquetterie de penser à la *sainte ampoule*, pour posséder l'*honneur* d'être la ville consacrante par excellence. Ce ne fut que sous le règne de Henri Ier., quand il fut question de sacrer Philippe Ier., qu'un certain Gervais, archevêque de Rheims, fabriqua une prétendue bulle du pape, où le privilége de sacrer les rois étoit concédé à l'église de Rheims. Le mensonge étoit grossier, car la bulle étoit confirmative d'une autre bulle prétendue, accordée à Saint-Remy, pour sacrer Clovis, qui n'avoit jamais été sacré de sa vie par ni pour personne. La réclamation rhémoise fut assez long-temps sans avoir

beaucoup

Portail de Reims

beaucoup de poids, et Louis-le-Gros même fut sacré à Orléans, par l'archevêque de Sens. L'histoire a oublié de nous dire quel chemin prit la sainte ampoule, pour se rendre de Rheims à Orléans. Mais enfin, lorsque Louis VII, dont nous parlions tout-à-l'heure, eut répudié Eléonore de Guienne, dont le délicat amour préféroit un Turc jeune à un mari dévot, et qu'il eut épousé Alix de Champagne sa maîtresse, pour plaire au cardinal de Sainte-Sabine, frère de son épouse; il *décréta*, dans sa *sagesse*, que, dorénavant, tout le monde croiroit que la sainte ampoule étoit à Rheims, et que le sacre d'un roi ne seroit bon qu'autant qu'il seroit de la façon de la cathédrale de Rheims.

Nous avons vu ce portail de Rheims tant vanté, et qui mérite effectivement de l'être, par sa hardiesse et la bizarrerie de son architecture. C'est un des morceaux gothiques les plus estimés. La rose en vitrage que l'on voit au-desus des trois portes colossales par où l'on entre dans l'édifice, paroît incroyable par l'extrême délicatesse de sa découpure. L'art a été de placer l'objet à une distance assez élevée pour cet effet; car, de près, les pierres qui composent cette découpure paroissent et sont véritablement des masses énormes. Deux tours accompagnent, avec assez de grace, ce portail d'une église que la sotte crédulité de nos pères a, de siècles en siècles, remplie de richesses, dont la liberté fera un usage plus convenable, en les consacrant à l'utilité publique.

Quelques monumens anciens, un arc de triomphe presqu'entier encore, les ruines d'un amphithéâtre ne déparent point, par leur antique majesté, l'élégance plus moderne des édifices de Rheims. Cette ville étoit privée, par un oubli de la nature, de la boisson primitive, l'eau. La qualité de son terrain rendoit même celle des puits saumâtre et mal-saine ; par une contradiction assez bizarre, l'homme dont les longues études et les nombreuses expériences avoient perfectionné le vin de Champagne, et l'avoient amené à ce point de délicatesse que nous lui connoissons aujourd'hui, que par cela même on n'auroit pas soupçonné de prendre un grand intérêt à l'eau, M. Godinot, chanoine de Rheims, fut celui dont l'industrie, le génie et la dépense, procurèrent à sa patrie des eaux salubres et savoureuses qu'il y fit amener de très-loin. Cet homme, dont le nom n'est pas assez connu, mérite la reconnoissance de la postérité, et étoit plus digne d'une statue que ce Louis XV, à qui la flatterie en éleva une sur la plus belle place de cette ville, que l'on bâtit alors exprès, pour loger superbement le bronze insensible effigie du Sardanapale françois. Croirez-vous qu'on avoit gravé aux pieds, ou pour mieux dire, sur le piédestal de cette statue :

A Louis XV,
Le *meilleur* des rois,
Qui, par la douceur de son gouvernement,
Fait le bonheur des peuples.
1765.

C'est-à-dire, lorsque la Pompadour, la guerre

de cinquante six, le ministère de Bellisle, une paix désastreuse, et l'ambition de Choiseuil, venoient d'écraser la nation, et de la mettre à deux doigts de sa perte. Sur l'autre face du piédestal, on lisoit cette autre inscription :

De l'*amour* des Français éternel monument,
Instruisez à jamais la terre
Que *Louis*, dans nos murs, *jura* d'être *leur père*,
Et fut *fidèle* à son serment.

Quelle fidélité, grands dieux ! De nombreux emblêmes entouroient cette statue ; il en étoit un que je n'ai pas trop bien conçu ; c'étoit un enfant qui caressoit un loup : je ne vois qu'une manière de l'expliquer. L'enfant étoit le peuple esclave et timide qui caressoit, par une statue, le loup *roi*. Aujourd'hui nous avons vu sur ces honteux vestiges de l'adulation de nos pères, la boue dont les ont couverts des mains libres. Le colosse inanimé a été renversé de son trône orgueilleux, et bientôt l'immortel obélisque de la liberté purifiera la place où l'idole fut trop long-temps encensée. L'inauguration de cette statue que Pigalle avoit sculptée, et qui ne valoit pas son Hercule, parce qu'Hercule a purgé la terre des tyrans, coûta des sommes énormes à la ville de Rheims par les fêtes qu'elle occasionna. Le *roi* voulut galamment marquer sa reconnoissance à ce *bon* peuple. Devinez ce qu'il fit. Il donna des lettres de noblesse au maire, au procureur du roi syndic, au prévôt et à l'échevin. Convenez que voilà une ville bien récompensée.

Rheims jouit d'une promenade superbe que l'on appelle cours : c'étoit là où les *rois guérissoient* les écrouelles. Nous n'exigeons pas que vous le croyiez : je n'imagine pas que les rois aient jamais guéri aucun mal : je crois beaucoup plus à la figure symbolique que l'on avoit mise sur la façade de l'hôtel des fermes, bâti sur la place jadis *royale*, aujourd'hui de la liberté : c'est un Mercure superbe ; assurément Mercure sur l'hôtel des fermes est parfaitement à sa place.

Ce n'étoit point à la cathédrale que l'on gardoit la fameuse ampoule : c'étoit à l'abbaye de Saint-Remi, de la congrégation de Saint-Maur. Quatre *barons*, dits de la sainte ampoule, restoient en ôtage à l'abbaye, tandis que l'abbé, en habits pontificaux, crossé et mîtré, à califourchon sur une haquenée blanche, portoit processionnellement sous le dais le saint huilier, à la cérémonie du sacre ; et vous voudriez qu'une mascarade semblable ne fît pas sourire le sage. Alors on donnoit la volée à quelques milliers de moineaux qui, plus sensés que les hommes, fuyoient à tire d'aîle le lieu où la crédulité forgeoit les fers des nations.

Un effet d'équilibre d'architecture nous a amusés un instant dans une autre abbaye ; c'est un pillier de l'église de Saint-Nicaise, qu'un mouvement sensible d'oscillation ébranle au son d'une certaine cloche. On voit dans cette église le tombeau de Jovin, préfet des Gaules, sous Julien le philosophe que l'église a nommé l'apostat, on ne sait trop pourquoi.

L'absurdité des siècles de théologie a rendu Rheims témoin d'un des grands scandales que l'église *disputante* ait donnés, c'est la querelle entre *Hincmar* et *Gotescalc*. De quoi s'agissoit-il? de trois mots, *te trina deitas*, que l'un vouloit qu'on ôtât des livres d'église, comme impies, que l'autre vouloit qu'on y laissât comme orthodoxes. Des in-folio s'enfantèrent pour trois mots que ni l'un ni l'autre n'entendoient, et que personne depuis n'entendit jamais, pas même Saint-Thomas d'Aquin qui, depuis, s'en est servi, quoique le fougueux Hincmar eût condamné, censuré, excommunié le pauvre Gotescalc, qui pensoit comme Saint-Thomas d'Aquin pensa depuis. Mais si Rheims a vu naître dans ses murs ce problème d'ergotisme, elle a de même enfanté un problème d'histoire assez difficile à résoudre; c'est l'aventure de l'infortuné Bertrand de Rans, que les adorateurs des crimes des *souverains* ont traité d'imposteur, et que l'homme observateur de la perversité de leur cœur est enclin à regarder comme une victime fameuse. Rans, à ce qu'on prétend, naquit à Rheims. Baudouin, comte de Flandre et de Hainaut, empereur de Constantinople, avoit été pris dans une bataille par le roi des Bulgares, qui l'avoit, disoit-on, fait mourir. Jeanne, sa fille aînée, jouissoit de l'héritage de son père, et le retour de ce père ne pouvoit qu'alarmer son ambition satisfaite. Vingt ans après l'époque de la mort vraie ou prétendue de Baudouin, un homme s'annonce pour lui dans la Flandre et le Hainaut. Est-ce Baudouin? est-ce Rans? C'est ce que l'on ne saura jamais. La ressemblance est parfaite; la mémoire sur tous les faits depuis la plus tendre enfance, jusqu'au moment de sa captivité, est exacte; l'histoire ou le roman de cette captivité de vingt ans est aussi vraisemblable qu'attachant. Toute la Flandre, tout le Hainaut le reconnoît; sa fille seule ferme les yeux, et refuse de partager l'opinion publique. Ne peut-on pas, sans partialité, lui supposer des motifs de ce refus ? Où va-t-elle chercher des preuves de l'imposture de Rans ? auprès du roi des Bulgares. Mais ce roi lui-même n'est-il pas intéressé à appuyer la croyance de la mort de son prisonnier, dont la vengeance peut lui devenir funeste, s'il convient qu'il soit vivant. Cependant, soit imposture, soit vérité, Rans ou Baudouin est tellement maître de tous les cœurs, il obtient un succès si grand contre Jeanne, qu'elle eut recours à Louis VIII. On n'avoit pu le convaincre d'imposture, on n'avoit pu soulever contre lui tous ses *sujets*, que l'humanité attendrie sur ses longs malheurs lui avoit rendus. On usa de stratagème pour le saisir, et l'on en vint à bout. Alors son indigne fille, ou tout au moins la barbare Jeanne, dans l'incertitude si c'étoit son père ou non, le fit appliquer à la question. Il s'agissoit de la réputation d'une *souveraine*; il s'agissoit de bien plus pour elle encore, de la conservation du pouvoir; on répandit qu'il avoit avoué son crime. Louis VIII, plus puissant que les Flamands, menaçoit et commandoit le silence. On promena l'infortuné Rans dans toutes les villes de la Flandre et du Hainaut, attaché sur un cheval, la face tournée vers la queue ; on paya par-tout des misérables pour le charger d'injures, de coups et de boue, et l'on termina ce long et horrible supplice par le faire pendre. S'il n'étoit pas le père de Jeanne, méritoit-il un traitement semblable ? Mais s'il l'étoit aussi !.....

Malgré les maux que les souverains ont causés sur la terre, ne prononçons qu'avec horreur le nom de Jacques Clément. Rheims ne doit pas se consoler que le berceau d'un semblable monstre ait souillé son enceinte. Déchirons les pages de l'histoire où de semblables noms se trouvent. Le souvenir de Colbert nous consolera d'avoir été forcés de citer l'affreux dominicain que le fanatisme arma de poignards aiguisés par la rage. Il n'a manqué à Colbert que de naître au milieu d'une nation libre, et de tenir les rênes de l'état chez des républicains ; il eût été Périclès à Athènes, et ce n'est pas faire son éloge. Mais il avoit tout ce qu'il falloit au moins pour faire un grand homme dans tous les temps, et la nature l'a mal servi sans doute, pour sa gloire, de l'avoir fait le premier esclave du premier des despotes. Il ne dut rien à Louis XIV, et Louis XIV lui dut tout. C'est Colbert qui répandit sur ce règne cette magie de grandeur que l'on est forcé d'admirer encore, lorsque même la fierté s'en indigne ; et Colbert fut peut-être le plus grand criminel de la cour, en faisant aimer, par ses propres vertus, l'homme qu'il déroboit sous leur éclat.

Le commerce de Rheims est assez étendu, et sa population est nombreuse. On y fabrique des étoffes de laine et soie, de laine et coton. Les couvertures de laine, la bonneterie, la chapellerie, la tannerie, la mégisserie y sont également en vigueur. On y trouve des manufactures de rases de Maroc, de rases de Perse, d'étamines, de droguets, de serges façon de Londres, de draps façon de Bercy, de camelots, de flanelles, de crêpes, de blutaux, etc. Les toiles, et sur-tout les chandelles, tiennent un rang considérable dans le commerce de cette ville, que nous avons quittée avec regret, où l'esprit public est excellent, et où tout le monde est à la hauteur de la révolution. Nous venons d'être témoins du zèle, du civisme incroyable avec lequel ses habitans se sont portés en foule, pour rétablir les chemins détruits et devenus impraticables par le passage des armées. En peu de jours, sans autre récompense que l'amour de la patrie, l'on a vu terminer ce qu'en six mois de corvée, dans l'ancien régime, on n'auroit pas achevé. L'amour de la patrie est en effet une des vertus inhérentes au caractère des ci-devant Champenois. Ce n'étoit point, comme dans quelques autres parties de la France, un ridicule amour pour la royauté qui portoit, avant la révolution, les habitans de la *Champagne* à des mouvemens patriotiques. Non : c'étoit un attachement profond pour la terre où ils avoient pris le jour, et pour tous ceux qui portoient le nom de Champenois ; c'étoit ce sentiment qui leur apprenoit à honorer, avec un soin que l'on ne retrouve point ailleurs, les grands hommes que leurs cantons avoient produits; et tandis que l'on chercheroit en vain à Rouen, par exemple, le buste du grand Corneille, nous avons retrouvé par-tout ici les portraits et les statues des Champenois parvenus à quelque dignité.

Nous avons vu avec plaisir celui du bon abbé Pluche, qui étoit de Rheims. Ce n'est point à ses ouvrages que nous avons rendu la reconnoissance dont nous nous sommes pénétrés, en appercevant son image, car ses ouvrages fourmillent d'erreurs; mais c'est à cette pureté de caractère, à ces passions douces dont l'honnête impulsion dirigea toutes ses études du côté de la nature; il observa mal: ce fut plutôt la faute des préjugés de son état, que celle de sa réflexion; et l'homme dont la moitié de la vie fut consacrée à l'éducation de la jeunesse, et que ses disciples aimoient comme un père, dut être un digne homme. Il parloit bien; et si la ville de Rheims doit à Godinot l'avantage de jouir d'eaux salubres, Godinot dut à un discours aussi savant que patriotique de l'abbé Pluche, le zèle qu'il mit à cette opération utile.

Nous avons, en quittant Rheims, vu Epernai, Dormans et Sezanne, petites villes jolies, assez gaies, et dont les vins délicieux font l'unique richesse. Un savant du dixième siècle a rendu Epernai célèbre: ce fut Flodoard, l'historien de la Champagne, ou pour mieux dire, l'historien de l'église de Rheims, le plus estimé par les savans, pour la fidélité des faits et des dates. Le mot d'un de ses amis, évêque de Brême, prouve que dans tous les temps les prêtres se sont rendu intérieurement justice. L'évêché de Noyon avoit été promis à Flodoard. On ne lui tint point parole, et un de ses compétiteurs obtint la préférence. Flodoard ressentit vivement cette préférence, et s'en plaignit avec amertume. L'évêque de Brême lui conseilla plutôt de s'en féliciter, et lui dit : On est souvent du nombre des réprouvés, quand on est du nombre des évêques.

Epernai, dans les commencemens de la *monarchie*, n'étoit qu'un château possédé par un seigneur nommé Eulage. Saint Remi brouilla politiquement ce *noble* avec Clovis, et Eulage se vit à la veille d'être accablé par ce premier tyran de la France. Quand Saint Remi vit les choses au point qu'il les désiroit, il ménagea la réconciliation entre le *petit* seigneur et le *grand* roi : elle se fit ; et Eulage, par reconnoissance, donna son château et ses biens à l'église de Rheims, et Saint Remi fut content.

C'est à Epernai que se trouve la côte la plus fameuse de Champagne ; c'est sur cette côte que se trouvent les vins d'Aï, d'Hauvilliers, de Pierry, etc. Henri IV fit le siége de cette ville pendant la ligue, et y perdit un de ses plus grands capitaines, le maréchal de Biron, pére de celui qu'il fit décapiter. Ils examinoient ensemble les travaux du siége : Henri IV s'appuyoit sur l'épaule de Biron ; un coup de canon emporte le maréchal, et le *bon* Henri IV de dire : Ventre-saingris, je l'ai échappé belle ! C'est le propos d'un *roi*, ce n'est pas

Dormans

celui d'un ami ! Biron justifia sa devise : *Moriar sed in armis.*

Epernai fut *donnée* aux ducs de Bouillon, comme Dormans le fut au comte de Broglie par Louis XIV. Dormans est plutôt un joli bourg qu'une ville. Charles V, surnommé *le Sage*, à qui le nom d'*infortuné* auroit mieux convenu, eut le bon esprit d'y chercher le mérite dans les deux fils d'un procureur. Ils prirent le nom de Dormans de leur ville natale. L'aîné et le cadet furent chanceliers de France; mais l'aîné fut de plus cardinal. Ce fut véritablement leurs bonnes qualités qui leur valurent ces honneurs. Heureux si, pour leur gloire, ils eussent échappé au petit orgueil d'acheter la *seigneurie* du lieu de leur naissance !

Sezanne que nous avons vue en quittant Dormans, quoiqu'une des plus petites villes de ce département, en est cependant une des plus anciennes. Jules César la connut; elle faisoit partie de la province dite Alves, *comata*, chevelue; et quand Octave Auguste, dans son organisation des Gaules, divisa cette province en celtique et en belgique, Sezanne resta attachée à la celtique.

Elle est fameuse dans l'histoire par plusieurs sièges soutenus contre les Anglais et contre les protestans. En 1423, sous le règne de Charles VII, le comte de Salisbury la prit d'assaut. Elle étoit défendue par Guillaume-Marie et Roger de Criquitol, capitaines illustres de ce temps-là. En 1566, sous Charles IX, elle fut prise par les huguenots, dont la fureur se mesura sur l'indignation qu'ils ressentoient contre tout ce qui tenoit au parti royaliste ; et Sezanne, par un motif que les préjugés du temps ennoblissoient peut-être, mit une sorte de gloire à passer pour fidèle à *ses rois*. Henri IV et Louis XIII ont ressenti les effets de cette fidélité. Le premier, par la résistance qu'elle apporta contre les ligueurs ; le second, par l'asyle qu'elle donna au maréchal de Boisdauphin, dans la guerre contre les princes de Condé.

Elle étoit grande jadis ; mais un Thibaut IV, comte de Champagne, la fit presqu'entièrement démolir, pour éviter qu'elle ne servît de place d'armes aux ducs de Bourgogne, de Bar, de la Marche, de Bretagne, etc., tous ligués alors contre lui. Depuis elle fut réparée, jusqu'en 1766, que les protestans, dans le siége que nous citions tout-à-l'heure, la détruisirent et n'y laissèrent pas pierre sur pierre. Elle s'étoit encore relevée de ce désastre, lorsqu'en 1632, le jour de l'ascension, un incendie la réduisit entièrement en cendres ; l'histoire en décrit peu d'aussi furieux. Plus de douze cents maisons furent la proie des flammes, et le procès-verbal de ce fléau éleva les pertes à six millions de livres. Maintenant ce n'est plus qu'une petite cité, dont les murailles n'enferment pas un espace de plus de vingt arpens, et qui ne seroit rien sans ses fauxbourgs. Son unique commerce gît dans les vins de son territoire ; ils sont bons, mais non pas également fameux que ceux de ce département. On y voit quelques tableaux d'un moine nommé le frère Luc, rival de Lebrun, et dont les talens pour la peinture, méritoient l'honneur de cette rivalité.

Vertus est également une petite ville très-ancienne. Nous avons été, à quelques centaines de pas de cette petite ville, examiner sur une éminence, les ruines d'un vieux château appelé *la Montaine* dont l'épaisseur et l'élévation des pans des murailles, encore debout, ne laissent pas douter que ce ne fut une place importante. Mais à qui appartenoit elle ? qui l'avoit bâtie ? C'est ce que l'historien laisse ignorer, et ce que la tradition, par ses contes absurdes et ses variantes éternelles, ne laisse pas même soupçonner.

Les habitans de ce département sont en général d'un beau sang, d'une superbe taille, robustes et naturellement guerriers. Les femmes, dans leur sexe, n'ont pas le même degré de beauté ; leurs traits sont peu délicats, et celles de la campagne surtout nuisent encore à leurs graces, par un costume peu galant. C'est depuis long-temps un article que nous n'avons pas offert à votre curiosité. Mais c'est que, dans les derniers départemens que nous avons parcourus depuis le Bas-Rhin, les costumes d'hommes et de femmes n'ont pas une nuance assez tranchante pour émouvoir la curiosité. Mais tout en blâmant le peu de goût de leur ajustement dans ce département, il faut cependant dire à leur honneur qu'il n'en est point où le luxe semble plus éloigné du caractère ; et cela dépose en faveur des mœurs.

Avant de quitter ce département, il nous reste un mot à vous dire sur quelques hommes singuliers qu'il a produits : tel fut, par exemple, le Jésuite

Oldecorn, l'un des chefs de l'épouvantable conjuration des poudres à Londres, beaucoup plus connu en Angleterre sous le nom de Hall, que sous son véritable nom. Il fut élevé à Rheims, et entra dans la maison des Jésuites, où son intelligence le fit regarder capable des missions que l'on envoyoit dans les Isles Britanniques. Les catholiques piqués que Jacques Ier eût trompé leurs espérances, résolurent de s'en venger; et Catesby, *gentilhomme* de la province de Northampton, imagina de faire sauter la grande-chambre du parlement, quand le roi s'y trouveroit. Quelques-uns des conjurés ayant des scrupules de conscience, Oldecorn fut consulté, qui décida que, pour défendre la cause des catholiques contre les hérétiques, on pourroit envelopper, sans péché, dans leur ruine quelques innocens. D'après cette décision, trente-six barils de poudre furent placés sous la chambre du parlement; et cette horrible tragédie alloit s'exécuter, lorsqu'un des complices dévoila le complot. Oldecorn accusé, fut pendu à Worcester, le 17 avril, avec son confrère Gascarte. L'abbé Milot, quoique philosophe, a cherché à les disculper; mais le père Jouvenci, plus fanatique, les a honorés du nom de martyr.

Nous vous citerons encore Perrot d'Ablancourt, un des beaux-esprits du dix-septième siècle, né dans le calvinisme. Il abjura cette religion dans sa jeunesse, pour plaire à un de ses oncles, conseiller au parlement de Paris; mais après avoir passé ses plus belles années dans la dissipation, il se retira en Hollande, où il rentra dans la religion réformée. De retour en France, les savans le recherchèrent. L'académie le reçut au nombre de ses membres ; et rassasié d'honneurs littéraires, il fut finir ses jours à la campagne. Il savoit le grec, l'hébreu, le latin, l'italien, l'espagnol, etc. ; et Pelisson disoit de lui qu'il faudroit toujours avoir avec soi un secrétaire pour écrire tout ce que disoit d'Ablancourt. Ce fut cependant un de ces hommes plus vantés que dignes de l'être. Il nous reste des ouvrages de lui que personne ne lit plus. Louis XIV qui, tout comme un autre, a dit souvent des sottises, en dit une à propos de d'Ablancourt, qu'on ne doit pas oublier. Le Colbert l'avoit choisi pour historiographe de Louis XIV, avec une pension de mille écus. Quand le roi sut qu'il étoit protestant : Je ne veux point d'un historien, dit-il, qui soit d'une autre religion que moi. Et c'est ainsi que raisonnoient les hommes que l'on sacroit à Rheims !

NOTES.

(1) Attila fut défait dans les plaines de Châlons, par Aëtius, Mérouée et Théodoric, Tétricus par Aurélien, l'empereur d'Occident Othon par Charles Martel, et Frédéric-Guillaume de Prusse par Dumouriez.

(2) Mlle. le Couvreur aima le maréchal de Saxe absent comme présent. Elle vendit sa vaisselle, et lui en envoya l'argent, pour l'aider dans sa conquête de la Courlande. Ce grand homme donna des larmes à sa mort.

(3) Ces grands crimes obscurs n'étoient pas rares à

Paris, avant la révolution. Il y a quelques années que quatre hommes masqués arrêtèrent le soir un maçon qui sortoit de sa journée. Ils lui bandèrent les yeux, le firent monter dans une voiture ; après une heure à-peu-près de route, ils le descendirent ; et quand on lui dessilla les yeux, il se trouva dans une cave. L'instant d'après, d'autres hommes masqués apportèrent une femme et un homme liés ensemble, dans un cachot, dont on lui commanda de murer la porte. Il fut contraint d'obéir. On lui donna cinquante louis : on lui rebanda les yeux, et on le reconduisit où on l'avoit pris. Quand il fut libre, il ne voulut point d'un argent acquis par le crime ; il le distribua aux pauvres. Cet homme gagnoit 15 sous par jour, et les scélérats qui l'avoient si bien payé, combien gagnoient-ils ? Mais c'étoit un homme du peuple.

(3) Frédéric, quoique *roi*, ne fût pas venu se faire battre dans les plaines de Châlons. Frédéric n'avoit pas des conversations avec Jésus-Christ, comme Frédéric-Guillaume, mais il causoit avec Voltaire.

(5) Guillaume est hérétique, comme disent les catholiques. Eh bien ! l'hérétique est venu du fond du nord pour remettre Desnos, le catholique, sur la chaire épiscopale de Verdun. Cette contrariété n'est-elle pas plaisante ?

(6) Sainte-Menehould a été le douaire de quatre reines.

(7) *Gerson* avoit toute la philosophie du siècle de *Mabillon*, et Mabillon tous les préjugés du siècle de Gerson.

(8) Eléonore de Guienne ne se contenta pas du comte d'Antioche, elle lui associa un jeune Turc nommé Saladin, qui avoit toutes les qualités de son pays. C'est se conduire en reine.

A PARIS, de l'Imprimerie du Cercle Social,
rue du Théâtre-Français, N°. 4.

VOYAGE

DANS LES DÉPARTEMENS

DE LA FRANCE,

Enrichi de Tableaux Géographiques
et d'Estampes;

Par les Citoyens J. LA VALLÉE, ancien capitaine au 46°. régiment, pour la partie du Texte; LOUIS BRION, pour la partie du Dessin; et LOUIS BRION, père, auteur de la Carte raisonnée de la France, pour la partie Géographique.

L'aspect d'un peuple libre est fait pour l'univers.
J. LA VALLÉE. *Centenaire de la Liberté.* Acte Ier.

A PARIS,

Chez Brion, dessinateur, rue de Vaugirard, N°. 98, près le Théâtre François.
Chez Buisson, libraire, rue Hautefeuille, N°. 20.
Chez Desenne, libraire, galeries du Palais-Royal, numéros 1 et 2.
Chez l'Esclapart, libraire, rue du Roule, n°. 11.
Chez les Directeurs de l'Imprimerie du Cercle Social, rue du Théâtre-François, N°. 4.

1793.

L'AN SECOND DE LA RÉPUBLIQUE FRANÇAISE.

A

Nota. Depuis l'origine de l'ouvrage, les auteurs et artistes nommés au frontispice l'ont toujours dirigé et exécuté.

Ouvrages du Citoyen JOSEPH LA VALLÉE.

Le Nègre comme il y a peu de Blancs.	3 vol.
Cecile, fille d'Achmet III.	2 vol.
Tableau philosophique du règne de Louis XIV.	1 vol.
Vérité rendue aux Lettres.	1 vol.
Serment civique, comédie en 1 acte.	1 br.
La Gageure du Pélerin, en deux actes.	
Départ des volontaires villageois, comédie en 1 acte.	
Voyage dans les 83 Départemens.	23 n^{os}.

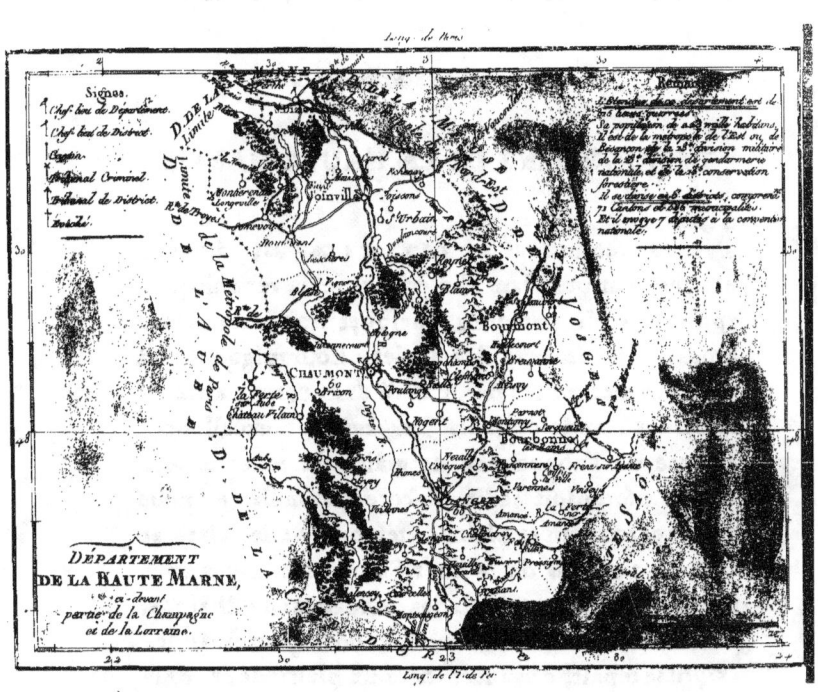

VOYAGE

DANS LES DÉPARTEMENS DE LA FRANCE.

DÉPARTEMENT DE LA HAUTE-MARNE.

Nous retournons un peu sur nos pas, citoyen, et nous rentrons dans l'intérieur de la république, après en avoir parcouru quelques frontières. Nous avons quitté la terre des anciens Bourguignons, et nous sommes entrés par le midi dans cette partie de la France, appelée jadis *Campania* par excellence, à cause de l'abondance de grains de toute espèce qu'elle produisoit jadis. Encore un mois, et nous aurons parcouru ces plaines, témoins de la fuite des insolens ennemis de la liberté française. Nous vous parlerons alors avec plaisir des campagnes de Châlons. Pardonnez à cette impatience de bons patriotes dont l'esprit se repaît, d'avance, du doux plaisir de se trouver sur le théâtre de l'humiliation des despotes conjurés, et de se dire : c'est là vraiment le berceau de la liberté française ; puisque là ont échoué la perfidie d'une cour scélérate, la trahison de ses indignes agens, l'espoir coupable de leurs défenseurs étrangers, et les projets criminels des enfans déserteurs de la plus digne patrie.

En garde contre les préjugés, nous désirions de connoître ce pays, pour juger quel degré de confiance nous devions accorder à cette réputation d'impéritie, dont la malignité s'est plue à gratifier ses habitans. Nous avons reconnu que là, comme ailleurs, la calomnie avoit fait son métier, et que le vernis de bêtise qu'elle a répandu sur les ci-devant *Champenois*, est un de ces ridicules dont elle amuse les oisifs, et dont elle se sert pour fournir aux ignorans quelques misérables lieux communs, dont l'absurdité alimente la nullité de leur conversation. Bon, honnête, simple dans ses mœurs comme dans son langage, franc, généreux, sensible et sans défiance, tel est le ci-devant Champenois : peu voisin des grandes villes, conséquemment étranger à cette urbanité dont on se targue ailleurs, et dont le poli est peut-être plutôt le masque du vice que le simptôme de l'amabilité, le Champenois, plus près de la nature, a dû se trouver fort loin de certaines gens, et ses vertus sont devenues un mot de ralliement pour le persifflage. Il s'est trouvé, parmi les peuples de la France, ce que jadis étoient certains *bourgeois*, que leur amour pour leur famille, la candeur de leur vie, la bonhommie de leur extérieur, désignoient au sarcasme de nos merveilleux, et dont l'unique tort étoit de mieux valoir que ceux dont la causticité les poursuivoit.

Il est temps que la liberté fasse raison de tous ces abus moraux dont les gens nuls de l'ancien régime nourrissoient l'existence de leur esprit inhabile au bien il est temps que l'homme s'accoutume à savoir que le ciel n'a point fait de climats privilégiés pour l'esprit ou la bêtise ; et que si les hommes naissent égaux en droits, ils naissent égaux en facultés intellectuelles. Que l'éducation nationale soit partout la même, et l'on verra bientôt se dissiper, d'un côté, ces prétentions à l'esprit qu'affectoient certaines provinces, et de l'autre, ces nuages qu'un méchant bon mot étendit souvent sur l'intelligence de tout un peuple. Il ne faut pas douter qu'il n'existe une aristocratie de conception, et que beaucoup d'êtres, dans la grande société humaine, ne se soient figurés un ordre de noblesse pour leur génie, et un tiers-état pour l'esprit du plus grand nombre. Bon-sens étoit le titre que l'on accordoit au peuple. Sagacité, finesse, perspicacité, délicatesse, saillie, étoient les cordons bleus, rouges, noirs, verts des grands seigneurs dans le monde moral. L'esprit est une propriété que tout homme peut acquérir, et l'éducation est la banque perpétuelle où il peut venir acheter les fonds nécessaires à mettre en valeur les dons qu'il reçut de la nature ; que cette banque soit par-tout, par-tout l'homme s'enrichira par elle ; et si la nature a permis que quelques hommes par leur génie s'élevassent au-dessus de leurs semblables, c'est que la nature a prévu qu'il falloit bien que quelques hommes fournissent les capitaux de ces banques intarissables de l'éducation.

La première chose dont nous ayons été frappés, en entrant dans ce département, c'est l'espèce de stagnation qu'éprouvent les abondantes denrées dont il est fourni, et nous trouvons que dans les grandes plaintes que les inquiétudes sur les subsistances font souvent naître dans quelques parties de la république, personne n'a jamais abordé le principe, ni posé la question première, pourquoi ne s'occupe-t-on pas des débouchés ? C'est celle qui s'offre d'abord à l'esprit, lorsque l'on parcourt ce département. Plusieurs rivières considérables l'arrosent. La Marne, la Meuse, l'Amance, l'Aube, etc. Mais, ou les unes, à leur source encore, ne sont point navigables, ou les autres n'ayant entre elles nulle liaison, rendroient les transports trop chers à certains cantons, pour approcher de leurs rives les denrées qu'ils fournissent. Par-tout nous avons l'expérience de l'extrême activité que les canaux donnent à l'industrie, et de la prodigieuse abondance qu'ils font refluer dans l'intérieur des terres, et nous n'en profitons pas ! La Hollande, la Flandre maritime, et à l'autre bout du monde, la Chine et le Japon, nous présentent les ressources infinies que de grands empires tirent de cet usage, et nous montrent la population accrue en raison de la multiplicité des communications ; et il semble que nous soyons frappés d'aveuglement, tandis qu'il est moralement démontré que la France pourroit se passer du monde entier, si l'on avoit le bon esprit de sentir, que nul département ne peut se passer de son voisin, et que tout ce qui peut tendre à accélérer l'échange de leurs secours mutuels, retourne à la plus grande félicité de tous.

Chaumont.

Ce département a d'autant plus besoin de communications faciles, que la qualité des productions qui pourroient l'enrichir est pesante, et d'un transport difficile et dispendieux. Des bois de la plus belle et de la meilleure qualité, des mines de fer considérables, et des carrières d'où l'on extrait un nombre prodigieux de meules de moulin; voilà ce qui feroit entrer des sommes immenses dans son sein, si l'on ouvroit des canaux qui fissent parvenir les uns aux villes, et les autres dans les parties de la république où l'on est forcé de se les procurer à grands frais, sans aucun avantage pour le sol qui les fournit, puisque les dépenses du transport absorbent les deux tiers du bénéfice.

On y recueille également d'excellens grains, des chanvres, des pois, des laines, des vins, mais de moindre qualité que ceux fameux sous l'ancien nom de la province de Champagne, parce que les côtes d'Aï et d'Epernai ne s'étendent pas dans ce département-ci, dont Chaumont est le chef-lieu. Cette ville est peu ancienne. Elle fut d'abord une maison de plaisance des anciens comtes de Champagne, et portoit le nom de Hautefeuille. Les maisons de plaisance des petits despotes féodaux se transformoient bientôt en forteresses ou en repaires murés, d'où ils étendoient leurs brigandages, et revenoient en jouir à l'abri de leurs créneaux. Il ne reste plus de ce donjon, alors redouté des voyageurs et des malheureux paysans, que les débris d'une tour quarrée, bâtie de grosses pierres. Une ville se forma insensiblement autour de ce château; et lorsque la *Champagne*, pour me servir du style d'autrefois, eut été réunie à la *couronne*, Louis XII la fit entourer de murailles. François Ier et Henri II y ajoutèrent quelques bastions et un large fossé ; mais de toutes ces défenses il ne reste plus que quelques ruines, et Chaumont est maintenant une ville ouverte.

Située sur une hauteur, entre la petite rivière de la Suize et la Marne, elle se présente agréablement à l'œil, et se dessine en amphithéâtre sur le penchant de la colline. Ses rues sont étroites, et elle n'est pas agréablement bâtie ; mais elle jouit d'un air pur et salubre, et ses dehors sont rians. Peu d'édifices s'y présentent à la curiosité, si l'on en excepte l'église qu'occupoient ci-devant les carmélites, et l'église du collége dont le portail seroit plus digne d'estime, s'il étoit moins surchargé d'ornemens. Son commerce consiste sur-tout en toiles, qui jouissent d'une sorte de célébrité. On y fabrique aussi beaucoup de gants de laine et de fil, de la bonneterie de tout genre, des serges croisées, des droguets, des draps de moyenne qualité, dont la majeure partie se consomme en Lorraine. Son territoire nourrit aussi beaucoup de moutons pour l'approvisionnement de Paris.

A une lieue de Chaumont, on voyoit une abbaye plus célèbre jadis que dans les derniers temps, et dont les revenus sont rentrés plus utilement aujourd'hui dans la masse des propriétés nationales. On l'appeloit le Val des Ecoliers, parce que plusieurs écoliers de différentes universités, attirés plus par l'opulence dont elle jouissoit, que par le goût de la retraite, vinrent y prendre l'habit religieux. Elle fut fondée dans le treizième siècle, par deux hommes nommés Guillaume Langlois et Richard de Narci. Ces deux docteurs de l'université de Paris, suivis de quelques *philosophes* de leur trempe, se retirèrent dans cette solitude. Quelques-uns de leurs disciples les y accompagnèrent ; et c'est delà, suivant d'autres chroniqueurs, que cette abbaye prit le nom singulier qu'elle portoit. La règle de Saint Augustin fut celle qu'ils embrassèrent, et comme, dans ces temps d'ignorance, la fureur des abbayes étoit, de toutes les folies, celle qui pulluloit le plus, bientôt le Val des Ecoliers devint chef d'ordre, et dans vingt ans, enfanta plus de seize maisons. St. Louis vint à son secours, et la *protection royale* étant le germe le plus fécond en extravagances, ses maisons s'accrurent en proportion du pouvoir de la sottise monarchique. C'est à cela que la maison de Sainte-Catherine du même ordre, à Paris, dut son origine ; et le saint conquérant des Turcs, qui se seroient bien passés de sa sainteté, en parsema la France et les Pays-Bas. Depuis, le Val des Ecoliers perdit un peu de sa splendeur, quand il eut été réuni, au milieu du siècle dernier, à la congrégation des chanoines réguliers. Une erreur de copiste assez plaisante s'étoit glissée dans la bulle du Pape Paul III, qui accordoit à Clément Cornuol, prieur général de cette congrégation, le titre d'abbé pour lui et ses successeurs. Il y étoit dit qu'on le lui donnoit pour en jouir de *père en fils*.

Nous avons fait peu de séjour à Chaumont, et Langres nous promettoit plus d'observations à faire. L'origine de celle-ci se perd dans la nuit des temps : et ce que la tradition nous en a laissé est souillé par les ravages que les barbares lui firent éprouver avant qu'elle subît le joug des Romains. Mais quels étoient ces barbares ? c'est ce que l'histoire n'éclaircit pas. Les Bourguignons, à leur tour, l'arrachèrent aux Romains, et elle resta sous leur domination, jusqu'au temps où les enfans de Louis-le-Débonnaire s'étant partagé l'empire d'Occident, elle échut à Charles-le-Chauve ; et ce n'est pas assurément la plus belle époque, ou tout au moins la plus heureuse de son histoire : car enfin les ravages des nations barbares sont un fléau passager ; mais tomber au pouvoir d'un tyran imbécille et lâche comme Charles-le-Chauve, c'est ce qui s'appelle un fléau permanent.

Lorsque la foiblesse des rois se prononça, et que les petits seigneurs en profitèrent pour s'ériger en petits souverains, Langres eut l'*honneur* d'avoir ses comtes particuliers. Mais ces petits souverains, trop minces pour lutter contre les grands ambitieux, finissoient toujours par vendre ce qu'ils n'avoient pas la force de conserver. *Guy de Saulx* vendit donc Langres à *Hugues* III, duc de *Bourgogne* ; mais si l'usage de ces temps gothiques vouloit que les *grands seigneurs* dépouillassent les petits, l'usage vouloit encore que l'église dépouillât les grands seigneurs. *Gauthier de Bourgogne*, oncle de ce Hugues III, lui escamota donc le comté de Langres, et en réunit le domaine à son église. Louis VII trouva que le titre de comté n'étoit pas assez noble pour un bien filouté par un évêque, et l'érigea en duché-pairie : et c'est depuis lors que ces évêques de Langres portèrent le titre de ducs.

Le peuple de cette ville est actif et industrieux ; il a perfectionné l'art de la coutellerie, et les ciseaux de Langres sont renommés. Moins funestes que ceux des parques, l'amour leur doit quelques-unes de ses faveurs, et les chiffres amoureux tressés des cheveux d'une amante, n'eussent jamais consolé les douleurs de l'absence, sans les talens des habitans de Langres. Le sifflement des meules sur lesquelles se préparent les lames, se mêlant aux chants des ouvriers dont le pied mobile presse leur rotation, offre à l'oreille une harmonie bizarre, dont l'étranger s'étonne. Hélas ! pourquoi faut-il que le souvenir des rois poursuive le philosophe jusque dans l'attelier de l'homme laborieux ? qui peut entendre une chanson à Langres, sans se rappeler les *vertueuses* galanteries d'une reine célèbre, tyran femelle d'un fils qu'elle rendit saint, en l'alaitant de préjugés ? Ce fut ici le berceau de ces chansons, aimables filles de l'amour, folâtres sœurs des plaisirs fugitifs, ou quelquefois compagnes de la douce mélancolie. La folle ardeur de Thibaut pour (1) Blanche de Castille appendit la lyre de (2) l'amante de Phaon aux hêtres de la Champagne, et les plaintes cadencées d'un amant dédaigné, retentirent des rives de l'Aube aux rochers de la Navarre. Thibaut enchaîna le premier les rimes féminines au joug des rimes masculines, et seul réussit peut-être à prêter des charmes à la difficulté, en la couvrant du manteau des graces.

Mais que nous importent ses talens et ce pas de plus qu'il fit faire à l'art de la poésie ? Que nous importent la sensibilité, le tour ingénieux, le naturel, l'espèce de candeur même qu'il répandit sur des chansons ? La poésie élève l'ame, agrandit le génie, prête du nerf aux vertus. Thibaut fut un traître, Thibaut ne fut donc pas poète. L'homme qu'anime le feu sacré du vainqueur de Pithon, n'a point d'ame pour les bassesses : et si l'amour fait bouillonner ses veines, les vapeurs qu'elles exhalent sont encore de l'héroïsme.

Mais il est une vérité, non de principe, mais d'expérience, c'est que l'amour pour une reine dégrade l'homme et ne l'élève jamais. J'en appelle à l'histoire. Jamais l'amant d'une femme couronnée ne resta vertueux; et c'étoit moins l'esprit républicain, qu'une sorte de philosophie politique, qui invétéra dans le cœur des Romains ce mépris pour l'amour d'une reine. L'amour, bien avant la raison des hommes, avoit décrété l'égalité, parce que l'amour n'est pas ennemi des vertus. L'amour que l'on prend pour un objet que les préjugés humains ont assis dans un rang élevé, est un pacte tacite que l'on fait de se charger de ses vices; et depuis l'amant de Cléopatre, jusqu'aux gigantesques mignons de Catherine II, ce calcul métaphysique ne s'est point démenti. Thibaut avoit des vertus. Les opinions de tant de siècles l'avoient fait *souverain*, quoiqu'il ne fût qu'un homme ; mais par cela même qu'il étoit homme, il étoit bon, généreux, juste sur-tout, qualité si rare dans les gens de son espèce. Il ressentoit, comme les autres *grands* de son temps, la honte d'obéir à une femme : et le seul de cette fameuse ligue contre la régence de cette femme ambitieuse et superbe, il avoit pour mobile l'intérêt du peuple outragé par un pouvoir insultant à la majesté de l'homme. Il voit Blanche, tout change en lui : ce n'est plus ce cœur abandonné sans réserve à l'amour du bien public ; c'est le cœur d'un esclave, que le parjure, la perfidie et la trahison n'étonnent plus. Les sermens prêtés, le respect dû au droit des gens, l'intérêt de ses alliés, celui du peuple qu'il *régit*, le sien propre, tout jusqu'aux égards de sa propre gloire, tout, dis-je, est effacé, et Thibaut devient le dernier des hommes, parce qu'il aime une femme qui se dit la première des femmes. O poètes ! effacez la honte du fondateur de votre anthologie ; que vos vers, moins harmonieux peut-être, moins suaves, et sur-tout moins courtisans, mais plus sublimes, mais plus dignes des dieux dont ils sont le langage, frappent la tyrannie ; rivaux d'Orphée dont le sistre amenoit à ses pieds les tigres et les lions pour entendre sa voix, dont les chants prêtoient le mouvement aux rochers, aux montagnes, pour s'assembler autour de lui ; rivaux d'Amphyon et d'Orphée ! chantez ! que les couronnes, les sceptres, les trônes se grouppent autour de vous, et que la foudre de Jupiter les surprenant réunis, n'ait besoin que d'un carreau pour les réduire en poudre.

Ce Thibaut joignoit aux qualités de l'esprit qui l'ont rendu célèbre, le talent des saillies. On nous a conservé un petit apologue de lui, assez plaisant, que, mal-à-propos, quelques historiens ont attribué à un Thibaut, roi d'Austrasie. Un de ses gens d'affaire s'étoit fortement enrichi à son service. Il vouloit se retirer, et demandoit congé. « Un serpent, lui dit Thibaut, se glissa un jour dans une bouteille pleine de lait ; il en but tant et devint si gros, qu'il lui fut impossible de ressortir par le cou du vase : quel parti prit le serpent ? il restitua le lait qu'il avoit pris, et sortit après. »

Thibaut ne retira de son amour pour Blanche de Castille, que les dédains de cette femme impérieuse, lorsqu'il cessa d'être utile à son ambition, et la douleur de voir dissiper, sur ses propres états, les débris malheureux de cette ligue que son fol amour lui avoit fait si lâchement trahir. Un sentiment cruel, la jalousie, la lui avoit fait embrasser. Un prêtre, le cardinal Romain, jouissoit avec orgueil des charmes d'une reine de quarante ans. Thibaut courut aux combats pour y chercher la vengeance. Un regard plus doux d'une femme coquette le désarma bientôt. Il étoit l'ame de la ligue ; un sentiment vil causa sa défection, sa condescendance pour les caprices d'une *princesse* voluptueuse.

Les environs de Langres ont encore été marqués par la mort d'un traître plus obscur, mais non moins scélérat. Peu de crimes ont plus besoin de confident que la trahison ; la fin de l'Hoste est donc utile à citer. Elle peut convaincre les perfides, que le nom d'ami est chimérique pour eux, et que la confiance, ce charme de l'honnête homme, est pour eux le premier pas vers le supplice.

L'Hoste, élevé dans la maison de Villeroi, étoit fils d'un domestique de François de la Neufville, secrétaire d'état. Son intelligence, une certaine capacité pour les affaires, le firent remarquer; et lorsque M. de Silli partit pour l'ambassade d'Espagne, la Neufville le plaça auprès de lui pour apprendre l'espagnol. Il gagna bientôt l'intimité de l'ambassadeur, et n'en usa que pour nuire à la France. Les Espagnols l'achetèrent douze cents écus, et les secrets de l'ambassade leur furent livrés. Sa scélératesse fut couverte; et à son retour en France, le ministre l'admit à sa plus chère confidence. Tous les chiffres lui furent connus; il en posséda toutes les clefs, et cette connoissance ne fit que lui fournir de nouveaux moyens de trahir sa patrie, en instruisant l'ambassadeur d'Espagne des projets du ministère. Lorsque l'ambassadeur en eut tiré tous les services qui lui étoient nécessaires, et qu'il sentit qu'une plus longue collusion pouvoit compromettre son caractère, il fit avertir l'Hoste, par-dessous main, que son intrigue étoit découverte, et qu'on songeoit à l'arrêter. L'Hoste effrayé ne songea qu'à fuir; il prit le chemin de la Champagne pour gagner la Franche-Comté, où il espéroit se mettre en sûreté. Un Espagnol affidé le suivit. Arrivés près de Langres, ils cherchèrent un gué pour traverser la Marne. L'Hoste crut l'avoir trouvé. Il s'y engagea le premier; et s'enfonça dans la vase. Il appela son compagnon pour le secourir ; mais celui-ci, loin de le dégager, acheva de le noyer, et ensevelit ainsi dans les eaux de la Marne, et les secrets de son maître, et la honteuse vie de l'homme dont l'incivique avarice avoit vendu les intérêts de ses concitoyens. La trahison étoit jadis l'arsenic des corps politiques; dorénavant la liberté en sera le mithridate.

Langres est bâtie sur une éminence, et passe pour être une des villes de la république les plus élevées. Elle jouit de l'air le plus pur, et ses habitans sont vigoureux et de haute stature. En général, les habitans de ce département, et tous ceux connus jadis sous le nom de Champenois, ont du goût pour la guerre, et il est peu de régimens dans la ligne où il ne s'en trouve. Leur sobriété, leur amour de l'ordre et leur propreté, les y font distinguer, et c'est un des cantons qui a le plus fourni de ces officiers, jadis insolemment nommés officiers de fortune, et qui, dans le vrai, étoient une fortune pour la France, parce qu'ils en valoient dix de ceux dont l'arrogance leur infligeoit le nom d'une distinction messéante.

L'église de Langres nous a surpris par la beauté et la singularité de son architecture. Son élévation est prodigieuse, le vaisseau en est immense : mais l'on y désireroit avec raison plus de jour, et c'est le défaut de presque tous les édifices gothiques. On conçoit difficilement comment l'homme a cru si long-temps que l'obscurité étoit religieuse ; et si, dans son imagination, il rapprochoit ainsi le culte de la terreur.

terreur. Qui ne reconnoît à ce préjugé l'ouvrage des prêtres, dont la perfidie vouloit que l'on n'approchât des temples qu'en tremblant? On rougit pour l'espèce humaine, quand on la voit, pendant tant de siècles, répandre autour des autels du Dieu de lumière, ces mêmes ténèbres dont son imagination a meublé les parvis des enfers. Quel homme, en mettant le pied sur le seuil d'une cathédrale, frappé tout ensemble, et de l'obscurité de la nef, et de ces milliers de flambeaux qu'il voit étinceler dans l'enfoncement, et plus encore, peut-être, des voix rauques qu'il entend au loin psalmodier des mots qui lui sont inconnus, ne croit pas être descendu dans l'infernal séjour, et ne cherche pas à tâtons, et les rives du fleuve qu'on ne repasse plus, et l'inflexible nautonnier dont la barque revient toujours à vide? Comment se peut-il que le soleil n'ait jamais éclairé les sacrifices faits au Dieu du jour? C'est que le soleil eût éclairé les gestes de nos prêtres, et qu'ils ont bâti leurs temples à l'image de leurs cœurs.

On dit qu'un St. Paulin, septième évêque de Langres, a fondé cette cathédrale. On feroit mieux de dire qu'il éleva des murs de prison autour d'un temple antique, dont l'élégance et la légéreté devoient plaire à l'œil. Ce temple antique est maintenant ce qui forme le chœur. Un jeu de colonnes, de deux pieds de diamètre, dont les fuseaux supportent une frise en feuillages, offre un grouppe d'architecture, dont la hardiesse étonne et charme tout-à-la-fois. Puisque l'on transformoit ce monument en église, il étoit simple que le ridicule vînt y siéger. En conséquence, en face de l'autel on a placé un grand tombeau de bronze, et je vous le donnerois en mille à deviner quelles sont les cendres précieuses qui reposent sous cette tombe. Ce sont les cendres de trois hommes incombustibles, de trois hommes qu'un roi, qu'un tyran n'a pu faire périr, chose bien plus étonnante encore; des trois jeunes gens enfin que Nabuchodonosor fit jeter dans la fournaise. Assurément c'est à quoi l'on ne s'attend guère; et les corps des trois jeunes gens assyriens, sujets de Teglatphalassar, qui est le même que Nabuchodonosor, enterrés à Langres, c'est une de ces jolies plaisanteries de *notre mère la sainte église* dont on ne devineroit pas la finesse, si l'on ne savoit qu'elle a eu besoin de s'étayer des erreurs anciennes, pour faire circuler les erreurs nouvelles. Une lampe et deux chandeliers d'argent massif, d'une énorme grandeur, et dont l'usage est d'éclairer Sidrac, Misac et Abdenago qui, depuis trois mille ans, n'y voient plus, nous ont paru aussi ridicules que le tombeau; et nous les trouverions bien mieux placés sous le balancier de la monnoie, pour nourrir les braves républicains dont le bras écrase les Nabuchodonosor, afin de les empêcher de faire jeter les jeunes gens dans les fournaises. L'épitaphe que l'on lit sur le tombeau de ces *sujets* d'un roi qui mangea de l'herbe pendant sept ans, est aussi bizarre que leur présence à Langres.

Sub hoc sarcophago
Jacent Sidrac, Misac, Abdenago,
Quos, rex Persarum Zenonas
Jussit ire Lingonas
Ad defendendos dæmonas.

Fut-il jamais quelque chose de plus bête ? Ce Zenon, que l'on voit par-là si empressé à chasser les démons de leur territoire ; ce Zenon, l'un des empereurs du bas-empire, à qui la ville de Langres doit des reliques si précieuses, étoit lui-même un véritable démon, le plus criminel, le plus tyrannique, le plus sanguinaire et le plus débauché des humains ; il ne manquoit sans doute à sa réputation impériale que de déclarer la guerre aux démons ses confrères, pour être un chef-d'œuvre d'ingratitude.

C'est cependant à Langres où l'on voit des choses si *spirituelles*, que naquit un des premiers hommes du siècle, quoiqu'il n'ait pas été académicien. Diderot, le célèbre Diderot, plus métaphysicien peut-être que philosophe profond, mais dont l'homme ne doit parler qu'avec reconnoissance.

Qu'au souvenir de Diderot, il me soit permis de souhaiter que les droits de l'homme soient prononcés pour la jeunesse, comme pour l'âge mûr. Quelle propriété plus sacrée que l'irrésistible penchant dont la nature se sert, à notre aurore, pour nous indiquer la place que nous tiendrons dans la société. Jusqu'à ce jour, cette propriété ne fut jamais respectée. Il est temps que l'autorité paternelle connoisse aussi les limites que lui impose la justice éternelle ; il est temps que cette autorité cesse d'être monarchique, qu'elle reconnoisse à son tour les principes de l'égalité, et que moralement elle recule elle-même vers sa jeunesse passée, quand elle veut faire avancer la jeunesse de ses fils vers leur vieillesse future. Il est temps enfin que les pères se convainquent qu'ils sont nés pour leurs enfans, et non les enfans pour leurs pères, et qu'ils sont les commissaires délégués par la nature, pour conserver à leurs enfans la vocation qu'elle leur donne, et non pas pour la détourner à leur profit.

Diderot étoit fils d'un coutelier de Langres. Diderot fut mis chez les jésuites. Ces hommes avoient le tact sûr pour deviner la destinée de leurs élèves. Cette étude approfondie par ce corps de prêtres ambitieux, leur servoit à se meubler d'hommes célèbres. Ils voulurent voler la vie de Diderot, parce qu'ils devinèrent que la vie de Diderot seroit un trésor. Il fallut y renoncer. Le coutelier vouloit que son fils fût procureur ; un de ses oncles vouloit qu'il fût chanoine ; les jésuites vouloient qu'il fût un intrigant spirituel : mais Diderot voulut être utile, parce que la nature lui inspiroit de l'être. O préjugés ! Diderot ami des lettres parut un déshonneur à son père le coutelier. Pour l'en punir, il le priva de tout secours. Meurs de faim, puisque tu ne veux pas mourir d'ennui : de combien de pères ne fut-ce pas là le langage ? Hommes ! apprenez donc le grand art d'être pères. C'est cependant le fondateur de l'Encyclopédie, dont l'autorité paternelle entrave ainsi le penchant honorable : et pourquoi ? sous le prétexte de sa fortune future. Ainsi donc la fortune des nations, attachée à l'emploi des jours de Diderot, dépendoit de l'étroite prévoyance d'un coutelier. La révolution peut-être ne seroit pas encore ! il est donc des abus dans l'autorité paternelle ? Oui, tout y est abus dès qu'elle sort du sentiment. Hors de là, elle n'est plus qu'oppressive.

Honneur donc à l'homme dont le génie immense conçut ce que nul n'auroit cru possible, l'atlas de toutes les connoissances humaines. Honneur à Diderot, car il fut persécuté, car son livre fut proscrit: et c'est démontrer assez qu'il étoit redoutable aux tyrans.

Diderot honora son siècle; mais sa détention à Vincennes honora Jean-Jacques : et le philosophe de la nature a des instans de gloire, que la vie entière et tous les travaux du philosophe à système n'obtiennent jamais ; car enfin la sensibilité est la science première. On peut, dans le silence de l'étude, forger un univers ; on ne forge pas les larmes que l'on donne aux souffrances de son ami.

Etonnante inconséquence des rois ! Tout le monde sait le trait de Catherine II envers Diderot; tout le monde se rappelle l'acquisition qu'elle fit de la bibliothèque de ce grand homme, et la jouissance qu'elle lui en laissa après lui en avoir fait toucher le prix. Reconnoît-on à ce trait la femme dont la main vient de rayer Condorcet de la liste des savans de Pétersbourg ? Tout-à-l'heure je croiois à l'inconséquence ; je m'abusois. Catherine alors couroit après la réputation. Aujourd'hui sa réputation est faite : il y a mieux, elle est perdue.

Ce que l'on a oublié, parce que les discours des rois s'oublient, et que les vertus des hommes restent, c'est que Joseph II, en entrant à l'académie française, où les savans par privilége l'attendoient en corps, demanda où étoit Diderot. L'académie resta court. Ce n'étoit pas la première fois, ce ne fut pas la dernière.

Diderot posséda plus le don de la parole que le don d'écrire, et l'on n'a pas assez réfléchi peut-être que ce fut à ce talent que l'on peut rapporter le mérite de son ouvrage dramatique, le *Père de Famille*. On y retrouve une clarté, un nerf, une logique que l'on chercheroit vainement dans ses autres ouvrages. C'est qu'il écrivit sa conversation dans le père de famille, et non les combinaisons de son esprit. Pour faire une bonne pièce, il faut bien parler ; mais pour faire un bon ouvrage, il faut bien penser.

C'est cette vérité qui rend encore, malgré la vétusté du langage, les écrits du sire de Joinville intéressans par leur candeur, leur bonhommie et leur naïve vérité. Nous avons vu la ville où ce fidèle ami du plus fou des rois, malgré sa sainte sagesse, prit naissance.

Cette ville, toute petite qu'elle est, a besoin, depuis long-temps, d'être reconciliée avec la terre. C'est là que le cardinal de Lorraine prit naissance. Hélas ! le fer abonde dans son territoire. C'est peut-être de là que les verroux de mille cachots où l'innocence a gémi, sont sortis. Les lames d'un million de sabres, le tube d'une immensité de canons, ont peut-être été enfantés par la terre où ses murailles reposent. Le germe de la destruction s'est peut-être élancé mille fois sur le globe, du territoire de Joinville : mais que ces reproches sont foibles auprès du désastre que le berceau d'un mauvais prêtre répand dans le monde.

Les cendres des ducs de Guise gisent à Joinville; c'étoit pour ces hommes, dont l'orgueil devoit être le bourreau de ses enfans, que Henri II avoit érigé cette ville en duché. Le ciel est juste : les bienfaits des rois doivent être récompensés par le crime, parce que les bienfaits des rois ne peuvent être qu'un vol fait aux peuples. Les rois ne possèdent rien, par cela même qu'ils croient tout posséder. Ils ne donnent donc jamais, ils dérobent.

A ce nom de Guise, le cœur se serre. Quand on voit leurs tombeaux, on seroit tenté de les interroger, si l'on ne craignoit encore qu'ils ne répondissent. On respecte la mort dans les méchans; il semble que ce soit un sommeil que, par amour pour l'humanité, l'on frémisse de troubler. Le 10 août j'errois dans le jardin des Tuileries, au milieu des cadavres, monument de la justice du peuple. Un de ces morts, couvert d'un habit superbe, surchargé de bijoux qui pesoient sur ses membres flasquement immobiles sur le sable que son sang avoit noirci, exhalant encore de sa tête parfumée l'ambre dont le baume luttoit contre les miasmes putrides que la mort exhaloit de son corps, un seigneur enfin gisoit étendu sous le glaive qui l'avoit frappé. Un homme du peuple, debout devant lui, lui parloit. A quoi t'a servi ce luxe, lui disoit-il ? Que faisois-tu de cette épée brillante, de ces boucles dont le poids fatiguoit tes pieds délicats, de ces chaînes, de ces montres qui jamais ne te montrèrent l'heure de la justice ? Tu n'as pas sur ton corps un fil, un brin de laine, un grain de poudre, qui n'aient été payés par nos sueurs ! étoit-ce là la cuirasse que tu croyois mettre entre la foudre du peuple et ton cœur endurci ? Tu ne réponds pas ? tu fais bien. De quoi te plaindrois-tu ? te voilà pourtant ! Cet homme dit, le regarde encore, hausse les épaules et se retire. Immobile, je restai près du cadavre. L'homme du peuple étoit déja loin ; mais tous les crimes des grands s'étoient réveillés dans ma tête. J'avois cru voir l'humanité imposante et terrible, interroger de sang-froid le cercueil des Guises.

Et comment leur pardonner, quand on est sur le théâtre de leurs fureurs ; lorsqu'on vient de parcourir les chaumières de Vassi ? Nous avons vu la place, ô mon ami ! où calme, tranquille, jouissant de cette paix funeste dont la glace coagule le cœur des scélérats puissans, Guise, que la nature avoit formé pour l'amour, rassasia ses yeux, où la beauté siégeoit, du massacre d'hommes infortunés, dont le crime étoit d'adresser quelques vœux au protecteur éternel des malheureux. Et pourquoi ce massacre ? Pour venger l'honneur prétendu de quelques méprisables valets encroûtés d'insolence par l'exemple de leur maître superbe. Jour désastreux ! jour à jamais terrible, où l'habitude des massacres passa des rives de Sicile dans les campagnes tranquilles du Français plus doux parce qu'il est plus franc.

Vassi n'est qu'un bourg. Il est devenu célèbre ! mais quelle affreuse célébrité ! Que n'est-il donné à l'homme sensible, au cœur généreux et compatissant, de rappeler, des ombres du trépas, et les persécutés et les persécuteurs, que le démon des religions tourmentoit également dans ce siècle de fer; et de leur dire : calvinistes, luthériens, protestans ! consolez-vous, vos mânes sont vengés. Catholiques aveugles ! à quoi vous ont servi vos déplorables fureurs ? Vous avez cru bâtir avec le sang l'édifice de votre culte ! Ce sang même a désuni les parois de ce monument que vous croyiez immortel. Il s'en est échappé pour crier vengeance, et les murailles dont il fut le ciment se sont écroulées. Elle est arrivée cette vengeance ; vous crûtes travailler pour le ciel, et la terre vous a maudits. O Guise ! ô ligueurs ! nos enfans embrassent les enfans dont votre rage voulut éteindre la race. Pourquoi ne meurt-on pas deux fois ? Ce spectacle feroit votre supplice ; nous vous connoissons, il vous feroit mourir.

Elle commençoit, cette guerre religieusement infernale qu'enfanta l'ambition, que souffla la discorde, que soutint le sacerdoce. Guerre ou paix, tout étoit crime alors ; et l'impartialité de l'histoire oblige à le dire, l'innocence n'étoit d'aucun des deux partis ; mais l'oppression étoit d'un côté, et l'autre alors devient intéressant. Guise se rendoit à la cour ; les siens le précédoient ; ils s'arrêtent à Vassi. L'oisiveté de la halte disperse sans dessein cette troupe de valets dans ce village. Quelques-uns entendent chanter dans une grange ; ils s'en approchent ; que trouvent-ils ? quelques familles dont les voix imploroient la miséricorde de l'éternel sur les foiblesses humaines. Le désir de plaire *au maître*, désir toujours avant-coureur des forfaits dans le cœur des esclaves, anima ces malheureux. Ils insultent, ils attaquent des infortunés sans défense. Bientôt avertis par leurs clameurs, prémices du carnage, leurs camarades accourent. Ce sont des huguenots, ce sont des scélérats ! qu'ils périssent, qu'ils meurent, s'écrient-ils ! Dire, frapper, massacrer fut l'ouvrage de l'instant. Ici le jeune homme plus véloce tombe au loin sous le plomb qui l'atteint ; là, le vieillard plus lent succombe sous le glaive ; c'est l'enfant qu'on écrase sous la pierre, en fuyant dans le sein où sa timidité cherche en vain un asyle ; c'est l'épouse que déchire le poignard dont elle veut garantir le cœur de ce qu'elle aime. La mort vole, revient, s'arrête, court et frappe en mille endroits. Guise arrive. Les assassins l'entourent ; cent voix lui racontent les forfaits ; chacun implore un regard pour être payé de son crime. Il sourit à ce monde de bourreaux. Il sourit ! Voilà la palme des vainqueurs. Il entre triomphant sur ce théâtre horrible, et les poignards ensanglantés de ses lâches flatteurs, sont le dais épouvantable qui dérobe sa tête à la clarté du ciel indigné.

O déplorable mission de l'historien ! Du moins, poètes brûlans, aimables romanciers, vous avez le choix de la toile où votre génie imprime ses tableaux. Vous pouvez, à l'aspect des cercueils où gisent les cadavres déchirés par la sanglante démence des hommes, voiler vos fronts couronnés d'étoiles, et mollement assis à l'ombre des peupliers, chanter la chimérique paix d'un monde que le prisme de votre imagination azure de ses feux. Mais l'historien assiste aux forfaits de tous les temps ; il vit avec les crimes de son siècle et ceux de ses aïeux ; et le moins à plaindre est celui dont l'esprit ne lit pas ceux de la postérité.

Tout rebutant qu'il est, c'est un devoir. Il faut écrire les crimes de l'homme qui n'est plus, pour ravir à celui qui respire, le plaisir qu'il mettroit peut-être à s'en croire l'inventeur. Hélas! c'est une vérité douloureuse. Mais les crimes des humains seront la dernière mine que l'homme épuisera sur la terre. Heureux quand il échappe encore au sang-froid, ce dernier degré de l'atrocité. Un certain René de Champagne, *seigneur* de Péchereul, attiroit chez lui, sous l'ombre de l'hospitalité, tous ceux qu'il croyoit pencher alors vers les opinions nouvelles, et les faisoit noyer dans un vivier qu'il avoit à la porte de son château ; il appeloit cela, faire boire ses hôtes dans *sa grande tasse*. Qui croiroit que Charles IX eut la curiosité de voir une terre si fameuse par les scélératesses et les sanguinaires perfidies qui s'y étoient commises ? Nous le croirons, nous que la liberté enseigna à connoître les rois.

Il y vint ce Charles IX ; il vit cet étang où tant de ces hommes, que sa bouche sacrilége appeloit ses fidèles sujets, avoient péri. Combien, demanda-t-il *en riant*, à ce René de Champagne, en avez-vous fait boire dans votre grande tasse ? Je n'ai pas chargé ma mémoire, lui répondit-il, de ces misères-là (3).

Mais, pour rafraîchir notre imagination que bronzeroit le frottement de tant d'horreurs, passons des atrocités au ridicule ; car tel est le cercle étroit où le dénonciateur des gestes de nos pères est souvent forcé de se mouvoir. Il exista long-temps à la cathédrale de Langres une cérémonie aussi bouffonne qu'irréligieuse ; c'étoit la flagellation de l'*alleluia*. Tandis que, dans d'autres églises (4), on enterroit ce *monsieur* en grande pompe, le jour où l'église cesse d'employer cette doxologie dans ses prières, à Langres on le traitoit plus mal ; c'étoit à coups de fouet qu'on le chassoit du temple. La rubrique marquoit les différentes circonstances de cette cérémonie burlesque. Elle appartenoit aux enfans de chœur. On écrivoit en lettres d'or sur un de ces joujoux, que les enfans appellent toupie, le mot *alleluia*. Les enfans de chœur, à l'heure indiquée par le rituel, venoient en procession, avec la croix et la bannière, au lieu où l'on avoit placé la toupie ; et là, le doyen d'âge, un fouet à la main, faisoit pirouetter la toupie jusqu'à ce qu'il l'eût chassée de l'église, tandis que ses compagnons chantoient des pseaumes et des hymnes analogues à la fête du jour. La toupie une fois hors de l'église, on

Montigny

lui souhaitoit bon voyage jusqu'au samedi de pâques

En sortant de Bourbonne, recommandable seulement par ses sources d'eaux chaudes, plus fréquentées jadis qu'à présent, et dont les bains, s'ils sont salubres, nous ont paru du moins très-incommodes, nous avons traversé *Montigny*, village où nous nous sommes arrêtés quelques heures pour en dessiner le site enchanteur, dont vous jugerez vous-mêmes par la gravure, et nous nous sommes rendus à Saint Disier par le Valdonne, prieuré de bénédictines. Ces *aimables* sœurs souffrirent long-temps, avec une résignation chrétienne, les fréquentes visites des soldats lorrains, que quelques appétits attiroient souvent dans le bercail des ouailles du seigneur. Le tendre cardinal de Noailles, ce constant ami de l'infidelle et religieuse Maintenon, alors évêque de Châlons-sur-Marne, ne put voir, sans éprouver les doux mouvemens de la charité chrétienne, les fréquens et involontaires naufrages de la pudeur des saintes filles. Archevêque de Paris, il les rapprocha de lui. Une bonne ame déshérita dévotement ses enfans, pour donner soixante mille francs pour cette bonne œuvre. Les murailles d'un temple de protestans, qu'on avoit *saintement* chassés de leur patrie pour voler leur bien, servirent à bâtir le palais des *bonnes* sœurs; et de cette sainte émigration, naquit le couvent de Charenton, où monseigneur venoit modestement, traîné par six chevaux, goûter pieusement les *douceurs* des épouses du Christ.

Saint-Disier est peu de chose; mais la ceinture champêtre dont elle semble environnée, lui prête un charme que l'on retrouve à peu de villes. C'est là que l'on forge et que l'on fond la majeure partie des poëles, des plaques de cheminée, des enclumes, des bigornes et autres instrumens de fer que consomme Paris, et ce sont avec les bois mêmes dont cette ville est entourée, que se construisent les barques dont on se sert pour faire descendre la Marne à ces ustensiles de fer, dont Saint-Disier compose son commerce. Cette ville en 1544 étonna l'orgueil de Charles-Quint, par la généreuse résistance qu'elle opposa à cet Autrichien. Un mot, avant de sortir de ce département où l'esprit républicain nous a paru excellent, sur la bassesse des moissonneurs des paroles de princes : on a supposé à ces magnanimes défenseurs de leur patrie, la prétendue lâcheté d'abandonner leurs maisons, pour prêter à François Ier. le plus insouciant des hommes, ces mots qu'il n'a jamais dits. « Je ne peux pas les guérir de la peur; mais je puis les secourir : volons les défendre. »

St. Dizier

NOTES.

(1) Blanche de Castille, mère de Louis IX, la plus impérieuse, la plus fausse, la plus méchante des femmes. Elle fit le tourment de son mari, de ses amans, de son fils, de sa belle-fille, des François et des moines même. Son insolence étoit telle, que s'étant oubliée dans un rendez-vous de galanterie, et son enfant, dans son absence, ayant pris le sein d'une femme de sa cour, elle lui enfonça à son retour les doigts dans la gorge, pour lui faire rendre un lait qu'elle trouvoit ignoble pour son estomac.

(2) Sapho. Elle étoit de Mitylène : ses vers harmonieux, tendres et délicats, la rendirent célèbre dans la Grèce. On grava son image sur la monnoie. Phaon lui résista, et de désespoir, elle se précipita dans la mer.

(3) On pourroit donner pour pendant à ce René de Champagne, une certaine Jeanne de Champagne, femme de Philippe-le-Bel, *roi*, et fille de Henri, premier du nom comme roi de Navarre, mais troisième comme comte de Champagne. Ce ne furent ni le fanatisme de religion, ni l'amour de la tyrannie qui portèrent cette femme à la cruauté : ce fut l'amour de la parure. Il étoit égal à son penchant pour le libertinage. Elle accompagna son mari à Bruges, et le faste des dames de cette ville, dont les riches atours l'emportoient sur les siens et les éclipsoient, l'irrita à tel point qu'elle abusa de l'ascendant qu'elle avoit sur le cœur de son mari, pour le décider à maltraiter les habitans de cette ville ; et à la honte

de Philippe-le-Bel, il eut la bassesse de condescendre à ce caprice. Elle fonda le collége de Navarre, et se prostitua à tous les écoliers. Mais cette fondation même a suffi aux prêtres pour tranformer en vertus les vices de cette reine ; et le ridicule dictionnaire des hommes illustres imprimé à Caen, avance avec effronterie qu'il est impossible que tout ce que les écrivains modernes ont dit de cette reine soit vrai, parce qu'elle a fondé le collége de Navarre. Elle mourut jeune, au château de Vincennes. On accusa l'évêque de Troyes, Guichard, de l'avoir fait mourir par un maléfice. Un maléfice ! qu'ils avoient de philosophie dans ce temps-là ! croire aux maléfices, et croire qu'il faille un maléfice pour faire mourir une reine libertine ! Pauvre siècle ! Cette femme, pour réunir tous les genres de ridicule, voulut trancher aussi de l'héroïne ; elle marcha contre le comte de Bar, pour le punir d'une irruption qu'il avoit faite en Champagne : elle conduisoit une petite armée. Elle attaqua le comte, le fit prisonnier, et le jeta dans un cachot où elle le fit traiter avec un excès d'inhumanité qui n'a point d'exemple. Enfin, il obtint sa liberté à condition qu'il seroit dépouillé de *ses états*. C'est ce qui s'appelle un voleur qui vole un voleur.

(4) A Toul, par exemple, on enterra long-temps l'alleluia avec toutes les cérémonies d'usage pour les morts. La rubrique recommandoit aux enfans-de-chœur de pleurer mèrement : *ô stultitia !*

A PARIS, de l'Imprimerie du Cercle Social, rue du Théâtre-Français, N°. 4.

VOYAGE
DANS LES DÉPARTEMENS
DE LA FRANCE,

Enrichi de Tableaux Géographiques et d'Estampes;

Par les Citoyens J. LA VALLÉE, ancien capitaine au 46°. régiment, pour la partie du Texte; LOUIS BRION, pour la partie du Dessin; et LOUIS BRION, père, auteur de la Carte raisonnée de la France, pour la partie Géographique.

L'aspect d'un peuple libre est fait pour l'univers.
J. LA VALLÉE, *Centenaire de la Liberté*. Acte Ier.

A PARIS,

Chez Brion, dessinateur, rue de Vaugirard, N°. 98, près le Théâtre-Français.
Buisson, libraire, rue Hautefeuille, N°. 20.
Desenne, libraire, galeries de la maison de l'Egalité, N°^s. 1 et 2.
Lesclapart, libraire, rue du Roule, n°. 11.
Et les Directeurs de l'Imprimerie du Cercle Social, rue du Théâtre-Français, N°. 4.

1794.
L'AN SECOND DE LA RÉPUBLIQUE.

AVIS.

Nous avons prévenu consécutivement nos concitoyens, depuis le N°. 32, par un avis semblable à celui-ci, que les livraisons de cet ouvrage, déjà publiées, et celles qui doivent l'être, seroient augmentées de 10 sous par cahier, à dater du N°. 34, département de l'Orne, mis en vente le 17 frimaire. Ainsi, ils sont suffisamment avertis que chacun des cahiers, qui forment la collection, coûte présentement 3 liv. et 3 liv. 10 s., franc de port. Ce renchérissement est causé par la hausse énorme du papier, de la main-d'œuvre, etc. Ce léger sacrifice, de la part des acquéreurs, n'est que le dédommagement d'une partie de l'augmentation que nous-mêmes éprouvons depuis long-tems; augmentation d'autant plus forte, que nous avons toujours donné plus de texte que nous n'en avions promis, lorsque nous avons senti que la perfection de l'ouvrage nécessitoit des additions. L'accueil favorable qu'il a trouvé, soit dans l'intérieur de la République, soit dans les pays avec lesquels nous ne sommes point en guerre, a jusqu'ici soutenu notre émulation et doublé notre zèle. L'un et l'autre ne se refroidiront pas que l'ouvrage ne soit parfait et terminé dans toutes ses parties.

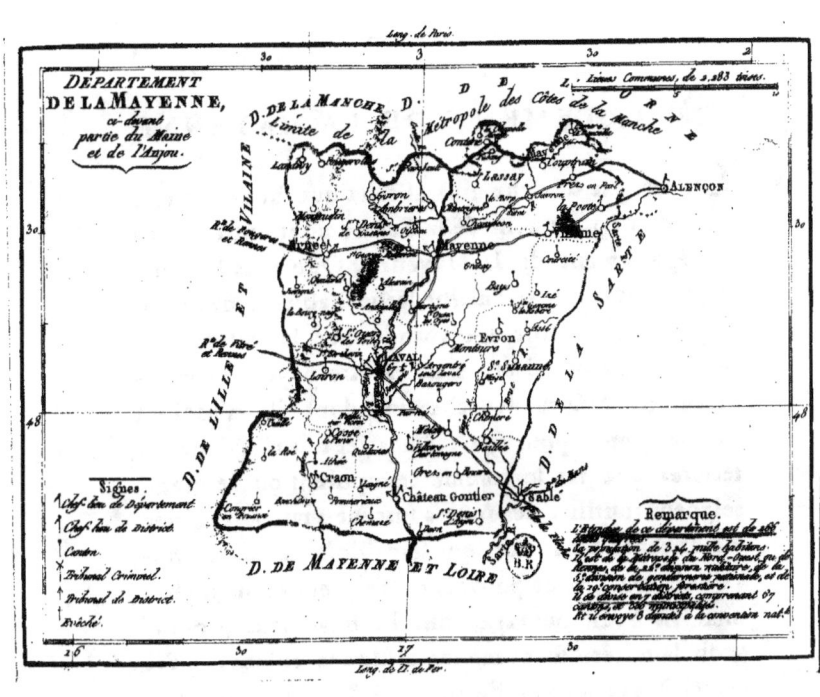

VOYAGE
DANS LES DÉPARTEMENS
DE LA FRANCE.

DÉPARTEMENT DE LA MAYENNE.

C'est par des chemins affreux que nous sommes sortis du département de la Sarthe pour entrer dans le département de la Mayenne. Que sous l'ancien régime, lorsque les malheureux habitans des campagnes étoient forcés d'abandonner la culture de leurs terres pour aller, sans en être payés, raccommoder ou refaire des chemins dont ils n'usoient presque jamais pour eux-mêmes, et qui n'étoient détériorés que par le commerce opulent ou le grand seigneur inutile, les routes fussent mauvaises, rien d'étonnant. L'habitant qui travailloit de force, travailloit mal, et ne pouvoit guère prendre un intérêt bien vif à un ouvrage dont l'achèvement prolongeoit la misère de sa femme et de ses enfans, qu'il avoit laissés sans pain derrière lui. Mais sous le nouveau régime, il faut que cet abus ait un terme, il faut que l'on se persuade que la beauté des voies tient à la majesté d'un grand peuple. Elles sont des monumens où la postérité va chercher encore avec respect les traces des héros. Quand nous étions esclaves, et qu'en parcourant le monde quelques lambeaux des chaussées romaines s'offroient sur notre passage, un certain frémissement religieux nous saisissoit. Sans doute quelques pierres amoncelées l'une sur l'autre, et presque délaissées par le ciment usé sous la course des siècles, n'offroient rien de récréant à l'œil. Mais l'imagination s'emparoit des hommes dont le bras les avoit assemblées, dont le cothurne les avoit foulées. L'on n'auroit osé déranger une de ces pierres, dans la crainte d'entendre un soupir de la liberté, et de troubler le sommeil de la vertu républicaine, qui sembloit endormie sous la mousse dont le tems les avoit recouvertes.

Les mauvais chemins sont une aristocratie. Il est de l'orgueil impitoyable du riche et de l'homme qui se croit puissant ou médite de l'être, de se réjouir, non pas de la voiture commode et des chevaux vigoureux qui lui font franchir ces chemins défoncés et rompus, mais du rapprochement qu'il fait entre lui et le malheureux que, du fond de son carrosse, il apperçoit à pied, se traînant, souffrant et fatigué, à travers les ornières profondes. S'il voit les jambes du piéton couvertes de boue, il sera bien prêt à le croire de boue lui-même : et de cette réflexion inhumaine, il passera bientôt au blasphème, en remerciant les dieux de ne l'avoir pas fait semblable à cet homme.

A voir les chemins de certains cantons de la France, on est souvent tenté de se demander si les chemins ont été faits pour user les jambes de l'homme, ou pour que l'homme usât de ses jambes. Qui est-ce qui marche ? C'est le peuple. Les chemins doivent donc être pour le peuple, et non pour les chars. Les routes romaines étoient superbes; c'est que tout le monde marchoit, et que nul ne vouloit avoir des chemins pour ne pas marcher. De nos jours, un sous-lieutenant d'infanterie, nonchalamment couché dans une chaise de poste, pestoit contre les chemins : et Trajan marchoit à pied à la tête des armées : et Papirius Cursor, qui valoit mieux que Trajan, parce qu'il n'étoit pas empereur, alloit de Rome à Brundusium, un bâton à la main. Que les chemins soient beaux ! cela importe à la liberté plus qu'on ne le croit. La vertu d'un homme en peut dépendre. Si les voies romaines eussent ressemblé aux chemins du Calvados, de la Sarthe, ou de la Mayenne, Virginius fût arrivé trop tard peut-être pour dérober sa fille à l'infamie du décemvir.

Tous les chemins du département de la Mayenne ne méritent pas le reproche d'être impraticables comme ceux que l'on appelle vulgairement chemins de traverse, et c'est à cet égard encore où l'aristocratie se fait le plus sentir. On s'occupe bien moins des communications de villages à villages que des grandes routes. Ce sont cependant ces communications qui intéressent le peuple : c'est par elles qu'il vide ses champs et qu'il retourne à sa chaumière. O honte de l'humanité ! voyez-vous s'élever dans les plaines ce toit fastueux où l'ardoise réflète les rayons de la lumière ? Eh bien ! de la grande route voisine, voyez partir une chaussée superbe qu'a nivelée le cordeau pour aboutir à ce temple du luxe, de la débauche, de l'orgueil et de la tyrannie. Les insolens amis de ce *génie* du canton, presque toujours génie mal-faisant, arrivoient en foule et mollement traînés jusqu'au portique où s'engraissoit ce sectaire d'Epicure, tandis que, non loin de là, le malheureux aidoit de sa voix, appuyoit de l'épaule, soutenoit du levier de tout son corps le maigre et débile quadrupède qui traînoit, en s'essoufflant au milieu des bourbiers, les quatre gerbes de seigle dont l'indigent devoit nourrir sa famille. Il succomboit souvent, et le grain, fait pour alimenter l'homme vertueux et pauvre, étoit souillé dans la fange, tandis qu'il falloit un chemin magnifique pour voiturer, je ne dis pas seulement toutes les voluptés de l'homme à château, mais l'orge même dont il composoit le pain de ses chiens (*).

(*) Les Turcs que si long-tems l'ignorance et les préjugés des prêtres catholiques ont peints aux *bonnes femmes*, aux badauds et aux enfans comme des barbares, sont nos maîtres à cet égard, et nous offrent des exemples d'humanité que nous sommes bien loin de suivre. Le pauvre, en Turquie, n'a point à se plaindre des mauvais chemins. On n'attend point, pour songer à les réparer, qu'un gouvernement tyrannique arrache le laboureur à sa charrue pour le faire travailler aux chemins. Il est ordinaire de voir des Turcs riches employer des sommes immenses à la réparation des chemins, et former des associations

Site pittoresque, price du Pont de Laval.

Laval, chef lieu de ce département, est une commune plus célèbre par son commerce et le nombre de ses habitans que par la beauté de ses bâtimens. Elle nous a paru grande, bien peuplée, mais généralement mal bâtie. Les rues y sont étroites, les maisons sombres, et les places peu spacieuses, mais les promenades extérieures sont charmantes, et les dehors délicieux. Elle est enceinte d'un cordon de murailles fortifiées à l'antique. Il y a deux châteaux qui servent à sa défense, l'un moderne, l'autre plus vieux, et que

---

pour construire, à leurs frais et sans autre rétribution que l'utilité publique, des routes, des communications, des ponts, des canaux, des fontaines, des bains, des hôpitaux, et généralement tout ce dont le pauvre a besoin et qu'il ne peut se procurer. On cherche à ridiculiser l'humanité des Turcs en prétendant qu'ils l'étendent jusqu'aux chiens. Le fait est vrai ; les chiens abandonnés ont un asyle où les riches se plaisent à leur fournir de la paille pour s'étendre et de la viande pour se nourrir. Ah ! sachons gré à l'homme dont le cœur s'ouvre à l'infortune des animaux. Cet homme-là ne deviendra jamais un tyran. Charles IX aimoit à tuer les ânes et les mulets: Domitien assassinoit des mouches avec un poinçon d'or. Prêtres romains, vous appelliez ces Turcs des infidèles : cependant ces chiens, que leur humanité nourrit, sont dans leur religion des animaux immondes. En est-il beaucoup d'entre vous dont la main eût présenté du pain au calviniste, au luthérien ? Est-ce vous, sont-ce les Turcs qui sont les infidèles ? *Infidèle* est un mot vide de sens, quand il n'a point de rapport avec la nature.

l'on prétend subsister depuis le douzième siècle : et peut-être est-il l'ouvrage de Guy V, *seigneur* de Laval, qui y fonda une collégiale de chanoines, sous le nom de Saint-Trugal. On croit que ceux qui font remonter l'origine de Laval au règne de Charles-le-Chauve sont dans l'erreur, et l'opinion la plus commune est qu'elle commença à se former dans le dixième siècle. Le terrein qu'elle occupe aujourd'hui étoit encore, dans le neuvième siècle, une immense forêt, connue sous le nom de forêt de *Concise*, dénomination qui reste encore aujourd'hui au reste de cette forêt.

Cependant, quoique cette ville puisse être comptée au rang des modernes, elle est cependant une de celles où l'on trouve des maisons les plus anciennes. Il en est qui ont six à sept cens ans de bâtisse, et qui ne sont point encore dégradées. Elles étonnent les curieux et les voyageurs par ces poutres d'une longueur et d'une grosseur peu commune que l'on y remarque. La tradition veut que ces poutres aient été formées de chênes que l'on a abattus sur la place même où les maisons sont construites ; ce qui paroît d'autant plus présumable, que l'on concevroit difficilement comment on auroit pu transporter d'un lieu plus éloigné ces énormes masses de bois.

Les couvens qu'occupoient les jacobins et les cordeliers, aujourd'hui maisons nationales, sont dignes d'être vus, le premier par l'espèce de gothicité religieuse qui décore ses vastes bâtimens ; le second par l'élégance de ses cloîtres entièrement formés de colonnes de marbre jaspé, par la beauté des parterres qu'il renferme, et la hauteur du jet-d'eau que l'on voit dans le milieu. Les jardins de cette maison, d'une étendue considérable, sont disposés en terrasse, et agréablement arrosés de cascades et de pièces d'eau qu'entretiennent les fontaines voisines au moyen d'aqueducs souterrains. L'air que l'on y respire passe pour le plus salubre de toute la ville, et ajoute un prix à ce lieu qui seroit vraiment enchanteur, si on ne reconnoissoit pas toujours dans les ornemens des jardins de ce genre une sorte de mauvais goût que le caractère monachal imprimoit, pour ainsi dire, sur tout ce que les religieux imaginoient.

Le jardin des capucins servoit et sert encore de promenade à toute la ville. Ces mendians avoient eu par-tout une sorte d'adresse pour la situation de leurs maisons, et n'avoient jamais négligé, autant qu'ils avoient pu, les points de vue extérieurs. Il sembloit que cet ordre, par une religieuse hypocrisie, plus sale que les autres moines, eût besoin d'un courant d'air plus actif pour en corriger le méphitisme, et c'étoit peut-être une attention de police de permettre aux capucins de s'emparer, dans presque toutes les villes, des lieux les plus élevés; mais ce n'étoit pas-là la véritable raison. Ce goût pour les positions élevées tenoit à l'imbécille orgueil qui leur faisoit prétendre que leur ordre tiroit son origine du ciel; la situation de leurs maisons étoit un moyen de mentir au vulgaire qu'ils étoient loin de négliger, tandis qu'elle rappelloit au contraire aux gens instruits l'apostasie de leur fondateur, Matthieu Baschi, son émigration de l'ordre des franciscains, l'asyle qu'il trouva sur une petite montagne, dans les terres de la duchesse de Camerino, et l'espèce d'obligation qu'il imposa à ses séraphiques enfans, d'habiter le plus possible les lieux élevés pour avoir commémoration de lui.

Ce fut au détestable Charles IX que la France dut les premiers capucins. Il n'est pas indigne du philosophe d'observer que deux frères, tous deux tyrans, l'un impie, l'autre bigot, Charles IX et Henri III, ont fourni à l'histoire un contraste bien singulier en ce qui concerne les moines. L'indigne Charles IX, que ses massacres ont rendu si épouvantablement fameux, appela les capucins en France pour expier ses forfaits; et les dominicains, dont la profession est de brûler saintement les humains, poignardèrent Henri III, parce qu'il ne massacroit pas assez au gré de leurs désirs. Ainsi des moines donnèrent l'absolution à l'un, parce qu'il étoit trop criminel, et des moines assassinèrent l'autre, parce qu'il ne l'étoit pas assez.

Tout étoit ridicule dans un capucin ; habit, manteau, ceinture, barbe, tête rasée, couronne de cheveux, nudité de jambes, sandales grotesques, marche, maintien, langage, prononciation, tout étoit caricature. Cet ordre réunissoit la charge grossière du peuple monastique, et les capucins sembloient être le centre où s'étoient réunis tous les genres de folies dispersés sur les costumes, les mœurs et les usages des autres moines. Ce ne fut point comme ailleurs on *l'apparition* de Jesus-Christ, ou de *sa mère*, ou d'un *ange*, ou d'un *esprit de ténèbres*, etc., ordinaires prétextes de tant de fondateurs pour peupler la terre de leurs disciples. La résurrection d'un mort, ou un désespoir amoureux, ou un penchant à la prédication, n'amenèrent point la fondation des capucins. Non, on ne retrouve point dans leur établissement tous ces mensonges merveilleux que présente l'avant-propos des annales des autres moines. Non, dis-je encore, non, c'est une folie d'un tout autre genre, c'est une sottise d'une toute autre espèce, qui semble faite exprès pour eux, et par son étonnante absurdité, digne, dans toute son étendue, de cet ordre, le plus somptueusement imbécille que l'imbécille catholicité ait pu produire. Un épais franciscain, ce Matthieu Baschi, dont nous parlions tout-à-l'heure, voulant penser à quelque chose, parce qu'il ne pouvoit penser à rien, se met dans la tête que l'habit qu'il porte et que ses moines portent n'est pas le véritable habit que saint François a porté. Admirable sujet de scandale! admirable raison de se croire éternellement damné, s'il ne venge pas l'insulte qu'il croit faite par-là au séraphique père des ordres mendians! La tête lui tourne jusqu'à ce qu'il ait vu l'habit que portoit saint François, mort depuis quelques siècles. Il ne rêve que cet habit, il ne vit que du désir de le voir, il en parle à tout le monde, il le demande à toute la terre. Personne ne l'a vu, personne ne le connoît, et voilà le *compère* Matthieu qui se croit déjà entre les griffes de tous les démons. Un espiègle de Montefalcone trouve plaisant de s'amuser de l'étrange folie de cet original, et son imagination bouffonne, invente, dessine, taille et coud le plus incongru des habillemens. L'habit fait, il avertit Matthieu qu'il possède le trésor depuis si long-tems l'objet de ses ferventes prières au ciel, et de ses saintes larmes versées *dans la face du Seigneur*. Baschi ne s'informe point comment l'habit de saint François peut être chu entre les mains d'un prêtre de Montefalcone, comment un habit de trois cens ans (*) sort de la main du tailleur. On lui dit que c'est le véritable habit de saint François, et il est prêt à se faire griller, s'il le faut, pour en soutenir l'authenticité. Il ne voit dans l'énorme et bisarre capuchon que la capacité de la tête de saint François. Il est vrai que de plus savans que Baschi auroient pu s'y tromper; à sa forme pointue on eût cru facilement qu'il avoit couvert le chef de la sottise. Le manteau, bien frais, bien lustré, est pour Baschi celui que saint François a donné à un pauvre sur sa route. Les sandales où la sève transpiroit encore à travers les pores du bois nouvellement taillé par le ciseau, sont pour notre fou les sandales de cèdre que saint François fit faire à la cour de Meledin, de l'une des bûches du bûcher où il vouloit se jetter pour affirmer la foi catholique. Il se prosterne, il adore, il tombe en extase; les visions s'en mêlent, et deux nuits de suite saint François en costume lui apparoît. On mesure

---

(*). Saint François d'Assise mourut en 1226, et cette folie du père Matthieu Baschi est de 1524.

les capuchons, le manteau, les sandales, le tibi, tout est pareil, tout est semblable. Que deux gens sensés se cherchent, ils seront dix ans sans se rencontrer; qu'un fou se montre, des bataillons de fous sortent de dessous les pavés. Matthieu Baschi est encapuchonné. bientôt quatre, dix, cent, dix mille s'encapuchonnent; et la terre est encapuchonnée. Les franciscains crient au relaps, à l'anathême. On en appelle au pape; point du tout. Le pape trouve l'habit très-galant, et Clément VII, à qui la philosophie venoit d'arracher l'Angleterre, s'en dédommage en peuplant d'une colonie nouvelle l'empire de l'absurdité. Les capucins croissent, pullulent, prêchent, nasillent, font bonne chère aux dépens du pauvre, s'étendent enfin sur la surface du monde; et pourquoi? parce qu'un *scapin* à soutane de Montefalcone s'est moqué d'un pantalon à froc d'Ancône.

Telle est l'origine de ces moines les plus bafoués, les plus vilipendés, même sous l'ancien régime, et dont une colonie possédoit à Laval cette jolie habitation dont nous vous parlions tout-à-l'heure. Il étoit naturel que les rejettons d'une tige aussi ridicule fussent eux-mêmes l'abrégé de tous les ridicules. Presque par-tout les jardins des capucins étoient publics. A Laval ils avoient raison de conserver, plus qu'ailleurs, cet usage anti-pénitencier. Les femmes y sont charmantes, et nous ne connoissons guères, dans la république, que Givet où le sang soit plus beau. Dans ces capucinières tout portoit des noms *sacrés*. Là, c'étoit le Thabor; ici, le jardin des Olives; un mauvais vivier, étoit le lac

Getzemanhi ; une taupinière , le mont Sinaï ; et les bons pères, quand les dames les visitoient, consultoient volontiers, avec elles, sur ce mont Sinaï, les tables de la loi de nature.

Ces moines n'étoient pas d'un grand avantage pour le commerce de Laval. Des gens qui ne portent pas de chemises, ne sont pas fort intéressans dans une ville où on ne vend que de la toile. Il est si rare de rencontrer, dans l'histoire, des *seigneurs* de quelqu'utilité aux pays qu'ils habitent, qu'il faut avoir la bonne-foi de les citer. Guy IX, *comte* de Laval, épousa Béatrix de Flandres, et attira des ouvriers flamands dans cette ville. Ce fut de ces ouvriers que les *Bas-Manceaux* apprirent l'art de la tisseranderie ; mais ils ne durent ensuite qu'à leur seule industrie le talent de blanchir les toiles. Ces toiles sont de différentes qualités, et portent différens noms. On les distingue par *non-battues*, demi-hollande, nationales, ci-devant *royales*, grandes laises petites laises et pontivis. Presque toutes les *non-battues* passent en Espagne. Les demi-hollande se vendent à Paris pour des toiles de Hollande. Troyes, Senlis et Beauvais tirent en écrue la plus grande partie des nationales, des grands laisots et des petites laises. Les toiles grises, en général, passent dans les possessions espagnoles et portugaises, dans le nouveau monde par Cadix et Lisbonne, et les négocians de Laval ont presque toujours une part considérable dans le retour des galions d'Espagne. Ce qui reste se consomme dans l'intérieur de la république, et l'on n'y fabrique de toiles fortes que ce qui est nécessaire pour emballer les fines pour l'étranger.

Ce commerce répand l'abondance et la richesse dans le territoire de Laval. En temps de paix, le samedi de chaque semaine (style esclave), il se vend à la halle de Laval pour plus d'un demi-million de toiles ; et dans certaines années, il y a eu tel trimestre où il a passé aux bureaux de Laval, Mayenne et Château-Gonthier plus de dix mille pièces de ces différentes sortes de toiles.

Si la halle, où se vendent ces toiles, a été bâtie par les *ducs de la* Trémouille, ce fut un plébéien qui la rendit commode et agréable, en l'entourant de belles promenades et de maisons pour la descente des marchands. Il faudroit, d'après les observations que nous avons faites, il faudroit, dis-je, pour le complément du commerce de Laval, un canal de communication entre la Mayenne et la Vilaine ; il est incalculable combien les départemens formés de la ci-devant Bretagne y gagneroient, et les facilités que le département de la Mayenne en retireroit.

C'est bien ici que l'on étoit à même de se convaincre combien le régime des monarques étoit contraire à la véritable richesse d'un état : je veux dire l'agriculture. Peu d'hommes dans cet art sont aussi intelligens que les habitans de ce département. Le terrein peu fertile des environs de Laval se courbe, pour ainsi dire, sous leur génie, et accorde à l'opiniâtreté de leurs soins, ce qu'il refuse à la nature. Mais qui le croiroit ? Cette zône de barrières dont l'ancien régime avoit ceint toute la France, pour faire acheter au poids de l'or, dans l'intérieur de l'état, les denrées que l'abondance accordoit au plus bas prix dans les provinces extérieures, arrachoit, dans ces cantons, une multitude de bras à l'agriculture. L'espoir d'une fortune plus rapide entraînoit la majeure partie des habitans vers le commerce mystérieux et dangereux de la contrebande. Ils quittoient les bénéfices si doux qu'assuroient les travaux champêtres, pour le lucre inquiétant d'un métier fondé tout au moins sur la supercherie, s'il ne l'étoit pas sur la trahison ; et les rois criminels, en volant les dons de la nature pour les revendre aux hommes, accoutumoient les hommes à la fraude, pour reconquérir les dons de la nature : et c'est ainsi que dans un gouvernement monarchique, les rouages mêmes de ce gouvernement faisoient tendre tout le corps social vers la dégradation et la corruption des mœurs.

Est-ce fierté républicaine, est-ce haine pour les rois qui nous portent à juger avec tant de sévérité le gouvernement monarchique ? Oui, sans doute, c'est l'un et l'autre ; mais comme philosophe, c'est aussi amour de la justice. Veut-on un exemple de cette bassesse d'ame où l'on arrive sous le régime des rois ? Nous le tirerons de la vie d'un homme fameux ; il aura plus de poids. Le *comte* de Guiche, depuis *maréchal* de Grammont, étoit l'homme du monde le plus colère : un jour, il attendoit Louis XIV. Un *valet - de - pied* de ce roi lui *manque*, c'étoit l'expression favorite que ces messieurs avoient adoptée ;

pour

pour s'épargner la honte de dire que leur orgueil ne permettoit pas de souffrir que leur semblable leur répondit. Pour bien sentir toute la bassesse d'ame du maréchal de Grammont, n'oubliez pas que sa colère ne s'allume que parce qu'il se trouve en compromis avec un homme qu'il méprise, parce qu'il est *valet*. La querelle fait du bruit. Louis XIV passe, il veut savoir ce que c'est. Frémissez d'indignation en écoutant la réponse de cet homme si superbe, de ce maréchal de France, qui, par ce titre seul, s'estimoit au-dessus du reste de la terre. *Sire*, dit-il, ceci n'est pas digne de l'attention de *votre majesté : ce sont deux de vos gens* qui se battent. Falloit-il s'indigner si fort de l'injure prétendue d'un *valet*, pour se montrer, la minute d'après, plus bas, plus rampant, plus méprisable que lui? Dira-t-on que la présence d'un roi élève l'ame! Que l'on en juge. Il s'agit ici d'un héros, d'un maréchal de France. Ces *grands*, qui *ne sont plus*, gémissent de l'égalité : ah! que l'égalité leur eût sauvé d'opprobre. Mœurs royalistes, mœurs plébéiennes, approchez-vous ; que je vous compare. Brayer naquit du peuple. Il eut de l'aptitude à l'étude. Il devint médecin, et médecin célèbre, sous ce même Louis XIV. Que faisoit-il de l'argent que son talent lui faisoit gagner vers la fin de sa vie? Pendant quinze années consécutives, il porta, le premier de chaque mois, cent pistoles au curé de Saint-Eustache, pour les indigens de sa paroisse. Ainsi, pendant quinze ans, ce fut cent quatre-vingt mille livres qu'il employa pour l'humanité, sans vouloir être connu. Ce ne fut qu'a-

B

près la mort de ce plébéien généreux que le curé de Saint-Eustache révéla cette longue et belle action. Cet homme ne valoit-il pas bien un maréchal de France, qui s'intitule le *valet* d'un roi ? Que manquoit-il à Brayer pour être le premier des humains ? d'être né dans une république. Que manquoit-il à Grammont pour être le dernier des hommes ? d'être né sans maître.

Comment les mœurs auroient-elles été en honneur sous les rois, quand l'injustice, quand l'oppression prenoient jusqu'au masque de la plaisanterie, et s'entouroient des graces de l'esprit pour obtenir grace devant les hommes, et faveur auprès du *maître* ? *Charnacé*, né dans la province dont ce département a été formé, avoit, non loin de Laval, une belle maison. Il avoit été *page* de Louis XIV, et fut ensuite l'un des officiers de *ses gardes-du-corps*. En face de la maison ou *château* de ce Charnacé, étoit une superbe avenue ; mais malheureusement une cabane de paysan terminoit cette avenue, et en masquoit l'optique. Quel insupportable aspect pour un homme de cour ! Pourquoi insupportable ? La bouche du grand seigneur vous répondra, parce que sans cela j'aurois eu un point de vue magnifique, et que cette cabane enlevoit à mon château une partie de ses agrémens. Mais moi qui connois le cœur humain, je vais vous faire la réponse que le sien vous dissimule. Pourquoi insupportable ? parce qu'il est affreux d'avoir sans cesse sous les yeux l'asyle de la vertu, la demeure d'un indigent qui se couche et se leve sans remords, parce qu'il ne connoît ni les richesses, ni les grandeurs, ni les *rois* ; parce qu'il est affreux de calculer à chaque instant la distance qui nous sépare de la pureté, de ne pouvoir faire un pas hors de chez soi sans faire un pas qui rapproche de l'honnêteté que l'on déteste ; d'avoir sans cesse en perspective une chaumière, éternelle critique de tous ses goûts, de tous ses plaisirs, de toutes ses passions; d'être enfin forcé de convenir que mon avenue est pour moi semblable au fléau d'une balance de bonheur, dont l'un des bassins contient mon château, mes honneurs, mes trésors, et se trouve plus léger que l'autre où je ne vois qu'un toît de chaume et la candeur. Ainsi, soyez-en sûr, ainsi raisonnoit ce Charnacé ; ainsi raisonnoit son père qui, comme lui, avoit tout tenté pour décider ce paysan à transporter sa maison plus loin. Des sommes considérables lui avoient été offertes pour l'y décider. Non, avoit-il répondu toujours ; c'est ici que je suis né, c'est ici qu'habitèrent mes pères; ces trente pieds de terrein qu'occupent ma chaumière ont été témoins des leçons qu'ils m'ont données : c'est ici que ma mère m'allaita ; c'est ici qu'en mourant elle me dit : sois homme de bien. Les murs de ma cabane me sont témoins si j'ai suivi ses leçons ! si je les quittois, ils croiroient que je méditerois quelque action que je rougirois de faire devant eux. Vous êtes grand, le monde est à vous; vous mesurez vos possessions par des lieues ; je n'en suis point jaloux. Devez-vous l'être qu'il reste quelques pouces de terre à la vertu ?

La fermeté de la raison rend l'injustice opiniâtre.

Où l'autorité, où la corruption échouoient, il ne restoit que la ruse, et Charnacé l'employa. Ce paysan étoit tailleur. Charnacé le fit venir. J'ai ordre, lui dit-il, de me rendre à la cour; mais ma livrée est vieille; il m'en faut une neuve. Je compte sur toi; mais je suis pressé. Il faut se mettre à l'ouvrage, et ne le quitter que quand il sera fini. Tu travailleras ici, je t'y nourrirai, tu y coucheras; enfin, tu n'en sortiras que lorsque ma livrée sera achevée. Le paysan, tailleur, accepte. Homme de cour, tu n'avois pas de peine à l'y décider : qui ne trompe personne est sans défiance.

Voilà mon tailleur au travail. Tandis qu'il coût, le seigneur démolit. La chaumière est renversée. C'est peu : on voulut joindre au plaisir de le déloger celui de rire de son embarras. Le plan de la chaumière, l'arrangement des meubles qu'elle renferme, la place des modiques ustensiles qui l'entourent, tout fut fidèlement examiné, dessiné et retenu. On abat la maison, et elle est exactement rebâtie à quelques centaines de pas plus loin. Rien n'y manque, et le prestige est complet. La fin de la bâtisse amène la fin de la livrée. On choisit le soir pour le congédier; on le paie, on le renvoie.

Arrivé au bout de l'avenue, à-peu-près en face des arbres qui jadis lui servoient de renseignement, il cherche sa maison et ne la trouve plus; il va, vient, retourne, revient cent fois; plus de maison. Où suis-je? disoit-il. Est-ce une illusion? est-ce un songe? voilà bien la place : je ne me trompe point. Qu'est-elle devenue? Enfin, à la faveur du crépus-

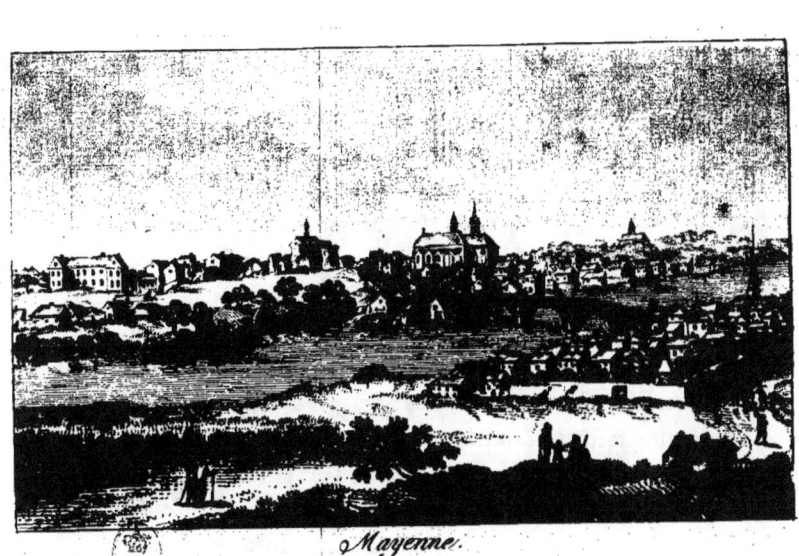

cule il croit appercevoir un objet; il se hasarde, il avance, il arrive. C'est sa maison. L'aventure est singulière, dit-il, aurois-je perdu la mémoire, ou bien est-ce la nuit qui m'a trompé ? Il tire la clef de sa poche, elle entre dans la serrure, elle ouvre. C'est bien sa porte; rien n'est dérangé, tout est à la même place où il l'a laissé. Je suis bien chez moi, dit-il; il falloit que j'eusse perdu la tête. Il se couche. Le lendemain quand il ouvrit sa porte, les laquais de *monseigneur* l'attendoient, et leurs ris immodérés, autant que la distance, lui dévoilèrent le tour qu'on lui avoit joué. Hélas ! le malheureux tenoit au coin de terre dont on l'avoit arraché ! Désespéré, il présente un placet à l'intendant; l'intendant rit, et point de justice. Il s'adresse au parlement, le parlement rit, et le met hors de cour. Enfin, il s'adresse à Louis XIV lui-même; le *monarque* rit, et point de réponse. Les barbares ! ils ignoroient combien sont chers les lieux où l'on reçut les premières caresses de la nature. Hélas ! les grands, ils avoient des portraits de famille; leur orgueil se souvenoit de leurs pères; les pauvres seuls ont la mémoire de leurs bienfaits dans le cœur. L'ennui, le dégoût, le désespoir s'emparèrent par dégrés de cet infortuné. Une plaisanterie de *seigneur* avoit attaché le supplice à sa vie déplorable; il ne put y résister, il partit, s'engagea, devint soldat, et chercha la mort, qu'il trouva dans la première bataille. La petite vanité de Charnacé s'étoit satisfaite : elle coûta la vie à un homme. Malheur à celui qui plaisante la sensibilité du pauvre (1) !

Mayenne est après Laval la commune la plus considérable de ce département. On la trouve en remontant la rivière qui porte son nom, et qui passe également à Laval. Elle n'est aujourd'hui qu'une de ces villes du troisième ordre, qui présentent peu d'intérêt au voyageur, mais dont les noms rappellent quelquefois des souvenirs douloureux au philosophe. Quel est l'homme un peu instruit à qui le nom de Mayenne ne serre le cœur et ne coûte des larmes ? A ce nom toutes les horreurs de la ligue viennent assiéger sa mémoire. On n'approche de Mayenne qu'avec une secrète horreur. On craint de fixer ses remparts, et de voir le fanatisme, la superstition et les discordes civiles assises sur les murs d'une ville dont le criminel suppôt de ces monstres, désolateurs de la terre, portoit le nom. En voyageant, on sent à chaque pas, combien il est instant de hâter l'instruction du peuple. Je suis loin sans doute de blâmer l'empressement avec lequel certaines communes ont voulu se dépouiller des surnoms qui retraçoient les titres des tyrans. Que *Bar-le-duc*, Fontenai-*le-comte*, Bourg-*la-reine*, etc. se soient empressés d'abjurer ces indignes surnoms, rien de mieux. Mais peut-être auroit-on bien fait d'apprendre au peuple qu'il est plus odieux de porter le nom d'un tyran ou d'un monstre, que le titre que portoit ce monstre. La commune de *St.-Denis* a pris le nom de *Franciade*: on a même donné le nom de Franciade à chaque cinquième année républicaine. Mais la commune de *St.-Denis* savoit-elle que ce nom rappelle un tyran et le vil flatteur qui l'encensa ? Savoit-elle que ce nom qui, depuis la fondation de la France, ne se trouve qu'une seule fois, fut inventé par un poëte adulateur, pour célébrer le plus exécrable des humains, Charles IX ? que Ronsard termina cet odieux poëme de sa *Franciade* par ce quatrain peu connu :

> Si le roi Charles eût vécu,
> J'eusse achevé ce long ouvrage ;
> Sitôt que la mort l'eut vaincu,
> Sa mort me vainquit le courage.

Ainsi donc on ne prononcera jamais le mot *Franciade*, sans rappeler à quelques hommes les forfaits d'un pervers, et l'épouvantable dégradation de l'homme qui le flatta. Pour réhabiliter le mot *Franciade*, on me dira : oubliez les rois. Eh ! gardons-nous-en bien ! si nous les oublions, nous en aurions bientôt.

Je voudrois donc que l'on apprît l'histoire au peuple, et qu'on lui dît : voilà comme on l'écrivit ; voici comme on devoit l'écrire. Alors Mayenne à coup sûr s'empresseroit de quitter son nom, quand elle sauroit qu'à ce nom, tous les poignards de l'église s'aiguisèrent pour assassiner la moitié de la France ; qu'à ce nom, une joie de sang brilla dans les yeux de tous les moines de Paris, et devint pour eux le signal du carnage et de la fureur ; qu'à ce nom, les os des cadavres sortirent des cercueils, et se convertirent en farine, pour nourrir d'un pain de mort le peuple malheureux, dont se jouoit ce tyran salarié par l'église.

Avec la connoissance de l'histoire, Craon, petite commune de ce département, s'empresseroit de quitter un nom que le plus honteux et le plus détestable des crimes a déshonoré pour jamais ; je veux dire l'assassinat. Comment en effet, une commune, une société d'hommes libres, peut-elle porter le nom de Craon ? Craignons l'ignorance, craignons son approche, son retour, peut-être ; elle expose à de singulières méprises. Je suis bien loin de penser que les noms soient sans influence sur les mœurs d'une commune.

Ce Craon dont nous voulons parler, Pierre de Craon, ou pour mieux dire, l'histoire de ses crimes, est un monument des excès dont étoient capables les *grands seigneurs* scélérats, et de la coupable tolérance dont les *grands seigneurs*, réputés *gens de bien*, étoient susceptibles pour leurs semblables. Ce Pierre de Craon, né à Craon, aujourd'hui commune du département où nous voyageons, aussi beau que débauché, doué de cette amabilité trop commune aux gens de cour et malheureusement le plus dangereux de leurs vices nombreux, commença sa carrière par suivre en Italie *Louis d'Anjou*, oncle de Charles VI. La détresse où ce prince se trouva au-delà des monts, et dont les détails seroient étrangers à notre ouvrage, fut telle, qu'il chargea Craon, en qui il avoit pris confiance, et dont les criminelles complaisances avoient captivé son cœur, de passer en France pour y demander des secours et de l'argent. Le sort de quelques milliers de Français dépendoit de la célérité et du succès de cette mission. Craon au lieu de la remplir, s'arrêta à Venise : et, retenu par les charmes des plus viles courtisannes, consomma dans la débauche le temps et l'argent qu'on lui avoit donnés pour secourir ses frères. Le *duc* d'Anjou ayant vainement attendu son retour, en mourut de désespoir ; et presque tous les Français qui l'avoient suivi périrent de faim et de misère, tandis que Craon, presque sous leurs yeux, s'ennivroit des plus sales plaisirs, aux dépens des sommes qu'il avoit reçues pour leur procurer quelque soulagement. Le *duc* de Berry, frère d'Anjou, voulut faire punir du dernier supplice cet agent infidèle ; mais il avoit acheté par sa beauté la faveur du *duc* d'Anjou ; il acheta par ses richesses, la clémence du *duc* de Berry, et reparut à la cour de Charles VI avec plus d'impudence que jamais. On prétend qu'il ne fut pas indifférent à Isabelle de Bavière, et la ressemblance de leur perversité rend ce soupçon assez vraisemblable. Ce soupçon lui attira la disgrace du *duc* d'Orléans, amant en titre alors de cette *reine* si fameusement criminelle. Il est rare que les scélérats accusent les scélérats de leurs revers ; c'est presque toujours à la vertu qu'ils s'en prennent, et ce fut au connétable de Clisson, qui ne songeoit à lui que pour lui payer le tribut de mépris que lui devoient tous les gens de bien, que Craon imputa la perte de sa faveur. Le 14 juin 1391, jour appellé jadis de la *fête-Dieu*, à la tête d'une vingtaine de bandits, il attaqua le connétable et l'assassina. Clisson réchappé de ses blessures, que long-temps on avoit crues mortelles, poursuivit la punition de son meurtrier. Il s'étoit retiré à la cour du duc de Bretagne, qui ne rougit point de lui accorder sa protection, et dont l'unique reproche se borna aux paroles suivantes; paroles mémorables, où se peint la moralité des prétendus *souverains* du monde. Vous avez fait, lui dit le *duc* de Bretagne, deux grandes fautes dans un jour; la première, d'avoir attaqué le connétable; la seconde, de l'avoir manqué. C'est-à-dire que, si Clisson fût mort, Craon eût été tout-à-fait innocent aux yeux du duc de Bretagne. Tous les biens que Craon possédoit sous la domination de Charles VI furent confisqués. On croiroit peut-être que ce fut au profit du connétable de Clisson, pour le dédommager des dangers qu'il avoit courus; point du tout, ce fut au bénéfice du duc d'Orléans, qui profita de la circonstance d'un crime, dont l'effet lui étoit étranger, pour s'emparer des dépouilles d'un homme qu'il ne haïssoit que parce qu'il le croyoit son rival. Ce d'Orléans fut assassiné à son tour, et périt. Craon, trop criminel pour ne pas trouver de grands protecteurs, les choisit dans la classe des *rois*, pour les avoir de pair avec ses forfaits, et Richard II d'Angleterre devint l'avocat d'un assassin, plaida sa cause et la gagna. Le connétable de Clisson fut disgracié, et Craon triomphant, reparut plus puissant que jamais à une cour où la démence d'un roi sembloit avoir convoqué tous les genres de crimes. D'après cette esquisse du caractère de ces *grands*, soit scélérats, soit gens de bien, genre d'anecdotes que nous nous plaisons à multiplier dans notre livre, parce qu'elles tournent tout-à-la-fois à l'instruction de nos modernes républicains, et qu'elles pourront prémunir nos descendans contre les atteintes que l'ambition voudroit porter à l'égalité ; d'après cette esquisse, dis-je, il n'est pas déplacé de la faire suivre d'un apperçu de l'esprit du clergé; et nous sommes scrupuleusement fidèles à cette forme qui fait marcher la masse immense de notre ouvrage vers son véritable but.

Que l'on consulte les prêtres sur Pierre de Craon, vous serez surpris de voir ces hommes, qui se prétendoient si délicats sur la vertu, tergiverser pour lui décerner le titre de grand scélérat; chercher, par des faux-fuyans, à atténuer ses forfaits; et pour peu que vous n'ayez pas cette haine nerveuse que tous les gens de bien doivent aux pervers de tous les siècles, finir par vous peindre Craon presque comme une victime de la calomnie. Vous ne savez pas pourquoi ? C'est que ce Craon obtint de l'imbécille Charles VI, que par la suite les criminels, en marchant au supplice, auroient un confesseur, chose inusitée jusqu'alors: et qu'en conséquence les prêtres n'ont pas oublié ce grand bienfait, qui leur ouvroit une porte de plus dans la confiance du monde. Ce bienfait fut d'une telle importance pour l'église, que sa jouissance, pour ainsi dire, ne fut concédée qu'aux *princes* des prêtres du nouveau testament, et que par-tout où il se trouva des *docteurs* de Sorbonne, ce fut à eux qu'appartint les dernières confidences des criminels. Il resteroit un ouvrage à faire pour dessiller tout-à-fait les yeux du peuple sur les prêtres, ce seroit un corps de preuves qui établiroient que l'église a dû tous ses droits à des scélérats fameux, et qu'elle n'a jamais rien conquis à l'aide des hommes vertueux.

Quelques vestiges des anciennes superstitions gauloises portent à croire que les nombreuses forêts, dont ce pays étoit couvert, ont fourni plusieurs druïdesses à l'isle de *Sain*, située en face de la province de Cornouailles, où se trouvoit ce fameux temple de la Lune, si fréquenté par les anciens Bretons, Pictes et Gallois. Cette isle répondoit à la côte méridionale de la Basse-Bretagne. Ces prêtresses de la Lune faisoient vœu de chasteté, et les peuples avoient une grande vénération pour elles, parce qu'il leur supposoit le pouvoir de s'élever dans les airs. Ce sont de ces espèces de pithonisses ou furies, dont Shakespear a prétendu parler dans ses tragédies de Machbet et du roi Leer, car les furies dont il y est question ne sont point les mêmes êtres fantastiques dont les Grecs et les Romains entendoient parler sous ce nom. Les prêtresses du temple de l'isle de Sain s'appelloient *Sena*. Le peuple croyoit que cette isle n'étoit peuplée que de femmes; et prétendoit que pour en perpétuer la race, elles alloient sur le continent où elles enlevoient les enfans femelles nouveaux nés, et les rapportoient dans l'isle où elles les élevoient. Le sort décidoit du choix de celles qui devoient remplir cet office; et elles regardoient ce choix comme un grand malheur. Quand le sort les avoit désignées, on les embarquoit sur une chaloupe, avec quelques vivres, mais sans rames, sans agrêts, et sans aucuns des instrumens nécessaires à la marine. C'étoit au ciel à diriger leur course, et elles étoient obligées de débarquer où le hasard les poussoit. Mais aussi à leur retour, *par une protection constante de la lune leur déesse*, elles étoient toujours sûres de revenir à l'isle de Sain. Plusieurs de ces femmes prêtresses, suivant de vieilles traditions du *Maine*, ont pénétré dans les forêts de Concise qui s'étendoient jusqu'à Château-Gonthier, et même au-delà, jusques vers les bords de la Loire ; et c'est de là que l'on prétendit, sous l'empire d'Auguste, et long-tems depuis encore jusques vers le règne de Tibère second, que quelques familles de ces cantons des Gaules avoient commerce avec la divinité, et que par suite les *bonnes femmes* ont imaginé que les bergers de ces cantons étoient beaucoup plus habiles en *sorcellerie* que ceux des autres pays : tant la crédulité, compagne des passions humaines, marcha toujours pas-à-pas sur les traces de tous les siècles !

Plusieurs personnes croient que ce fut à *Pré-en-Paille*, petit village de ce département, que le Prétendant, sous le régent Philippe d'Orléans, trompa les émissaires du comte de Stair, ambassadeur d'Angleterre. Cette anecdote où se rencontre tout ensemble la fausseté des cours, l'audace de leurs ministres, et la souple intelligence des courtisans, mérite, par toutes ces raisons réunies, de trouver place dans cet ouvrage ; et soit que Nonancourt, comme plusieurs l'affirment, ou Pré-en-Paille, comme d'autres le croient, en aient été le théâtre, le lecteur la verra avec plaisir.

Le Prétendant caché à Chaillot, non pas sans que le régent en fût informé, croyant son parti assez formé et assez nombreux en Ecosse pour le soutenir et le remettre sur le trône d'Angleterre, résolut de partir incognito, de traverser la Bretagne et de se rendre dans un port quelconque où il pût s'embarquer. Le comte de Stair en fut informé, et courut chez le régent lui demander de faire arrêter le Prétendant sur la route. L'astucieux régent, désirant tout ensemble de troubler l'Écosse sourdement, et de satisfaire en apparence au roi *Georges*, donna ordre à Contades, *major des gardes*, qui se trouvoit présent, de courir après le Prétendant et de l'arrêter; le rusé courtisan devina que le grand art d'obliger le *régent* étoit de lui désobéir, partit, et son plus grand soin fut d'éviter la rencontre du Prétendant.

L'habitude de tromper, si familière dans les cours, fit que le comte de Stair n'accorda qu'une foible croyance à l'empressement apparent que le régent avoit mis à seconder ses vues; et joignant l'audace aux soupçons, sans s'inquiéter de ce qui pourroit en arriver, il chargea le colonel Douglas, irlandais au service de France, d'aller s'embusquer sur la route et de s'assurer du Prétendant mort ou vif. Il seroit difficile de prononcer lequel de tous ces hommes étoit le plus frippon. Une femme du peuple va paroître sur cette scène, et pour la consolation de l'humanité, on va voir que ce fut le seul personnage honnête de cette aventure.

Le colonel Douglas s'associa trois assassins que le comte de Stair avoit fait venir depuis quelque tems d'Angleterre pour s'en servir à tout événement, et qui, avant de quitter leur patrie, avoient fait leur marché pour une somme considérable, réversible à leur famille. Dans l'époque actuelle, où la politique du gouvernement anglais se montre envers la France sous un jour si honteux, l'on est bien-aise, et même il est intéressant de retrouver cette filiation de principes criminels qui semblent avoir fait toujours la base de sa diplomatie.

Douglas partit donc et courut à franc-étrier avec ses trois brigands, jusqu'à Pré-en-Paille : ils s'informèrent, avec empressement, à la maîtresse de la poste, s'il n'étoit pas passé une chaise de poste de telle et telle manière. Le bruit de la fuite du Prétendant s'étoit déjà répandu : cette femme, à l'accent de ces quatre hommes, à l'empressement qu'ils mettoient dans leurs questions, et plus encore à leur physionomie scélérate, se doutant qu'il s'agissoit de quelque complot contre le Prétendant, résolut de lui sauver la vie, ou tout au moins la liberté; et pour mieux tromper Douglas, lui assura que la chaise de poste dont il s'informoit, n'étoit pas encore passée, et qu'il étoit impossible qu'elle ne relayât pas chez elle. Douglas continua sa route vers la Bretagne avec un de ses assassins, et laissa les deux autres à cette poste pour attendre le Prétendant, s'il y passoit. Pendant ce tems-là, la maîtresse de poste dépêcha, par une porte de derrière, un de ses postillons au-devant de lui, pour le détourner et le conduire chez une de ses amies, et fut prévenir la maréchaussée du séjour de ces deux anglais chez elle, qu'elle désigna comme deux frippons dont elle se méfioit, et qu'elle fit arrêter. Ils se réclamèrent de leur ambassadeur; mais jusqu'à ce que leur réclamation eût été portée à Paris, le Prétendant eut le tems d'arriver. Cette femme lui raconta ce que ses soupçons lui avoient fait faire pour le sauver. Il en fut pénétré, et lui remit une lettre pour *la reine d'Angleterre*, qui étoit encore alors à Saint-Germain. Cette aventure ne dégoûta point cet homme de la folie de la royauté. Il se déguisa en prêtre, et partit, pour en courir l'événement, dans une chaise que lui fournit sa bienfaitrice. Son portrait fut la seule récompense qu'elle en reçut. Après une semblable leçon, comment cet homme ne rougissoit-il pas du métier de roi qu'il vouloit faire à toute force? Il venoit d'être trahi par l'homme qui régnoit en France; sa vie venoit d'être vendue à des assassins entretenus par l'ambassadeur de celui à qui il vouloit ravir le trône qu'il avoit perdu. Au milieu de ce conflit de scélératesse, dont il pouvoit être la victime, il étoit sauvé par une maîtresse de poste. Et il vouloit être roi? que ne se faisoit-il postillon?

Château-Gonthier, par où nous avons terminé notre tournée dans ce département, est une petite ville où l'on fabrique, ainsi qu'à Laval, beaucoup de toiles, et où l'on commerce également sur la cire. Son territoire fournit beaucoup d'ardoises, et d'une excellente qualité. Nous avons été voir, dans ses environs, une source d'eau minérale, dont les vertus sont apparemment peu recommandables pour les gens de l'art, puisqu'elle nous a paru négligée.

Le commerce de bestiaux fait une des grandes
branches

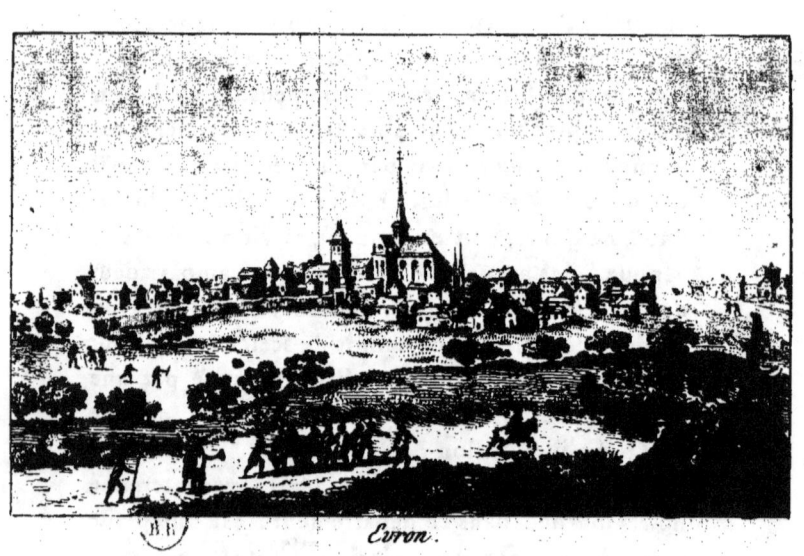
Evron.

branches de la richesse du département de la Mayenne : et la filature du lin, ainsi que la manufacture de toiles occupent les bras que l'agriculture n'emploie pas. C'est sur-tout dans les environs d'Evron, d'Ambrieres, de Villaine et de Sainte-Suzanne que se trouvent les meilleurs pâturages pour les bestiaux. Ce n'est cependant pas dans ce département que l'on achève leur engrais, et c'est dans le département du Calvados qu'on les conduit pour cela.

En général le sang est beau dans cette contrée de la République. Les hommes y sont moins grands que dans la ci-devant Normandie, mais ils nous ont paru en revanche plus robustes. L'esprit public nous y a paru bon, et l'histoire s'emparera du trait de courage des femmes de Laval qui ont désarmé cinq cents brigands, dont la funeste guerre, sous le nom de Vendée, a désolé la République pendant un an ; guerre, monument éternel d'opprobre pour le ministère anglais qui la soudoyoit bassement, pour sapper la liberté d'un grand peuple dont les vertus et l'énergie auroient dû s'attirer le respect et la reconnoissance de tous les peuples du monde ; guerre qui rendra le département de la Mayenne recommandable aux yeux de la postérité, puisqu'il en fut, pour ainsi dire, le tombeau.

NOTE.

(1) De nos jours, le *marquis de Pombal*, ministre de Portugal, le plus grand scélérat entre ces individus que la politique machiavélique des cours plaçoit jadis au rang des grands hommes d'état, a répété en grand cette friponnerie en miniature de Charnacé. Il convoitoit une petite possession d'un bourgeois de Lisbonne qui se trouvoit enclavée dans une de ses terres. Quelque prix énorme que Pombal eût offert, le Portugais s'étoit toujours refusé à lui céder sa bicoque. Un jour que Pombal et le Portugais étoient tous deux à leur campagne, le ministre, suivi d'une cour nombreuse, vint voir le bourgeois, le combla de caresses, et le loua de l'attachement qu'il avoit à son patrimoine. Tous ceux qui connoissoient le marquis de Pombal jugèrent que le bourgeois étoit perdu. Les caresses de ce ministre étoient un simptôme de proscription. On ne se trompa point. La nuit même, le Portugais fut enlevé et conduit à vingt lieues de là, dans une tour obscure. Sa femme fut chassée de la maison de son mari, et le lendemain Pombal fut maître de ce coin de terre qu'il avoit tant desiré. Qu'opposer à un ministre tout-puissant, favori d'un maître imbécille?

Dix-huit ans se passèrent. La femme ne reçut aucune nouvelle de son époux. Elle ne fut point insensible au mérite d'un homme qui lui proposa de l'épouser, mais l'incertitude de son état véritable l'empêcha d'y consentir. Jean, *roi* de Portugal, mourut. Pombal fut disgracié. Cette femme crut l'instant propice pour vérifier si elle étoit veuve oui ou non. Elle exposa son aventure à *la reine*, qui donna ordre au marquis de Pombal de retrouver le Portugais mort ou vif dans le délai de huit jours. Pendant l'intervalle de sa détention, le tremblement de terre de Lisbonne étoit arrivé, et cette ville, superbe aujourd'hui, avoit été rebâtie à neuf. On le tire de sa prison, on lui bande les yeux. Un carrosse à six chevaux le conduit, et c'est à trois heures du matin qu'on le descend au milieu de la place *royale* de Lisbonne. On lui dévoile les yeux, et le carrosse et les conducteurs disparoissent. Ce malheureux cherche en vain à deviner où il est. Cette ville lui semble inconnue. Le jour arrive, on s'assemble autour de cet infortuné, qu'une barbe de dix-huit ans, les rides de la douleur et de misérables haillons rendoient méconnoissable. Il apprend enfin qu'il est à Lisbonne. On le conduit à son épouse. On leur rendit leur bicoque, et le marquis de Pombal en fut quitte pour mourir quelques années après paisiblement dans son lit.

Ordre que l'on suit dans les Voyages des 85 Départemens de la France.

1. Paris.
2. Seine et Oise.
3. Oise.
4. Seine inférieure.
5. Somme.
6. Pas-de-Calais.
7. Nord.
8. Aisne.
9. Ardennes.
10. Meuse.
11. Mozelle.
12. Meurthe.
13. Vosges.
14. Bas-Rhin.
15. Haut-Rhin.
16. Haute-Saône.
17. Doubs.
18. Jura.
19. Mont-Blanc.
20. Ain.
21. Saône et Loire.
22. Côte-d'Or.
23. Haute-Marne.
24. Marne.
25. Aube.
26. Yonne.
27. Seine et Marne.
28. Loiret.
29. Loir et Cher.
30. Eure et Loir.
31. Eure.
32. Calvados.
33. Manche.
34. Orne.
35. Sarthe.
36. Mayenne.
37. Ille et Vilaine.
38. Côtes du Nord.
39. Finistère.
40. Morbihan.
41. Loire inférieure.
42. Maine et Loire.
43. Vendée.
44. Deux-Sèvres.
45. Vienne.
46. Indre et Loire.
47. Indre.
48. Cher.
49. Nièvre.
50. Allier.
51. Rhône et Loire.
52. Puy-de-Dôme.
53. Cantal.
54. Corrèze.
55. Creuse.
56. Haute-Vienne.
57. Charente.
58. Charente inférieure.
59. Gironde.
60. Dordogne.
61. Lot et Garonne.
62. Lot.
63. Aveiron.
64. Gers.
65. Landes.
66. Basses-Pyrénées.
67. Hautes-Pyrénées.
68. Haute-Garonne.
69. Arriège.
70. Pyrénées orientales.
71. Aude.
72. Tarn.
73. Hérault.
74. Gard.
75. Lozère.
76. Haute-Loire.
77. Ardèche.
78. Isère.
79. Drôme.
80. Hautes-Alpes.
81. Basses-Alpes.
82. Bouches-du-Rhône.
83. Var.
84. Alpes-Maritimes.
85. Corse.

VOYAGE

DANS LES DÉPARTEMENS

DE LA FRANCE,

PAR UNE SOCIÉTÉ D'ARTISTES

ET GENS DE LETTRES;

Enrichi de Tableaux Géographiques
et d'Estampes;

L'aspect d'un peuple libre est fait pour l'univers.
J. LA VALLÉE. *Centenaire de la Liberté.* Acte Ier.

A PARIS,

Chez Brion, dessinateur, rue de Vaugirard, N°. 95,
près le Théâtre-Français.
Buisson, libraire, rue Hautefeuille, N°. 20.
Desenne, libraire, galeries de la maison de l'Égalité,
N°^s. 1 et 2.
Lesclapart, libraire, rue du Roule, n°. 11.
Et les Directeurs de l'Imprimerie du Cercle Social,
rue du Théâtre-Français, N°. 4.

1793.

L'AN SECOND DE LA RÉPUBLIQUE.

AVIS AUX SOUSCRIPTEURS.

C'est avec regret que nous prévenons les acquéreurs de cet ouvrage qu'à l'époque du n°. 34, département de l'Orne, nous serons obligés d'augmenter chaque cahier de 10 sous. Ils coûteront alors 3 liv. au lieu de 2 liv. 10 s., et 3 liv. 10 s. pour les départemens, franc de port. Ce renchérissement est causé par la hausse énorme du papier, main-d'œuvre d'impression, etc. Ce léger sacrifice, de la part de nos concitoyens, n'est que le dédommagement d'une partie de l'augmentation que nous éprouvons depuis long-tems.

Nota. Le Citoyen Brion fils, éditeur et dessinateur de cet ouvrage, vient de mettre au jour une gravure représentant l'assassinat de MICHEL LEPELLETIER; elle se vend chez lui et chez tous les marchands d'Estampes. Prix 10 livres colorée, et 5 livres à la manière noire.

N. B. La rareté des imprimeurs a occasionné le retard de ce cahier; nous espérons qu'à l'avenir nous serons exacts.

DÉPARTEMENT DE LA MANCHE
ci-devant partie de la Normandie.

Signes.
- Chef-lieu de Département.
- Chef-lieu de District.
- Canton.
- Tribunal Criminel.
- Tribunal de District.
- Evêché.
- Place forte.

Remarque.
L'étendue de ce département est de 328 lieues quarrées.
Sa population de 483 mille habitans.
Il est de la métropole des Côtes de la Manche, ou de Rouen, de la 14.e division militaire, de la 3.e division de gendarmerie nationale et de la 17.e conservation forestière.
Il se divise en 7 districts comprenant 63 cantons, et 693 municipalités.
Et il envoye 13 députés à la convention nationale.

Lieues Communes, de 2,283 toises.

VOYAGE
DANS LES DÉPARTEMENS
DE LA FRANCE.

DÉPARTEMENT DE LA MANCHE.

Il semble, en nous trouvant dans ce département, que nous n'ayons point quitté celui du Calvados; ce sont les mêmes usages, les mêmes mœurs, le même sol, et, pour ainsi dire, les mêmes productions; et s'il existe quelque différence, c'est peut-être en faveur de la richesse de celui-ci, car nous y trouvons ce canton, jadis appellé Cotentin, si fameux par son étonnante fertilité. Le beurre, entr'autres, est une source féconde de richesses pour lui. Cette denrée ne le cède en rien en bonté aux cantons les plus renommés de la République à cet égard, et non seulement ce département en fournit dans une grande partie de l'intérieur de la République, mais encore le voisinage de la mer, le long de laquelle il se prolonge, lui en enlève une partie considérable pour l'approvisionnement des vaisseaux et celui des colonies.

Est-ce pour l'intérêt de la guerre ou pour celui du commerce, que la nature sema de loin en loin, sur les rives des mers, ces vastes enfoncemens où les flots semblent venir se reposer de la fatigue des tempêtes? Non : ce ne fut ni pour la guerre, ni pour le commerce. La nature n'avoit pas dû prévoir que les hommes se déchireroient entre eux comme les monstres de l'Afrique : elle n'avoit pas dû prévoir qu'en surchargeant les arbres de fruits, et la terre de grains, les hommes dussent chercher d'autres richesses : et que l'avarice prenant à sa solde la témérité, franchiroit l'épouvantable barrière des océans pour aller conquérir des trésors inconnus, et préluder à de nouvelles jouissances par le meurtre et le carnage. O détestable amour de l'or! l'esprit se perd dans ton immense et sombre profondeur. Il est donc vrai que l'âge d'or fut l'âge où l'or ne fut pas connu. L'échange étoit dans la nature ; elle eût conservé les vertus : l'achat, au contraire, dut amener et amena tous les crimes. De l'instant que l'on put donner une matière d'un prix de convention pour obtenir la possession d'une chose nécessaire, le besoin du superflu dut naître du superflu des besoins. L'espèce humaine se partagea en acheteurs et en vendeurs, et nécessairement la moitié des richesses de la terre fut perdue, puisque la moitié des hommes cessa d'avoir besoin de lui faire produire des matières à échanger. Ainsi l'or amena la paresse d'un côté et la misère de l'autre; la paresse, puisqu'avec quelques pièces d'un métal de valeur idéale, on put se procurer une abondance réelle; la misère, puisque celui qui s'est dépouillé d'une abondance réelle pour quelques pièces d'une valeur idéale, s'il étoit possible que cette roue de négoce se suspendît seulement pendant huit jours, mourroit de faim à côté de ces pièces de métal pour lesquelles il a livré une abondance acquise à la peine d'un an de sueurs, tandis que l'autre nageroit dans cette même abondance qui n'auroit rien coûté à sa paresse.

Quand l'or n'auroit amené que la faculté d'acheter ce que l'on n'a pas mérité par le travail, et la faculté de servir l'avarice qui met l'or au-dessus des travaux de l'homme, il auroit déja causé assez de maux pour le proscrire. Après l'assassinat de Caïus Gracchus, cette grande victime de l'aristocratie romaine, Lucius Septimuleius coupa la tête de ce généreux martyr de la liberté, la vida et la remplit de plomb. Le consul Opimius avoit fait publier qu'il donneroit pour cette tête autant d'or qu'elle péseroit. Sans l'or, ce crime se seroit-il commis ? Si le commerce d'échange eût été en vigueur, qu'auroit donné Opimius pour la tête de Gracchus ? la sienne : parce que le luxe n'auroit pas corrompu le Peuple Romain, et qu'il auroit senti comme un Peuple conserve sa liberté.

Le blé sarazin dont on voit quelque culture aux confins de ce département vers celui de Lille et Vilaine, ajoute à cette amertume dont on se pénètre involontairement contre les possesseurs de l'or. Quoi donc ? les hommes en sont venus à ce degré de scélératesse et de bassesse, qu'il existât de l'aristocratie jusques dans le partage de la nourriture ? il fut des alimens que des langues nobles auroient rougi de goûter ? Quoi ! la bouche prodigue de

A 3

mensonges, de flatteries et de calomnies ; quoi ! les lèvres abondantes en baisers perfides ou libertins avoient mis une ligne de démarcation entre leur nourriture, et celle de l'homme simple assis sous le chaume des vertus ! Tel *gramen* étoit noble ou ignoble ? Le froment étoit le duc et pair de l'agriculture, et le seigle, le maïs, le sarazin en étoient le tiers-état ? O monstruosité ! il falloit un pain de prédilection à l'homme puissant ! Pourquoi l'assassin ne demandoit-il pas de même un poignard de diamant, de peur que le fer ne deshonorât ses mains ? Hommes malheureux ! eh, la nature avoit mis des pierres à côté des épis que vous faisiez naître, et pendant six mille ans vous avez souffert qu'on ne vous en laissât que le son ! Quand quelqu'objet vous rappelle l'indignité des abus de l'ancien régime, on est tenté de faire comme les anciens quand ils se présentoient au bûcher de leurs proches. Ils y mettoient le feu en détournant la tête.

Pour revenir à ces espèces de retraites, si je puis me servir de cette expression, que les mers se sont creusées le long de leurs rives, et dont l'homme s'empara pour faire des abris à Plutus et des repaires à Mars, le port de Cherbourg est un des plus fameux par sa situation et sa commodité, et l'un de ceux où se sont enfoncés le plus de richesses nationales pour en tirer parti. On rit de voir Xercès faire donner le fouet à la mer pour la corriger du goût des tempêtes : on doit pleurer de voir des hommes se consumer à enchaîner l'océan pour le contraindre à souffrir, à seconder même leurs projets de dévasta-

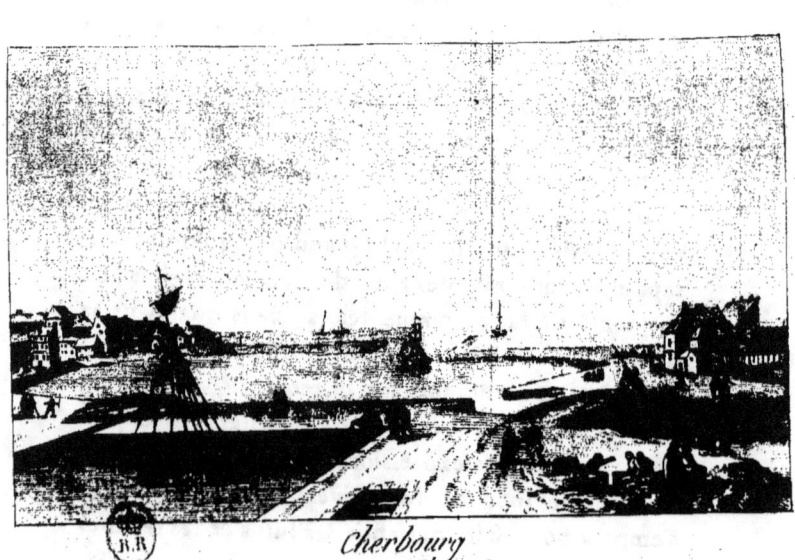
Cherbourg

tion. Cet océan doit être bien étonné de trouver les hommes plus méchans que lui : et tandis qu'il se contente de promener l'effroi sur les cimes humides de ses flots amoncelés, de rencontrer la mort et toutes les horreurs qui la précèdent et la suivent assises tranquillement dans le sein de l'homme, et méditant, le clepsydre à la main, le quart-d'heure où elles vomiront le carnage et l'horreur. Affreux abîme de la dépravation humaine ! On rêve les vertus, on veille pour le crime. Les vertus ressemblent maintenant à ces villes incendiées, où quelques tours éparses de loin en loin, et debout au milieu des cendres, rappellent leur antique splendeur. Patience ! la révolution est le vent du midi, dont le souffle balaie la poussière. Quelques matériaux reparoissent intacts, et l'on pourra rebâtir.

Rebâtir ! que dis-je ? il faut créer. L'ignorance fut le tombeau où la génération qui s'éteint s'enterra d'avance. L'ignorance, me dira-t-on ; eh, les siècles que nous venons de quitter furent appelés les siècles de lumière ! Mais les siècles ne sont nommés siècles de lumière que parce qu'il y a beaucoup d'aveugles. C'est le grand nombre d'ignorans qui fait compter les hommes éclairés. Des lumières, il les faut pour tous, ou il n'en faut point du tout. Car des lumières dans quelques-uns, est le règne de l'erreur pour tout le reste : et pourquoi ? c'est que les hommes à lumières sont des hommes. Le dernier des Capets eut le caprice de faire le voyage de Cherbourg. Les trois quarts des courtisans ne savoient pas plus où étoit Cherbourg, que la Philaminte

A

de Molière ne sait ce qui se passe dans la lune ; ils en parloient cependant comme cette *femme savante* raisonne des clochers qu'elle a découverts dans cette planète. Quel de ces hommes ne se croyoit capable cependant d'être au moins ministre ? Et ce Cherbourg, qu'il falloit qu'un roi visitât pour qu'ils en apprissent le nom, étoit, depuis des siècles, un objet de rivalité entre la France et l'Angleterre, et coûtoit déja, à leur patrie, des centaines de millions. Est-ce un siècle de lumières que celui où Rousseau vivoit à côté de semblables espèces ? Est-ce un siècle de lumières, que celui où sortant d'une représentation de Brutus, on alloit ramper aux pieds de Pompadour ? Un siècle de lumières n'est pas celui où les lumières s'écrivent, c'est celui où l'on profite des lumières écrites.

Les contrôleurs-généraux des finances ont toujours beaucoup aimé que les rois voyageassent dans la ci-devant province de Normandie. Sous le règne de Louis XV, on avoit envie de grèver cette province d'un impôt de plus. On avoit fait naître quelques scrupules dans le cœur de ce roi, qui pourtant n'en étoit guères susceptible. Les miracles ne sont pas impossibles. Quand on le vit presque disposé à se refuser à cet impôt, la friponnerie financière lui suggéra de faire un voyage au Hâvre. On connoît le riche aspect des campagnes du ci-devant pays de Caux, et le luxe champêtre et bisarre de ses habitans. On prévit bien que la curiosité les attireroit sur son passage, et on leur insinua que la décence vouloit qu'ils n'y parussent que dans leur costume des *dimanches*. On se doute que toutes les chaînes d'or, les rubans, les dentelles et l'écarlate dont les femmes de la campagne y surchargent leurs atours, ne furent pas oubliés. Elles y coururent : elles virent *le bon roi*; mais *le bon roi* les vit aussi, et l'impôt passa sans difficulté.

C'est ainsi que de *bons rois* en *bons rois*, le Peuple étoit parvenu à payer jusqu'à l'air qu'il respiroit. Le premier bail de la ferme du tabac est du mois de novembre 1674. Il fut affermé pour six ans à un nommé *Jean Breton*, à raison de cinq cents mille livres pour chacune des deux premières années, et deux cents mille francs de plus pour les quatre dernières, encore y joignit-on le droit sur l'étain. En 1720, on céda cette ferme à la compagnie des Indes pour quinze cents mille livres. Avant la révolution, elle étoit affermée vingt-sept millions. Cette progression s'étoit faite en cent ans. Les fermiers trouvoient, malgré ce versement énorme, le moyen de devenir eux-mêmes millionnaires. Voilà un échantillon de ce que l'on devoit aux *bons rois*. Le maréchal de *Duras* avoit bien raison de dire à Louis XIV, qu'il concevoit bien qu'un roi pût trouver un confesseur qui gagnât assez dans ce monde, pour se damner dans l'autre : mais qu'il ne concevoit pas que ce confesseur en trouvât un pour lui.

Une des curiosités de ce département est le Mont-Saint-Michel. Ce n'est qu'un rocher, et il étoit couvert de moines. Tout leur étoit bon. Quand on dépense l'argent des autres, on transformeroit les cavernes du Tartare en jardins d'Armide. Sur une montagne pelée, environnée des eaux de l'océan qui couvrent, deux fois par jour, la plage à plus d'une lieue en avant d'elle du côté du continent, des moines avoient trouvé le secret d'élever un palais, une cathédrale, et même des jardins pour leurs plaisirs furtifs. Un saint Aubert, évêque d'Avranche, fort ami sans doute de l'archange saint Michel, avoit trouvé très-plaisant de bâtir un temple à cet esprit céleste dans un lieu, séjour éternel des vents, des brouillards et des orages. Il avoit trouvé douze chanoines assez complaisans pour y venir servir ce vainqueur de l'orgueilleux Satan, cet ange révolutionnaire qui ne vouloit point d'aristocratie en paradis. Cela n'est pas étonnant; saint-Aubert payoit bien, et avec de l'argent on trouve toujours des paresseux dévoués à le manger; mais les paresseux ne renoncent pas aux fatigues de la débauche, et les chanoines bien payés, bien nourris et bien gras oublièrent la pureté de l'archange pour des plaisirs plus matériels. Richard I*er. duc* de Normandie, trouva mauvais que hors lui quelqu'un dans *ses états* s'avisât d'être désordonné, chassa les chanoines, et mit à leur place des moines de saint Benoît. Cela s'appelle guérir une plaie en ouvrant un cautère. Plus les choses étoient ridicules, plus dans ces siècles de balourdises elles obtenoient de protecteurs et de richesses. Les *rois de France* et *d'Angleterre*, les *ducs* de Bretagne et de Normandie, et à leur exemple tous les petits despotes en descendant l'échelle de la tyrannie, depuis le premier échelon jusqu'au dernier qui trempe dans la boue, s'empressèrent d'enrichir les nouveaux venus. C'étoit un défi de folies. Il en résulta à peu près deux cents mille livres de rente pour meubler les caves des pieux solitaires ; et depuis 709 jusqu'en 1789, on y but et mangea en l'honneur de Dieu et des imbécilles.

Messieurs les moines avoient trouvé commode pour décupler la vente des évangiles, de persuader au Peuple qu'il étoit sain en ce monde et pour l'autre de venir en pélerinage au Mont-Saint-Michel. C'étoit un préservatif pour je ne sais quelle maladie, les rhumatismes, je crois ; et comme on venoit de cent lieues à ce pelerinage, il arrivoit que l'exercice guérissoit quelques malades ; et les moines spirituellement s'attribuoient les miracles de la nature. Les *Champenois* plus long-tems bons que les autres, conservèrent les derniers l'usage des pélerinages au Mont-Saint-Michel. Voilà ce que diroit le chroniqueur épigrammatique. L'historien philosophe n'en juge pas ainsi ; c'est à la corruption des loix qu'il se prend de cet abus. Les lecteurs auront de la peine à croire que l'obligation du pélerinage au Mont-Saint-Michel étoit un article de la coutume de Champagne.

Ne cachons rien à la postérité. Les moines ne sont plus, mais les passions des hommes sont toujours ; et quels abus ne peuvent pas renaître, tant que le cœur des hommes ne changera pas ! Il changera sans doute ; les mœurs deviendront bonnes, elles sont déja meilleures. Mais qui peut répondre qu'elles ne se pervertiront pas ? Veillons d'avance sur leur conservation, et ne laissons rien ignorer à nos neveux des maux où ils se replongeroient, si par degrés caressant l'ignorance, ils laissoient au fanatisme, à la superstition et à la tyrannie la possibilité de renaître de leurs cendres dont nous avons eu tant de peine à couvrir la terre. Qui le croiroit? au-dessous de ce temple consacré au Dieu le plus doux, sous l'invocation d'un archange dont on vante la haine contre l'orgueil et la tyrannie, au-dessous de ces salles superbes où des moines couloient des jours paisibles dans le sein des oisives voluptés, et disons-le avec vérité, dans le sein aussi des lettres (1) dont le charme devroit adoucir le cœur de l'homme, dans les flancs de ce rocher surchargé du luxe des autels et de la pompe monastique, étoient creusés des cachots profonds où l'on enterroit toutes vivantes les malheureuses victimes d'un ministère de sang ou des préventions haineuses des familles. Les lettres de cachet amonceloient les infortunés dans ces cavernes infectes, et le Mont-Saint-Michel réclamoit l'affreuse priorité d'avoir vu la première cage de fer construite pour enfermer un innocent. O honte éternelle des pontifes du culte romain! Que l'on fouille les annales de toutes les religions. Par-tout on trouvera les erreurs, les mensonges, les fourberies, les jongleries, la cruauté même dans les prêtres des différens cultes; mais l'on n'en verra aucuns se dégrader assez pour devenir les geoliers de l'infortune, pour s'engraisser de l'infâme salaire attaché à ce vil emploi, pour se constituer enfin les méprisables commerçans de la liberté et des larmes de leurs semblables. Le sanguinaire Bramine qui , sur les côtes du Malabar , conduit la veuve déplorable sur le bûcher de son époux pour hériter de sa riche dépouille , est cent fois moins odieux que le monstre à capuchon, qui calculoit ses bénéfices sur le bruit prolongé des verroux que son avare main faisoit retentir, deux fois par jour , aux oreilles du malheureux dont il achetoit les souffrances à une cour corrompue (e). O prêtres, ne vous plaignez point des hommes de la révolution. Les os de six cents mille infortunés peut-être , que vous fîtes lentement périr dans vos cachots , ont servi de burin à l'humanité pour graver votre arrêt sur le piédestal de la liberté.

Vous vous rappellez, mon ami, qu'en vous rendant compte de notre voyage dans le département du Calvados, nous vous avons dit, en vous peignant Guillaume *le Conquérant* , qu'à sa mort il partagea ses états entre ses deux fils aînés , la *Normandie* et le *Maine* à Robert , et l'Angleterre à Guillaume-le-Roux : et que mourant injuste comme il avoit vécu, il n'avoit laissé que de l'argent à Henri son cadet, qui valoit mieux peut-être que ses deux frères. Au moins fit-il dans sa vie une action juste , et c'est beaucoup pour le fils d'un roi. Quand Guillaume fut mort, on transporta son corps à Caen pour l'enterrer dans l'abbaye Saint-Etienne qu'il avoit fondée. Pendant les obsèques, un nommé Asselin , *bourgeois* de Caen, eut le courage rare dans ces siècles de barbarie , de se présenter en criant : « Je prends » Dieu à témoin que cette terre où vous voulez dé- » poser ce corps m'appartient légitimement. C'étoit

» un champ que le prince usurpa sur mon père
» lorsqu'il fit bâtir cette abbaye, sans lui en vouloir
» faire aucune satisfaction. C'est pourquoi je ré-
» clame ce fonds, et je vous défends en vertu de
» clameur de Haro (3), d'enterrer ce corps dans mon
» héritage ». Tel étoit l'aveuglement du tems, que
tout le monde présent crut que cet homme alloit
payer de sa tête une semblable audace. Le Henri,
dont nous allons vous parler, eut la *modération* de
lui faire, sur-le-champ, compter cent livres pesant
d'argent.

Ce Henri, par la suite roi d'Angleterre par
usurpation, si fameux par ses démêlés ridicules avec
saint Anselme (4), et à qui l'homme libre en écrivant doit tenir compte cependant d'avoir été le premier fondateur de la liberté des Anglois; ce Henri
à qui son père n'avoit rien laissé, parut encore trop
riche à ses deux frères. Il s'étoit retiré sur le Mont-
Saint-Michel pour y manger l'argent qui lui restoit,
et bouder tout à son aise contre la mémoire de Guil-
laume-le-Conquérant. Robert et Guillaume-le-
Roux prétendirent que cette conduite étoit un forfait, et vinrent l'assiéger moins pour le punir, que
pour le dépouiller des trésors de leur père qui man-
quoient à leur avidité. Assiéger avec de nombreuses
armées un homme seul, ce n'est pas une chose difficile. Henri cependant conçut l'idée de leur tenir
tête; il acheta quelques brigands, se fortifia sur son
rocher, et soutint l'attaque. Quand il eut épuisé
toute la cave des bénédictins, il fallut boire de
l'eau; cela n'étoit plus possible, ses frères avoient

coupé tous les aqueducs, et bientôt il se vit réduit à l'extrémité.

Robert plus humain, apprit avec peine l'état de détresse où son frère étoit réduit. Il lui envoya de l'eau et quelques pièces de vin. Cette action que l'on oseroit à peine nommer générosité quand on la considère de la part d'un frère qui tient son frère assiégé, offensa néanmoins Guillaume-le-Roux, dont l'ame vile ne pardonnoit pas à Robert de différer par ce secours l'instant de dépouiller son frère, trop tardif au gré de sa basse avarice. Ce *royal* brigand si peu fait pour apprécier les actions désintéressées, fut bienheureux cependant quelques jours après qu'il existât des ames magnanimes; et il étoit réservé à un homme du Peuple de lui donner des leçons de vertu dont il étoit incapable de profiter. S'étant avancé seul pour observer la forteresse, deux soldats ennemis sans le connoître l'attaquèrent, le terrassèrent, tuèrent son cheval, et l'un d'eux avoit déja le bras levé pour le frapper: « Arrête, lui dit Guillaume, arrête, coquin », expression du diadême, manière polie de demander grace, « arrête, je suis le roi d'Angleterre ». Ce *coquin*, qui le faisant prisonnier, pouvoit de simple soldat devenir le plus riche des hommes, ce coquin bien plus grand dans son obscurité que l'homme à sceptre qui l'insultoit, lui tendit la main, le releva, et lui donna son propre cheval pour se retirer. Cet exemple n'inspira point à Guillaume plus de grandeur d'ame. Redevable de la vie, tout au moins de la liberté à un soldat de son frère, il ne l'en pressa pas avec moins d'acharnement. Henri fut contraint à capituler, et se vit dépouiller de tout ce qu'il possédoit.

Ce saint Aubert, qui fonda la première église du Mont-Saint Michel, étoit évêque d'Avranches, sous Childebert II. La fable sainte veut qu'il eût, comme nous l'avons déjà dit, des entrevues fréquentes avec l'archange saint Michel. Il falloit que saint Aubert fût un personnage peu complaisant pour les archanges; car saint Michel fut obligé de revenir trois fois à la charge pour en obtenir une pauvre petite chapelle. Mais pour lui prouver qu'un évêque avoit tort d'avoir la tête dure avec les esprits célestes, l'archange lui appliqua le pouce sur le crâne, et lui fit un trou dans la tête. Saint Aubert n'eut rien à répondre à cette manière éloquente de demander une chapelle, et se dépêcha bien vite de la bâtir, de peur que saint Michel ne réitérât sa politesse. Saint Aubert vécut et mourut avec une tête, sinon sans cervelle, mais du moins certainement fêlée. On garde son crâne dans l'église du Mont - Saint - Michel; il est enfermé dans un reliquaire d'or, et l'on montre aux curieux le trou du pouce de l'archange, au moyen d'une glace placée sur l'orifice, et que l'on peut ouvrir.

Cette église est d'une gothicité curieuse. Elle est extrêmement sombre, et son architecture est hardie. Elle est soutenue sur neuf piliers bâtis sur le roc. Leur circonférence peut avoir de vingt à vingt-cinq pieds. Deux autres beaucoup plus délicats soutiennent le milieu de l'église et la tour énorme qui la couronne. L'église et la tour sont une masse
colossale,

colossale, qui du haut de ce rocher semble braver les orages, et attendre paisiblement le dernier jour de la consommation des siècles.

Messieurs les moines qui vécurent trente ensemble quand ils étoient moins riches, et qui depuis ne purent vivre que quatorze quand ils furent opulens, gardoient des reliques extrêmement précieuses par la matière des reliquaires, dans le trésor de cette église. On y voyoit une tête de Charles VI, roi Français, en cristal de roche, dont le travail étoit extrêmement précieux. Une tête de roi pure comme le cristal, est assurément une des meilleures épigrammes enfantée par la malice humaine : mais la caricature devient bien plus saillante, quand elle tombe comme ici sur l'effigie d'un fou. MM. les Bénédictins montroient également avec emphase un bras d'Edouard le confesseur, et un autre de saint Richard, tous deux rois d'Angleterre. Ces bras de rois n'ayant plus la faculté d'opprimer les humains, n'avoient retenu de la prérogative royale que le seul droit qui pouvoit leur rester, celui de faire déraisonner des prêtres pour ennuyer les voyageurs. L'on voit aussi une pierre suspendue au milieu du chœur. Cette pierre, dit-on, tomba sur la tête de Louis XI, au siége de Besançon, sans lui faire le moindre mal. Louis XI, qui croyoit aux miracles, parce qu'il sentoit à merveille que c'étoit un miracle que les hommes le laissassent vivre, fit apporter processionnellement cette pierre au Mont-Saint-Michel. Les prêtres la reçurent parfaitement bien, car Louis XI l'avoit fait accompagner d'un contrat de

B

rente, pour que l'on dît des messes en l'honneur de la pierre. Le contrat fut perçu, les messes ne se dirent pas ; mais on n'oublia jamais de dire, voilà la pierre de dix livres pesant qui a respecté les jours de notre *bon roi Louis XI*.

Le bon roi Louis XI ! son ami Tristan, l'exécuteur de ce qu'il appelloit *sa justice soudaine*, c'est-à-dire, de ce petit plaisir qu'il se donnoit souvent de faire mourir ceux dont la vue lui déplaisoit, étoit sujet aux méprises. Un moine que Louis XI aimoit beaucoup, assistoit un jour à son dîné. A côté de ce moine étoit un homme dont l'aspect déplut au *bon roi* Louis XI. Il avoit élevé Tristan comme on élève les chiens de chasse à qui d'un geste, qui signifie *pille*, on désigne le gibier. Louis XI fait donc à Tristan son geste favori. Mais la direction du doigt le trompe, et voilà mon pauvre moine dans les griffes de Tristan, emmaillotté, affublé et cousu dans un sac et jetté à la rivière. Le lendemain, le *bon roi* Louis XI demande des nouvelles de sa capture. Notre homme, dit-il, chemine-t-il vers Amboise ? (c'étoit le palais des oubliettes.) Vers Amboise ! répond Tristan, oh ! que non. S'il sait bien nager, il est maintenant à l'embouchure de la Seine. Le bon père actuellement dit son bréviaire avec les poissons. — Qui ? le bon père. — Et oui, ce moine d'hier. — Comment ? c'est lui que tu as expédié ! Malheureux ! qu'as-tu fait ? c'étoit le meilleur diable de moine de *mon* royaume. — Ma foi, une autre fois expliquez-vous mieux. J'ai pris l'un pour l'autre. Le *bon roi* Louis XI rit beaucoup de la méprise, en

Mont St. Michel

se rappellant la mine que le moine devoit faire quand on le mettoit dans le sac.

Ce fut à ce Mont-Saint-Michel, que Louis XI institua des *chevaliers* de Saint-Michel ; ordre qui depuis, et je ne sais trop pourquoi, étoit tombé en partage aux artistes ; car parmi les arts il y avoit de l'aristocratie comme ailleurs ; et comme de raison, les cordons étoient pour les favoris, et le mérite et le talent parmi le *peuple* artiste. On voit encore la salle d'assemblée de ces chevaliers à cordon noir, où le portrait de l'archange patron n'est pas oublié. Cette salle ressemble assez à celle de Marienbourg en Prusse, à cela près que beaucoup plus gothique, les ornemens en ont un caractère plus sauvage et plus barbare. Ces chevaliers étoient les défenseurs et les gardiens de la montagne et de l'abbaye. Les bénédictins ont eu toujours beaucoup de goût pour s'entourer de *nobles* en sous-ordre : ces moines se regardoient comme les patriciens *de la république monachale*.

Ce rocher extraordinaire est fortifié par la nature. D'un côté il est presqu'inaccessible, de l'autre il est entouré de remparts et de tours gothiques. Le village commence au pied de la montagne, et n'a qu'une rue qui s'éleve spiralement jusqu'à l'abbaye qui occupe tout le sommet. Sous les vastes appartemens qu'elle contenoit, et dont plus de la moitié prouve l'indolente inertie des moines par leur état de délabrement, se trouve cette horrible prison d'état, dont tout le monde connoissoit l'existence, mais que peu de voyageurs ont vue, par le soin que le des-

B

potisme prenoit d'épaissir le voile dont il couvroit les différens théâtres de ses iniquités. Au bout d'une galerie se trouvoit une petite porte étroite et basse, par laquelle on descendoit plutôt par une crevasse du rocher que par un escalier dans un cachot, où étoit cette épouvantable cage dont nous vous avons déjà parlé. Elle étoit au milieu du cachot, et composée de poutres de bois épaisses et croisées l'une sur l'autre. Un guichet de douze pieds d'épaisseur fermoit cet horrible tombeau sculpté par les mains de la scélératesse, et insensible témoin des larmes des infortunés que la mort est venue lentement chercher à travers cette énorme croûte d'airain et de rochers dont les monstres des temples et des cours enveloppèrent si souvent l'innocence opprimée. C'étoit peu que leur rage s'étendît sur les malheureux que l'esclavage et le fanatisme avoient rangés sous leur pouvoir odieux. Ils alloient encore au loin se chercher des victimes; et le langage de la vérité devenoit un crime dans les pays même de la liberté, qui n'échappoit pas à la vengeance des tyrans étrangers. En Hollande, un homme croit pouvoir écrire ce qu'il pense sur les amours hypocrites de Louis XIV et de la Maintenon. Au mépris du droit des gens, il est arrêté et renfermé dans cette cage, où il vécut pendant vingt-trois ans. Dieu puissant! toi dont l'œil pénètre les entrailles de la terre, que devois-tu dire, quand ton oreille étoit frappée des gémissemens de ce malheureux, et que ses bourreaux, ce roi superbe et sa vile maîtresse, te demandoient insolemment sur leur trône sacrilége, l'éternité de tes récompensés ? Et des gens encore oseront profaner mon ouvrage, en disant qu'il est *anti-religieux*. O Dieu ! je puis t'offenser, je suis homme. Mais tu connois mon cœur ! oui, je crois en toi, puisque les tyrans sont abattus, puisque les moines sont renversés.

Il existoit tant de cachots dans cette horrible enceinte, que les guides même ne les connoissoient pas tous. Il y en avoit que l'on appelloit aussi *oubliettes*. Partout où le pied de Louis XI avoit touché, il falloit bien que les atrocités eussent des temples. On descendoit les malheureux par une corde dans ces abîmes. On leur donnoit un pain et une bouteille de vin, et la trappe se refermoit pour jamais.

Montgommery, dont l'unique crime étoit d'avoir tué, par accident, Henri II qui l'avoit forcé de rompre une lance avec lui, éprouva une aventure singulière au Mont-Saint-Michel. Ce n'étoit pas pour cet accident qu'on l'avoit poursuivi, mais pour un forfait bien plus grand aux yeux de certaines gens que celui de tuer son semblable, *l'épouvantable* attentat d'être huguenot. Echappé au massacre de la Saint-Barthelémi, sans asyle, sans ressources, il se retira sur un rocher nommé *Tomblaine*, à trois quarts de lieue du Mont-Saint-Michel. Il existoit alors sur ce rocher un vieux château démoli depuis. Il s'y retira, et y rassembla quelques amis. La position du Mont-Saint-Michel leur paroissant plus tenable, ils résolurent de s'en emparer. Ils corrompirent un moine de l'abbaye qui leur promit de leur livrer la place, reçut leur argent et les trahit. Rien d'étonnant à cela. Le signal convenu et donné,

Montgommery part avec cinquante des siens. Arrivés au pied du Mont, ils placent des échelles et montent. A mesure qu'ils arrivoient, le traître, aidé de ses compagnons, observant le plus grand silence, se jettoit dessus, leur fermoit la bouche avec un mouchoir, et les précipitoit du haut d'une tour dans la mer. Montgommery qui montoit le dernier, s'apperçut enfin de la perfidie, et lui seul, avec deux de ses camarades, trouva le moyen d'échapper. Depuis, Catherine de Médicis, qui le haïssoit, lui fit trancher la tête.

Une fenêtre, ou pour mieux dire un créneau, pratiqué dans un des murs de cette forteresse antique, a conservé depuis lors le nom de Montgommery, parce que c'étoit par-là, sans doute, qu'il devoit s'introduire. Ce qu'il y a d'assez plaisant, c'est que derrière ce mur, est un des corps du bâtiment de la prison d'état dont il est séparé, non pas par une cour, mais par un véritable abîme d'une profondeur prodigieuse et large d'une vingtaine de pieds; et que l'unique jour qui puisse pénétrer entre les grilles des cachots qui sont à la façade de ce corps de bâtiment, vient de ce trou de Montgommery qui est placé cent pieds plus bas qu'eux.

Les bénédictins du Mont-Saint-Michel s'étoient dégradés jusqu'à imiter l'infâme calcul que la basse valetaille monastique que l'on appeloit Yonistes, Bons-fils, frères Lazaristes, etc. faisoient sur la détention des infortunés que la nature prive de leur raison. Mais ce que l'on ne peut apprendre sans être stupéfait de la bassesse profonde de l'orgueil, c'est qu'il falloit qu'un fou fût noble pour être reçu au Mont-Saint-Michel; et que ces moines, dépouillés de toute pudeur, comme inaccessibles à toute humanité, vous disoient qu'ils avoient pris cet usage pour conserver la dignité de leur ordre.

O Christ! le plus humain des philosophes, le plus sage des hommes, le plus républicain des sages! toi qui portois, écrite sur ton cœur, la constitution que, dix-huit cents ans après ta mort, le Peuple Français devoit se donner! vrai Dieu de la liberté, de l'égalité, de la fraternité et de l'union! (car l'homme dont le cœur est pur, est un dieu parmi les hommes;) toi qui ne pensas jamais à faire un culte, mais à rendre les hommes meilleurs, et dont l'évangile ne devint une religion que parce que les hommes furent méchans; ô Christ! voilà donc quels furent tes prêtres. Par combien d'immondices, par quel cloaque d'impureté a-t-il fallu que ta sagesse découlât jusqu'à nous! Combien devoit-elle être pure, si dix-huit cents ans de succession sacerdotale ne l'ont pas entièrement corrompue?

Il existoit dans ce département avant la révolution une ville singulière, c'étoit Valogne. Il sembloit que l'air de cette ville fût interdit à ceux que l'on nommoit alors par dédain *roturiers*. A peine dix marchands l'habitoient-ils. En revanche, c'étoit le rassemblement *auguste* de tous les Houbereaux de la Basse-Normandie. L'orgueilleuse petitesse de cette *Ecbatane* normande parut tel à l'auteur ingénieux de Turcaret, qu'il lui imprima dans cette pièce le cachet indélébile du ridicule; et que d'après lui, il passa en proverbe de dire, qu'il falloit trois mois de Valogne pour achever un homme de cour. Par-tout où le Peuple n'est pas, la gaieté est absente. Rien n'étoit plus triste, plus monotone, plus désert, que les rues de Valogne. L'herbe crue entre les pavés sembloit enchaîner l'ennui autour des maisons superbes où les mandarins Bas-Normands de toutes les classes ensevelissoient leur nullité et leur nonchalance. Depuis le *noble* à cent mille livres de rente jusqu'au gentillâtre à meute de trois bassets, toute la caste à parchemins ambitionnoit l'honneur d'avoir une case à Valogne. Eux et leurs valets composoient cette commune blazonnée. Quelques épiciers et bouchers, *canaille* nécessaire pour la table de ces *très-hauts* et *très-puissans*, étoient relégués dans un coin de la ville ; et, seulement, on permettoit que les *ignobles* agriculteurs, et les *manants* pêcheurs apportassent le matin du poisson et du blé pour nourrir les *altesses* à girouettes : mais simplement avant leur lever, pour que leurs regards de seize quartiers ne fussent pas salis par la vue de *ces espèces*. On buvoit, on mangeoit, on bavardoit, on calomnioit, et l'on bâilloit à Valogne plus qu'ailleurs, mais l'on n'y parloit pas comme ailleurs. L'excessive étiquette, la monstrueuse cérémonie avoient si bien coagulé le bon sens, que toutes les expressions étoient désorganisées. A force de prendre le gigantesque pour le sublime, il sembloit que pour se dire bon jour, il falloit que chacun fût monté sur un éléphant. L'empois étendu sur les phrases étoit tellement encroûté, que la raison ne pouvoit le briser. J'ai entendu une femme de *qualité* de Valogne dire d'un sang-froid incroyable, à un homme qu'elle vouloit complimenter, *le ratelier* de votre mérite est placé si haut, que *le coursier de mes éloges* ne sauroit y atteindre. On n'est pas de cette extravagance. Une remarque que l'étude du cœur humain m'a fait faire, c'est que le langage gigantesque est presque toujours le symptôme de la bassesse de l'ame; ils étoient bien bas ces grands seigneurs. Le comte de Benevent-Pimentel, sommelier du corps, trouvoit très-mauvais que Philippe V allât à sa garde-robe, parce que cela le privoit de toute l'étendue de son service. Le sommelier du corps en Espagne, est ce que le grand-chambellan étoit en France. Il donne le bassin au roi, le retire, et l'essuie. En France, le grand-chambellan ne faisoit que la première partie de ce service, et voilà l'*honorable* emploi que Benevent se dépitoit de ne pas remplir. Ces gens-là disoient avec arrogance, *mes valets*. Qu'étoient-ils donc?

Cependant malgré la morgue nobiliaire de Valogne, il s'y étoit glissé une manufacture de draps assez estimés et quelques tanneries. On découvrit, il y a quelques années, des vestiges de monumens romains, restes de l'ancienne ville Crociatunum, capitale des Unelliens, l'un des peuples de la ligue des onze cités, dont parlent les commentaires de César.

Un homme rare, bien plus connu des savans que du public, naquit à Valdésie près Valogne. C'est Jean de Lannoi, modeste, humain et sans ambition, quoique prêtre, savant et érudit, quoique docteur, philosophe et raisonnable, quoique théologien, il naquit, vécut et mourut pauvre. C'est le seul prêtre qui ait eu la bonne-foi d'écrire que la vie des saints étoit un mensonge, le seul docteur qui ait professé des maximes anti-papales, le seul théologien qui ait bien parlé de Dieu. Il étoit si connu pour rendre justice aux saints, que le curé de Saint-Eustache de Paris disoit : « Toutes les fois que je rencontre M. de » Lannoi, je le salue jusqu'à terre, de peur qu'il » ne lui prenne en fantaisie de dénicher mon pauvre » Saint-Eustache qui ne tient presque à rien ». On doit à ce digne, mais non pas toujours élégant écrivain, des coups portés, à la sourdine, aux préjugés religieux de Rome : d'autant plus mortels, que s'il vécut, malgré son rare mérite, ignoré des neuf dixièmes de la France, il se fit lire par les dévots et les dévotes. Cet homme qui avoit eu le malheur d'honorer Dieu, ne put, après sa mort, obtenir une épitaphe sur son tombeau. Les Minimes chez qui il fut enterré, déclarèrent que les puissances royale et ecclésiastique leur avoient défendu de permettre que l'on mît sur son mausolée aucune inscription. Il avoit dit des vérités, il falloit bien qu'on ensevelît ses cendres dans l'oubli. Ses livres furent mis à l'inquisition à Rome. On s'en prit à ses livres, et non à lui, parce que la douceur de son caractère et ses vertus réelles lui avoient valu des protecteurs puissans.

Dans le quatorzième siècle, en 1364, Valogne fut le théâtre d'un de ces grands traits d'héroïsme guerrier que l'histoire n'offre que rarement. C'étoit dans le tems où le fameux Duguesclin, *aux Anglois si terrible* , a dit Voltaire , purgeoit la France du brigandage de ce peuple rival qui s'étoit débordé comme un torrent sur la surface entière de l'état. Duguesclin s'étoit rendu réellement si terrible, que tout fuyoit devant lui, et que ceux qui se retiroient dans les villes, crioient, « fermez les portes, le diable vient après nous ». Le château de Valogne fut le seul, dans cette contrée, qui osa lui résister. C'étoit une ancienne forteresse construite dès le tems de Clovis, et elle renfermoit une garnison courageuse. Duguesclin fit pendant plusieurs jours lancer en vain contre ses murailles des pierres énormes. Enfin irrité des obstacles qu'il éprouvoit , il livra plusieurs assauts avec une telle furie , que les assiégeants intimidés consentirent à se rendre à composition. Ils sortirent emportant avec eux leurs bagages. Les Français énorgueillis par la victoire, eurent l'imprudence d'insulter à leur mauvaise fortune , et de se permettre envers eux des reproches outrageants , indignes de la modération qui rend les vainqueurs estimables. Huit *chevaliers* anglois furent tellement indignés d'un traitement si étrange à la défense honorable qu'ils avoient faite, qu'ils rentrèrent dans la tour, et s'y renfermèrent résolus de s'y défendre jusqu'à la dernière extrêmité. Duguesclin eut beau les sommer de tenir la capitulation , ils furent inébranlables ; il fallut qu'une armée entière recommençât un nouveau siége contre huit hommes. Ils le soutinrent : et ce ne fut qu'au bout de quelques jours que l'on parvint à les forcer. Duguesclin au lieu d'honorer leur étonnante intrépidité, les fit pendre, et c'est de cet homme que Voltaire a dit :

Duguesclin des Français l'amour et le modèle.

Quel modèle ! Il faut convenir que souvent l'art de faire de beaux vers, est l'art de dire pompeusement de grandes sottises.

Coutances, chef-lieu de ce département, Carentan, Saint-Lo, Mortain sont des villes où le voyageur trouve peu de quoi satisfaire sa curiosité. Elles ont toutes, les désagrémens des villes anciennes, c'est-à-dire, des rues étroites et tortueuses, des bâtimens mal ordonnés, des places irrégulières : mais toutes sont riches, soit par le territoire qui les entoure, soit par leur commerce et leur industrie. Saint-Lo a un très-beau pont sur la Vire, rivière assez considérable qui baigne ses murs. Lorsque l'on s'occupera d'accroître le commerce des départemens en augmentant les débouchés, premier objet qui devra frapper l'attention des législateurs au retour de la paix, parce qu'en décuplant les richesses départementales ces ouvrages publics pourront employer une foule de bras dont l'oisiveté, à la suite d'une guerre pénible, pourroit devenir dangereuse à la tranquillité publique ; lors, dis-je, que l'on mettra les travaux publics à l'ordre du jour, je crois qu'il seroit facile d'ouvrir au commerce de Carentan et de ses environs plus de relation avec la mer, dont elle n'est éloignée que de trois lieues, en creusant le canal de la Tante, petite rivière sur laquelle elle est située. On pourroit couper, par un

Vue pittoresque de Coutances.

nouveau canal, les sinuosités qui embarrassent son cours, et qui prolongeroient inutilement le trajet. Alors des barques d'un port plus considérable, pourroient remonter jusqu'à Carentan, et y apporter les denrées qui y manquent et dont les frais de transport doublent, pour elle, le prix, entr'autres le vin dont elle est entièrement privée, et dont l'éloignement des cantons qui le produisent, la difficulté des chemins, et sa position qui ne la met à portée d'aucun passage, lui rendent l'approvisionnement difficile.

Outre le port de Cherbourg, où l'art a versé des sommes immenses sans l'avoir conduit jusqu'ici à sa perfection, il existe, dans ce département, un petit port qui fait un commerce de pêche très-important. C'est peut-être un de ceux de la République d'où l'on expédie le plus de bâtimens pour le Banc de Terre-neuve, où se pêche la morue verte. Les négocians en envoient de même beaucoup à la pêche dite de la morue sèche, à la grande baie et à Gaspée. L'espèce de navigation que l'on appelle le cabotage, y verse encore de grandes richesses; il consiste à faire courir sur les côtes, c'est-à-dire, terre à terre, de petits brigantins, des gabarres, des bateaux dont la petitesse leur permet de s'introduire dans les anses moins profondes où les grands vaisseaux ne peuvent mouiller, et d'y porter et en remporter des marchandises d'échange.

La situation de Granville rend son aspect curieux et pittoresque. Elle est entièrement bâtie sur un rocher, et l'on croiroit, à la voir, que la mer l'entoure de tous les côtés. Elle ne tient au continent que du côté du levant ; et, pour sa défense extérieure, on a ouvert de ce côté-là une espèce de tranchée ou de fossé de vingt pieds de large, et assez profond pour recevoir, en cas de besoin, les eaux de la mer. Cette tranchée est taillée dans le roc, et porte vulgairement dans le pays le nom de *Gueule d'âne*. Une des grandes privations de cette ville, c'est l'eau à boire, que l'on est obligé d'aller chercher dehors, et souvent même, pendant l'été, à un quart de lieue, lorsque les grandes chaleurs tarissent les fontaines plus voisines. Les étrangers sont loin de se douter de cette disette, quand ils apperçoivent, dans chaque maison, une fontaine; mais l'eau que ces fontaines produisent est saumache et mal-saine, et n'est utile qu'à la propreté domestique. Toutes les maisons y sont bâties d'une assez belle pierre tirant sur le granit, que fournit une carrière voisine de Granville.

Cette ville est de forme ovale, et n'a qu'un seul fauxbourg qui s'étend vers le midi, et que l'on distingue, je ne sais pourquoi, en grand et petit fauxbourg : car l'un et l'autre se suivent. Elle est ceinte d'une seule muraille, et bâtie en amphithéâtre ; ses rues joignent à l'incommodité d'être étroites, celle d'être difficiles à monter. Son port est au pied du rocher vers le midi. Il est fermé par un grand môle de deux cents toises de long sur cinq d'élévation, et autant de largeur, construit de pierres sèches. On levoit, sous l'ancien régime, un droit sur chaque bâtiment qui entroit à Granville, pour l'entretien de ce port. Le *minimum* de ce droit étoit de dix francs, et le *maximum* de vingt francs.

Ce droit étoit fondé du moins sur une raison apparente d'avantage pour le commerce. Il n'en étoit pas de même de celui qu'on percevoit en raison de deux sols par tonneau sur chaque vaisseau d'entrée ou de retour pour l'entretien du fanal du Cap-Frehel, sur les côtes de la ci-devant Bretagne, dont les vaisseaux qui commerçoient à Granville ne retiroient aucune commodité. Le monopole avoit distribué ses bureaux de perception avec tant d'adresse, que chaque vaisseau qui entroit à Granville payoit ce droit jusqu'à trois fois. C'étoit en vain qu'alors on réclamoit contre cette vexation ; les sangsues publiques qui s'engraissoient de semblables abus, avoient toujours l'art perfide d'étouffer les plaintes. Elles aimoient mieux voler une rétribution pour une chose inutile de fait, que de l'appliquer à un objet qui pût au moins servir. Tous les marins de ces parages demandoient un fanal sur la pointe d'un rocher appellé le Cap-Lihou, dont l'abord est dangereux ; ils eussent volontiers consenti à en payer l'entretien, et n'ont jamais pu l'obtenir. C'est au gouvernement plus sage et plus attentif de la République démocratique, à s'occuper aujourd'hui d'un établissement essentiellement utile à la conservation d'une des classes la plus intéressante, et peut-être la plus vertueuse du peuple, les matelots.

Les huîtres, si connues sous le nom de Cancale, viennent du port de Granville, et cette pêche verse, année commune, cinquante mille livres dans la classe laborieuse du peuple de cette ville. Ce sont les femmes et les filles des matelots qui font cette pêche pendant que les hommes vont à la mer.

Il s'étoit réfugié à Granville des cordeliers que les Anglois avoient jadis chassés des îles de Chaussey, et qui, en reconnoissance du bon accueil que les habitans de cette côte leur avoient fait, célébroient, tous les ans, une procession solemnelle le quatrième dimanche après celui de la *Quasimodo*. Une drôle de manière de remercier les gens dont ils fatiguoient la charité, en vivant de ce qu'ils arrachoient à leur crédulité.

Tel est le funeste effet des préventions religieuses, que par-tout elles ont fait outrage à l'humanité, que par-tout l'entêtement les précède et la proscription les suit. Quelle absurdité ! Parce que Dieu est partout, les hommes ne peuvent être où ils veulent. Hélas ! mortels, mortels vraiment aveugles ! apprenez à aimer Dieu, vous cesserez bientôt d'aimer les religions. Tandis que les Anglois de Chaussey chassoient les cordeliers qui ne valoient pas grand-chose, parce que leur vie étoit oisive, Louis XIV chassoit les protestans qui valoient beaucoup, parce que leur vie étoit utile. Sans cette odieuse inhumanité qu'un roi commit pour servir l'ambition démesurée de quelques prêtres que le voisinage des vertus de la religion réformée allarmoit, la France auroit eu Garrick, l'homme du talent le plus extraordinaire que la nature ait jamais produit, l'homme rare vraiment, parce qu'il mourut vertueux au sein des richesses ; car les richesses que l'on l'on doit au génie ne corrompent pas le cœur. Il étoit originaire français : et son grand-père, nommé le Garigue, étoit du département où nous voyageons. La révocation de l'édit de Nantes le força à fuir sa patrie : il passa en Angleterre et y porta, dans ses flancs, le germe du grand homme dont la France auroit joui, sans l'ineptie du fanatisme.

Étonnant dans le tragique, plus étonnant encore dans le comique, ce comédien sublime passoit, sans difficulté, des rôles les plus sombres, conçus par Melpomène, aux personnages bouffons inventés par Thalie. Mime incroyable, il avoit reçu de la nature une facilité prodigieuse pour décomposer les traits de sa figure, et souvent, dans la société, il usa de cette facilité pour procurer à ses amis des surprises ou flatteuses ou terribles.

Fielding, auteur du Tom Jones Anglais, étoit mort depuis huit ans. Hogarth, célèbre peintre et ami de Fielding, ne se consoloit pas qu'il fût mort sans avoir fait son portrait. Il en parloit souvent à ses amis, et les rendoit témoins de ses regrets. Un jour qu'il étoit dans son attelier seul, il entendit une voix sépulcrale qui sembloit sortir d'un appartement voisin, et qui lui disoit : « Hogarth, viens me peindre ». Hogarth passoit pour un esprit fort, et l'étoit en effet. Il fut quelque tems sans faire attention à cette voix : enfin, sur ses invitations réitérées, il se lève, et va vers l'appartement d'où la voix sembloit sortir. Quel fut son étonnement à l'aspect d'un fantôme, ou plutôt d'un homme qu'il croyoit mort depuis huit ans ! Malgré son assurance, il ne put s'empêcher de frémir lorsque la voix de Fielding, lorsque Fielding lui-même, lui dit: « Tu as désiré d'avoir mon portrait, j'ai entendu tes vœux, mais dépêche-toi, je n'ai qu'un quart-d'heure à te donner ». Hogarth prend sur lui, va chercher sa palette, et esquisse l'objet qu'il a sous les yeux. Il craignoit que l'on ne se moquât de lui, s'il venoit à raconter son aventure : il préféra, sans en parler à personne, d'attacher son esquisse dans son attelier. Son étonnement fut extrême, lorsqu'il entendit toutes les personnes qui avoient connu Fielding se récrier à la ressemblance du portrait, et mettre sur le compte de la mémoire du peintre, ce qui n'étoit que l'effet d'une aventure extraordinaire et qu'il n'osoit confier à personne. Enfin, au bout de quelques années, l'esprit toujours frappé du merveilleux de cette apparition, il s'en ouvrit à Garrick. Le sublime comédien se mettant à rire, lui découvrit alors que c'étoit lui-même qui s'étoit présenté chez lui sous la figure de Fielding, que son art extrême lui avoit fait, pour ainsi dire, emprunter. Dans un de ses voyages à Paris, Garrick renouvella cette scène. Laplace, cet estimable traducteur du Tom Jones Anglais, étoit ami de Garrick, qui lui avoit apporté de Londres une superbe édition des œuvres de Fielding, à la tête de laquelle se trouvoit ce fameux portrait. Laplace, à qui, vingt fois, il avoit raconté cette anecdote, la rapporta chez un fermier-général où il soupoit. On eut de la peine à l'en croire, et le fermier-général, surtout, le persiffla sur sa crédulité. Laplace piqué, invita, sous un prétexte quelconque, le fermier-général à venir le voir, et prévint, par-dessous main, Garrick. Le fermier-général arrivé, Laplace remit la conversation sur le portrait. Le traitant continuoit ses plaisanteries, lorsque, tout-à-coup, une voix l'appelle. Il se retourne. C'est l'original du portrait qu'il tenoit à la main qu'il apperçoit au-dessus d'un paravent. Il pensa mourir de frayeur, et il fallut, pour la faire cesser, que Garrick reprît, sur-le-champ, sa figure naturelle.

Avant de quitter ce département, nous avons visité la manufacture de glaces de Tour-la Ville, presque aussi célèbre que celle de Saint-Gobain. L'on y coule des glaces d'un très-grand modèle, que l'on fait passer, toutes brutes, à Cherbourg, d'où on les envoie, par la Seine, à Paris, où elles sont dégrossies et perfectionnées.

NOTES.

(1) C'est une justice que l'on ne peut refuser aux bénédictins. C'est le seul ordre religieux qui ait rendu de véritables services aux lettres, et qui ait, à travers les siècles d'ignorance et de barbarie, fait découler jusqu'à nous le canal d'une partie des connoissances humaines. Peu d'Ordres ont possédé un aussi grand nombre de travailleurs, et plusieurs ont mérité une grande réputation.

(2) Les frères de Saint-Yon, les Bons-fils, les frères de la Charité, les Cordeliers, les Lazaristes, etc.,

et tous les reptiles de ce genre payoient, à l'envi les uns des autres, des rétributions aux ministres de l'ancien régime pour avoir le plus de prisonniers possible. Ils avoient chacun leurs ministres plénipotentiaires auprès du ministre de Paris, ou du lieutenant de police, et ces ministres étoient les exempts de police à qui ces messieurs, pour parler vulgairement, graissoient largement la patte. Avoit-on vent d'une lettre de cachet, ils couroient dans l'antichambre du satrape demander la préférence. Un gouverneur de province n'étoit pas reçu avec plus d'honneur dans son gouvernement, qu'un exempt de police dans une maison de force, quand il y amenoit un prisonnier. Toute la maison étoit en l'air. Les meilleurs vins, la meilleure chère étoient prodigués au gredin de la police et à ses barbets; et tandis que l'hypocrisie et la vilité s'osculoient, on laissoit le prisonnier dans un coin seul avec sa vertu souvent, tandis que les dogues subalternes de la maison préparoient les fers dont on alloit charger ses mains.

(3) Clameur de Haro. Voyez ce que nous en avons dit dans le département de Seine-Inférieure.

(4) Anselme, *saint*, parce qu'il fut célèbre par son entêtement, fut archevêque de Cantorbery. Il y avoit deux papes alors, Guibert et Urbain II. Guillaume-le-Roux étoit pour Guibert, et Anselme pour Urbain. Il n'en fallut pas davantage pour les brouiller. Anselme traita Guillaume de maquereau, de couard, de paillard, le tout chrétiennement et saintement. Guillaume le chassa. Après sa mort il revint. Henri premier regnoit. Le saint tendrement lui chercha dispute sur les investitures. Il fut chassé de nouveau. Il mourut, et on le fit saint.

VOYAGE

DANS LES DÉPARTEMENS

DE LA FRANCE,

PAR UNE SOCIÉTÉ D'ARTISTES
ET DE GENS DE LETTRES;

Enrichi de Tableaux Géographiques
et d'Estampes.

L'aspect d'un peuple libre, est fait pour l'univers.
J. LA VALLÉE, *centenaire de la liberté.* Acte Ier.

A PARIS,

Chez Brion, dessinateur, rue de Vaugirard, N°. 98,
  près le Théatre François.
Chez Buisson, libraire, rue Hautefeuille, N°. 20.
Chez Desenne, libraire, galeries du Palais-Royal,
  numéros 1 et 2.
Chez les Directeurs de l'Imprimerie du Cercle Social,
  rue du Théatre-François, N°. 4.

1792.
L'AN QUATRIÈME DE LA LIBERTÉ.

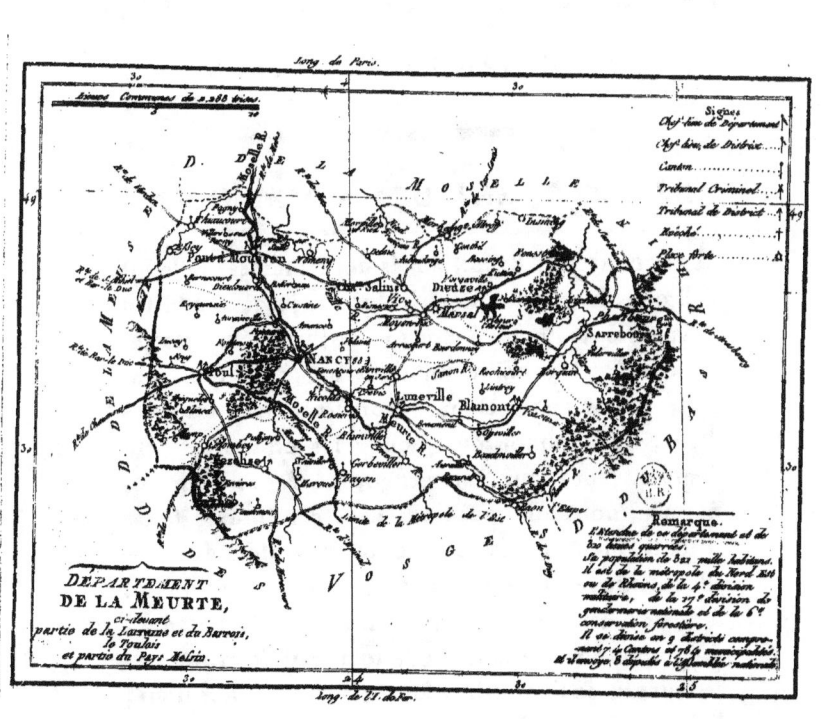

VOYAGE

DANS LES DÉPARTEMENS

DE LA FRANCE,

PAR UNE SOCIÉTÉ D'ARTISTES,

ET DE GENS DE LETTRES.

DÉPARTEMENT DE LA MEURTHE.

Toujours des Rois! jamais des Hommes! telle est l'histoire, Monsieur, depuis Homère jusqu'aux historiographes de France, morts le 14 juillet, et enterrés le 10 août. Des mille milliards de générations ont passé sur la terre. Depuis Homère l'on a toujours écrit : que connoissons-nous ? les crimes de cent familles. Nous qui commençons à écrire pour nos neveux, nous qui voudrions dans cet énorme fatras d'écrits, dictés par la flatterie ou la crainte des bastilles, trouver quelques traits de vertu à transmettre à la postérité, que notre mission est dégoûtante ! L'époque nous place entre le tombeau du crime, et le berceau de l'héroïsme. En regardant derrière nous, l'histoire du monde n'est qu'un champ semé de cadavres infects : en regardant devant nous, c'est l'espérance au front d'argent qui monte sur l'horison enveloppée d'un nuage d'azur. Qu'écrire donc ? l'histoire de l'extrême lisière où nous sommes placés : de ce rivage, où les flots orageux de cette mer de préjugés qui roule sur la terre depuis la création, viennent se briser contre ce roc inébranlable, enfanté par le volcan de la Liberté. Mais encore faut-il remonter à l'origine de l'étincelle, motrice première de ce feu si long-tems caché sous la cendre. Il nous faut lire pour épargner aux autres la peine de lire. Que de nausées, Monsieur, quand il faut prendre la coupe de Clio, y boire à longs traits une lie fétide, avant d'y rencontrer une goutte de Falerne !

Nous venons de parcourir ce département, où les arts ont déployé toutes leurs richesses. Quand quelque objet étonne nos regards, quelle main enfanta ce chef-d'œuvre ? disons-nous. Tel Roi, répond-on. Qui bâtit ce palais ? —— Tel Prince. —— Ce théâtre. Cette place, ces jardins, ces fontaines ? —— Tel Monarque. —— Tel Monarque ! mais avec quoi ? —— Avec ses trésors. —— De qui les tenoit-il ? —— Du peuple. —— du peuple ! imbécille qui me répondez, dites-donc que c'est le peuple qui a bâti toutes ces merveilles, puisque c'est avec son argent et ses bras qu'elles se sont élevées.

Mais qu'elle idée s'est-on formée des Rois, en leur attribuant ainsi l'honneur de tous les établissemens publics ? Disons la vérité : c'est que la flatterie s'est glissée dans tous les arts, dans toutes les sciences. Depuis le confiseur, qui nomme de mauvaises dragées *bombons du Roi*, jusqu'à l'astronome qui a fourré dans le ciel, la *harpe de David*, la *chevelure de Bérénice*, le *conquérant de l'Inde*, tout est farci de basses adulations. Il n'y a que l'histoire naturelle qui vraiment ait su adapter les noms aux choses. Elle appelle le lion qui dévore, le *Roi* des animaux : la baleine, dont la gueule engloutit cent poissons à-la-fois, la *Reine* des mers. Elle dit le tigre *Royal*, l'âne *Royal*, l'aigle *Royal*. Rien de mieux. Elle n'a jamais dit l'agneau *Royal*, la colombe *Royale*. Elle a bien senti qu'on se mocqueroit d'elle.

Ce département offre des sites charmans. Tantôt riches, tantôt agrestes, on passe successivement du luxe de l'agriculture, à la simplicité sauvage des bois et des bruyères. Il est rare que l'on rencontre un point de vue plus pittoresque, que l'immense bassin où Nancy repose. Des champs cultivés, tantôt coupés par le verd éclatant des pampres vigoureux, tantôt émaillés par les fleurs, dont le calice embellit les prairies, tantôt jaunis par l'épi pesant, que le zéphir semble faire rouler en flots nombreux, tantôt semés sans monotonie de maisons charmantes et de jardins enchantés, s'alongent, s'étendent, montent insensiblement vers l'horison, où l'œil, qui les suit avec volupté, s'arrête avec respect devant les cîmes neigeuses des Vosges, dont le front se perd dans les nuages qu'enflamment les rayons du midi. La Meurthe, en serpentant sur son lit de cailloux, s'avance avec grace sur ce théâtre vrai palais de la nature, caresse de ses flots les murs de Nancy, et se dérobe aux regards qui la cherchent encore entre les côteaux retrécis, que les pâtres innocens font retentir de leurs chansons champêtres. Tandis qu'*Amance*, sur la cîme d'un rocher, élève dans un vague lointain ses gothiques tours, rongées par le tems, Nancy, dans le fonds du vallon, déroule avec orgueil ses toîts modernes; et lorsqu'à l'extrémité du tableau, les flêches aiguës de S. Nicolas retracent à l'esprit les superstitions humaines, plus près de vous un obélisque rembruni par les ans, entouré de l'eau fangeuse d'un marais, rappelle au cœur l'écueil des grandeurs de la terre; la mort! cette mort terrible! qui dans les batailles forme si souvent de ses ailes le panache des héros; la mort! dont la faulx abattit en cet endroit le plus méchant des hommes, par conséquent le plus fameux : *Charles-le-Téméraire*, le dernier des Bourguignons.

Ici le caractère des habitans n'est pas tout-à-fait le même que dans les autres départemens. Peut-être n'y retrouve-t-on pas la même franchise, et un égoïsme plus distinct s'y fait-il remarquer. Il ne faudroit pas, je crois, remonter bien haut pour trouver l'origine de cette nuance. La Lorraine, pendant plus d'un siécle, a cruellement souffert du fléau de la guerre : des jours plus doux ont succédé à ces tems désastreux. Le cœur, jouissant avec une sorte de profusion de ce dont il fut si long-tems privé, s'est naturellement resserré. Il a, pour ainsi dire, comprimé en lui-même toutes ses affections. Il est devenu égoïste, par cela même qu'il fut long-tems dans l'impuissance de l'être : et l'usage d'avoir perdu, a amené la crainte de perdre. La sagacité d'esprit, assez générale dans ces cantons, a joint ses calculs aux sensations du cœur, et a fini par isoler les individus. Peu de villes comme *Nancy*, où les jeunes-gens soient moins liés entr'eux, symptôme

Nancy

de l'égoïsme ; où la parure les occupe davantage ; conséquences de l'égoïsme ; et où les petites malignités de société soient plus fréquentes, délassement de l'égoïsme.

En général, les *Nancéyens* sont émigratifs, les femmes sur-tout. L'attachement au sol n'est pas leur plus forte vertu. Il faut que cela tienne au caractère national, car peu de départemens présentent plus de ressources aux agrémens de la vie. On y trouve des vins d'une qualité agréable. Les meilleurs se consomment dans le pays, et les gens riches en préfèrent quelques-uns à d'autres de cantons plus estimés.

Le climat est moins beau qu'à Paris. Les hivers y sont pluvieux, les printems tardifs, les étés brûlans et orageux : l'automne y est la plus belle des saisons. Nancy est le chef-lieu de ce département. Cette ville est au rang des belles cités de l'empire. C'est sous le règne de Léopold, et pendant le séjour que Stanislas, Roi de Pologne, a fait en Lorraine, qu'elle a pris le degré de splendeur où elle est aujourd'hui. Nous vous en faisons passer une vue.

Ce que l'on appelle la ville vieille est un amas confus de maisons sans goût et sans architecture, que des rues étroites, tortueuses, et mal-saines séparent. C'est cependant dans ce quartier que la majeure partie des *seigneurs Lorrains* avoient leurs hôtels. L'orgueil de faire mesurer l'antiquité de leur origine sur la vétusté des bâtimens, l'emportoit sur la volupté des hôtels commodes et élégans que la ville neuve leur offroit en foule. Ils les laissoient aux financiers et aux commerçans, qui, plus sages qu'eux, comptoient au moins au nombre des qualités de l'argent les douceurs de la vie qu'il peut procurer. C'est dans cette ville vieille que se voyent les murailles épaisses et gothiques que l'on honore du nom de palais des anciens ducs de Lorraine, que l'on a converties en cazernes d'officiers, et où les espiègleries de MM. les sous-lieutenans *insultent* un peu aux souvenirs *majestueux* que fait naître le séjour des *souverains*.

Les ridicules se touchent. Autant les *Princes* Lorrains étoient mal logés de leur vivant, autant après leur mort étoient-ils superbement encavés. A côté de leur palais, aussi mesquin pour l'étendue que pour l'architecture, étoit l'église des *bons* cordeliers, bien engraissés des aumônes tardives qu'ils soutiroient à leurs gracieux *souverains*, lorsque la mort venoit les avertir de rendre compte d'une vie souvent un peu véreuse. Avoir régné, et mourir sans reproche, est un miracle que nos Thaumaturges ont oublié de faire, et certes sa nouveauté eût converti bien des gens. Nos cordeliers, qui le savoient impossible, fondoient leur cuisine sur les remords de Monsieur le mourant *couronné*, et lui vendoient le paradis à beau deniers comptans, plus ou moins, suivant le plus ou moins de crimes. L'argent reçu, on laissoit le Monsieur mourir en paix ; on l'embaumoit, on le doubloit de cèdre, de plomb, et de velours noir ; on le portoit en cérémonie dans le sein de ses pères, c'est-à-dire dans une rotonde magnifique, où les arts ont ciselé le marbre de toutes les couleurs, pour recéler une mauvaise pincée de poussière. Tout le peuple, en s'écriant, que c'est beau ! disoit, c'est notre *bon* Prince qui est mort : et tous les badauts, en visitant la rotonde, disoient : qu'on est heureux d'être Prince pour être enterré comme cela. Tel est le monde ! On auroit dit à ces curieux de tombeaux : ici près est la motte de terre qui couvre les os d'un laboureur qui, toute sa vie, a nourri ses semblables, rendu sa femme et ses enfans heureux, enrichi le mercenaire, secouru l'indigent, et payé sa dette à la nature, à la société, et à l'état : eût-elle arrêté leurs regards ? Non sans doute. Il y a des accapareurs de premières places après la mort comme pendant la vie. L'homme modeste n'a rien tant qu'il respire, ni quand il est mort. Voilà pourquoi le monde sera toujours mal gouverné. Les gens en place n'offrent point d'exemple à suivre, ni leurs tombeaux de leçons à retenir.

Dans cette église des cordeliers de Nancy sont enterrés les deux plus grands ennemis de la liberté des peuples, *Charles-le-Téméraire*, dernier duc de Bourgogne, et le cardinal de Lorraine (1). Un an avant sa mort, ce duc de Bourgogne, que l'on a cru honorer en le surnommant le *Téméraire*, le *Hardi*, le *Guerrier*, avoit perdu contre les Suisses, qu'il vouloit asservir, cette fameuse bataille de *Morat*, où ces hommes libres, armés simplement de piques et de spadons, triomphèrent de la formidable artillerie, et de la célèbre gendarmerie de Bourgogne. Une charette, chargée de peaux de moutons, conduite par un Suisse, passe dans le pays de Vaud. Un petit brigand, *Jacques de Savoie, comte de Romond*, vole au Suisse sa charette et ses peaux. Les Suisses, pour l'en punir, s'emparent de quelques bicoques sur le territoire du voleur. Un petit brigand en trouve bientôt un grand pour le protéger. Le duc de Bourgogne fut le *grand* de l'aventure, et s'arma pour dépouiller les volés et le voleur. Les Suisses le rossèrent à *Gransen*. Il ne fut pas content, voulut prendre sa revanche, et la fameuse journée de *Morat* lui apprit qu'un peuple libre ne se dompte pas si facilement. Il y perdit dix-huit mille hommes. Les Suisses entassèrent les os des vaincus dans une petite chapelle, sur le bord du lac de Genève, avec cette inscription : *Invictissimi atque fortissimi, Caroli ducis Burgundiæ exercitus, Muratum obsidens, contra Helveticos pugnans. Hic sui monumentum reliquit. Anno* 1476.

Le *Téméraire* auroit dû servir d'exemple à ses pareils, si les despotes pouvoient s'instruire aux dépens de leurs semblables. O France! ô ma patrie, nom si cher, nom si doux pour le cœur d'un homme de bien! toi, que je porte toute entière dans mon cœur, objet du sacrifice de toutes mes affections, de toutes mes facultés, de toute mon existence! Puissent les Prussiens trouver leur *Morat* dans tes plaines! puisse la postérité lire un jour sur les monceaux de leurs os la punition des esclaves dont le bras se vend aux féroces volontés des tyrans.

Ce fut presque en sortant de cette défaite de Morat que Charles-le-Téméraire vint périr devant Nancy, dont il entreprit le siége, plus par haine contre Louis XI, qui protégeoit le duc de Lorraine, que par esprit de conquête. Un de ses principaux officiers, *Campo-Basso*, Napolitain, vendu au duc de Lorraine, causa, par sa défection, la perte du *duc de Bourgogne*. Forcé de fuir après la bataille, le cheval de ce Prince s'enfonça dans un marais. Ce fut là que la mort l'atteignit : et l'obélisque dont nous avons déjà parlé, et que l'on voit aujourd'hui dans le marais de la porte S. Jean à Nancy, marque la place où il périt.

Tout ce que l'on appelle ville neuve, à Nancy, est vraiment magnifique. Les rues et les places y sont surtout de la plus grande majesté. Rien n'est plus élégant, plus frais, plus flatteur à l'œil, que l'espèce de rue appellée la carrière, qu'une allée d'arbres ombrage, que des bâtimens d'architecture uniforme prolongent, qu'un arc de triomphe ouvre, que l'hôtel du gouverneur termine, et d'où l'on sort par deux colonnades, dont l'une communique à la ville vieille, et l'autre à une promenade, dite la Pépinière, dont l'on chercheroit vainement ailleurs le parallèle.

La place, qui, sans doute, aura perdu son nom de *Royale*, est d'une beauté plus sévère. La maison commune, l'un des plus beaux édifices qui soit en France, occupe l'une des faces. Les deux façades latérales, coupées dans leur centre par deux rues immenses, dont les extrémités aboutissent à deux portes de la ville bâties en arc de triomphe, forment quatre pavillons carrés. L'hôtel des *douanes*, celui de l'*intendance*, celui de la *comédie*, et le quatrième, occupé par des particuliers, composent ces deux latérales. La face opposée à la maison commune est formée de maisons uniformes, mais plus basses, pour laisser voir dans toute sa grace l'arc de triomphe dont nous avons déjà parlé, qui communique à la carrière. Quatre grilles, du dessein le plus noble, accompagnées de fontaines en bronzes et en rocailles, ferment les quatre angles.

Au milieu de cette place s'élevoit avec orgueil la statue pédestre de Louis XV, que le patriotisme des habitans de Nancy aura, nous n'en doutons pas, convertie en canons. Les Rois appelloient les canons leur dernière raison : *ultima ratio Regum*. Le peuple, en faisant servir leurs statues à faire des canons, pourra les appeller *unique bienfait* des Rois.

Il en est de même du monument dont la place d'alliance est décorée. Il fut érigé pour perpétuer le souvenir de l'alliance entre les *Bourbons* et la *maison d'Autriche*. Comme les ornemens en sont en plomb, il seroit plaisant que l'on en fît des balles pour terrasser les Autrichiens, et que le monument de l'alliance devînt précisément l'instrument de la rupture éternelle.

Les casernes sont magnifiques, l'hôpital est beau. Les portes, dites *Royale*, *Stainville*, *Sainte-Catherine*, et *S. Pierre* sont d'un beau style. Les autres édifices, tels que les églises, par exemple, sont méprisables, et là, comme dans bien d'autres lieux, l'évêque étoit mieux logé que le Dieu qu'il feignoit d'encenser. Avant la révolution, la chaire moderne de l'épiscopat de Nancy ne comptoit guères que deux apôtres marquans, MM. de Fontanges et la Fare. Il est assez singulier que les noms de deux évêques doivent leur illustration à des vices. Madame de Fontanges étoit libertine de cœur, M. de la Fare libertin d'esprit.

Il y auroit comme cela, de tems en tems, des généalogies à rappeller qui ne seroient pas sans fruit, pour apprendre aux hommes le peu d'estime qu'ils devoient faire de ces grands, si gonflés jadis des mérites de leurs pères : celle du traître la Fayette, par exemple. Si l'on eût dit, il y a quelques années, que tous les ayeux de cet homme s'étoient fait tuer pour défendre des causes injustes, on auroit pu prévoir les destinées de leur fils.

Gilbert *Moitié* fut tué en 1356 à la bataille de Poitiers. Il défendoit le plus étourdi, comme le plus insolent des Rois, Jean II, contre le meilleur des Princes, s'il en est de bons, le *Prince Noir*.

Gilbert *de la Fayette* fut appellé, sous Charles VII, le Restaurateur de la Liberté Française, parce qu'il avoit remis la France sous le joug d'un conquérant voluptueux.

François *de la Fayette* fut tué à la bataille de Saint-Quentin, en 1557. Ce n'étoit pas la France qu'il servoit, mais l'ambition du Montmorency, qui sacrifioit la vie de dix mille hommes pour conserver la faveur de Henri II.

Pietre *de la Fayette* fut tué à la bataille de Moncontour. Il combattoit contre la plus juste des causes, la tolérance du culte.

Charles *de la Fayette* fut tué à la bataille d'Etampes. Il combattoit pour Catherine de Médicis.

Le la Fayette (2) d'aujourd'hui sera tué je ne sais pas où, mais on peut présumer par qui.

Nancy n'est pas au nombre des anciennes villes. Avant le douzième siècle elle n'étoit pas connue. Un château, appartenant à un seigneur nommé Droguon, et acquis par un *Matthieu*, duc de Lorraine, est son origine première : successivement quelques maisons s'élevèrent autour de la maison des ducs. Ils firent bâtir sur la Meurthe un pont que l'on voit encore. Il ouvrit les communications avec la Lorraine allemande, et insensiblement une ville se forma. La nécessité de repousser la guerre la fit fortifier plusieurs fois, et plusieurs fois aussi la nécessité d'accéder à la paix, la fit démanteler. Aujourd'hui il ne lui reste plus pour défense que deux mauvaises tours, appellées citadelle, et qui ne sont pas même un château. Toute la ville neuve, et principalement le faubourg S. Pierre immense dans son étendue, sont de la création de Stanislas. C'est au bout de ce faubourg que, dans une vilaine église de moines, gît le mausolée du *détrôné*. C'est un chef-d'œuvre de Girardon.

Le démon de la contre-révolution, planant sur la tête du perfide Bouillé, a vomi ses premières fureurs contre les murs de cette ville. Il sera possible que la postérité trouve un peu d'obscurité dans cette époque de la révolution Française : les faits exagérés par les écrivains des deux partis, laisseront les lecteurs d'alors dans le doute, où gît le vrai point de la vérité. Il n'y a donc qu'un moyen de la remettre dans tout son jour; c'est en rétablissant la question. De quoi s'agissoit-il ? de deux régimens (3) qui demandoient qu'on leur rendît compte de leurs deniers ; qui ne les disoient pas mal administrés, mais qui vouloient voir comment ils étoient administrés ; qui étoient approuvés et non pas excités dans leur conduite par tous les bons citoyens de Nancy. Pour sentir à présent comme un motif si foible, mais si juste a amené des suites si funestes, il faut dire que la révolution cheminoit, et qu'en conséquence le nombre des malveillans grossissoit, que le germe de la corruption se développoit dans l'assemblée constituante, et que les scélérats de tout genre n'attendoient qu'une fausse démarche, un décret léger de cette assemblée pour couvrir leurs fureurs du masque de la loi. Cela n'étoit ni fin ni difficile. Ces deux régimens envoient des députés à l'assemblée pour obtenir la connoissance de leurs comptes. L'assemblée rend un décret général, pour que, sous les yeux de commissaires officiels, on rende dans tout l'empire compte aux soldats de l'état des caisses depuis telle époque. Qu'arrive-t-il ? C'est que, pendant que le décret sort, les agitateurs, sous le masque du patriotisme, entraînent les soldats de Nancy à mettre la caisse de leurs corps sous leur sauve-garde. L'assemblée, instruite par des rapporteurs perfides de comités gangrenés, de cet acte de violence, ne fait pas réflexion que son décret a pu, ou n'être pas encore expédié à Nancy, ou caché peut-être par ceux même qui vouloient le trouble, ce qui étoit vrai à la lettre, et lance un second décret de proscription contre cette garnison. Ainsi, l'on voit clairement que les aristocrates, qui avoient fait faire une fausse démarche à l'assemblée, avoient eu plein succès dans leurs combinaisons. Armé de ce second décret, Bouillé marche contre Nancy. Qu'avoit-on à lui dire ? Il auroit répondu insolemment, je marche au nom de la loi, je suis fidèle à mon serment. N'avoit-il pas légalement le droit d'être parjure et contre-révolutionnaire ? Quand un assassin entroit dans la bastille pour couper le cou à un innocent, il montroit l'ordre du Roi : n'avoit-il pas le droit d'être assassin sans reproche ? (4) Voilà la logique de

Bouillé. Un décret m'ordonne de vous assassiner, je vous assassine, vous êtes trop heureux.

Telles sont, en peu de mots, les causes et les ressorts de l'affaire de Nancy. Tout l'empire, pendant quelques minutes, chargea cette ville de malédictions: tout le troupeau de la Fayette fit des fêtes funèbres et prétendues civiques en l'honneur des morts de cette déplorable journée. Les observateurs patriotes furent les seuls à savoir à quoi s'en tenir. Mais le jour de la vérité est venu, et la voilà. La voilà toute nue, sans exagération, comme sans partialité; et telle que la diroit un aristocrate, s'il étoit possible qu'il en existât un de bonne-foi.

Le jour est venu aussi de briser ces idoles d'un quart d'heure, qu'un parti triomphant érige, et dont la renommée répète le nom, sans savoir si c'est de Cincinnatus ou de Cartouche dont elle parle. Nous avons vu le buste de *Desiles* couronné de chêne à l'assemblée constituante : nous l'avons vu en gravure figurer à côté des *d'Assas* et des *de Wolf* : nous l'avons vu sur la scène recueillir les *bravo* d'un parterre à épaulettes : nous ne l'avons pas vu au Panthéon, mais peu s'en est fallu, graces aux adulateurs de toutes les castes ! Qu'avoit donc fait *Desiles* ? Rien, ou, pour mieux dire, une étourderie perfide.

Desiles, sous-lieutenant, étoit de garde à la porte neuve avec un capitaine de son corps. Il s'y trouvoit une pièce de canon que les citoyens soldats y avoient amenée. La troupe, sous les ordres de ces deux officiers, étoit accrue par le peuple qui s'y trouvoit en foule. Ils affectoient ce patriotisme bavard, qui n'est

assis que sur les lèvres, et ne va pas plus loin, parce que dans la tête il ne trouveroit qu'une ame perfide, et dans le corps qu'un cœur gâté. Quand ces gredins approcheront, crioient-ils. il faut les écraser, il faut les tuer. Raisonnement du lâche, qui combat l'air que les colonnes ennemies font refluer, et repose ses jambes pour s'enfuir quand elles s'approcheront. Bouillé paroît enfin, et avec lui sa colonne de soldats égarés. Alors le langage de *Desiles* change. Ce ne sont plus des gredins qu'il faut immoler. Ce sont des frères avec qui l'on doit parlementer. " Il faut attendre, il faut
" temporiser : enfin peut-être leurs intentions ne sont
" pas mauvaises. Que risque-t-on à les laisser appro-
" cher ? " Que risque-t-on ! et *Desiles* savoit que Bouillé avoit promis une heure de pillage à ses hussards! et *Desiles* savoit que Bouillé, nouvel Edouard, avoit demandé la tête de cinq hommes pour le prix du salut du reste des habitans! Quand il s'avance à la bouche du canon, pour enchaîner par cet apparent héroïsme la juste fureur des habitans de Nancy, il sait donc que la récompense de cette modération magnanime qu'il leur demande sera le pillage de leurs maisons, et le supplice des plus patriotes. O scélératesse sans exemple ! qui, dans le fort des dangers, conserve encore le masque de la vertu, pour séduire, trahir, et poignarder. On ne l'écouta pas. Il s'étoit avancé à l'alignement de la bouche du canon, et non pas, comme on l'a dit, en face de la bouche du canon. On lui crie de se ranger, que l'on va tirer : il n'en tient compte. Un coup de fusil part. Ce coup de fusil fut un crime. Juste envers tous, l'assassin qui frappa *Desiles* m'est

B

aussi odieux que *Desiles* hypocrite, servant les contre-révolutionnaires. Il falloit l'arracher de force de la place où il se tenoit, mais il ne falloit pas le tuer. Le coup l'atteint. Il porte sur le côté de la cuisse, justement à la place où dans une poche en long il tenoit ses clefs. La douleur le fait chanceler. Ses bras cherchent un appui, et s'étendent machinalement vers la bouche du canon placé à ses côtés. L'imagination, qui sait tout embellir, a fait de ce mouvement forcé de *Desiles* une effervescence spontanée de dévouement patriotique. Mais loin des amis de la vérité ces caricatures enfantées par les peintres, accueillies par les crédules, et célébrées par les imposteurs! Que les statues de *Desiles* tombent donc en poussière devant la vérité. Si *Desiles* eût été dans l'armée de Bouillé, qu'il se fût précipité devant la bouche d'un canon pour l'empêcher de tirer sur les citoyens de Nancy, voilà comment il eût mérité le surnom de héros, parce qu'alors, enchaîné sous les drapeaux de l'injustice, il eût empêché le cours de cette injustice. Mais attaché au parti de la justice, et se précipiter sur la bouche d'un canon pour empêcher cette justice de triompher de la perversité, ce n'est pas l'action d'un héros, c'est le *nec plus ultra* d'un traître.

A trois quarts de lieues de Nancy, sur le penchant des montagnes qui bornent la campagne au couchant, on voit cette maison si superbe et si célèbre de *Mareville*, où l'ancien régime entassoit ses victimes. C'étoit là que cent vingt frères, appellés *Yonistes*, vivoient de l'infortune de cinq cents opprimés. C'étoit là que ces agens de la scélératesse des ministres, de la cupidité, de la partialité, et de la barbarie des familles faisoient pleuvoir goutte à goutte la tyrannie, mais la tyrannie puérile, mais les petits tourmens monacaux sur les malheureux confiés à leur geole. Nuls ne possédoient à un plus haut degré l'art de prolonger les souffrances, de multiplier les pointes de l'angoisse, de disséminer la poussière corrosive de l'adversité, et de couvrir d'un voile de bonheur, de calme, de douceur et d'opulence, le séjour magnifique dont les larmes de l'esclavage pourissoient les murailles. Les étrangers auroient juré que c'étoit le temple de la félicité. Là, tout, jusqu'à l'autel somptueux où l'on conduisoit les damnés de cet enfer adorer un Dieu bienfaiteur, étoit bâti avec l'aliment retranché à la vie des victimes du despotisme. Là les chefs oisifs de cette arche de mort dormoient paisiblement sur le duvet, au bruit formidable des chaînes, dont le silence des cachots retentissoit pendant les nuits. Là j'ai vu jadis les maréchaux de France, les intendans, les évêques, venir étaler dans la joie des festins l'opprobre de s'assimiler avec de vils geoliers, et l'inhumanité de rire dans des lieux où l'innocence outragée appelloit la foudre du ciel. Mais là, graces à la liberté, nous venons de voir aussi la terreur écrite sur le front de ces tyrans *liliputiens*, moucherons nombreux que l'oppression avoit soufflés sur la terre, et qui sont rentrés dans la poudre au retour de la vérité. Jugez, Monsieur, de l'état d'aisance où les prisonniers de cette maison devoient être. Leurs frauduleux guichetiers trouvoient le secret sur le retranchement des fournitures que les pensions du gouvernement ou des familles payoient, de se faire un revenu de cent mille livres de rente, et de nourrir un troupeau de cent vingt frères. Aussi la bicoque que le *Roi Stanislas* leur avoit *royalement* donné pour établir une fabrique de *persécution* chrétienne, s'étoit-elle, en moins de 30 ans, changée en un palais immense. Une basilique fastueuse s'étoit élevée! un village s'étoit étendu sur le côteau! des champs superbes, des vignes abondantes, des jardins féconds avoient uni leur opulence à la moderne colonie! et la tyrannie engraissée faisoit refluer l'or dans les bureaux de Versailles pour acheter des persécutés. Que c'étoit un bon métier que de vendre des lettres-de cachet! Des familles donnoient de l'or pour en obtenir, et des geoliers donnoient des diamans pour qu'on ne les refusât pas. O le bon tems! et vous vous étonnez, peuple Français, de la lâcheté des aristocrates! mais comparez donc : et dites-moi si ceux dont le cœur rappelle ces jours de corruption, peuvent être de braves gens.

Stanislas avoit aux portes de Nancy une maison de plaisance appellée *mal-grange*, ou mauvaise grange. Ce nom est assez bien trouvé pour la maison d'un Roi. A coup sûr, tout ce que le peuple dépose dans une grange semblable est bien vite dénaturé ou corrompu. *Lunéville* étoit le Versailles du bon-homme *détrôné*. Ce palais a quelque connexité avec le *Luxembourg*. Les jardins étoient, dit-on, magnifiques jadis. Aujourd'hui tout est dévasté. Depuis la mort de Stanislas, Lunéville a servi successivement de casernes à la gendarmerie et aux carabiniers.

Avant de se rendre de *Nancy* à *Lunéville*, on voit

S. Nicolas, petite ville ancienne, refuge de la superstition, grace à une abbaye de bénédictins, qui trouvoit son compte à la propagation des fables que l'on débitoit dans leur église. Des reliques de *S. Nicolas*, évêque de *Myre*, des chaînes de chevaliers qui se trouvent tout-à-coup transportées de la *Palestine* en *Lorraine*, des revenans, des feux folets, tout cela étoit d'un très-bon rapport pour les enfans de S. Benoît: mais comme ce rapport est très-médiocre pour l'esprit, nous ne vous en parlerons pas plus que de la chartreuse de Nancy, qui, comme toutes les maisons de ce genre, n'offroit qu'un luxe révoltant, et un égoïsme insupportable.

Toul, dont nous vous envoyons une vue, est d'un tout autre intérêt. C'est une jolie ville, située sur la *Moselle*, dans un vallon aussi agréable que fertile. Il est à présumer que ceux qui lui donnent pour fondateur *Tullus Hostilius*, Roi de Rome, ont été égarés par le desir de reculer l'antiquité de cette ville. Comment *Tullus Hostilius*, Roi d'un petit canton de l'Italie, seroit-il venu dans les Gaules pour y fonder une ville, lui qui avoit bien assez de peine à défendre la sienne des entreprises de ses voisins? Tout ce que l'on peut dire, c'est que Toul est au nombre des villes dont l'origine s'est perdue dans la nuit des tems. Elle n'a point de monumens dignes de fixer l'attention des voyageurs: sa cathédrale est gothique, vaste, mais sans ornement ni majesté: c'est un énorme amas de pierres, et voilà tout.

Dans les départemens de la *Meuse* et de la *Moselle*, je vous ai entretenu assez longuement du régime ancien des *ci-devant* Trois-Evêchés. Ainsi, je ne me répéterai point ici. Tout ce que je peux vous dire, c'est qu'aujourd'hui *Toul* n'a point l'air de regretter aucun des anciens régimes. Nul évêché ne fut plus fécond en saints. On compte vingt-deux évêques de Toul, saints sans contredit, car, depuis quinze à seize cents ans, tout le monde l'assure. Je ne sais pas si c'est ici le cas de dire : *vox populi*, *vox Dei*. Toul avoit jadis à ses portes une maison royale, appelée *Savonières*, qui n'est plus qu'un misérable bourg. Charles-le-Chauve, en 859, y fit célébrer un concile. Là cet imbécille Roi, suivi de ses deux neveux, *Lothaire* et *Charles*, se plaignit amèrement de *Ganelon*, archevêque de *Sens*, convaincu de trahison pour avoir servi *Louis*, frère et ennemi du Roi, et n'obtint pas justice. Assembler des prêtres pour obtenir justice d'un prêtre, il faut avoir perdu la tête.

En 1700, Louis XIV fit raser les murailles de Toul, et des fortifications modernes se sont élevées sur les anciennes. Le pont de pierre que l'on voit sur la Moselle a été construit aussi sous son règne. Les vins de ses environs sont assez estimés, et passent presque tous en Allemagne et dans le pays de *Liège*.

Ce département renferme une foule de petites villes dont je ne vous ferai point l'énumération. La carte géographique y suppléera. Nulles ne présentent un objet de curiosité au lecteur, si l'on en excepte *Pont-à-Mousson*. Située sur la Moselle, cette ville est agréable, et tire son nom d'un vieux château ruiné, que l'on nommoit Mousson. Le cardinal de Lorraine y fonda une université en 1573. La translation de cette université à Nancy a fait beaucoup de tort à Pont-à-Mousson. Mais telle étoit la politique destructive de l'ancien régime, de maigrir les villes d'un ordre inférieur pour engraisser les capitales, comme si l'opulence de quelques villes devoit être le symptôme de celle du reste de l'empire. Cette opinion étoit bien mal digérée; car au contraire, dans un état, la splendeur privilégiée de quelques villes, est un symptôme de l'*énervure* des autres : c'est une preuve que les poids ne sont plus égaux, et le superflu en biens dans une ville ne se peut qu'en raison de l'accroissement en maux dans telle autre. Mais tel étoit le déraisonnable orgueil des grands d'autrefois : où gissoit une ombre de Roi, il falloit des masses de richesses nationales, et ces masses alloient par-tout en dégradation, à mesure que la représentation de cette autorité royale se rapetissoit. L'homme a pourtant les mêmes besoins par-tout; mais, suivant ces Messieurs, l'homme placé loin des trônes avoit moins de droits à la vie.

Outre cette université, que *Pont-à-Mousson* avoit perdue, Nancy avoit encore une académie. J'ai assisté à l'une de ses séances : c'étoit une mauvaise caricature de l'académie française. Là se trouvoient unis à l'orgueil, à la morgue, à la prétention de ces républiques aristocrates, dites des lettres, tout le ridicule, toutes les momeries, toutes les puérilités du faux savoir. L'académie de Nancy étoit le *Bourgeois Gentilhomme* des académies. Les fleurs de sa robe de chambre étoient toujours la tête en bas, parce que ses teinturiers lui disoient que les grands seigneurs ou les grandes académies la portoient ainsi. Dans une salle de la maison commune, tapissée d'échafaudages d'attente pour l'homme qui voudroit peindre les voûtes de ce *Museum*, s'asseyoit autour d'une table de billard, ou peu s'en faut, un quarteron de savans bien boursoufflés, bien roides, bien sérieux, dont les petits esprits rassembloient pendant un an toutes leurs forces, pour dire, pendant une minute, nous sommes de grands génies. Le seigneur *Presœs* ouvroit la séance par un beau compliment en français Lorrain à *Messiores assistantes*. Ensuite de grands *docteurs* faisoient de beaux discours. L'un prouvoit *algébriquement* qu'un, plus deux, étoit égal à trois; l'autre lisoit lentement de petits vers bien longs. Beaucoup ne disoient mot, parce qu'ils n'avoient rien *copié*. L'assemblée, les yeux, la bouche, et les oreilles ouvertes, faisoit l'impossible pour entendre quelque chose, et finissoit par n'avoir rien entendu. Chacun disoit : la belle chose qu'une académie ! et l'homme de génie, que des voyages ou des circonstances jettoient dans Nancy à l'époque de cette séance fameuse, rioit dans un coin des encenseurs et des encensés, et ne concevoit pas comment une ville pleine de gens d'un mérite réel consacroit trois heures, dans certains jours de l'année, à venir applaudir au ridicule. Les séances publiques des académies ressemblent à certaines fêtes de l'antiquité, où les peuples adoroient les divinités mal-faisantes.

La situation de *Rosières*, petite ville des environs de Nancy, nous a paru tellement pittoresque, que, malgré le peu d'importance de cet endroit, nous nous sommes décidés à vous l'envoyer. *Phaltzbourg*, célèbre par ses liqueurs, et *Lixheim*, méritent quelque attention par leurs fortifications, mais une chose remarquable est le marais ou étang de l'*Indre*, que l'on voit dans les environs de *Dieuze*. En lâchant cet étang, il inonderoit plus de sept lieues de terrein, et pourroit envelopper sous ses eaux une armée ennemie qui tenteroit de pénétrer dans ce pays. Au milieu de cet étang se trouve un village, ou plutôt une petite île couverte de quelques chaumières, que l'on nomme *Tarquin-Pole*. Une tradition fabuleuse donne pour fondateur à ce village un parent de Tarquin, que la liberté de Rome fit fuir loin de sa patrie, et de l'infortune de ce Roi, dont il partageoit le nom exécré.

Ainsi donc les tyrans ne peuvent fuir leur renommée : et la fable, de concert avec l'histoire, répètent leurs crimes aux générations. Ombre du fils de ce Tarquin ! s'il est vrai que jadis, cachant à l'univers l'horreur de ton nom au sein des glayeuls de l'Indre, tu vins si loin du palais que ton père souilla de ses crimes, ombre malheureuse ! réveille-toi. Parles aux chefs des brigands du Nord, comptes-leur la honte dont se couvrit Porsenna, en embrassant la cause d'un despote détrôné, en osant marcher contre un peuple libre : dis-leur que tu fus témoin de la généreuse audace de *Scevola* : dis-leur que le cœur des hommes ne change point, qu'il n'y a de passager que les trônes : que par-tout où l'on trouve des peuples libres, le mépris est le partage du diadême : qu'entre *Tarquin* et *Louis XVI*, entre un Roi de Prusse et un Roi d'Etrurie, il n'y a de différence que les noms. Ne t'effraies point, ombre errante ! tu vas voir le nom de *Brutus* sur tous les fronts de la France : que ce nom sacré ne te replonge pas dans les ténèbres éternelles : marche ! vole aux tentes du *Brunswick* et du *Prussien* : dis-leur ce que tu fus, ce que fut ton pére : montres-leur la fange où tu te cachas ; qu'ils connoissent à ton sort celui que les tyrans, leurs *Arons* et leurs *souteneurs* se préparent. Nommes-leur *Rome*, c'est une grande leçon pour les Rois.

Les salines de ce départemant sont un des grands avantages de son territoire, celles de *Dieuse*, de *Vic*, de *Château-Salins*, sont les plus renommées. Le procédé pour faire le sel n'est pas le même par-tout. Ici, à l'aide d'une pompe que des chevaux font mouvoir, l'eau monte des puits profonds où la nature a caché les sources d'eau salée. Elle tombe dans un réservoir, d'où elle coule dans une sorte de cuve, sous laquelle brûle, pendant vingt-quatre heures, un grand feu, à raison de dix cordes de bois pour 15 pouces d'eau. Dans d'autres endroits, le sel se fait dans des bâtimens longs, disposés en forme de halles. Dans le bas est un réservoir. Au-dessus est un plancher percé à jour. Au dessus du plancher on entasse des fagots jusqu'au toit du bâtiment. L'eau, élevée à cette hauteur, au moyen des pompes, tombe sur ces fagots, et filtre à travers ; l'air fait évaporer l'eau-douce, et le sel tombe dans le réservoir.

L'aspect de *Vic* est agréable, et nous en avons fait dessiner une vue, que nous vous faisons passer. Sans l'indigne lâcheté des habitans de *Longwy*, ce département ne seroit pas exposé aujourd'hui à devenir la proie des hordes du Nord. Si les peuples savoient

Rosieres

l'estime que les conquérans même portent aux généreux défenseurs de leurs foyers, nuls ne songeroient à les livrer qu'après la plus courageuse résistance. Cette réflexion me rappelle une anecdote bien à l'ordre du jour. *Soliman* assiégeoit *Budes* en personne. Au bout de quelques jours de siége, la ville lui fut livrée : il en prit possession, et tandis que ses troupes faisoient une fouille scrupuleuse pour découvrir tous les lieux où l'on auroit pu déposer des munitions, l'on trouva dans un cachot un homme chargé de chaînes. On le conduisit devant *Soliman*. C'étoit *Nadasti*, gouverneur de *Budes*. Le Sultan voulut savoir pourquoi les Allemands avoient fait éprouver un sort semblable à un homme commis pour les commander ? C'est, avouèrent-ils, pour nous avoir traités de lâches et de perfides, quand nous lui avons proposé de capituler avec vous. *Soliman*, indigné de cette bassesse, délivra *Nadasti* de ses chaînes, le combla de caresses, de dons, et de faveurs, et fit passer au fil de l'épée les traîtres qui avoient si mal secondé les vœux d'un chef si magnanime. Exemple terrible, mais juste, fait pour intimider les hommes assez vils pour préférer le deshonneur du nom de traîtres à la gloire d'une mort toujours incertaine, mais honorable.

Le sol de ce département est généralement fertile, et dans les lieux où le laboureur trouve une terre moins féconde, la nature dédommage les habitans par la richesse des mines de fer et des sources salées. Cependant il nous a semblé que l'art de l'agriculture y marche pesamment, et tient plus à la routine qu'aux lumières que donnent les expériences de combinaisons nouvelles. Le paysan semble dire, mes pères ont labouré ainsi, je ferai comme eux, et n'irai pas plus loin. Il viendra un tems où le gouvernement de la république Française, délassé des secousses que l'éducation de la liberté lui fait éprouver, devra s'occuper du soin d'améliorer, ou, pour mieux dire, d'étendre les limites que certains cantons de la France semblent avoir prescrits à cet art important. Rien n'est plus commun, dans ces cantons, que de voir une charrue attelée de quatre bœufs et de cinq ou six chevaux ; et cependant les terres n'y sont pas plus lourdes que dans la ci-devant Normandie, où trois chevaux suffisent. Cette multiplication d'êtres doit nécessairement miner les fermiers.

On trouve fréquemment ici des manufactures dont les objets sont intéressans, et l'industrie s'y montre avec activité. Des draps de toutes qualités, des ratines, des toiles, des dentelles, des mousselines brodées, des mouchoirs, des siamoises, des toiles, des fayences, des porcelaines, beaucoup de verreries, de brasseries, de tanneries, tels sont les principaux articles de commerce de ce pays, qui a fourni plusieurs grands hommes.

Le plus étonnant de tous c'est *Duval*, mort bibliothécaire de l'empereur François Ier. Quoique né à *Artonnay*, en Champagne, on peut dire qu'il appartient à ce département ci, puisque c'est là qu'il s'est formé aux vertus comme aux sciences. Orphelin à dix ans, chassé de son pays, errant parmi les glaces affreuses de 1709, sans asyle et sans pain, surpris par la petite vérole au milieu des neiges, n'ayant pour médecin que la nature, et les caresses de quelques moutons, habitans d'un étable, où la charité d'un paysan l'avoit admis, son enfance fut un miracle de la providence, comme son éducation en fut un du génie et du hasard. Devenu vacher des grossiers hermites de Sainte-Anne, près Lunéville, une méchante bibliothèque bleue fut la source impure où il puisa le premier goût des sciences. Mais sans argent, comment avoir des livres ? Pendant un an, reployé sur lui-même, mu par son génie et cette flamme invincible qui force à réussir, il tend dans les bois des pièges aux animaux sauvages. Leur dépouille, à la longue, lui vaut quarante écus, et c'est la première base de sa bibliothèque. Découvert par le célèbre Forster, et bientôt après par Léopold, sa fortune, comme son génie, n'eurent plus de bornes, graces à leurs bienfaits, et quatre-vingts ans d'une vie, dont l'aurore avoit été si menacée, ont laissé un souvenir qui ne passera jamais.

Le père Mainbourg, cet écrivain quelquefois si ridicule, rarement exact, et toujours boursoufflé, étoit de Nancy. C'est de lui que Molière a dit, quand on avoit l'audace de lui reprocher son Tartuffe : « est-il » étonnant que je mette des sermons sur le théâtre, » tandis que le père Mainbourg met des comédies en » chaire »? Ce Mainbourg que madame de Sevigné louange tant, avoit été chassé des Jésuites pour avoir écrit contre le Pape. Les Jansénistes ont eu en lui un ennemi plus tapageur que redoutable. Il a beaucoup écrit sans rien ajouter aux lumières.

Nancy s'honore davantage d'avoir donné le jour à Callot, ce dessinateur, ce graveur si fécond, si étonnant, et quelquefois si admirablement burlesque. Il joignoit à de grands talens une belle ame. Louis XIII lui proposa de graver le siége de Nancy. « A Dieu ne » plaise, dit-il, que je fasse jamais rien contre l'hon- » neur de mon pays. »

Comme littérateurs, et pénétrés du respect que l'on doit au caractère auguste de l'homme-de-lettres, dont les travaux et les veilles ne doivent être consacrés qu'à sa patrie, à la justice, et à l'amour de la vérité, nous ne flétririons pas notre ouvrage du nom de *Chevrier* (5). Mais nous écrivons pour l'instruction de tous les hommes. Et l'exemple de *Chevrier* est une leçon importante pour les jeunes-gens que le goût d'écrire entraîne. De l'esprit, de l'imagination, une facilité précieuse furent les dons qu'il reçut de la nature. La malignité, la causticité corrompirent tout. Il vécut détesté, il mourut méprisé. Ce fut là le fruit du funeste emploi qu'il fit de ses talens. Les jeunes-gens croient avec peine qu'il n'y a d'esprit qu'à n'être point méchant. Un premier trait mordant est applaudi; c'en est assez souvent, et les talens d'un homme sont perdus pour l'humanité, son esprit pour la raison, son génie pour l'équité, ses jours pour la patrie, et sa vie pour la gloire : ainsi le vol heureux d'un quarteron d'épingles décida des forfaits de Cartouche. Jeunesgens, qui prétendez à écrire ! Songez que l'homme de lettres est plus souvent en société avec ses écrits qu'avec le monde. Ne vous faites donc pas de compagnons dont vous puissiez rougir. Voudriez-vous vivre avec des scélérats. Il faut qu'à l'heure de sa mort l'homme de lettres, environné de ses ouvrages comme d'autant d'enfans, n'en ait aucun qu'il puisse exhéréder, que tous méritent sa bénédiction, et qu'il puisse leur dire : je vous ai créés pour faire le bien; allez, et remplissez votre mission.

NOTES.

(1) Le cardinal de Lorraine ne fut évêque que de Rheims, Narbonne, Metz, Toul, Verdun, Thérouane, Luçon, Valence, et abbé, que de St. Denis, Fécamp, Cluny et Marmoutier. Le pauvre homme !

(2) *Mottier la Fayette*, le dernier de cette liste. Cet homme a joué un grand rôle dans la révolution, il a fini comme tous les ambitieux, qui n'ont reçu de la nature que la volonté de faire époque et non le pouvoir. La Fayette est un homme qui n'a que des muscles et point de nerfs. C'est par sa petitesse même qu'il en a long-temps imposé : tout ce qu'il faisoit on le mettoit sur le compte de sa grande ame, tandis que ce n'étoit que le résultat de sa foiblesse. Son indécision passoit pour prudence, sa timidité pour sang froid, sa fluctuation pour politique. Pendant toute la révolution il porta l'empreinte de tous les cachets ; *peuple*, quand il avoit peur ; *royaliste*, quand il se rassuroit ; *constituant*, quand il avoit faim d'encens ; *soldatesque*, quand il avoit besoin de bras : il ne fut *lui* qu'une seule fois : ce fut après le vingt juin : et dès qu'il fut *lui*, il fit une sottise. Cent fois il eut occasion de se déclarer chef de parti, et ne l'osa pas. Il l'osa une fois, et ce fut dans la seule occasion où il ne devoit pas le faire ; mal-adroit pour ceux qu'il servoit, mal-adroit pour lui-même, il couronna une

vie lâche par une lâcheté : voilà quant à l'homme privé. Il couronna une vie impolitique pour une balourdise : voilà quant à l'homme d'état. Il couronna une vie incivique par un forfait : voilà quant au citoyen. Cromwel fit taire le crime par l'ascendant du crime, la Fayette a enhardi le crime par la bassesse du crime.

(3) Les deux régimens de la garnison de Nancy, étoient *du Roi* et *Château-vieux*.

(4) Cette obéissance passive se trouve à la lettre dans quelques individus. J'ai vu un de ces frères, dit *Bonfils*, de St. Venant, geoliers enfroqués à la solde des ministres de l'ancien régime. Cet homme étoit la meilleure des bêtes possibles : il ne manquoit pas même d'une sorte d'humanité ; on lui disoit quelquefois, comment vous, frère tel, bon et honnête, vous prêtez-vous aux vexations de cette maison ? monsieur, disoit-il, c'est le supérieur qui le veut. —— Et si ce supérieur vous ordonnoit de pendre quelque prisonnier que vous sauriez innocent ? —— Ce seroit bien dur, monsieur, mais il faudroit bien le faire. —— Mais vous sauriez bien que vous feriez mal ? —— Oh ! je ne ferois pas mal pour cela, parce que j'ai fait vœu d'obéissance.

Que répondre à cela ? Voilà à quoi aboutissoient les vœux monastiques.

(5) François Antoine Chevrier, étoit de Nancy ; il n'a vécu que quarante et un an, et on a vécu trente de trop.

A PARIS, de l'Imprimerie du Cercle Social, rue du Théatre-François, N°. 4.

VOYAGE

DANS LES DÉPARTEMENS

DE LA FRANCE,

PAR UNE SOCIÉTÉ D'ARTISTES

ET DE GENS DE LETTRES;

Enrichi de Tableaux Géographiques
et d'Estampes.

L'aspect d'un peuple libre, est fait pour l'univers.
J. LA VALLÉE, *centenaire de la liberté*. Acte Ier.

A PARIS,

Chez Brion, dessinateur, rue de Vaugirard, N°. 98,
   près le Théatre François.
Chez Buisson, libraire, rue Hautefeuille, N°. 20.
Chez Desenne, libraire, galeries du Palais-Royal,
   numéros 1 et 2.
Chez les Directeurs de l'Imprimerie du Cercle Social,
   rue du Théatre-François, N°. 4.

1792.

L'AN QUATRIÈME DE LA LIBERTÉ.

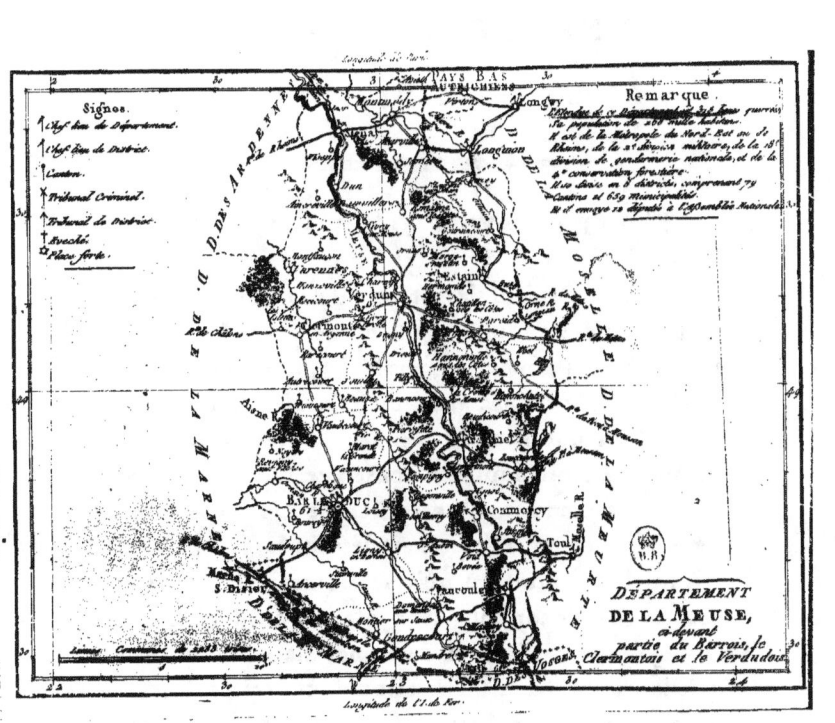

VOYAGE
DANS LES DÉPARTEMENS
DE LA FRANCE,
PAR UNE SOCIÉTÉ D'ARTISTES,
ET DE GENS DE LETTRES.

DÉPARTEMENT DE LA MEUSE.

Quels que soient les projets de la maison d'Autriche, il restera toujours une vérité : c'est que ce ne sont point les armes de Louis XIV qui lui ont enlevé la *ci-devant* Lorraine, mais bien la révolution française. Tant que l'ancien régime a duré, la cour de Vienne pouvoit toujours conserver un espoir très-prochain de rentrer en possession de ces belles contrées. Maintenant cet espoir est détruit. Jadis la maison d'Autriche n'auroit eu qu'à se montrer, la Lorraine eût revolé sous son joug avec joie. Aujourd'hui si elle la subjuguoit par la force des armes, la Lorraine, dès qu'elle en trouveroit l'occasion, briseroit ses liens pour se réunir à la France. Que cette vérité de fait nous conduise à une conséquence; c'est que le régime de la liberté est préférable à celui des meilleurs Princes. Arrivons à cette conséquence par l'exposition des faits. Léopold (1), à qui le traité de Riswick ne laissa d'autorité que le pouvoir de faire du bien, fit par son économie, et sa popularité, respirer le peuple de la Lorraine des longs malheurs qu'il avoit soufferts depuis les divisions de François Ier. et de Charles-Quint. Ce Léopold fut peut-être le seul homme à qui l'on put pardonner le pouvoir souverain. Il eut deux fils. François (2) que l'hymen de Marie-Thérèse porta à l'empire, et Charles (3), son frère, dont le souvenir est cher encore à Bruxelles. L'amitié que le peuple Lorrain portoit à Léopold leur père, suivit les enfans, que leurs destinées entraînoient ailleurs. La mort du dernier des Médicis amena l'échange de la Toscane contre la Lorraine, et cette province se vit pour jamais attachée à la France, tandis que son cœur se refusoit à ce lien. Le Roi Stanislas vint apporter un instant de distraction à ce sentiment. Ennuyé des grandeurs, moins par modestie que par lassitude de l'infortune, il fut bon par besoin de repos. Roi sans royaume, élevé dans une condition subalterne, Monarque plus pour l'ambition d'un autre que pour la sienne, il redescendit sans peine des embarras superbes du trône aux affections plus douces des sociétés privées dans lesquelles il étoit né, et Stanislas, à la tête de la Lorraine, fut, non pas Roi, mais un bon *Seigneur de paroisse* : unique emploi auquel le vœu de la nature l'eût appellé. Et si par hasard un instant d'usage de la couronne avoit laissé dans son cœur un grain de cette fierté royale qui mène au despotisme, la dévotion, en le rendant timide, l'empêchoit de s'y livrer. Ainsi, l'homme le moins philosophe, circonscrit d'un côté par la frayeur de l'enfer, et de l'autre par la nonchalance qui succède à de grands revers, fit tout le bien que la philosophie inspire. Lui mort, tout le poids de l'ancien régime vint fondre sur la Lorraine, et elle partagea avec toutes les autres provinces de la France les fers sous lesquels elles gémissoient. Des gouverneurs, des intendans, des parlemens, et les impôts, les corvées, les vexations de tout genre, suite ordinaire de ces Messieurs, vinrent remplacer le règne bienfaiteur de Léopold, et les jours paisibles de l'hiver de Stanislas. Alors les souvenirs se réveillèrent : tous les yeux se tournèrent du côté de la maison de Lorraine : assise sur le trône de Vienne, elle n'auroit eu qu'un mot à dire, et tous les cœurs eussent volé à sa rencontre. Joseph II, dans ses voyages, ne fit que traverser cette province ; par une hypocrite politique, il fut obligé de fuir l'amour que l'on portoit à son sang. Joseph n'étoit pas pourtant un de ces Princes qu'un peuple sage eût dû choisir. La révolution est arrivée. Aussi-tôt la liberté a passé l'éponge sur la mémoire des Lorrains : ils étoient Autrichiens sous le règne des Rois : ils sont Français sous l'empire de la liberté : et ce sont cependant les descendans de ce Léopold si chéri qui se présentent à leurs portes. Le bien que la liberté fait naître l'emporte donc sur les biens que peuvent faire les meilleurs Princes. La liberté est donc le bien nécessaire à tous les peuples : elle est donc le bien primitif de tous les hommes. Et si la liberté a sans retour arraché la Lorraine aux descendans de Leopold, c'est le plus grand exemple que l'on puisse invoquer pour sapper le système de ceux qui font consister la félicité des états dans le gouvernement des meilleurs *Princes*.

Ce département est formé d'une partie de cette *ci devant* Lorraine. Nous avions, Monsieur, une sorte de besoin de retrouver la fertilité en sortant du département des Ardennes. Les yeux ont faim quand ils se sont arrêtés long-tems sur un canton aride. Ici nous trouvons encore des bois ; mais ils n'ont point cette vetusté des forêts dont le sombre aspect porte la mélancolie dans l'ame. A la vigoureuse cîme de ces bois, on reconnoît que l'industrie de l'homme les a pour ainsi dire animés. Et les riches moissons dont ils sont entourés, loin de faire la satyre de leur parasite existence, semblent au contraire attester qu'ils ont leur rang dans les bienfaits que la nature fit à l'humanité.

Ce département n'a point, comme beaucoup d'autres, une denrée de prédilection d'où il tire sa richesse. Mais il a de tout un peu. Des vins, des chanvres, des lins, des blés de toutes qualités, des bestiaux de toute espèce, de la navette, du gland, des faînes (4), et autres graines oléagineuses.

Ses mines de fer font une partie considérable de son commerce, et en conséquence l'on y trouve des forges considérables. Celles des environs de *Gondrecour*, de *Commercy*, de *Clermont*, de *Stenay*, sont les plus belles et le plus en activité. On y rencontre encore des manufactures de toiles, de bonneteries, de siamoises, de mouchoirs, de tricots de toutes couleurs, et dont la teinture est solide, de dentelles grossières, de papier, de cuir, d'instrumens de musique, etc. Les vins les plus estimés de ce canton sont ceux de Bar. La France en fait beaucoup moins de consommation que l'étranger, principalement les Pays-Bas. C'est sur-tout à Namur, Mons, Bruxelles, et Liège, qu'ils sont le plus en usage. Leur qualité, qui n'équivaudroit pas aux frais de l'exportation, est peut-être une des principales causes du peu d'usage que l'on en fait en France, tandis que la facilité du transport par la Meuse ou la Moselle les procurent aux Brabançons d'une manière moins coûteuse. Il faut que ces vins vieillissent pour acquérir du mérite. Ils sont long-tems durs, pesants, froids, et indigestifs, et ne conviennent pas à tous les tempéramens.

Malgré son active industrie, ce département est peu riche ; cela vient de la rareté des débouchés. La navigation des rivières est difficile, et encombrée par la multiplicité des péages. Ce sont les rouliers des environs de Salins, ou des extrémités des Vosges qui jouissent de la circulation par terre, et qui font les retours de la Hollande, du Brabant et de Liège.

La gabelle, le plus odieux, comme le plus injuste des impôts de l'ancien régime, fut inconnue de nom dans ce pays jusqu'en 1635; mais elle l'y étoit de fait bien avant, par un monopole qu'exerçoient les seigneurs ecclésiastiques et laïcs. Le sel, cette denrée de première nécessité, passoit pour être libre, et ne l'étoit nullement. Les seigneurs et les magistrats de quelques villes faisoient des traités avec les propriétaires des salines de Lorraine, et pour obliger leurs vassaux et le peuple de leur ressort à s'en fournir dans leurs magasins, ils défendoient en conséquence l'importation sur leur territoire du sel *dit* de Malines. Ce sel venoit de Bretagne à Malines, où on le rafinoit ; de là il passoit dans le Luxembourg, et du Luxembourg en Lorraine. Quand l'évêque de Metz, en 1571, investit le duc Charles de Lorraine, des salines de Marsal et de Moyenvic, on voit qu'il stipula, par l'acte d'investiture, une redevance annuelle de quatre mille muids de sel; et c'étoit pour l'approvisionnement des magasins où il forçoit le peuple à s'en fournir. La reddition de la Lorraine à Léopold, en 1697, ne délivra point ce pays du fardeau de la gabelle : et Louis XIV, conformément à un traité précédent, en date de 1661, retint la saline de Moyenvic, où l'on façonnoit assez de sel, non-seulement pour la consommation de la Lorraine, mais encore pour celle de l'Alsace.

Le Roi Jean, en faveur du mariage de sa fille *Marie* avec *Robert*, comte de Bar, érigea le Barrois en duché, en 1364. Ce Barrois étoit ce que l'on appelloit jadis *un fief* mouvant de la couronne en *hommage lige*. Les Rois Français y ont possédé tous les droits *régaliens* jusqu'en 1571, que Charles IX, et après lui Henri III, maîtrisés par l'ascendant de la maison de Lorraine, en cédèrent la presque souveraineté à leur beau-frère, Charles, duc de Lorraine, et ne s'en réservèrent que l'hommage pur et simple.

Bar-le-Duc est le chef-lieu de ce département. Cette jolie ville s'élève en amphithéâtre sur un côteau, et est arrosée par l'Orney, petite rivière qui descend de la Champagne : on appelloit jadis le lieu où elle est située *Bannis*. Un certain *Frédéric*, beau-frère de Hugues Capet, duc de cette partie de la Lorraine, que l'on nommoit *Mozellane*, pour garantir son pays des incursions des Champenois, fit bâtir un château dans cet endroit, et lui donna le nom de Bar, ou barrière *de duc*, qu'il a toujours retenu depuis.

Ce fut à-peu-près au lieu où cette ville existe aujourd'hui, que naquit le ridicule usage où les évêques sont, ou ont été de faire porter la croix devant eux. Sous le règne de *Constance Chlore*, le patrice des Gaules, en voyageant dans ces quartiers, rencontra l'évêque de Toul qui ne le salua point. Le fier patrice, piqué de cet oubli, s'en plaignit vivement. Mais comme les grands ont toujours l'intime conscience de la petitesse de leurs prétentions, et que pour se dérober au mépris qu'ils sentent leur être dû, et toufois se venger sans risque de ce mépris, si on le leur fait éprouver, ils cherchent à appuyer le respect qu'ils exigent sur quelque objet plus élevé qu'eux, mais dont l'éclat leur soit relatif. Le patrice prétendit que l'évêque avoit manqué, non à lui, mais aux images de l'empereur, que l'on portoit devant son char. Cette *importante* affaire, soumise au tribunal de Chlore, il fut décidé que l'évêque salueroit le patrice, et le jour de la réparation fut fixé. Le superbe prélat, de son côté, pour se soustraire à *l'épouvantable* humiliation de saluer quelqu'un le premier, résolut de faire au patrice *une niche* capable de déconcerter les projets de son orgueil irrité. Il arrive au lieu de l'entrevue, précédé de la croix. A cet aspect tout s'agenouille, et grace à ce croc-en-jambe sacerdotal, le prélat a le plaisir de voir prosterné sur son passage le même homme qui l'attendoit pour en être salué le premier.

Depuis lors tous les évêques contractèrent l'habitude de faire porter devant eux le Dieu de l'humilité pour leur servir de bouclier contre les traits que l'on pourroit lancer contre leur orgueil. Cette anecdote a fourni à Despréaux la comique ressource dont son prélat use dans son lutrin pour terrasser ses ennemis.

Des vestiges de monumens prouvent qu'en effet les Romains ont été maîtres de ce pays, et principalement de ce que l'on appelloit naguères les *Trois-Evêchés*, dont une partie compose ce département. Si dans les conquêtes de Clovis il n'est point fait mention de Bar, c'est qu'il n'existoit pas, puisque, comme nous venons de le dire, il ne date que de l'origine de la troisième race. Il n'en est pas moins certain que les Trois-Evêchés firent partie de ce royaume, que sous la première et la seconde race on appelloit royaume d'Austrasie, et dont Metz étoit la capitale. Après le partage des enfans de Louis-le-Débonnaire, le royaume de Lorraine se forma des débris de celui d'Austrasie, jusqu'à ce qu'enfin Metz, Toul, et Verdun, secouèrent le joug, et mirent leur liberté sous la protection des Empereurs. Alors naquit une lutte entre les magistrats et les évêques à qui retiendroit l'autorité. Le magistrat, soutenu par le peuple, l'emporta enfin, et l'évêque ne conserva d'autre part au gouvernement que la prestation du serment de fidélité entre ses mains, et sa voix dans les élections. Ce magistrat, ou plutôt ce corps de magistrature étoit à la nomination du peuple, et composé d'un maire et d'un conseil de quarante personnes. Le droit de vie et de mort : la création et la répartition des impôts : la fabrication des monnoies : le jugement sans appel des affaires civiles ou criminelles : la police intérieure : les guerres extérieures : enfin, tout ce qui constitue l'autorité souveraine étoit entre les mains de cet espèce de Sénat. C'étoit un gouvernement purement aristocratique ; il n'existoit aucune autorité intermédiaire entre lui et le peuple où ce dernier pût se garantir des entreprises illégitimes du premier. Ainsi furent régies, pendant plusieurs siécles, les villes de Metz, Toul, et Verdun : à la seule différence que les évêques de Toul et de Verdun avoient conservé un peu plus d'influence dans le gouvernement. Nous aurons occasion de revenir sur les abus de ce régime, lorsque dans le département de la Mozelle nous vous parlerons de Metz.

La fameuse ligue de Smalcade contre l'excessive ambition de Charles-Quint fut l'époque de l'asservissement de ces trois républiques. Henri II, en prenant le titre de protecteur de la liberté Germanique, exigea que les Trois-Evêchés lui fussent confiés en ôtage. Les Rois ne sont pas dans l'habitude de rendre ce qu'on leur confie. L'expérience justifia cette assertion. Le siége de Metz, soutenu en 1552 par le duc de Guise, et abandonné par Charles-Quint en janvier 1553, fut le premier titre de propriété pour le protecteur. En 1556, les évêques cédèrent au Roi leur nomination au magistrat. Sous le règne de Charles IX, l'équité fut sur le point de triompher, et les Trois-Evêchés à la veille d'être rendus à eux-mêmes. Un ministre Machiavéliste, le chancelier (5) Olivier, les enchaîna pour jamais, en déclarant dans le conseil, « qu'il falloit trancher la tête comme ennemi de l'état à

» quiconque parleroit de rendre les Trois-Evêchés. »
Cet état précaire dura jusqu'en 1658 : où, par le traité de Munster, l'Empereur céda les Trois-Evêchés, qui ne lui appartenoient pas, et où le Roi Français devint souverain, de ce qu'il avoit feint de protéger pour mieux s'en emparer. C'est ainsi que la liberté des peuples devient le jouet de l'ambition des Rois : exemple trop frappant pour ceux dont l'imbécillité vole au loin chercher parmi les monarques étrangers des protecteurs à leurs prétendues franchises, pour ne l'avoir pas rappellé sommairement ici.

Les confitures de Bar-le-Duc et les dragées de Verdun sont un grand article de commerce dans ce pays-ci. C'est une de ces branches d'industrie que l'Europe doit à la découverte du sucre. Avant celle de l'Amérique, on ne faisoit usage que de miel : et si l'homme, énervé par les richesses, avoit insensiblement consacré des alimens à sa volupté, au moins ne devant qu'aux abeilles ce rafinement de saveur que son sybarisme ajoutoit aux fruits, il pouvoit en jouir sans remords. Mais aujourd'hui sa langue se déssécheroit de frayeur, s'il songeoit à l'énorme échelle de forfaits que cette dragée, si flatteuse pour sa délicatesse, a descendue pour arriver jusqu'à ses lèvres. Il n'est pas une canne à sucre dont la racine n'ait serpenté sur le crâne d'un Américain tombé sous le fer des brigands de la Castille. Parmi les couches de minéraux dont la nature enveloppa le noyau du monde, la fureur Européenne vint en Amérique intercaller un lit de cadavres. L'insatiable avarice des destructeurs dépeupla cette terre pour se l'approprier. La nonchalante paresse de leurs successeurs la repeupla pour la fertiliser, et l'Africain, étonné de son infortune, vint s'abîmer dans les gouffres de l'esclavage creusés loin de lui par le luxe et la cupidité. Depuis deux siécles, les sueurs des nègres ont rouillé les fers qui les flétrissent, et cette rouille ne les a pas rongés. Chaque morceau de sucre est pour nous une coupe où nous buvons à longs traits le sang des noirs : chaque grain de sucre est le résultat de la dissolution d'un Caraïbe injustement égorgé : l'engrais d'une seule habitation d'un colon Américain a coûté une nation au nouveau monde : et chaque pastille de Verdun coûte à l'ancien continent un peuple de noirs. Et nous en usons sans remords ! Que dis-je ? Ce sucre, ces dragées, ces confitures, besoins de notre molesse, sont le symptôme de notre joie : si la paternité nous couronne, elles deviennent auprès de nos amis l'emblême des douceurs que la nature nous prodigue : à certains jours de l'année, elles servent de passeport à notre hypocrisie, et nous les chargeons d'édulcorer l'amertume de ces politesses menteuses que notre bouche distille : parure de nos tables, où siègent l'ennui, l'effronterie, et les vices, elles enveloppent souvent l'aphrodisiaque libertin dont la corruptrice chaleur fera couler la luxure dans nos veines : objets de notre indifférence, nous les prodiguons à nos *Phriné*, dont la main corrompue en amusera leurs chiens : et l'animal servile va dévorer avec dédain ce sucre, dont nous devons la jouissance aux outrages faits à l'humanité, à la désolation de la nature, et au sang répandu d'un million d'hommes. Eh ! cependant, nous nous vantons d'être philosophes !

Bar-le-Duc, dont la gravure vous fera connoître la situation, a produit quelques hommes célèbres, entr'autres Jean Errard, le premier qui ait soumis la science, de fortifier les places à des combinaisons nouvelles. Il ouvrit la carrière, où depuis lui le *chevalier* de Ville et Vauban se sont illustrés. Henri IV l'aimoit et estimoit ses talens. Il fortifia plusieurs places, et l'on voit encore dans les départemens de la Somme et de l'Oise quelques vestiges de ses ouvrages. L'esprit patriotique nous a paru excellent à Bar. C'est une des premières villes où l'on ait formé une garde nationale à cheval.

Verdun est plus considérable que Bar-le-Duc. Assise sur la Meuse, qui la traverse, les isles que forme ce fleuve rendent ses dehors charmans. Cette ville est ancienne. Et quoiqu'elle soit jolie, peu de monumens y méritent l'attention du voyageur. L'évêché de cette ville offroit sous l'ancien régime une de ces contradictions que l'impolitique respect que l'on avoit pour les bisarreries de l'église romaine avoit pu seul tolérer: cet évêché étoit suffragant de Trèves. Ainsi, l'influence que les prêtres avoient sur les esprits par l'abus de la confession, pouvoit contracter toutes les nuances qu'auroit voulu lui donner un prince étranger; suivant les intérêts qui l'auroient dominé. On sait assez l'ascendant que les métropolitains avoient sur leurs suffragans, et ceux-ci sur les prêtres de leur diocèse : et peut-on calculer le mal qui pouvoit circuler par cette porte secrète, où les desirs d'un prêtre étranger

Bar-le-Duc.

pouvoient, sous le manteau de la religion, se glisser dans l'esprit des peuples soumis à une domination différente de la sienne.

C'est à Verdun qu'étoit le chef d'ordre de ce démembrement du peuple bénédictin, appellé *S. Vanne*. Comme l'histoire de ces sortes de moines se borne à des tracasseries de cloître et à la renommée de quelques hommes, compilateurs érudits, et jamais philosophes, vous aimerez mieux que je vous parle du brave Chevert, que de tous les *Dom* fameux dont l'ordre de S. Vanne s'honore.

Chevert naquit à Verdun en 1695. Ce grand homme tiroit vanité d'être né parmi le peuple. La vie de ce héros est la preuve de la sagesse de la révolution française. Il n'y auroit qu'une question à faire à ceux qui la dépriment. Un Chevert, né pour rester soldat toute sa vie, tandis qu'un duc de Villars étoit né pour être gouverneur d'Aix, et un de Grasse pour être évêque d'Angers. Falloit-il que les choses restassent ainsi ? Ce Villars, boue accréditée, parce qu'elle avoit été pétrie par un héros, ce de Grasse, le Sardanapale de la Babylone ecclésiastique, à l'abri de leur nom, se montrèrent, et virent les honneurs voler à leur rencontre. Chevert eut à lutter contre son obscurité, contre l'envie, la calomnie et les ridicules dédains, contre son propre mérite enfin, qu'il lui falloit amoindrir pour se glisser à travers les obstacles que la basse jalousie semoit sur son passage. Encore un coup, falloit-il que les choses restassent ainsi ? Peuple Français ! conservez bien votre liberté. Si vos ennemis triomphoient, envain par la suite enfanteriez-vous des *Chevert!* Les affranchis des Néron du dix-huitième siécle qui vous font la guerre autoient trop d'intérêt à les étouffer. Prenez-y garde. Tous les Rois ne ressemblent pas au prédécesseur du Prussien qui vous menace. La femme du général Keith avoit un laquais intelligent, et né pour les grandes choses. Cet homme, à ses heures de loisir, dessina le plan et la vue d'une place importante. Il le montra à sa maîtresse : elle n'y entendoit rien, mais elle en fit part à son mari. Keith reconnut dans ce plan le sceau du génie, et le communiqua à Frédéric. Qui a fait cela ? dit-il. — Ma foi, Sire, c'est un laquais de ma femme. — Comment général, vous laissez languir cet homme dans un semblable état ? Qu'on le fasse venir. Dès que le laquais parut, touche là, lui dit Frédéric, en lui présentant la main : je te fais officier. Le laquais est mort général, et méritoit de l'être. Jadis en France il seroit mort laquais : à moins qu'il n'eût su jouer du violon, ou danser l'allemande, ou conduire une intrigue amoureuse. Alors peut-être auroit-il figuré près des Reines, et reçu dans un fauteuil ses protecteurs, comme *Campan* et *Thierry*, d'insolente *mémoire*, recevoient jadis certains maréchaux de France qui les avoient fait descendre de derrière leur carosse pour les faire monter sur les degrés du trône.

Les amateurs de la noblesse ont dit et diront, parce qu'ils disent toujours les mêmes choses, que Chevert étoit un phenomène. Cela n'est pas vrai. A l'attaque d'un fort, Chevert dit au premier grenadier qui se trouva sous sa main : « vas droit à ce fort sans » t'arrêter. On te criera : qui vive ? tu ne répondras » rien.

» rien. On te le criera encore, tu avanceras toujours
» sans répondre. A la troisième fois on te tirera dessus;
» on te manquera. Tu fondras sur la garde, et je suis
» là pour te soutenir. » Le grenadier partit, et réussit.
Chevert prit le fort. Or je le demande ? Le grenadier
n'étoit-il pas un Chevert ? Ils ne sont donc pas si
rares dans la *caste roturière* ? Chevert avoit pris le
premier venu.

Le sang *noble* a beau murmurer : le sang *roturier*
n'est pas indifférent au salut de l'empire. *Belle-Isle* (6)
pour son ambition entreprend la guerre de Prague :
le cardinal de *Fleury* (7) l'a fait échouer par son avarice.
Que seroient devenus les Français sans *Chevert*? Deux
nobles les perdoient, un *roturier* les sauve.

Henri II se rendit maître de Verdun en 1552, dans
le tems où, comme nous l'avons dit plus haut, il
exigea les Trois-Evêchés en ôtage pour se déclarer
protecteur de la liberté Germanique. Il est bon de
remarquer que par cette ligue il se disoit l'appui des
protestans d'Allemagne contre Charles-Quint, tandis
qu'en France la campagne regorgeoit du sang de ces
mêmes protestans qu'il faisoit égorger. En 1548, on
fit une procession à *Notre-Dame*, où la cour jouit du
spectacle d'un *autodafé* Français. On attachoit les malheureux protestans par une chaîne de fer à une poutre
qui faisoit la bascule, et à différentes reprises on les
laissoit tomber dans un brasier, et on les relevoit en
l'air. Le monstre les persécutoit dans ses états, et leur
prêtoit ailleurs des secours contre celui qui se disoit
leur *Prince légitime*. N'est-ce pas à-peu-près comme
nous voyons aujourd'hui le *Dom Quichotte de Berlin*,

B

bon enfant de *Luther*, empoigner sa grande épée pour nous faire respecter le pape et *consorts*. Et voilà comme agissent *conséquemment* ces *bonnes* gens là, qu'on nomme *Rois*, et qui nous traitent de leurs bons et fidèles sujets, et qui même, au besoin, s'intituleront pères de la patrie. Si tous les Monarques sont coupables de cette mauvaise foi envers leurs pareils, comment exiger qu'ils connoissent l'équité vis-à-vis du reste des hommes, qu'ils regardent si fort au-dessous d'eux. Au moment même où Louis XIV révoquoit l'édit de Nantes, il entretenoit par-dessous main l'insurrection des protestans de Hongrie.

Le tonnerre, en 1755, fit à Verdun un ravage peu commun. Au nombre des effets étonnans que fit la foudre, elle consuma une cloche du poids de vingt-huit mille. Si la foudre étoit une marque de la colère divine, ce célèbre orage eût attendu pour éclater, le moment où, à l'ouverture des états-généraux, la noblesse Verdunoise demandoit par ses cahiers la continuation des lettres-de-cachet.

L'acte par lequel les enfans de Louis-le-Débonnaire partagèrent la monarchie Française, se passa à Verdun, et rend cette ville célèbre dans l'histoire. *Lothaire*, ce fils dénaturé, non content d'avoir rempli d'amertume les jours de son trop foible père (8), voulut encore, après la mort de ce Prince infortuné, disputer à ses frères leur part dans son héritage. La perte qu'il fit de la fameuse bataille de Fontenai en 841, amena le traité de Verdun. Lothaire eut l'empire, *Louis-le-Germanique* une partie de l'Allemagne, et *Charles* la France. Ce Lothaire, rassasié de forfaits autant que de grandeurs,

abdiqua dix ans après la couronne, et se retira dans le monastère de Prum des Ardennes, de l'ordre de S. Benoît. Peu de Princes furent plus criminels, mais que font aux moines les forfaits d'un homme, lorsque le rang de cet homme peut répandre de l'éclat sur leur profession ? Les bénédictins donc mirent Lothaire au nombre des Saints de leur ordre. Alors l'imbécillité du chef tonsuré prêchoit aux hommes qu'ils étoient sauvés, s'ils mouroient sous l'habit de moine. Lothaire le crut : les tyrans font trembler la terre, la mort les fait trembler à leur tour. Lothaire, touchant à son heure suprême, se revêtit du froc, mourut, et *fut au ciel*. Un *Adhémar*, moine de S. Cibar d'Angoulême, écrivit « : que les anges et les diables se disputant son » ame, les anges l'emportèrent, en disant aux diables : » nous vous laissons l'empereur, et nous emportons » le moine. » Quel tems ! et nous entendons tous les jours des gens crier en parlant du nôtre : ô siécle de fer ! quel étoit donc celui où le capuchon d'un moine étoit le char de triomphe dont un brigand se servoit pour entrer dans l'éternité.

Nous vous envoyons une vue de ce Verdun, dont la réduction aux armes du duc de Guise hâta le développement de la foiblesse de Henri III. Ce fut alors que, prompt, comme tous les Princes sans caractère, à embrasser le plus mauvais parti, il se déclara l'ami, le protecteur, le chef de ceux qui brûloient de le perdre, et s'arma contre le seul homme dont il devoit attendre son salut, le Roi de Navarre. Guise et sa ligue se disoient ses amis, et le prirent pour victime ! Quelle leçon pour certains Rois !

En quittant Verdun, nous avons vu Varennes, que l'arrestation de Louis XVI a immortalisée. Quelle différence entre la conduite d'une Nation souveraine et généreuse, et celle d'un ministre cardinal et despote ? Nul de ceux dont l'intrigue avoit ménagé la fuite de ce Roi n'a été poursuivi. Et en 1633, le chevalier de *Jars* fut plongé par le cardinal de *Richelieu* dans les cachots de la bastille, sur le simple soupçon d'avoir voulu favoriser la retraite de la *Reine mère* et de *Monsieur* en Angleterre. Le présidial de *Troyes*, présidé par un certain *Laffemas*, qu'on appeloit le bourreau du cardinal Richelieu, fut chargé du procès du malheureux *Jars*. Au bout de quatre-vingt interrogatoires, il fut impossible de lui trouver un crime. Le cardinal n'en ordonna pas moins que, pour l'intimider, et arracher peut-être par là la révélation de quelque secret, on le condamnât à mort. Les scélérats juges obéirent. Jars monta sur l'échafaud avec cette intrépidité que donne l'innocence. *Laffemas* l'exhorta à déclarer les desseins du garde-des-sceaux *Châteauneuf*, détenu pour la même affaire. « S'il en avoit, répondit » Jars, rien ne seroit capable de me faire trahir mes » amis. » Son innocence étoit si manifeste, qu'on n'osa pas le faire mourir. Quand il plaça la tête sur le billot, on cria grace ! Pourquoi donc respectoit-on en silence ces atrocités dans le cardinal de Richelieu, et que maintenant, quand une Nation souveraine presse la punition des monstres qui la trahissent à découvert, entend-on tant de murmures ? C'est que, sous le règne des méchans, les bons ont la ressource mystérieuse de l'avenir; au-lieu que, sous le règne

Montmédy

des bons, les méchans n'ont que les regrets tumultueux du passé.

En passant la Meuse à Verdun, pour nous rendre à Stenay et Montmédy, nous avons vu sur notre droite la petite, mais très-ancienne ville d'*Estain*, que l'on prononce *Etain* dans le pays. Nous devions cette visite, non aux monumens qu'elle renferme, mais à son patriotisme et à son amour pour la liberté, qui se sont expliqués dès le commencement de la révolution. Rien n'étoit plus énergique, plus digne de l'ancienne Rome que les cahiers de sa commune. La destruction des tyrans : l'union fédérative des citoyens : la proscription de tous les abus : la dissolution de toutes les chaînes : tels furent les premiers vœux de cette petite poignée d'hommes qui, dans un jour, s'éleva au niveau de la liberté. Quand la postérité recensera toutes les pièces de l'ouverture de ce grand procès entre le peuple et le despotisme, elle verra avec étonnement que la majorité des chefs-d'œuvres de l'éloquence sont sortis des lieux mêmes les plus éloignés du foyer des lumières.

Stenay est une petite ville, forte jadis, et qui appartenoit à Louis de Bourbon, *Prince de Condé*. Lorsque *ce noble* eut embrassé le parti des Espagnols, le maréchal de *Fabert* (9), qui étoit un *roturier*, l'assiégea et s'en empara, malgré la vigoureuse résistance de *Chamilly*. *Mazarin* et Louis XIV, encore enfant, assistèrent à ce siége. Il est assez singulier que ce département renferme les deux villes qui, dans l'histoire, serviront de monument de la trahison d'usage dans la maison de Condé. *Stenay*, que Louis XIV enleva au *grand* Condé pendant sa félonie, et *Clermont en Argonne*, que la souveraineté nationale a reprise sur le *Condé* du dix-huitième siécle. Stenay fut pris en 1654, et trois ans après, ce *grand* Condé et Dom Juan d'Autriche ne purent empêcher que le maréchal de la Ferté ne prît *Montmédy* après cinquante jours de tranchée ouverte. Ces deux villes aujourd'hui n'ont rien de remarquable. Leur territoire peu fertile est couvert de bois et montueux. La situation de *Montmédy* nous a paru assez pittoresque pour mériter de vous en envoyer une vue. Quelques pâturages assez renommés environnent Stenay, mais son principal commerce sont les instrumens aratoires qu'elle fabrique avec le fer d'une forge célèbre dont elle est voisine.

En revenant sur nos pas pour gagner *S. Mihiel*, nous avons vu Marville et Jamets, villes autrefois, fortifiées même, à ce que rapporte l'histoire, aujourd'hui simples bourgades, sans commerce ni richesses. *S. Miel*, *Mihiel*, ou *Michel*, est plus considérable. C'est une assez jolie petite ville sur les bords de la Meuse, située dans un bassin, formé par des montagnes dont elle est entourée. L'érection du parlement de Nancy, en la privant de sa cour souveraine, diminua la foible splendeur dont elle jouissoit. Ses environs sont assez agréables. Ses papéteries et son commerce de blés donnent de l'activité à son commerce. Elle a beaucoup souffert sous le règne de Louis XIII, et semble se sentir encore de ces tems où la guerre attira sur elle tous les désastres qui la suivent. En 1632, elle ouvrit ses portes aux Français. Les peuples sont toujours victimes des petites jalousies des Rois. *Gaston d'Orléans*, intrigant sans énergie, frère de Louis XIII, fuyant l'horrible pouvoir de Richelieu, et l'imbécille foiblesse du Roi pour ce ministre, s'étoit sauvé à Bruxelles, et de là auprès du duc *Charles IV* (10) de Lorraine, le plus inconséquent et le plus fantasque des hommes. Sa condescendance pour Gaston le brouilla avec le ministre bien plus qu'avec le monarque, qui ne pouvoit oublier qu'il lui avoit fait cadeau d'une meute de chiens de chasse, favoris toujours puissans auprès des monarques Bourbons. Ce Roi Louis XIII, qui venoit d'ordonner au parlement que toutes les fois qu'il s'y présenteroit, quatre présidens à mortier vinssent le recevoir à genoux à la porte de la rue, à genoux lui-même devant les volontés d'un prêtre insolent, déclare la guerre par obéissance pour son ministre, à un Prince, dont tout le crime, après tout, étoit d'avoir donné asile au mari de sa propre sœur. S. *Disier* lui avoit été rendue par le traité de *Liverdun*. Mais l'imprudence de caresser un homme que Richelieu détestoit, rappella bientôt les armes de Louis XIII sur S. Disier. Elle fut prise, et reçut garnison Française. L'attachement des habitans pour le duc de Lorraine les porta bientôt à se révolter contre leurs nouveaux hôtes. La ville fut investie de nouveau, on la contraignit de se rendre à discrétion. Les plus notables, regardés comme les chefs de la sédition, furent envoyés aux galères. Et c'est ainsi que l'injuste politique des Rois confond toutes les notions du droit des gens, et punit par le supplice ce qui vraiment n'est digne que d'éloges, je veux dire l'attachement à la patrie, ou aux chefs que l'on s'est donné pour la gouverner.

Encore si dans ces expéditions, que les Rois croient devoir au maintien de leur autorité, ils se faisoient représenter par des hommes dont le caractère pût allier la clémence avec la sévérité de leur commission, et conserver au pouvoir qu'ils prétendent venger la majesté même de la vengeance : mais non : ce sont presque toujours à des brigands ou à des scélérats qu'ils confient un emploi si difficile, où il faut tenir un juste milieu entre ce qu'exige l'autorité irritée, et ce que l'on doit aux loix sacrées de l'humanité. Témoin ce *Kirke*, colonel Anglais, ministre des ressentimens de *Jacques II*, le Louis XIII de l'Angleterre, dont le sort de S. Disier me rappelle les fureurs. Sans entrer dans la justice des raisons que le duc de Montmouth eut pour armer une partie de l'Angleterre contre ce Roi, l'esclave des prêtres, je dirai que si le peuple fit une faute de s'attacher à son parti, elle n'excuse pas la scélératesse de *Kirke*, ni l'approbation que Jacques II lui donna. Ce monstre, en entrant dans une ville de ces *prétendus* révoltés, fit conduire au Gibet d'abord dix-neuf habitans, ensuite se faisant servir à dîner sur le lieu même de l'exécution, il la fit continuer pendant cet horrible repas, en portant aux malheureux patiens la santé du Roi et de la Reine. Sa barbarie ne se borna pas à ce seul genre d'insulte : observant que ces infortunés dans leur affreuse agonie avoient la voix tremblante, il prétendit qu'il falloit des accompagnemens à de si belles paroles, et fit venir de la musique, pour qu'elle mêlât ses accords aux cris de la douleur. Dans ce même repas, son affreuse inhumanité lutta contre l'étonnante intrépidité d'une

de ces victimes. Deux fois il fit étrangler le même homme, et deux fois le fit rappeller à la vie, en lui demandant s'il vouloit renoncer à son parti? « Non, » lui répondit-il, j'aime mieux mourir dans le mien » que de vivre dans le vôtre, puisqu'il est soutenu » par des monstres de votre espèce. » *Kirke*, après cette réponse, le fit étrangler pour la dernière fois. Cette détestable journée n'avoit point lassé son ame sanguinaire. Il y joignit le spectacle d'un autre supplice qu'il réservoit à ce sexe, dont la beauté et les pleurs sont les uniques armes. Le cours de ses proscriptions continuoit toujours. Une jeune fille, baignée de larmes, vient le soir se jetter à ses pieds pour implorer la grace de son frère. Ses charmes enflamment l'ame de ce tigre. Il met une condition terrible à cette faveur. La nature alarmée fait taire les ménagemens de la pudeur. Tout est accordé pour conserver la vie à un objet si cher. La nuit se passe. A la pointe du jour, l'infâme *Kirke* fait lever la déplorable innocente, dont les appas venoient de payer la conservation de son frère. Il ouvre une fenêtre, et lui fait voir suspendu à la potence le corps inanimé de celui dont le salut lui coûtoit sa vertu. La rage, le désespoir, le remords la saisissent à cette vue. Elle tombe, et meurt aux pieds de son bourreau. Et voilà les mains auxquelles les Rois confient le glaive de leur vengeance: voilà les hommes qu'ils honorent de leur souris, quand ils viennent à leurs pieds se vanter des services de ce genre. *Kirke* n'avoit pas la primeur d'un pareil forfait. Un certain *Dain*, favori de Louis XI, en avoit donné l'exemple. Ce *Dain* étoit barbier : et mérita, par de pareils exploits, que son maître le fit *comte de Meulan*.

Une des plus jolies villes de ce département, Monsieur, est *Commercy*, que nous avons vue en sortant de S. *Mihiel*. Son territoire nous a paru l'un des plus riches de ce canton, en vins, en bestiaux, et en grains de toute espèce. Elle a passé successivement de la France aux ducs de Lorraine, et de ceux-ci à la France. Le bon Léopold l'aimoit, et l'a habitée plusieurs fois. Un château somptueux y rappelle le séjour qu'un des hommes le plus étonnant du dix-septième siécle y a fait pendant long-tems. Cet homme est le cardinal de *Retz*. Ce fut le *Mirabeau* de la fronde. Comme lui, il eut de grands vices. Comme lui, il fut en butte à l'oppression, marcha par les revers aux honneurs, et par les talens à la gloire ; mais Retz avoit plus d'audace, et Mirabeau plus de profondeur. Le cardinal n'avoit que le génie de l'instant, et Mirabeau celui des tems. Tous deux avoient le bien public à la bouche, et c'est un problême encore s'ils en avoient l'amour dans le cœur. Avec tant d'analogie, il semble cependant que l'un étoit plutôt né pour les conjurations partielles, et l'autre pour les révolutions prises dans le grand ; et leur énergie a cela de différence, que celle de Retz le portoit à renverser les loix qui le gênoient, et Mirabeau à en créer qui le gênassent moins ; plus estimable que le cardinal, Mirabeau ne vouloit qu'un parti pour la liberté, tandis que Retz ne cherchoit que la liberté des partis. La France doit s'estimer heureuse que le cardinal ait vécu cent cinquante ans avant la révolution : de nos jours il eût fait un grand bien à la constitution dans ses commencemens; mais après le 20 juin de la troisième année de la liberté, il l'eût perdue. Les Barnave, les Lameth, les Lafayette, etc. ne sont que des molécules émanés de la cendre du cardinal de Retz.

Ces hommes fameux, que le ciel semble créer de tems en tems pour rappeller à l'homme jusqu'où peuvent s'étendre ses facultés, reçoivent quelquefois par la bouche de la simplicité des leçons dont ils ne profitent guères, ou trop tardives pour les mettre en pratique. Le *grand* Condé avoit donné un petit hermitage à Chantilly à un religieux nommé *Dom Lopin*, dont les mœurs douces et paisibles n'avoient d'autres plaisirs que la culture des fleurs. Le cardinal de Retz et le grand Condé, si long-tems divisés d'intérêt, et réunis enfin, (car les grands s'éloignent ou se rapprochent suivant le cours que les événemens donnent à leur ambition) se promenoient ensemble à Chantilly. Ils entrèrent par hasard dans l'hermitage de Dom Lopin. Il n'est pas rare que les grands, habitués à faire le mal, se tiennent dans leur vie privée en haleine par des malices. Ces deux Messieurs, voulant mettre à l'épreuve la patience du bon religieux, feignent d'être occupés d'une conversation importante, et parcourent sans précaution les quarrés du jardin. Œillets, tulipes, renoncules, tombent et se flétrissent sous les pieds dévastateurs de ces deux *héros*: image trop ressemblante des malheureux que le poids des Grands écrase trop souvent, et qui, comme ces fleurs, courbent sans murmure leurs têtes innocentes sous le pied des puissans. Un sourire espiègle les trahit, et dévoila leur intention au pauvre Dom *Lopin*. « Cela vaut bien la peine, Messeigneurs, leur » dit-il, d'être d'accord entre vous, quand il s'agit » de faire de la peine à un pauvre religieux : il falloit » l'être autrefois pour le bien de la France et pour le » vôtre. » Vérité qui les fit rire, quand elle devoit les faire rougir.

Non loin de *Commercy*, nous avons vu *Vau-Couleurs*, ou *Vallée des Couleurs*, à cause de l'émail superbe qu'une immensité de fleurs champêtres répand sur les prés dont cette petite ville est entourée. C'est une magnificence de la nature dont on a peu d'idée, et tout l'art des jardins n'approche point de l'éclatante draperie dont au printems elle se couvre ici. Peut-être cette raison avoit décidé jadis les Rois à habiter ce château qu'on nomme *Tusey*, dont on voit des vestiges aux portes de *Vaucouleurs*. Ce château est célèbre par un concile dit de *Touzy*, quoique les habitans prononcent *Tusey*, tenu en 865 pour la réforme du clergé, que tous les conciles du monde n'ont jamais pu réformer, parce que les conciles n'étoient qu'une assemblée de prêtres. La seule réforme raisonnable est celle qu'a procurée la révolution, en empêchant que ces hommes, qui furent assez scélérats pour condamner à mort la malheureuse Jeanne d'Arc, fissent désormais un corps dans l'état. Tout le monde sait que cette infortunée prit le jour à *Dom Rémi*, près de *Vaucouleurs*. Eh ! comment, quand la philosophie a éclairé la terre, auroit-on laissé quelqu'influence à des gens assez bêtes pour demander à cette fille, si les anges qui lui apparoissoient avoient des boucles d'oreilles, s'ils parloient Français ou Anglais, et d'autres sottises semblables ? Que les prêtres ne disent point que les tems sont changés. Le tems ne change point pour le clergé. Qu'on eût livré Mirabeau, dont nous parlions tout-à-l'heure, à un tribunal de prêtres réfractaires, je mets en fait qu'on lui eût proposé des questions plus absurdes.

L'on montre encore près de *Vaucouleurs* des pierres informes, que l'on dit avoir été posées entre *Philippe-le-Bel* et l'empereur *Albert* pour la démarcation de leurs empires. *Nas*, petit bourg sur la rivière d'Orney, offre des monumens d'une antiquité plus reculée. En 1750, on découvrit, en travaillant à la chaussée qui conduit de *Ligny* à *Gondrecour*, des médailles Romaines, et des tombeaux qui renfermoient les cendres de quelques-uns de ces maîtres du monde.

Clermont, dit en *Argonne*, est la dernière ville un peu considérable de ce département que nous ayons visitée. Elle a, comme vous le savez, servi, depuis la révolution, de preuve authentique de la déprédation des ministres, et de la voracité des hommes de l'ancienne cour. Cette petite ville n'a rien de considérable, et ne se soutient que par quelques manufactures de toiles.

Il faudroit, pour enrichir ce département, ouvrir un canal de communication entre l'Oise et la Meuse. Les habitans n'y manquent point d'activité, mais nous les avons trouvés un peu en arrière dans l'art de l'agriculture. Depuis Verdun, en suivant la route qui conduit à Metz, on commence à voir de ces maisons de paysans singulières à l'aspect. A peine les murailles ont-elles dix pieds d'élévation, formées de pierres brutes, de couleur grisâtre, et placées l'une sur l'autre sans liaison de ciment. Comme elles sont très-vastes, leur toit est immense, presque plat, et relevé sur les bords à-peu-près comme ceux des Chinois. Ils doivent être d'un poids énorme, étant couverts de ces tuiles bombées qui s'accrochent l'une dans l'autre, ensorte que chaque toit est divisé en rayons tour-à-tour concaves et convexes. Ce qui doit ajouter au poids, c'est que la fréquence des vents oblige de contenir ces tuiles avec de grosses pierres, ensorte que la totalité du toit en est presque couvert. On voit de ces sortes de maisons jusques vers *Jametz*, bourg dont nous vous avons parlé, et dont portoit le nom l'un des fils de ce fameux *Robert* de la *Marck*, que ces exploits féroces firent surnommer le *grand sanglier des Ardennes*. Ce *Jametz* et son frère *Fleuranges* furent renversés à la bataille de Novare. Le grand sanglier, leur père, prit avec lui cent hommes d'élite, enfonça successivement six lignes de Suisses, parvint jusqu'au lieu où gissoient ses fils, et les rendit ainsi par son audace à la vie et à la liberté.

L'esprit public nous a paru bon dans ces cantons, et le patriotisme y est peut-être plus raisonné qu'ailleurs. Cela vient du caractère du peuple, en général assez froid. Quoiqu'il en soit, ce département, voisin des frontières, seroit une barrière que les tyrans du nord ne renverseroient pas facilement; et le passage de la Meuse leur coûteroit plus d'un de leurs satellites.

NOTES.

(1) *Léopold* étoit fils du duc Charles V et d'Eléonor d'Autriche. Ce fut un grand homme. Les égoïstes voudroient que tous les Princes lui ressemblassent : les amis des Nations en seroient fâchés : la liberté seroit pour jamais exilée de la terre. Quoiqu'il en soit, que *Léopold* soit à jamais béni. Et sans l'envelopper dans le juste ressentiment qui doit nous animer contre son arrière petit-fils *François*, que de lâches conseillers arment contre notre liberté, ayons la généreuse grandeur de chérir la mémoire de l'homme qui disoit : « je quitterois à l'instant » la souveraineté, si je ne pouvois faire du bien. » Et dont les actions prouvoient qu'il pensoit ce qu'il disoit.

(2) *François*, Empereur, étoit fils du précédent. Il hérita de la bonté de son père, mais il fut foible, et la foiblesse dans un Prince bon a les mêmes effets que la fermeté dans un Prince méchant. Il fut le premier esclave de sa femme, la trop fameuse *Marie-Thérèse*. Il étoit galant, et elle étoit jalouse. Et cette jalousie a plus d'une fois amusé le public. Marie-Thérèse venoit souvent au spectacle, et faisoit quelquefois son courier dans sa loge. Ceux qui connoissent la disposition des théâtres étrangers, entr'autres ceux d'Italie et de Vienne savent que cela n'est pas impossible. Les loges sont de petits appartemens dans lesquels les spectateurs goûtent, ou s'amusent à jouer pendant les récitatifs italiens. L'attention ne se porte sur la scène que pendant les ariettes. Marie-Thérèse souvent se distrayoit de son occupation pour parcourir d'un œil furtif

toute l'assemblée, et cherchoit, à l'aide d'une lunette, à reconnoître les infidélités de son époux. Pendant ce tems-là, l'Empereur, assis de l'autre côté de la salle aux pieds d'une femme de la cour qu'il aimoit, et presque couvert par l'énorme panier de sa belle, bravoit l'atteinte de la fatale lunette, ou si par fois elle le poursuivoit trop vivement, sa tête, que l'on appercevoit seule, se plongeoit derrière les vastes flancs du panier. L'inquiétude de Marie-Thérèse, l'espiéglerie de l'Empereur amusoient le public. On rioit, et l'on avoit raison. Les ridicules des Grands sont le délassement des maux qu'ils nous font.

(3) *Charles*, frère du précédent, vulgairement connu dans ce siècle sous le nom du prince Charles. Il fut guerrier, et souvent battu par le Roi de Prusse : cela ne prouve pas qu'il fût mauvais général. On ne peut lui refuser des connoisances dans l'art de la guerre, et sur-tout dans la castramétation. Il aimoit les lettres, il passa pour être bon, et son séjour à Bruxelles mit long-tems cette ville de pair avec les grandes capitales. La tournure de son esprit vers la bouffonnerie lui faisoit préférer les pièces de Vadé aux chefs-d'œuvres de Corneille. Il dévança M. de Bièvre dans l'art des calembourgs, et l'habitude s'en conserva chez lui jusqu'à sa mort. Vingt-quatre heures avant de mourir, ses médecins le faisoient attendre. Quand ils entrèrent dans sa chambre, il leur cria : *allons donc, Charles attend*. Ces Messieurs, trompés par l'équivoque, lui demandèrent d'un air contrit par où ils avoient mérité une semblable épithète. Il rit beaucoup de leur méprise, et les médecins furent un peu honteux d'avoir présumé qu'on pût les appeller *charlatans*.

(4) *Faine*.

(4) *Faîne*. C'est le fruit du hêtre, il est oléagineux. Dans quelques pays, l'on s'en sert pour engraisser la volaille. Les porcs le préferent au gland.

(5) L'histoire dit du bien de ce chancelier *Olivier*, parce qu'elle n'ose pas dire du mal de la duchesse de *Valentinois*, dont il arrêta les déprédations. Il n'avoit eu cela que le mérite du devoir. Cela fut cause de sa disgrace. On le rappella sous *François II*, et ce fut alors qu'il s'opposa à la restitution des Trois-Evêchés. L'Empereur *Ferdinand* ne demandoit cependant qu'une chose juste.

(6) C'est à l'ambition de *Belle-Isle* que la France dut cette malheureuse guerre de Prague. Créature du cardinal de *Fleury*, il voyoit la mort de son patron approcher, et avec elle toutes ses espérances perdues. Il n'étoit encore ni duc ni maréchal de France. Il consulta *Chavigny*, l'un des plus grands politiques du tems. Il n'y a que la mort de l'Empereur, lui répondit celui-ci, qui vous puisse sauver, si vous savez en profiter. En effet, ce Prince étant mort peu après, Belle-Isle sut faire naître dans l'esprit du cardinal de Fleury tant d'allarmes sur l'élévation d'une nouvelle maison d'Autriche, qu'il se décida à porter à l'empire l'électeur de *Bavière*. Et ce fut *Belle-Isle* que l'on nomma ambassadeur plénipotentiaire à la diète de Francfort, avec le titre de maréchal de France. Par ses soins, Charles VII fut élu Empereur. Tout le monde sait la guerre funeste que cette élection attira sur la France. Pourquoi l'eut-elle? parce qu'un homme vouloit être maréchal de France. Quand son frère fut tué à l'affaire

d'Exiles, il dit : « je n'ai plus de frère, mais j'ai une
» patrie, songeons à la sauver. » Homme de sang ! il
étoit bien tems de la sauver, quand ton orgueil l'avoit
mise au bord de l'abîme ! Ouvrez l'histoire, les dictionnaires, les vils panégyristes, c'est encore un héros. Quand
donc recrira-t-on l'histoire ?

(7) Le cardinal Fleury, encore un grand homme pour
tant de petites gens, et de petits écrivains. Le maréchal
de Villars (et l'on peut s'en rapporter à lui, c'étoit un
honnête-homme) est le seul qui l'ait bien jugé. On peut
consulter ses mémoires. Le cardinal prétendoit que les
ministres ne doivent compte qu'au Roi de leur conduite.
« Ils en doivent un bien plus sévère, lui dit Villars, à
» Dieu et à leur propre gloire. » Peut-être sans le cardinal, Louis XV n'eût jamais eu de maîtresse. Ce fut
lui qui le dégoûta de sa femme.

(8) *Lothaire*, fils de Louis-*le-Débonnaire*, détrôna son
père, combattit ses frères, persécuta les peuples, mourut
chez des moines, et fut installé saint.

(9) *Fabert*, fils d'un homme du peuple, combattit
pour la patrie, protégea les malheureux, devint maréchal de France, mourut honnête-homme, et l'église le
crut sorcier.

(10) *Charles IV* de Lorraine. Ce fut un fou, un véritable fou. On lui fit cette épitaphe.

  Ci gît un pauvre duc sans terre,
  Qui fut jusqu'à ses derniers jours,

Peu fidèle dans ses amours,
Et moins fidèle dans *ses guerres*.

Il donna librement sa foi
Tour-à-tour à chaque couronne :
Et se fit une étroite loi,
De ne la garder à personne.

Il se vit toujours maltraité
Par sa faute et par son caprice :
On le détrôna par justice,
On l'enterra par charité.

Cet homme, *enterré par charité*, est l'arrière grand oncle du *François* qui nous fait la guerre.

A PARIS, de l'Imprimerie du Cercle Social, rue du Théatre-François, N°. 4.

VOYAGE

DANS LES DÉPARTEMENS

DE LA FRANCE,

Enrichi de Tableaux Géographiques et d'Estampes.

Par J. B. J. BRETON, pour la partie du Texte; Louis BRION, pour la partie du Dessin; et Louis BRION père, pour la partie Géographique.

.... Curvata resurgit!

A PARIS,

Chez
{
BRION, rue de Vaugirard, N.º 98, près l'Odéon.
DÉTERVILLE, Libraire, rue du Battoir.
DEBRAY, Libraire, Palais-Égalité, galeries de Bois, N.º 236.
GUEFFIER, au Cabinet litt., boulevard Cérutty.
}

AN IX. — 1801.

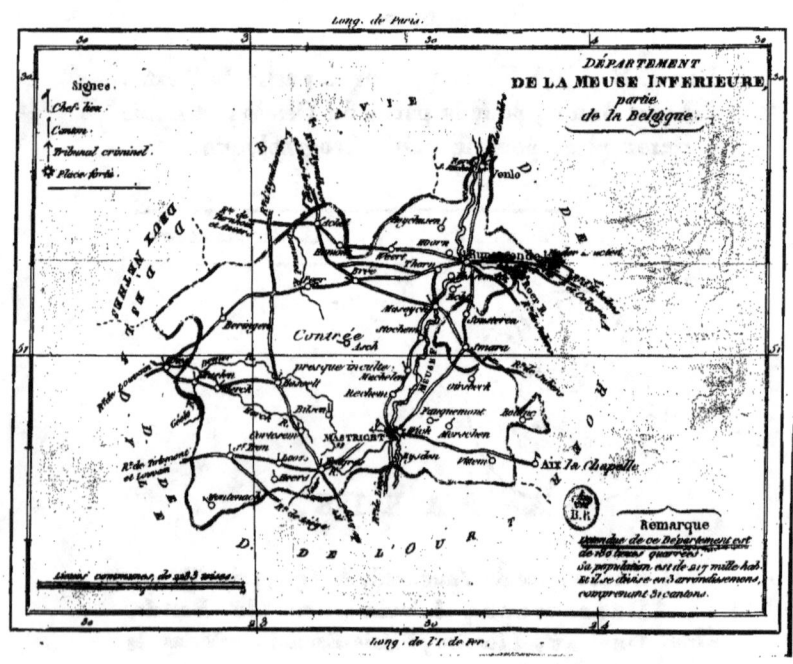

VOYAGE
DANS LES DÉPARTEMENS
DE LA FRANCE.

DÉPARTEMENT DE LA MEUSE INFÉRIEURE.

Cette division de la république est composée d'une petite partie du Brabant-hollandais ; d'une forte portion du pays de Liége, enclavé, comme on sait, dans le cercle de Westphalie; d'une autre du duché de Limbourg; et enfin, d'une région assez considérable de la Gueldre.

D'après cet exposé, on doit s'attendre à trouver des différences frappantes entre les divers élémens qui la constituent; on doit supposer que ces variations s'étendront, non-seulement au caractère, aux mœurs des individus, mais encore à la qualité du terroir, à l'état même de l'atmosphère.

L'endroit par lequel nous entrons, donneroit en effet une bien foible idée de la population, de la fertilité et des rapports commerciaux de tout le département. Nous ne voyons plus dans les villages, cette opulence, cette douce gaîté qui font le charme des hameaux de la Flandres et de la Campine-brabançonne. Les cultivateurs, occupés sans relâche aux travaux des champs, ne trouvent pas assez de tems pour se livrer à cette paisible industrie qui sait tirer parti du repos lui-même.

Il est vrai que la nature, qui a sagement ordonné toutes choses, n'a pas voulu que la principale richesse de ce pays consistât dans l'agriculture. Les terres labourables y sont remplacées par des tourbières, des mines de charbons de terre, et même de cuivre ou de fer, des carrières de pierre à chaux et à bâtir. La qualité ferrugineuse du sol annonce une grande abondance d'eaux minérales, dont on n'a peut-être pas encore découvert les sources.

St.-Trond est l'une des premières villes que l'on rencontre en entrant dans l'ancienne principauté de Liége. Elle n'a rien de recommandable que son ancienneté; c'est l'antique *Sarcinium* : elle tient son nom de St.-Trudon (par corruption St.-Trond), riche seigneur de ce pays, qui y fit bâtir une église. Après la mort de St.-Trond, il se fit une quantité si considérable de miracles sur son tombeau, qu'on y accourut de toutes parts en pélerinage, et que la ville s'enorgueillit bientôt du nom de son protecteur.

Il seroit impossible de contester l'identité de la ville de Tongres, avec la cité florissante dont parle Jules-César dans ses commentaires; sa dénomination actuelle diffère très-peu de celle de *Tungri* ou *Advatica Tungrorum*, qu'elle portoit autrefois. Il est peu de cités dans le monde qui puissent se glorifier d'une origine aussi reculée. On fait remonter sa fondation à 800 ans avant l'ère vulgaire, c'est-à-dire, cent ans avant la fondation de Rome. Tungrus, son premier roi, eut vingt-cinq successeurs, dont le dernier fut remplacé par Salvius Brabon, que César créa duc de Brabant et de Tongres.

Des ruines en grand nombre, que nous avons vues dans ses environs, attestent l'ancienne domination des Romains, à qui elle servoit de place d'armes. Ces maîtres du monde avoient à peine soumis un peuple, qu'ils y portoient leurs arts, leur magnificence, et achevoient de subjuguer, par l'admiration et la reconnoissance, ceux qu'ils avoient domptés par la force des armes. La plupart des monumens qu'ils y élevèrent furent détruits par Attila, dont les sanglantes dévastations ne furent que le prélude des ravages qu'occasionnèrent ensuite les courses des Normands, les dissensions civiles et les guerres de religion.

Tongres est la première ville de toute la Gaule où l'on ait prêché le christianisme. Il y eut successivement plusieurs évêques. St. Servais, qui fut le dixième revêtu de cette dignité, transféra le siége de son épiscopat à Maestricht, parce que cette dernière ville étoit plus favorable aux relations que nécessitoit l'extension de la religion chrétienne. C'est de là qu'il fut transféré à Liége, et les évêques ne se bornèrent pas à une autorité spirituelle sur leurs *ouailles* ; ils surent conserver sur elles une puissance temporelle, et transiger avec les petits princes leurs voisins : de sorte que, même depuis l'incorporation de l'évêché de Liége dans le cercle de Westphalie, le prince-évêque jouissoit d'une certaine prépondérance dans la constitution de l'Empire.

Parmi beaucoup d'objets curieux, Tongres a encore le mérite de posséder des eaux minérales, qui seroient probablement fort renommées sans le voisinage et la concurrence dangereuse de celles de Spa et d'Aix-la-Chapelle.

Cette fontaine étoit connue du temps des Romains; Pline s'en exprime en ces termes:

« Tongres, cité de la Gaule-belgique, possède » une fontaine merveilleuse, étincelante de plu- » sieurs petits bouillons, d'un goût de fer qui ne » se reconnoît qu'après en avoir bu: elle purge le » corps, guérit de la fièvre tierce et de la gravelle; » elle se trouble et devient rouge dès qu'elle est » mise sur le feu. »

Lorsque Charles-le-hardi, duc de Bourgogne, fit raser cette place, la source minérale fut ensevelie sous les ruines; mais on la rétablit en 1700. Elle est située dans un vallon enchanteur et assez vaste, resserré à ses extrémités par un cordon de montagnes; ce qui lui donne une forme ovale. Presque toutes ses hauteurs, entr'autres celles de Colmont, d'Yserenborn et de Hoogheide, contiennent des mines de fer; ce qui a fait donner à la fontaine le nom de *ferrugineuse*. En analysant en effet ces eaux, on y trouve beaucoup d'oxide de fer, mêlé avec de l'acide carbonique; ce qui leur donne une saveur acidule et assez agréable.

Cette petite ville, quoique bien déchue de sa splendeur primitive, jouit encore de quelque commerce. Si elle n'a pas les mêmes facilités pour correspondre avec la république batave et les autres parties de la Belgique, que d'autres places que nous avons déjà parcourues, faute de canaux ou de rivières navigables, elle est le point de rendez-vous de diverses belles routes, dont l'une conduit sous les fortifications même de Maestricht.

Nous ne quitterons pas les plaines de la Campine-liégeoise, sans faire part à nos lecteurs d'une particularité historique peu connue.

Il n'importe guères aujourd'hui aux républicains français, de connoître l'origine de la fameuse *loi salique*, base fondamentale de l'ancienne monarchie. Cependant, ceux qui aiment à suivre l'esprit humain dans ses écarts, à voir jusqu'où peuvent porter les conjectures bizarres qu'enfante une imagination fertile, trouvent une sorte d'instruction *négative* dans la considération des bévues des historiens. On connoît jusqu'à présent deux versions pour expliquer l'étymologie de ce mot loi *salique*. Les uns ont prétendu que c'étoit une loi relative à l'impôt sur les *sels*; d'autres, qu'on l'avoit ainsi nommée des deux mots *si aliquis* qui la commençoient; comme presque toutes les lois du Digeste, la loi d'*habeas corpus*, et les mandats de *committimus* en Angleterre ont reçu leur titre des formules qui figurent à leur tête. Nous avons trouvé, dans une bibliothèque particulière de Herck, une espèce de commentaire de la loi salique, publié par Godefroy Wendelinus, chanoine de Tournai. Il y présente deux hypothèses : la première, que la Campine-liégeoise étoit autrefois habitée par les Saliens; la seconde, que ce fut la loi de ces mêmes Saliens qui fut adoptée en France. Si le fait étoit vrai, il prouveroit que les peuples de cette contrée ont joué un rôle assez important dans la grande révolution qui a occasionné l'invasion des pays méridionaux par les peuples du nord.

Arrivés à Maestricht, nous nous sommes peu arrêtés à examiner ces fortifications imposantes, qui ont attiré tant de malheurs à la cité qu'elles devoient protéger.

Il sembleroit que, dans le cours d'une guerre sanglante, les places démantelées, exposées à tout instant aux insultes et aux entreprises de l'ennemi, devroient être le premier jouet de sa fureur, devroient être le premier objet du pillage. Il paroîtroit, d'un autre côté, que l'on devroit être rassuré par des ouvrages élevés à grands frais, et qui défendent les approches d'une place importante. C'est cependant tout le contraire.

Dans le système actuel de la guerre, au lieu de désoler en pure perte une cité florissante, de la livrer à la brutalité, à la rapacité insatiable du vainqueur, on a trouvé plus raisonnable et plus utile pour l'intérêt même de l'armée, de lever des contributions, de faire acheter aux habitans une sorte de paix au sein de la guerre; mais malheur aux forteresses qui offrent à des phalanges aguerries un accès plus difficile! Des bombes, des globes rougis par un feu violent, en détruisent les édifices, en tuent ou estropient les citoyens. Ce ne sont point

les habitations, ce ne sont point les individus que l'on veut protéger; au contraire, des citadelles orgueilleuses commandent à ceux-ci une aveugle soumission, les contiennent dans le devoir, et les forcent à supporter sans murmure le fléau prolongé d'un siége. Le but unique de ceux qui construisent ces places fortes, leur but louable en lui-même, est d'arrêter les progrès d'une armée triomphante, d'occuper à un long blocus des troupes qui, sans cet obstacle, pénétreroient en un clin d'œil au cœur même du pays; d'enlever toute retraite aux imprudens qui mépriseroient ces importantes barrières, de leur couper les vivres et les communications. Mais pourquoi élever ces polygones, ces bastions de sinistre augure autour de l'atelier modeste du fabricant, autour de la maison du négociant paisible, du philosophe cosmopolite? Pourquoi ne pas donner à ces forteresses un emplacement dans un lieu inhabité, et que l'aridité des environs, la difficuté des approches rendroient plus redoutables?

Cette méthode rendroit les approvisionnemens moins dispendieux, permettroit de concentrer des garnisons plus nombreuses, et l'art militaire n'y perdroit rien. On ne verroit plus si souvent ce spectacle immoral d'armées qui réduisent en cendres une ville de leur parti, momentanément occupée par un parti contraire. On ne verroit plus des ingénieurs forcés de diriger sur les maisons de leurs amis, sur les leurs peut-être, des globes destructeurs, qui ne devroient servir d'instrumens qu'à la vengeance et à une juste animosité.

Maestricht signifie en flamand ce qu'indique son nom en latin *Trajectum ad mosam*, c'est-à-dire, passage sur la Meuse. C'est en effet sur ce beau fleuve qu'elle est bâtie, au confluent du Jecker.

Elle étoit comprise autrefois dans le royaume d'Austrasie, et passa depuis sous la domination de l'Empereur, où elle resta long-tems. Il est inutile de raconter par quelles révolutions successives elle passa ensuite sous la domination de deux maîtres à-la-fois, du prince-évêque de Liége et des états-généraux des Provinces-unies, comme successeurs et représentans en cette partie des ducs de Brabant.

On avoit imaginé un expédient bien singulier pour concilier cette double jurisdiction. Chacun des deux souverains y avoit son grand-mayeur, ses bourguemestres, ses échevins, ses conseillers, etc. Et comme la religion des deux états n'est pas la même, il en résulte que les fonctions publiques étoient divisées, par partie égale, entre les protestans et les catholiques. Ce partage, dans les dépositaires de l'autorité, avoit dû nécessairement introduire ou maintenir une pareille dissidence entre les habitans. Aussi la ville étoit-elle et est-elle, même aujourd'hui, composée d'à-peu-près égale partie de sectateurs de la religion orthodoxe et de la religion réformée.

Il s'ensuit qu'il a dû, dans le principe, s'élever quelques difficultés sur la question de savoir à quelle patrie appartenoient ceux qui naissoient sur son territoire. Il devoit être souvent difficile de décider s'ils étoient sujets du Brabant ou de la principauté de

Liége. On a mis fin à ces embarras, en décidant que toute personne qui naîtroit d'une mère Brabançonne, seroit réputée Brabançonne; et que l'on regarderoit comme Liégeois, tous ceux nés d'une mère Liégeoise.

Quand même l'importance de cette place, située sur les limites du Brabant dont elle étoit la clef, possédant un fleuve considérable, n'eût pas suffi pour lui attirer de la considération, les préjugés religieux peut-être, adroitement ménagés par la politique, l'eussent rendue très-fameuse; et nous avons vu quelle célébrité avoit donné à St.-Trond, le saint personnage qui, à la vérité, s'en étoit, de son vivant, rendu le bienfaiteur. C'étoit, dans ces tems-là, une fortune pour une ville de posséder des restes vénérés, des reliques de quelque bien-heureux.

St.-Servais, évêque de Maestricht, y fut en grande vénération pendant sa vie, et sur-tout après sa mort. On le supposoit parent de Jésus-Christ, et, ce qui étoit plus difficile, son *contemporain* : on lui attribuoit trois siècles d'existence, sur lesquels on prétendoit qu'il avoit été soixante-dix ans revêtu de la dignité épiscopale. Cette opinion, qui depuis s'est un peu refroidie dans l'esprit même des dévots, étoit alors tellement accréditée, que Louis XI, persuadé, comme tant d'autres, de la longévité du saint, chercha à se procurer, par son entremise, une longue vie, et combla en conséquence son église de toutes sortes de libéralités.

Ces honneurs, accordés par le roi de France et par d'autres souverains, augmentèrent bientôt la réputation du saint personnage. Ce ne fut plus que pélerinages et processions éternelles à son tombeau. Le grand concours des personnes qui s'y rassembloient donna lieu à des foires considérables, et recula promptement les murailles de la ville.

Mais elle n'eut pas seulement l'honneur de posséder les restes de St. Servais. La même église, qui lui servoit de sépulture, reçut aussi les tombeaux de St. Monulphe et St. Gondulphe, autres évêques de Maestricht. On n'attribue à ceux-ci qu'un seul miracle, mais il égale pour le moins tous ceux de St. Servais.

Lorsque l'empereur Charlemagne eut bâti l'église de Notre-Dame à Aix-la-Chapelle, il pria le pape Léon III d'en faire l'inauguration et la consécration solennelle : il voulut de plus qu'il assistât à cette cérémonie autant d'archevêques et d'évêques qu'il y a de jours dans l'année. On n'en put rassembler que 363; et l'on auroit eu bien de la peine à en trouver deux autres, si Dieu ne fût venu au secours des ordonnateurs de cette fête, et n'eût fait ressusciter St. Monulphe et St. Gondulphe, qui, après la solemnité, vinrent se replacer dans leur tombeau.

Ces sortes d'inepties font injure à toutes les religions, à toutes les croyances, en même tems qu'elles révoltent le bon-sens. Nous devons nous empresser d'ajouter, à la gloire des citoyens de cette ville, que cette absurdité a trouvé parmi eux fort peu de sectateurs.

On voit, dans cette même église cathédrale, un autre tombeau, qui rappelle aux gens de lettres des souvenirs plus précieux : nous voulons parler de celui du savant Claude Saumaise (1). Il y fut enterré, après être mort aux eaux de Spa. Il ne put survivre à la douleur d'y avoir perdu son épouse, connue, dans la république des lettres, sous le nom de mademoiselle Schurmann.

Cette place, grace à l'étendue et à la régularité de ses fortifications, a essuyé beaucoup de siéges mémorables. Elle est située sur la rive gauche de la Meuse, et communique, par un superbe pont de pierre, avec la petite ville de Wick, qui en fait en quelque sorte partie.

Lorsqu'en 1576, les habitans voulant secouer le joug des Espagnols, chassèrent la garnison de leurs murs, elle se réfugia dans cette espèce de faubourg, où elle eût été inévitablement forcée, sans une ruse de guerre qui fit retomber la ville sous le joug des Espagnols. Peu fortifiée du côté de la Meuse, Maestricht n'étoit défendue, contre les entreprises des ennemis, que par quelques pièces d'artillerie. Pour faire taire ces bouches-à-feu, ils imaginèrent de faire marcher devant eux les femmes de Wick. A l'abri de ces étranges boucliers, ils entrèrent sur le pont, et firent feu sur les bourgeois, qui ne pouvant se défendre sans tirer sur leurs parentes, ou du moins sur leurs compatriotes, abandonnèrent leur poste, et laissèrent aux Espagnols une victoire facile.

Ceux-ci néanmoins ne profitèrent pas long-tems de ce stratagême : les états-généraux reprirent la place l'année suivante; et ce ne fut que trois ans après, qu'Alexandre de Parme la prit d'assaut, après un siége long et meurtrier, et la livra au pillage.

C'est devant Maestricht que M. de Vauban essaya, pour la première fois, les parallèles et les places d'armes, dont il avoit pris chez les Turcs la première idée. Le gouverneur de la place, quoiqu'il fût à la tête d'une garnison nombreuse et aguerrie, et qu'il eût des connoissances très-profondes dans son état, ne put tenir long-tems contre cette invention nouvelle, qui le réduisoit presque à l'impossibilité de faire des sorties.

Nous ne parlerons pas des autres entreprises dont cette place fut l'objet, du siége qu'elle soutint contre Louis XIV en personne, et enfin de la prise qui en fut faite par le maréchal de Saxe.

Ce fut, comme on sait, la dernière expédition de cet illustre guerrier dans les Pays-bas, où il avoit gagné trois batailles, et réduit toutes les forteresses qu'il avoit voulu prendre la peine d'attaquer.

Cet homme extraordinaire autant par sa vigueur corporelle que par ses aventures et ses exploits, avoit pensé être duc de Courlande; l'amour de la duchesse douairière ayant applani tous les obstacles qui s'opposoient à son élection. Une fois parvenu à cette dignité, il auroit partagé avec son épouse la couronne de Russie, qui échut à celle-ci dans la suite; mais une indiscrétion du maréchal, une intrigue avec une suivante de la princesse, que celle-ci découvrit, renversèrent ses brillantes espérances. On a retenu de lui ce mot singulier qu'il prononça à la bataille mémorable de Fontenoy, où il se fit porter en litière parce qu'il étoit gonflé d'hydropisie. « Il seroit plaisant, dit-il, que ce fût une balle ou un boulet qui me fît la ponction. »

De nos jours, Maestricht fut deux fois attaquée par les armées françaises. La première fois, leur valeur échoua contre ses remparts. Dumouriez prétend dans ses mémoires qu'on l'avoit mis dans l'impossibilité de la prendre, et qu'on le lui avoit même expressément défendu.

Du moins l'attaque dirigée par le général Miranda ne réussit point. Le bombardement avoit mis le feu à divers quartiers de la ville; mais les assiégés se défendirent avec vigueur : les émigrés français qui s'y trouvoient, sous les ordres de d'Autichamp, opposèrent une résistance opiniâtre ; l'armée de Clairfayt vint bientôt délivrer la ville; et la levée du siége fut le signal de l'évacuation de la Belgique.

La seconde fois, Maestricht ouvrit aux républicains le chemin de la Hollande. L'on sait que ce fut pendant l'hiver de 1795, que les soldats français se frayèrent, dans ce pays, une route jusques-là impraticable à des armées de terre. Les nombreux canaux, les rivières qui coupent la plus grande partie de cette contrée, offrirent à l'armée de Pichegru un terrain ferme et solide, que ne purent endommager les plus grosses pièces d'artillerie, les plus énormes chariots. La cavalerie française s'empara de l'armée navale du Stadhouder; et par ce moyen inoui, on fit, en quelques semaines, la conquête d'un pays qui avoit vu honteusement échouer les grandes entreprises de Louis XIV.

Parmi les monumens publics, il en est plusieurs

remarquables, moins, à la vérité, par l'élégance et le goût qui ont présidé à leur construction, que par la solidité de leur structure. L'hôtel-de-ville est un des plus beaux de toute la Belgique. Il est de la forme d'un parallélogramme oblong, d'une architecture assez moderne, et situé au milieu du grand marché, qui lui-même est une très-jolie place. Le rez-de-chaussée est destiné aux prisons publiques. On monte au premier par un très-bel escalier en fer-à-cheval. On tenoit beaucoup à l'*étiquette*, dans tous ces pays, avant la révolution ; et comme l'autorité étoit partagée entre l'état de Liége et les états-généraux, il étoit convenu que les commissaires-déciseurs Liégeois monteroient l'escalier à droite, tandis que l'escalier à gauche étoit réservé aux commissaires-déciseurs de la Hollande. Ils se réunissoient tous ensemble sur un grand perron terminé par une magnifique balustrade, d'où ils se rendoient dans la salle du conseil.

Le Vrythos, ou la place d'armes, est une assez belle promenade, située au milieu de la ville, et ornée de trois rangées d'arbres. On voit au milieu un bâtiment en pierre de taille, qui portoit autrefois le nom de *grande garde*.

A peu de distance de la ville, nous avons été voir la fameuse montagne de St.-Pétersberg, sur laquelle est bâti un fort qui couvre la ville, et que s'étoient réservé les états-généraux. Elle est connue par le grand nombre de pétrifications que l'on trouve dans les bancs de pierre dont elle est composée.

On y a creusé une carrière immense, qui s'étend
aujourd'hui

aujourd'hui jusqu'à Visé dans le département de l'Ourthe, c'est-à-dire à plus de trois lieues. Elle fournit de la pierre à bâtir, non-seulement aux environs, mais à toute la Hollande. On l'exploitoit même du tems des Romains, tant elle est abondante. La pierre en est composée d'une partie de terre calcaire, d'une partie de quartz sablonneux et fin, et d'une partie de coquillages.

On y trouve plusieurs espèces de coquillages, dont les uns sont fluviatiles et les autres marins; ce qui tendroit à prouver qu'à une époque très-éloignée, il se trouvoit, dans ce même endroit, l'embouchure d'un grand fleuve.

Parmi toutes ces coquilles, une seule espèce domine particulièrement. Elle n'est point pétrifiée, c'est-à-dire imbibée de *suc lapidifique*, comme les autres testacées que l'on rencontre à Grignon et Courtagnon, dans l'intérieur de la France : les innombrables individus qui en forment les parties constituantes, sont juxta-posés et collés, pour ainsi-dire, les uns contre les autres.

On avoit été long-tems indécis sur la question de savoir si c'étoient ou non de véritables corps organiques, qu'une grande révolution du globe avoit agglomérés dans un même endroit. On ne trouvoit pas d'espèce analogue dans les mers de l'Europe, ni même des deux Indes; et comme il se trouvoit un grand nombre de corps fossiles dans ce cas, quelques savans avoient pensé que les espèces primitives étoient perdues ou détruites; et d'autres même avoient supposé avec Voltaire, que ces pétrifications

B

étoient un jeu de la nature ; que ce n'étoient point des débris de testacées, et qu'il falloit en conséquence rejeter tout système d'inondation diluvienne partielle ou générale.

Mais on a bientôt reconnu que si l'on ne trouvoit pas les analogues vivans des corps marins fossiles ou pétrifiés, que l'on découvre journellement dans les grandes excavations, il falloit s'en prendre à la foiblesse de nos moyens : nous sommes encore loin d'avoir fouillé dans l'intérieur de tous les continens, de connoître toutes les espèces d'oiseaux, d'insectes et de quadrupèdes. Les déserts de l'Afrique, ceux de la nouvelle Hollande, de cette cinquième partie du monde, aussi vaste que l'Europe entière, dérobent encore à nos regards une foule d'êtres que nous ne soupçonnons pas; à plus forte raison ignorons-nous cette multitude immense de coquillages, de mollusques, de polypes qui tapissent le fond des mers, qui y élèvent des bancs énormes de terre calcaire. Déjà la sonde, jetée au hasard, a rapporté vivans des animaux qu'on n'avoit jusqu'alors trouvés que dans les carrières, et nous a appris à être plus attentifs sur les décisions des hommes prêts à douter de tout ce dont ils n'ont pas de preuve directe. Mais ce qui complète la démonstration de cette vérité, c'est qu'on a trouvé abondamment, dans les mers de la Chine, le ver à coquille qui forme la pierre de Maestricht.

Cette découverte conduit à une réflexion de plus, c'est que la plus grande partie des corps marins, que l'on trouve dans l'intérieur de nos terres, se rapporte à des espèces venant de climats bien différens du nôtre. La montagne de Vestena-Nuova en Italie renferme une quantité prodigieuse de pétrifications, dont presque toutes les espèces appartiennent à des analogues de la mer du Sud.

Il seroit donc probable qu'autrefois le climat de l'Italie a été à-peu-près le même que celui existant dans les contrées que baigne la mer du Sud ; que le vaste Océan, laissant peut-être alors à découvert des continens aujourd'hui ensevelis sous ses eaux, baignoit les plaines délicieuses de l'Italie, depuis fertiles en événemens et en grands hommes. Il n'est presque pas de poisson dont on n'y retrouve les analogues pétrifiés ; on y découvre aussi, comme à Maestricht, une grande multitude d'ossemens de quadrupèdes et de plantes fossiles ; mais il est à observer que non-seulement ces révolutions paroissent très-anciennes, et remonter à des époques infiniment reculées, mais qu'elles sembleroient même avoir précédé l'existence des hommes sur le globe. Parmi tous les amas de pétrifications, épars sur la surface de la terre, à des profondeurs plus ou moins grandes, on n'a jamais trouvé de débris humains. Il est bien reconnu aujourd'hui que les mines de charbon de terre ne sont pas, comme on avoit eu l'extravagance de le prétendre, du charbon animal, résidu de vastes cimetières ; qu'elles sont toutes le produit des forêts instantanément englouties, ou des amas de bois et de végétaux de toute espèce, rassemblés d'abord par la force des courans, et enterrés ensuite par une révolution quelconque.

De même il est bien avéré que les ossemens prodigieux, trouvés en Sibérie ou ailleurs, n'appartiennent point à des géans, mais à des éléphans et à des rhinocéros.

Il paroît encore que la plupart de ces grands bouleversemens ont été subits et instantanés, et ne se sont pas faits avec lenteur, par les alluvions des rivières, comme quelques gens instruits l'ont avancé. En effet, nous avons remarqué, dans le muséum d'histoire naturelle à Paris, une pétrification curieuse de Vestena-Nuova. C'est un poisson qui a été saisi par l'éboulement de matière calcaire, au moment même où il en dévoroit un autre. On y voit encore quelques-uns de ces animaux entourés de leurs petits, et surpris comme eux par un événement qui a dû coûter la vie à des milliards d'êtres organisés.

Les plus belles pétrifications qu'on ait trouvées à Maestricht, ce sont des tortues des Indes, et une tête fossile de quatre pieds de long, que l'on attribua long-tems à une espèce inconnue de cétacée, mais que les savans s'accordent aujourd'hui à reconnoître pour une tête de crocodile.

Des ouvriers la découvrirent, en 1770, à 500 pieds de profondeur, sous une couche de pierre de 90 pieds. Le savant professeur Hoffmann aida à son extraction, et prit toutes sortes de précautions pour ne point endommager ce beau monument d'histoire naturelle.

Mais *sic vos non vobis*..... le chanoine Gobin, seigneur du lieu, lui en disputa la propriété; il y eut entr'eux un grand procès qui fut perdu par le savant.

Cette tête n'est point pétrifiée, elle n'est que fossile; on enleva avec le plus grand soin la terre calcaire qui entouroit les parties caractéristiques de l'animal. Campe (2), après l'avoir prise pour la tête d'un crocodile, se rangea, peu de tems avant sa mort, du parti de ceux qui l'attribuoient à un grand cétacée; mais voici les motifs qui paroissent combattre victorieusement cette dernière opinion.

Tous les animaux de la famille des lézards ont les dents doubles, c'est-à-dire une dent insérée dans une autre comme dans un étui; ce qui la distingue, non-seulement des autres amphybies, mais encore de tous les animaux connus; ensorte que, pour reconnoître un crocodile, il suffit d'arracher une dent de son *alvéole*; on y trouve incluse une autre dent qui n'y est pas adhérente.

Ainsi, dans les deux espèces connues de crocodiles, le *gavial* ou crocodile du Gange, et celui de l'Égypte ou du Sénégal, ce caractère est le même; on ne les distingue l'une de l'autre que par la position et la forme de ces mêmes dents.

Celui dont nous parlons sembleroit, d'après Faujas-St.-Fond, former une troisième espèce; car les secondes dents ne sont pas incluses dans les premières, mais elles sont à côté des gencives : il est vrai que ce professeur a en sa possession une dent qui en renferme une autre, mais c'est la seule.

Cette observation a entraîné l'assentiment de tous

les savans, et entr'autres de Lacépède : il ne paroît plus rester de doute à cet égard.

Ce morceau curieux étoit destiné à voyager et à changer de maîtres; il est aujourd'hui transporté dans le muséum d'histoire naturelle du jardin des plantes, où le savant professeur de géologie l'a fait modeler en cire, et se propose d'en faire tirer des *plâtres* pour les amateurs. Les circonstances qui l'ont mise en la possession de la république sont assez singulières pour que nos lecteurs les retrouvent ici avec plaisir.

Lors du dernier siége de la ville de Maestricht, Faujas-St.-Fond et Thouin, commissaires envoyés à la recherche des objets d'arts dans la Belgique, guidés par leur amour pour les sciences, ne balancèrent pas à aller, sous le feu de l'ennemi, désigner la maison du chanoine Gobin, où l'on présumait qu'étoit renfermé ce monument précieux, afin de la préserver de l'artillerie française.

A la prise de la ville, on fit une fouille exacte dans la maison du chanoine. Le précieux fossile étoit disparu, et l'on ignoroit le lieu où on l'avoit caché. Le député Fressines, commissaire de la Convention, imagina un excellent moyen de le trouver : ce fut de promettre *cinq cents bouteilles de vin* à celui ou ceux qui le rapporteroient intact. L'espoir de cette récompense donna de l'ardeur à toute l'armée. Les soldats firent de tous côtés des perquisitions avec un zèle infatigable. Enfin, au bout de huit ou dix jours, le général Ernouf et quelques grenadiers le rapportèrent, et les caves du prince de Hesse, gouverneur de la place, acquittèrent les cinq cens bouteilles promises.

On proposa au chanoine Gobin de lui payer la valeur de sa propriété; l'estimation en fut faite par les commissaires : et il paroît que cet objet d'histoire naturelle entra en compensation d'une contribution de deux mille écus, à laquelle lui et son chapitre avoient été imposés.

Nous avions déjà vu, en passant à Maestricht, les vertèbres et la queue de ce même crocodile, qui ont également été trouvés dans la carrière de St.-Pétersberg. On espère les réunir incessamment au muséum d'histoire naturelle, moyennant un échange. Il est à desirer que cet arrangement ait lieu. On sera plus à portée, d'abord de constater l'identité des parties attribuées au même individu, et en second lieu de vérifier si ces débris appartiennent réellement à la famille des crocodiles.

La vaste étendue de la carrière, la quantité considérable des exploitations dont elle est l'objet, nécessitent l'emploi d'un grand nombre de voitures. Pour prévenir un éboulement funeste, non-seulement aux travailleurs, mais aux habitations et aux villages qui couvrent la superficie du sol, on a placé de distance en distance des piliers et des arceaux qui soutiennent les voûtes. Rien n'est plus imposant que le spectacle de ces cavités immenses, où des lampes ne répandent qu'une lueur sépulcrale. On a calculé que quarante mille ames pourroient s'y tenir cachés : mais ce refuge ne seroit pas sans danger. Non-seulement l'air seroit vicié et répandroit des miasmes infects; mais on y risque à chaque instant d'être blessé par les pierres qui tombent du haut de la voûte, et qui se détachent par blocs quelquefois assez considérables. Des voyageurs et des curieux intrépides ont cependant le courage de suivre les voitures, et de parcourir ces souterrains, dans lesquels on se perdroit infailliblement, si on n'étoit dirigé par des guides qui en connoissent tous les détours, toutes les anfractuosités.

Après avoir satisfait notre curiosité sur la montagne de Pétersberg, dont les bords escarpés forment l'aspect le plus imposant et le plus pittoresque, nous avons encore une fois traversé Maestricht, et suivi les bords florissans de la Meuse. Ce n'est pas que les collines élevées à pic ne nous aient quelquefois opposé des obstacles insurmontables; mais dans ce cas, nous suivions une route pratiquée au-dessus de la berge, et nos regards plongeoient presque toujours sur le cours majestueux de ce beau fleuve.

Nos yeux enchantés se portoient alternativement sur les barques qu'on y aperçoit de distance en distance, et sur les îles riantes dont ce fleuve est parsemé. Quelques-unes sont habitées; mais la plupart sont plantées de pépinières, ou offrent de riches pâtis aux troupeaux des environs.

En considérant cette source de richesses, nous avons vivement regretté qu'on ait abandonné, comme tant d'autres, un projet formé par M. de Vauban, pour réunir la Meuse à la Moselle. Rien n'étoit si facile que l'exécution de ce canal. Un ruisseau qui se jette dans la Moselle à Toul, et un autre qui se perd dans la Meuse au château de Pagny, en indiquoient la direction. Si quelque jour on tire ce dessein utile de l'oubli où il est tombé, si des capitalistes se cotisent pour en faire les frais, non-seulement les habitans de la ci-devant Lorraine jouiront du succès de cette entreprise, mais les départemens des Ardennes, de Sambre-et-Meuse, de l'Ourthe, de la Meuse-inférieure se trouveront avoir une communication avec le Rhin, et porteront en échange, dans ceux de la Moselle, de la Sarre, de Rhin-et-Moselle, leurs propres productions ou celles de la république batave.

Un homme d'esprit, qui vise un peu trop à l'originalité, a écrit avec plus de gaîté que de justesse, que la multiplicité des canaux n'est pas plus la *marque certaine* de la prospérité des empires, que les bottes et les éperons portés par les élégans du jour ne sont la *marque certaine* qu'ils possèdent un cheval.

Ce raisonnement (si c'en est un) n'a pas même le mérite d'être spécieux. On sent bien que ce ne peut être affaire de mode pour une nation, de creuser à grands frais ces chemins ingénieux, qui ôtent à des fleuves, à des rivières, une partie de leur superflu, pour réparer les oublis de la nature. On ne construit pas des canaux par une frivole ostentation, par une pure spéculation de vanité. L'expérience prouve, au contraire, la parcimonie avec laquelle les gouvernemens en général ouvrent ces branches de communication, quelque productives qu'elles puissent devenir par un droit de péage sagement établi. Si ces rivières artificielles, qui coupent en divers sens la ci-devant Belgique, excèdent en proportion les richesses actuelles de ce pays, sachons qu'il fut un tems où elles n'étoient pas assez nombreuses, où l'on se plaignoit de leur pénurie, où une multitude de barques attendoient avec impatience l'effet des écluses.

N'oublions pas sur-tout que les provinces belgiques se retrouveront, à la paix générale, à la paix *maritime*, précisément dans les mêmes circonstances où elles étoient dans des tems plus fortunés. Un jour viendra où, bien loin de regretter un terrain enlevé inutilement, dit-on, à l'agriculture, on reconnoîtra cette vérité, que plus les moyens d'importation et d'exportation, plus les débouchés sont faciles, et plus l'agriculture et les fabriques s'améliorent, plus les cultivateurs ainsi que les manufacturiers s'enflamment d'une noble émulation.

Pourquoi, par exemple, dans le cœur de la forêt des Ardennes, le bois se vend-il à vil prix, tandis que, dans les parties plus voisines des grandes routes, le commerce y attache une plus grande valeur? C'est qu'il ne suffit pas d'acheter des arbres, de les abattre ; il faut encore les enlever, les transporter ; ce qu'on ne peut faire avec commodité dans des lieux presque inaccessibles. Supposons que, dans ce même endroit si difficile à aborder, si éloigné de toute communication avec le dehors, on établisse tout-à-coup un débouché, un canal, par exemple, un ruisseau dans lequel les troncs d'arbres, abandonnés à eux-mêmes, sortiront de la forêt: l'on fera sur-le-champ disparoître la différence de prix.

Il en est de même de tous les objets de culture ou de fabrication. Si un continent immense nous fermoit le passage des Moluques ou des Antilles, ce seroit en vain que ces îles produiroient des épices, du café ou du sucre; il seroit impossible que la bourse des particuliers pût atteindre aux dépenses exhorbitantes d'un transport par terre.

Maeseyck, en latin *Mosacum*, parce qu'elle est située sur la Meuse, à l'endroit même où la Campine-liégeoise confond ses limites avec celles des anciens duchés de Juliers et de Gueldres, est une petite ville assez peuplée et assez commerçante, relativement à sa grandeur. Ses industrieux habitans se partagent, ainsi que la plupart des riverains de la Meuse, entre l'agriculture, quelques branches de fabrique et la pêche. Cette dernière ressource est ici très-abondante, et le fleuve est connu par les poissons exquis que l'on trouve dans ses eaux.

Cette cité a fait beaucoup parler d'elle vers 1740, à l'occasion d'une insulte qu'elle reçut des troupes prussiennes.

L'église de Liége avoit acquis de Charles-quint la petite baronie de Herstat; ce droit lui avoit été confirmé par divers traités. Le prince d'Orange, qui prétendoit y avoir des droits, la vendit en 1735 au roi de Prusse. De là grandes contestations entre ce monarque et l'évêque de Liége.

Frédéric ne pouvant réussir, par la voie des négociations, à faire confirmer la prise de possession (car il s'étoit fait déjà prêter serment de fidélité par les habitans), fit entrer ses troupes sur le territoire liégeois, et les y laissa vivre à discrétion : Maeseyck fut la première ville où l'on exerça cette *exécution militaire*. L'évêque de Liége essaya en vain d'intéresser à sa cause d'autres puissances; il se vit enfin contraint à céder à la force, et conserva le domaine qui faisoit l'objet de la contestation, moyennant 180,000 écus; car le roi de Prusse avoit ressuscité d'anciennes querelles pour grossir la masse de ses indemnités.

Nous avons passé le Rhin à l'île de Stephensverd, sur un pont de bateaux dont la *tête* est fortifiée par une demi-lune, et nous sommes ainsi arrivés dans la partie de la ci-devant Gueldres, qu'on nommoit le haut-quartier. Ruremonde en est la capitale.

Cette ville tire évidemment son nom du mot flamand *mond*, qui signifie embouchure, et de la *Roër*, parce que cette rivière vient, sous les murs, se réunir à la Meuse, après avoir pris sa source dans le département qui en porte le nom, et que nous aurons occasion de visiter par la suite.

Cette ville, aujourd'hui assez grande, assez belle et passablement fortifiée, n'étoit d'abord qu'un simple village, qu'Othon, surnommé le *boiteux*, comte de Gueldres, entoura de murailles.

Elle est la patrie du célèbre géographe Mercator, qui y florissoit vers le quinzième siècle, et qui y fit connoître les belles-lettres; c'étoit un des plus habile géographes de son tems, et nous avons de lui beaucoup de cartes particulières des diverses provinces des Pays-bas.

En 1665, le 31 mai, jour de la trinité et de la

dédicace de la ville, elle essuya un malheur terrible, produit par une bien petite cause.

La plupart des habitans de la ville étoient rassemblés à la procession solennelle qui avoit lieu tous les ans en cette occasion, lorsqu'un coup de fusil, tiré dans un toit de paille, y mit le feu ; et les progrès de l'incendie furent si rapides, qu'il réduisit en cendres la plus grande partie des maisons, des églises et des couvens, ainsi que le palais épiscopal.

L'aspect de cette place est charmant : située sur la Meuse, elle fait face à une île assez considérable; et elle communique avec la rive gauche par le moyen d'un pont d'une construction solide. C'est un des lieux de passage des marchands forains allemands, liégeois, flamands, brabançons, hollandais et autres ; ce qui ne contribue pas peu à lui donner un air populeux. Les habitans, simples dans leurs mœurs et dans leurs manières, exercent avec zèle l'hospitalité envers les étrangers, et y sont au mieux secondés par leurs femmes......

Celles-ci sont, généralement parlant, d'une belle figure, mais les proportions du corps et sur-tout de la taille ne sont pas toujours aussi agréables. Du reste, nous n'y avons pas trouvé d'objets assez curieux, pour croire que le récit détaillé en puisse plaire à nos lecteurs.

Nous les ferons passer immédiatement avec nous à l'extrémité du département; et si l'on daigne jeter les yeux sur la carte, l'on verra que ce n'est pas sans motifs que les hommes chargés de déterminer les frontières de la France, ont donné de ce côté, à ces mêmes limites, une figure en quelque sorte irrégulière. Il étoit nécessaire d'enclaver dans la France une forteresse importante; nous voulons parler de Venlo, située également sur la Meuse.

On la nomme encore Wendlo, mais il paroît que c'est par corruption; car les mots flamands *wen* et *loo* signifient une terre basse, nom qui lui convient à tous égards. Elle est entourée de marais stagnans et de plaines incultes; la petite rivière de Haven, qui vient s'y jeter dans la Meuse, est elle-même très-insalubre, et ne sert qu'aux tanneries qui y sont établies en grande quantité.

Voilà pourquoi il y existe au plus quatre mille habitans, qui ne sont que de petits marchands, des bateliers, des voituriers, des porte-faix, etc. continuellement occupés à charger et décharger les marchandises.

On voit par là que cette cité, après avoir brillé d'un certain éclat, après avoir été ville *anséatique*, et joui d'un commerce fort étendu, ne tire aujourd'hui d'existence que du commerce des autres. Comme elle est, de ce côté, frontière de la république batave, les bureaux de douane ne laissent pas d'y être productifs.

Lorsque les Espagnols, restés maîtres des Pays-bas catholiques, eurent reconnu l'indépendance des Provinces-unies, jaloux du commerce que faisoit, par le Rhin, la Hollande avec l'Allemagne, ils voulurent l'appauvrir et le diminuer. A cet effet, il projetèrent de creuser un canal, de Venlo jusqu'au Rhin.

On s'en occupa avec ardeur vers l'an 1627. Il commençoit au-dessous de Rheinberg, dans l'électorat de Cologne, arrosoit une partie du pays de Juliers, et passoit à Gueldres, où il coupoit la rivière de Niers; de là il se rendoit en droite ligne à Venlo. On le nomma le *nouveau Rhin*, ou la *fosse Eugénienne*, par honneur pour l'infante Isabelle-Claire-Eugénie, épouse de l'archiduc Albert, qui l'avoit fait commencer. Mais ce travail, entrepris à si grands frais, fut bientôt abandonné, soit que les sommes énormes qu'il devoit encore coûter effrayassent, soit qu'on ne le jugeât pas assez utile.

Avant la révolution, Venlo appartenoit aux États-généraux; mais comme il avoit fait précédemment partie des domaines de l'empereur dans les Pays-bas, la religion dominante étoit la catholique. Et quoique les affaires civiles et criminelles de la haute Gueldres, qui étoit protestante, ressortissent de Venlo, les états, les membres de la cour de judicature étoient tous catholiques, à l'exception du président. Les Hollandais avoient eu la politique de ne pas heurter de front les opinions religieuses de leurs nouveaux sujets; mais, en même tems, ils s'étoient ménagé, dans le chef du tribunal, un appui qui pouvoit quelquefois avoir de l'influence dans les affaires importantes.

Lors des troubles des Pays-bas, Venlo fut, à diverses fois, pris et repris par les Espagnols et les Hollandais. Le comte de Brederode, que nous avons vu l'un des chefs de l'association dite des *gueux*, étoit gouverneur de cette place en 1637, et commandoit une garnison de mille hommes : il la défendit si mal, soit faute de talens militaires, soit qu'il n'eût pas en son pouvoir tous les moyens nécessaires, qu'il fut puni de la peine capitale.

Ce fut quelque tems après, que le fameux marquis de Leyde, gouverneur de la province, y fit construire, de l'autre côté de la Meuse, le fort St.-Michel, qui a le double avantage de servir de tête de pont, et de rendre de ce côté l'attaque très-difficile.

A la fin du seizième siècle, on découvrit dans cette ville une machine meurtrière, qui depuis a servi à la destruction d'une infinité de cités superbes, à la mort d'une multitude innombrable d'hommes. Un artificier de Venlo imagina qu'en plaçant dans une espèce de canon, un globe creux chargé de poudre et d'artifice; ce globe, auquel on auroit adapté une mèche, lancé ensuite par la force projectile de la poudre, détonneroit à une certaine hauteur, et produiroit un beau spectacle. Il en fit conséquemment plusieurs essais très-heureux, qui produisoient à-peu-près le même effet que nous voyons aujourd'hui à *Tivoli* ou chez Ruggieri.

Malheureusement une de ces bombes, dont la mèche avoit été mal calculée, tomba sur la maison de l'inventeur, l'incendia, et communiqua le feu à divers quartiers de la ville.

Ce désastre fut le moindre de tous ceux qui suivirent cette funeste découverte. Le prince Alexandre

dre de Parme y vit une machine redoutable à la guerre, et l'employa au siége de Wachtendonk, à quelques lieues de Venlo.

La patrie de l'inventeur des bombes ne tarda pas elle-même à en éprouver la puissance : mais il est probable que dans les premiers tems l'effet en dut paroître plus terrible. On y est aujourd'hui si accoutumé, que l'on jette des bombes dans une place comme une sorte de menace ou sommation.

La nécessité a rendu les hommes ingénieux à détruire, ou au moins diminuer le danger de ces projectiles : l'habitude a tellement affoibli l'effroi qu'elles inspiroient d'abord, que l'on voit des soldats animés par l'espoir d'une modique récompense, arracher, au péril de leur vie, la mèche dont elles sont armées.

S'il falloit un exemple du sang-froid que savent conserver quelques hommes au milieu de ces éclats menaçans, nous citerions le célèbre Charles XII, roi de Suède. Assiégé dans une place dont on faisoit le bombardement, il dictoit une dépêche à un de ses secrétaires. Une bombe perce le toit et se brise avec fracas dans la chambre voisine. Le secrétaire effrayé laisse échapper sa plume : « Qu'avez-« vous? dit le monarque. — Sire.... la bombe!... « — Eh! qu'a de commun la bombe avec ce que « je vous dicte?.... Continuez. »

Venlo est la patrie des savans Hubert Goltzius et Ericius Puteanus.

Le premier, habile antiquaire, parcourut toute l'Europe pour chercher, dans les médailles, les preuves de l'histoire. A son nom seul, tous les cabinets des curieux lui étoient ouverts; et c'est à ses recherches immenses, aux vérifications de dates alors incertaines, parce que les routes n'étoient pas encore frayées, aux comparaisons des divers monumens historiques, alors remplis d'obscurités de toute espèce, qu'il jeta un grand jour sur la science, et fit de l'histoire une étude aussi facile qu'agréable.

A ces mérites, il joignoit encore ceux de graveur et d'imprimeur; et comme il craignoit qu'il ne se glissât dans ses écrits des fautes considérables, il établit, dans sa propre maison, une imprimerie où il faisoit exécuter ses ouvrages sous ses yeux : il en surveilloit de même la gravure. On le soupçonna, pendant un certain tems, d'en avoir imposé au public sur l'authenticité de quelques médailles, d'avoir suppléé, par son imagination, aux lacunes des collections numismatiques. Mais M. Vaillant a pris hautement sa défense, et a proclamé, à la face du monde littéraire, la sévère exactitude des travaux de Goltzius.

Ericius Puteanus fit d'abord plusieurs voyages en Italie; il revint ensuite dans les Pays-bas, et succéda, dans la ville de Louvain, à la chaire que *Juste-Lipse*, ce triumvir de la littérature, y avoit occupée avec tant d'éclat.

Dans ce tems-là (vers le commencement du dix-septième siècle), la célébrité des savans ne se bornoit pas à de petites cotteries, à l'étroite enceinte de quelques lycées, de quelques sociétés littéraires. Les érudits de toute l'Europe entretenoient entr'eux une correspondance suivie, non par des journaux, par des recueils périodiques, mais directement. Les éloges qu'ils se donnoient étoient d'autant moins suspects, que leurs lettres n'étaient point dans l'origine destinées à paraître en public. Leurs critiques avaient d'autant plus de décence et en même-tems de liberté, qu'elles s'adressoient d'hommes à hommes, qu'elles avaient plutôt pour but de convaincre un adversaire, que de séduire et d'entraîner l'opinion publique.

Enfin la langue véritablement universelle (3), la *langue latine*, dans laquelle étoit conçue cette correspondance, rapprochoit les hommes des pays les plus éloignés. Leurs écrits, on doit l'avouer, n'étoient pas à la portée de tous; mais au moins ils s'entendoient; ils n'équivoquoient pas, comme aujourd'hui, sur les choses les plus essentielles: la valeur des termes étoit trop bien fixée, pour qu'ils courussent la chance de se livrer à d'interminables disputes de mots. Il est certain qu'un nom anglais, de plante, d'animal ou de pierre, ne présente aux Français aucune idée, si on n'y joint, ou si on n'y substitue la synonymie exacte.

Une multitude de végétaux ont dans le latin de Linnée, une épithète caractéristique, qui, traduite littéralement dans un idiôme moderne, formeroit quelquefois un contre-sens énorme.

Desire-t-on une preuve des discussions éternelles dans lesquelles peut entraîner une erreur semblable? Les géologues français, anglais et italiens soutenoient que le *basalte* étoit le produit des volcans, et ne pouvoit être le produit de l'eau : les Allemands, au contraire, attribuoient aux inondations *diluviennes* la formation de cette substance minérale. Cette scission avoit donné lieu à deux sectes qu'on appeloit les *neptunistes* et les *vulcanistes*. Chacun des deux partis appuyoit son opinion de toutes les preuves capables de la rendre vraisemblable : le zèle avec lequel on se défendoit alloit jusqu'à l'acharnement, et multiplioit chaque jour les volumes. Hé bien, des deux côtés on avoit raison ! On parvint à découvrir que toute cette contestation rouloit sur une pure équivoque. Ce que les Allemands appellent *basalte*, n'a aucun rapport avec la lave basaltique que l'on trouve en abondance près des volcans en activité ou éteints. C'est une pierre que nous nommons *trapp*, formée par la juxtà-position de ses molécules, et qui est la base du porphyre. Cette substance, dont l'origine est véritablement dûe au déplacement des eaux, se trouve par couches multipliées dans le sol de la Germanie, tandis qu'on n'y rencontre pas de véritable basalte.

Voilà, entre mille et un *qui-pro-quo* de ce genre, un des plus frappans, et qui doit prouver combien sont funestes à la science ces nomenclatures que chaque professeur établit, de sa propre autorité, dans les diverses branches des sciences, et sur-tout dans l'histoire naturelle, où les erreurs sont plus dangereuses et plus difficiles à rectifier, parce que très-souvent on n'a pas à sa portée les pièces justificatives. Si les divers naturalistes du globe ne tiennent une espèce de congrès pour fixer le langage, c'en sera bientôt fait de la science ; il faudra consacrer toute sa vie, avant d'avoir pu parvenir à entendre les auteurs. Les chimistes français ont donné, à cet égard, l'exemple d'une réforme salutaire. Les expressions y sont si sagement définies, si bien circonscrites, qu'il est impossible de s'y méprendre ; mais nous craignons qu'on ne soit encore loin d'introduire dans les autres parties des sciences, une précision, une invariabilité aussi parfaites.

Pour en revenir à Puteanus, on peut consulter le recueil de ses lettres, qui ont été imprimées à Louvain. On y trouvera le ton qui convient à un vrai littérateur. Cet homme estimable ne fut cependant pas exempt de désagrémens et de dégoûts inséparables d'une grande réputation.

Nommé *historiographe* du roi d'Espagne, il crut de son devoir d'écrire la vérité dans son livre intitulé *Statera pacis et belli*, composé dans le plus fort des troubles des Pays-bas ; il mit (comme le titre l'annonce) en balance les avantages de la paix et de la guerre avec les *Provinces-unies*. Il s'y expliqua fort ouvertement sur les victoires que l'ennemi avoit déjà remportées, sur celles qu'il pouvoit se promettre ; et pesant mûrement le profit qu'on devoit attendre de la continuation des hostilités, et des pertes qui pourraient au contraire en résulter, il eut le courage de proposer la paix.

Cette franchise ne plut point au ministère espagnol ; on représenta à l'auteur qu'on ne le payoit pas largement pour déprécier les ressources de l'état, pour faire la critique des généraux et de toutes les opérations du gouvernement, et l'on fut sur le point de causer sa ruine.

Ericius trouva grace auprès du roi, mais ses conseils ne furent point suivis; on continua la guerre, et l'événement prouva la justesse de ses prédictions.

On montre à Venlo une maison qu'on prétend avoir été habitée par cet homme célèbre; mais il est douteux que ce soit la sienne.

La rive gauche du fleuve forme ici la frontière du département de la Meuse.

Dans la république batave, nous avons traversé une portion du territoire hollandais, pour rentrer dans le département de la Meuse-Inférieure, et nous n'avons pas observé la moindre différence dans le langage, les mœurs et la manière de vivre des habitans limitrophes de ces deux états. Confondus ensemble par l'uniformité de leurs goûts, par un même genre de spéculations, ils se regardent encore comme compatriotes.

Leur sol, couvert alternativement d'étangs, de marais et de bruyères, tout impropre qu'il est aux grands travaux de l'agriculture, n'exclut pas cependant les opérations du jardinage. On peut affirmer, sans craindre d'être démenti, que dans les Pays-bas, et notamment dans cette partie, on trouve les plus beaux jardins potagers du continent. Les huttes de ces jardiniers respirent un air d'aisance, et sont entretenues avec une extrême propreté. D'immenses plate-bandes, dans lesquelles on pourroit mettre au défi de trouver une herbe inutile, dont on exclut avec une attentive rigidité les végétaux d'une mauvaise espèce, ou qui sont mal venus, sont une chose admirable à voir.

Connoître les expositions qui conviennent à telles plantes, deviner à l'avance quelles récoltes l'on peut espérer dans l'année, amender à propos les terres, proportionner les engrais à la culture ; voilà la théorie que l'on se flatte de connoître par-tout, mais ils savent la mettre en pratique.

A peine une *planche* est-elle venue à maturité, que dès le lendemain on y substitue une plantation analogue à la saison où on se trouve. Des rigoles, des aqueducs continuellement fournis d'eau, dirigés avec une intelligence à laquelle porteroit presque envie le plus habile ingénieur, assurent l'arrosage prompt et facile de toutes les parties du jardin. Hommes, femmes et enfans, chacun paie son tribut d'industrie, tous contribuent de leurs forces et de leur zèle.

La supériorité des jardiniers flamands et hollandais a été de tous tems si bien connue, que Christian II, roi de Dannemarck, ayant épousé Isabelle, sœur de Charles-Quint, demanda à l'archi-duchesse Marguerite leur tante, gouvernante des Pays-bas, quelques Flamands habiles dans le jardinage, afin que la table de la reine fût plus délicatement servie.

L'archiduchesse leur envoya en effet quelques familles tirées des diverses parties des provinces belgiques ; elles se sont établies dans l'île d'Amac, rade de Copenhague, où leur postérité subsiste encore, et occupe la presque totalité du terrain.

Nous ne trouvons plus, dans ce département, rien qui ait droit d'une manière particulière à l'attention de nos lecteurs, si ce n'est la ville de Hasselt, par où nous allons entrer dans l'ancien Brabant, et qui, bien que fort petite, ne laisse pas de passer pour une des plus jolies des Pays-bas. Mais c'est une de ces villes qui gagnent beaucoup à être vues en poste, et qui perdroient trop à un examen détaillé.

NOTES.

NOTES.

(1) On a beaucoup déclamé contre la fureur qui distingua sur-tout le siècle antérieur à Louis XIV, de commenter les auteurs anciens, de suppléer par des conjectures souvent erronées à l'incorrection ou aux lacunes des vieux manuscrits. Voltaire a fermé le temple du goût aux Dacier, aux Saumaise et à leurs pareils. Mais qu'est-il arrivé depuis qu'une froide indifférence a succédé à des discussions qui sembloient devoir être interminables ? C'est que l'étude des langues anciennes a tout-à-fait cessé, je ne dirai pas en France, mais en Europe. Je sais bien qu'il fut un tems où l'on donnoit beaucoup d'importance aux langues grecque et latine; que des enthousiastes ne concevoient pas d'autre science possible que celle qui consistoit à être instruit des anciens usages, à connoître à fond des mœurs qui ne nous concerneroient plus. Si c'étoit une extravagance de proposer, à l'exemple de Maupertuis, de fonder une grande ville où l'on ne parleroit que latin, afin de conserver dans toute sa pureté cet ancien idiôme, falloit-il pour cela l'anéantir, ainsi que la langue grecque, et priver notre postérité, ou tout au moins nos petits-neveux, de l'Homère, du Virgile, de l'Horace et de tant d'autres auteurs excellens, qui, dans un siècle, ne seront pas plus entendus, que ne le sont aujourd'hui les livres chaldéens, mœsogothiques ou syriaques ?

(2) M. Campe est un allemand instruit, à qui l'on doit beaucoup de bons ouvrages, presque tous relatifs à l'éducation. Ses livres ne sont pas, comme une infinité de brochures du jour, de frivoles abrégés de toutes les sciences, de tous les arts, presque exclusivement composés d'*images* dépourvues de texte. Ils ont tous un grand but d'utilité. Ce sont un nouveau Robinson, en forme de dialogue, et un recueil de voyages, qu'il a composés pour ses enfans. On ne sauroit trop louer la forme qu'il a donnée à ce dernier ouvrage. Il y explique avec détails les phénomènes météorologiques et les faits d'astronomie ou de

géographie sur lesquels les rédacteurs de voyages insistent ordinairement fort peu, parce qu'ils supposent que leurs lecteurs sont imbus des connoissances préliminaires nécessaires à leur intelligence.

(3) Leibnitz a dit : « Si j'avois été moins distrait, ou si j'étois
» plus jeune, ou assisté de jeunes gens bien disposés, j'espére-
» rois donner une manière de *spécieuse générale*, où toutes les
» vérités de raison seroient réduites *à une façon de calcul*. Ce
» pourroit être en même tems une manière de langue ou d'écri-
» ture universelle, mais infiniment différente de toutes celles
» qu'on a projetées jusqu'ici ; car les caractères et les paroles
» même y dirigeroient la raison ; et les erreurs, excepté celles
» de fait, n'y seroient que des erreurs de calcul. Il seroit très-
» difficile de former ou d'inventer cette langue ou *caractéris-*
» *tique*, mais très-aisé de l'apprendre SANS AUCUNS DICTION-
» NAIRES. » On voit que le projet de Leibnitz étoit de substituer aux idiômes usités, des figures en quelque sorte algébriques, et non d'établir une langue conventionnelle, fondée sur des classifications arbitraires. Cependant, de nos jours, on s'est fort écarté de ce but simple, mais, il faut en convenir, infiniment difficile à atteindre. On n'a pas pris garde que le philosophe allemand proscrivoit les *dictionnaires*, et l'on a imaginé des nomenclatures, des vocabulaires fondés sur des divisions abstraites : de sorte que, pour dire comme M. Jourdain, *Nicole, apporte-moi mes pantoufles*, il faudroit se livrer à une série d'opérations métaphysiques et grammaticales, et sur-tout à des recherches pénibles et quelquefois infructueuses. Mais ce n'est pas là le plus grand désavantage de ces sortes de *pasigraphies* : c'est que, pour avoir la moindre utilité, il seroit nécessaire qu'elles fussent d'une *perfection divine* et incontestable. En effet, l'on sent que pour peu que les savans des diverses contrées du monde ne fussent pas d'accord sur la formation de leurs *classes* ; pour peu qu'un seul mot se trouvât dérangé dans la pasigraphie d'une nation, de la place qu'il occuperoit dans les autres pasigraphies, on verroit bientôt éclorre autant de *langues universelles* qu'il existe de peuples ou de provinces, ou peut-être même d'individus. Il vaut mieux rester où nous en sommes.

FIN.

VOYAGE

DANS LES DÉPARTEMENS

DE LA FRANCE,

Enrichi de Tableaux géographiques et d'Estampes.

Par J. B. J. BRETON, pour la partie du Texte;
Louis BRION, pour la partie du Dessin; et Louis
père, pour la partie Géographique.

.... Curvata resurgit !

A PARIS,

Chez
- BRION, rue de Vaugirard, n°. 98, près l'Odéon.
- DÉTERVILLE, Libraire, rue du Battoir.
- DEBRAY, Libraire, Palais Égalité, Galeries de bois, n°. 236.
- GUEFFIER, au Cabinet litt., boulevard Cérutty.

AN X — 1802.

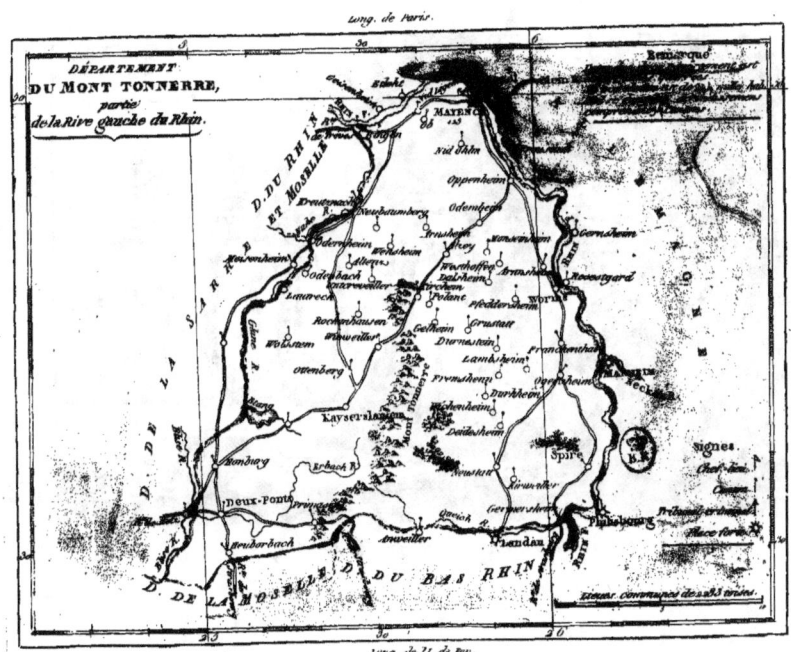

Costumes des Habitans de la Campagne.

VOYAGE
DANS LES DÉPARTEMENS
DE LA FRANCE.

DÉPARTEMENT DU MONT-TONNERRE.

Les Vosges, cette limite imposante que la nature avoit placée entre la Lorraine et l'Alsace, finissent dans le duché des Deux-Ponts, et s'y confondent avec les inégalités d'un pays montueux et couvert de forêts. Cependant elles semblent, tout à coup, former une nouvelle chaîne. Il n'est guère permis de douter que cette multitude de hautes montagnes contiguës les unes aux autres, et dont l'ensemble leur a fait donner la dénomination de MONT-TONNERRE, ne soit un prolongement des Vosges qui, elles-mêmes paroissent être une dépendance, une ramification des Alpes, comme les Alpes, à leur tour, font partie intégrante d'une chaîne immense qui s'étend au nord-est, jusqu'à l'extrémité septentrionale de la Russie, et qui divise les terreins inclinés vers l'Océan, la Baltique et la mer Glaciale, de ceux dont les fleuves versent perpétuellement leurs eaux dans la Méditerranée, la mer Noire et la mer Caspienne. Ce cordon principal renferme les Pyrénées, les Cévènes, le Jura, les montagnes de la Suisse, et une partie des Alpes, les montagnes de la Bohême et les monts Kapraks. Si l'on voit des groupes éloignés de cette direction générale, on remarque, avec un peu d'attention, que ce sont des branches, des membres de la grande chaîne. Les montagnes des Asturies en Espagne, celles d'Auvergne en France, les Alpes du Tyrol et les Apennins sont dans ce cas. C'est de cette agglomération que partent tous les grands fleuves qui arrosent les divers États de l'Europe. Chacun de ces fleuves a un bassin particulier, dont les rebords élevés lui interdisent toute communication naturelle avec un autre. Ce n'est que par les écluses, par les efforts admirables et dispendieux de l'art, que l'on peut parvenir à surmonter ces barrières de séparation. Il n'existe dans le monde entier qu'un seul exemple d'un grand fleuve qui communique avec un autre par une rivière; encore son authenticité est-elle révoquée en doute par quelques géographes, attendu qu'il contrarie jusqu'à un certain point les lois de la physique. La superbe carte que les Espagnols ont dressée de l'Amérique méridionale, nous présente l'Orénoque communiquant avec la rivière des Amazones, par un canal naturel qu'ils appellent le *Rio-Negro* (la rivière Noire). Ce fait est d'autant plus surprenant, que ces deux fleuves charient un volume prodigieux d'eau, et que, pour les alimenter dans leur course, il est nécessaire que leur bassin soit entouré de montagnes inaccessibles, versant des torrens continuels.

Si le Mont-Tonnerre et les hauteurs escarpées qui hérissent ses environs, sont une perte pour l'agriculture, on y trouve une compensation suffisante dans les produits des forêts et dans les mines de diverse nature qu'on y exploite. Le passage, et principalement le séjour d'armées nombreuses tour à tour franchissant le Rhin, puis obligées de venir derrière ce rempart redoutable, attendre de nouveaux renforts, pour envahir de rechef le territoire ennemi, et porter le fléau de la guerre dans le cœur des États héréditaires, jusques sous les murs de Vienne; ce séjour continuel, disons-nous, a été funeste aux forêts, à celles principalement dont l'exploitation se faisoit en coupes réglées, parce que les autres, situées sur des hauteurs presque inaccessibles, étoient moins à la portée du soldat, ou que du moins, le dégât n'y étoit pas aussi sensible.

Ces lieux sont également très-propres à élever des bestiaux: la multitude de chênes et de hêtres fournit aux porcs une *glandée* (1) abondante. Ces animaux y acquièrent même un tel embonpoint, leur chair est si succulente qu'ils ont fait la réputation des jambons de Mayence. C'est en effet avec leur substance que l'on prépare ce mets aussi sain que recherché.

Sous le rapport de la minéralogie, le terrein est

extrêmement productif. Nous ne parlerons pas de l'antimoine, du cobalt, du soufre, du charbon fossile que l'on exploite dans plusieurs endroits de ce département. Les mines qui ont plus particulièrement fixé nos regards, sont d'abord celle de mercure, à *Moschel-Landsberg*, canton d'Obermoschel, d'où l'on retire tous les ans, depuis trois siècles, jusqu'à quinze milliers pesant de vif argent; et celle de *Dreykœnigzug*, plus productive encore. Avant que la guerre y eût interrompu les travaux, cette dernière produisoit jusqu'à 20,000 livres de mercure par an. Le bénéfice net des entrepreneurs étoit de plus de 40,000 francs.

Les salines qui se trouvent aux environs de Creutzenach (cette ville est sur la frontière, et fait partie du département de Rhin et Moselle), celles qui avoisinent Turkeim, sont également d'un grand avantage. Il paroît surprenant, qu'à une distance assez considérable de la mer, il se trouve des marais salans où des fontaines d'eau salée qui fournissent en abondance ce minéral si utile, si indispensable pour nos assaisonnemens (2), tandis que sur les bords de la Baltique, en Russie, en Suède, l'eau de la mer ne contient plus une assez grande quantité de sel, et qu'il y forme un article considérable d'importation. Non seulement les Hollandois font avec ces peuples le trafic du sel fabriqué sur leurs parages, mais encore on a vu tout récemment des navires suédois en apporter de la Méditerranée.

De toutes les mines de charbon de terre qui se

trouvent dans le département, celle de Lautreck passe pour une des plus riches et des plus abondantes ; elle fournit annuellement jusqu'à trente mille mesures de charbon.

Il ne faut pas croire cependant que cette richesse intérieure du sol, cette abondance de combustibles, la bonne qualité du vin qu'on récolte sur la rive du Rhin, excluent les productions céréales. Il est reconnu, au contraire, que ce département produit chaque année, en grains, un excédant sur sa consommation. Les arrondissemens de Mayence et de Spire donnent, année commune un excédant de deux cent quarante mille quintaux au-dessus de la consommation. Celui de Kaiserlautern présente une balance à-peu-près égale. L'arrondissement seul des Deux-Ponts éprouve ordinairement un deficit de dix à douze mille quintaux. On pourroit, à la rigueur, regarder ce léger deficit, comme comblé par la culture des pommes de terre et du bled de Turquie. Mais il est de fait, qu'avant la guerre, on y importoit des grains de la partie de la Lorraine françoise formant aujourd'hui le département de la Meurthe et de la Moselle, et le superflu du reste du territoire, s'écouloit par le Rhin dans les villes limitrophes de l'Allemagne, et même jusqu'en Hollande et en Angleterre. Ce commerce d'exportation faisoit entrer dans le pays deux millions tous les ans, en calculant le setier, mesure de Paris, sur le pied de 20 francs.

Depuis la réunion, cette spéculation étant prohibée, le bled reflue dans l'intérieur de la France; et il reste la question de savoir s'il vaut mieux que cet excédant de produit contribue à assurer l'abondance des subsistances, ou s'il vaut mieux attirer à nous l'or des étrangers. On a beaucoup discuté pour et contre la liberté du commerce des grains. Si les deux partis ne s'entendent point, ce n'est pas précisément faute d'adopter, de professer les mêmes principes, mais ils partent de bases diamétralement opposées. L'un et l'autre conviennent qu'il faut exporter quand on a trop, et conserver ses bleds quand on n'en a pas une quantité suffisante pour assurer la subsistance d'une immense population : mais ils sont désunis sur les moyens d'exécution. Laissez allez librement le cours des choses, disent les uns ; l'intérêt personnel des propriétaires et des fermiers, leur avidité même feront mieux que toutes vos lois coërcitives et prohibitives, que tous vos réglemens, que toutes vos entraves. Dans les mauvaises années, les cantons fertiles iront porter dans les lieux moins favorisés le superflu de leur récolte. Si telle année, vous alimentez les étrangers, l'année suivante, ils viendront vous apporter les trésors de leurs moissons.

Ces raisonnemens ne seroient peut-être point par eux-mêmes assez convaincans, mais les partisans de ce système de liberté et de tolérance, à la tête desquels fut Turgot, soutiennent en même temps que la France produit au-delà de ce qui est nécessaire pour ses besoins.

Il faut que ce point de fait ne soit pas d'un éclaircissement facile, car les partisans du système opposé soutiennent absolument le contraire. De-là l'impossibilité de terminer cette querelle, d'une manière satisfaisante et démonstrative. Dans les petits États, dans ceux surtout où la culture est à-peu-près uniforme, rien n'est si simple que de faire ces relevés statistiques : mais il n'en est pas de même de plusieurs contrées de l'ancienne France. Les partisans du commerce illimité des grains, ont fait la petite faute de regarder comme labourables des landes étendues, de vastes marais. Il entre bien à la vérité, dans leur plan, de défricher les unes, de dessécher les autres; mais enfin ils ne devroient pas les compter comme propres à l'agriculture, comme productifs avant que cette importante opération fût terminée.

Il faut remarquer encore que dans un empire aussi grand que la France, il y a nécessairement plus de facilité pour l'écoulement au dehors, que pour la circulation au dedans. Quand les routes seroient plus belles, plus nombreuses et mieux entretenues, les canaux plus multipliés, mieux dirigés suivant les besoins du commerce, les cultivateurs des bords du Rhin auroient toujours plus d'avantage à envoyer leurs grains en Angleterre qu'à les conduire à grands frais aux marchés de l'intérieur. Je sais bien que cette mesure entraîne des inconvéniens, comme toutes celles par lesquelles les lois sont forcées de mettre une entrave au bien-être, à la prospérité d'une fraction de l'État, pour assurer le bonheur de la masse générale. Les Anglois, à qui cette ressource est interdite, vont s'approvisionner aux riches marchés de Dantzick, de Mémel, de Kœnigsberg. Leur or circule en Pologne, en Prusse, en Russie, tandis que les grains demeurent entassés dans les départemens réunis. Mais cette objection n'est que spécieuse. Il est constant qu'au premier signal, à la moindre apparence de famine, nous payerions bien cher cet avantage momentané de la balance commerciale. Nous acheterions à un prix excessif, les bleds que nous aurions vendus nous-mêmes pour une modique valeur. Nous deviendrions tributaires des Barbaresques, des Américains qui, plus d'une fois, se sont chargés de notre approvisionnement.

D'ailleurs, cet entassement de grains, cet accaparement (5) dont on parle auroit-il donc des résultats si funestes ? Rien ne se perd dans le commerce : il faut bien, tôt ou tard, que le marchand vide ses magasins, qu'il porte ses denrées au marché. Le prix du bled en diminuera, sera-ce donc un malheur ? N'est-il pas desirable que les productions de la terre se vendent au plus bas prix possible ? Et quand il y auroit surabondance, ne sait-on pas employer les grains à une infinité d'usages ? La bierre, l'eau-de-vie qu'on en retire ne sont-elles pas des articles d'importation ? Les liqueurs fermentées ne forment-elles pas une branche de commerce, peut-être plus féconde et plus riche que celle de quelques milliers de quintaux de froment?

En Angleterre, où le pays est moins étendu, où le ministère peut surveiller plus aisément les variations qu'apportent les vicissitudes des années dans les richesses du territoire, il a été tout simple de prendre un parti. Lorsqu'il y a disette, la sortie des grains est rigoureusement défendue; lorsqu'il y a abondance, l'exportation est encouragée. Il ne seroit certainement pas sans difficulté d'adopter en France la même marche. Ce n'est communément que, bien longtemps après la récolte, que l'on peut avoir des données sûres pour calculer s'il y aura, ou n'y aura pas disette. Il faut de plus faire une observation importante. Nous autres François (Je parle de ceux qui appartenoient à l'ancienne France, avant les réunions et aggrandissemens successifs), nous ne ressemblons point aux autres peuples du globe. Nous mangeons beaucoup plus de pain que les autres nations. La cherté et la rareté du froment et des autres graines céréales, sont pour nous une véritable calamité publique. Les malheureux qui ne peuvent atteindre à un prix trop élevé, languissent et meurent, faute de l'aliment qui est le plus conforme à leur nature. La pénurie de cette denrée influe sur le renchérissement de toutes les autres.

Les effets d'une disette sont infiniment moins dangereux en Allemagne et en Angleterre, où l'on ne mange presque que de la viande. Si nos greniers leur étoient ouverts, ils préféreroient y venir puiser, et consacrer leur territoire à la nourriture d'innombrables troupeaux. Tous ces raisonnemens sont fondés sur des vérités de fait qu'il est impossible d'atténuer ou de détruire par des hypothèses.

Après avoir satisfait nos lecteurs par cet aperçu général de tout le département, nous devons leur faire part de ce que nous avons remarqué dans les villes qu'il renferme.

Zweybrucken est le nom allemand de la ville beaucoup plus connue en France sous celui de Deux-Ponts qui signifie en notre langue absolument la même chose, c'est à-dire, que cette cité est bâtie sur une rivière (l'Erlbac), traversée de deux ponts. La résidence du duc des Deux-Ponts donnoit autrefois à cette petite ville un aspect riant et agréable. Les maisons y sont généralement bâties à la moderne ; le palais du duc est d'un assez bon style, et les édifices religieux y sont en grand nombre, comme dans toute l'Allemagne. Ce souverain y possédoit un superbe cabinet d'histoire naturelle, mais il fut pillé par les François lors de leur arrivée. Le duc qui avoit strictement fourni son contingent à l'Empire, ne se croyoit pas, dit-on, en guerre avec la France, et attendoit tranquillement, persuadé qu'il ne lui arriveroit aucun désagrément. Il fut détrompé à temps, car il eut tout au plus une heure pour se sauver à Manheim, lui et sa famille. Il ne put emporter que quelques effets précieux. Le reste devint la proie des vainqueurs. On m'a rapporté un fait bien difficile à croire pour ceux qui sont étrangers à la vie des camps ; les soldats avalèrent sans façon l'esprit de vin dans lequel étoient conservés des fœtus, des poissons et d'autres animaux : leurs chapeaux étoient ornés de plumes d'oiseaux rares et curieux.

C'étoit alors le commencement de la guerre, les François n'étoient point familiers avec les conquêtes; et quoique ce fussent, pour la plupart, des jeunes gens qui avoient reçu une éducation douce et en quelque sorte efféminée, l'ivresse des succès, l'enthousiasme qui exaltoit tous les esprits, avoient produit, en peu de mois, ces étranges métamorphoses.

Lorsque l'on remarque les noms bizarres et rudes pour les oreilles françoises que portent la plupart des villes des pays conquis, on est disposé à croire que la différence extrême qui existe entre la langue de ces pays et la nôtre, doit y établir une barrière insurmontable. Car, si la nature a posé entre les diverses contrées, des frontières qu'il est impossible de méconnoître, des bornes que l'avidité des conquêtes a quelquefois elle-même respectées, les hommes réunis par la civilisation, ont bien plus séparé leurs associations par la diversité des idiomes. Il fut un temps où la multiplicité des langues dut être un germe nécessaire d'inimitiés. Les guerres étoient essentiellement des guerres d'extermination : le but des conquérans étoit moins de venger une querelle importante que d'exterminer une race d'hommes. Si quelquefois l'humanité des vainqueurs épargnoit les jours des vaincus, ils les réduisoient en esclavage; tandis que de nos jours la nation victorieuse s'empresse de confondre parmi ses membres les provinces conquises. Les Romains sont les premiers qui aient imaginé de conserver presque intacts les lois, les priviléges des peuples qu'ils avoient soumis par la supériorité de leurs armes. Dès-lors, on vit leur empire embrasser des sujets, de mœurs et de langues très-différentes. Les modernes ont suivi leur exemple, et depuis ce temps, la diversité des idiomes n'est point un obstacle à ce que plusieurs provinces qui diffèrent par leur langage, soient réunies sous des lois uniformes. Ainsi donc les noms de *Germersheim*, *Unto-Greweille*, *Rokenhausen*, *Wackenheim*, *Kaiserslautern*, tout singuliers, tout insignifians qu'ils peuvent être pour nous, quoique dans l'idiome germanique, ils présentent un sens déterminé, nous paroissent ridicules, mais ne nous étonnent pas. D'ailleurs, les François ont eu, de tout temps, une merveilleuse facilité à adoucir, à leur manière, la prononciation des noms propres de villes qui s'écartoient trop de leur langue : de *Regensburg* nous avons tout simplement fait Ratisbonne, de *Maynts*, Mayence, de *Kœln*, Cologne, de *Kaiserslautern*, Caseloustre, et de même à l'égard de mille autres cités. Il en résulte, je le sais, un petit inconvénient. Souvent des voyageurs de pays différens, se trouvent pour leurs conversations dans le mê me embarras que les trois personnages que Fontenelle met en colloque dans les dialogues des morts. Le premier, qui étoit un ancien Grec, soutenoit que Bysance étoit la plus belle ville du monde; le second, qui étoit un Turc, réclamoit le même privilége en faveur de *Stamboul*; enfin le troisième, voyageur moderne, mettoit *Constantinople* au-dessus des deux autres. Grands débats à ce sujet : ils ne se terminèrent que lorsque chacun des trois morts, en étant venu à des explications positives, à des démonstrations topographiques, ils reconnurent qu'ils avoient tous les trois entendu parler de la même ville.

Kaiserslautern dont nous parlions tout-à-l'heure, s'appelle en latin, *Cæsarea ad Lutram*, qui signifie absolument la même chose; c'est-à-dire, ville impériale ou césarienne, sur la Lautern. C'est le nom d'une petite rivière fort poissonneuse, et profonde en quelques endroits, qui prend sa source dans le Mont-Tonnerre. Nous ne dirons rien de particulier sur cette cité, non plus que sur celles de Landstoul, de Hornbach et d'autres moins considérables encore. En esquissant les productions de la partie montueuse de ce département, nous avons suffisamment indiqué les genres d'industrie et de commerce qui font subsister leurs habitans.

Les usines, les fonderies de métaux qui y sont établies, en font toute la prospérité, car la guerre a entièrement ruiné le peu de manufactures de draps et d'autres étoffes qui y existoient avant cette époque désastreuse.

Nous nous sommes, après ces observations préalables, rendus sur les bords du Rhin dont le cours doit faire la partie la plus importante des richesses des nouveaux départemens (bien entendu que nous exceptons celui de la Sarre qui en est éloigné). Il en forme la frontière, ou pour mieux dire, son lit est partagé par moitié à-peu-près égale, entr'eux et les États qui restent sous la domination de l'Empire germanique, et qui bordent sa rive droite. On a pris pour base de cette limite le *thalweg*, c'est-à-dire, le fil de l'eau. Cet arrangement paroît bien simple, bien raisonnable au premier abord, mais l'expérience prouve qu'il est sujet à une foule d'abus. Les bateaux chargés de marchandises prohibées, par exemple de grains, dont l'exportation est interdite, ne se trouvent plus en fraude, une fois qu'ils ont passé le courant; car dès-lors, ils sont censés être et se trouvent réellement dans les domaines et sous la juridiction de l'Allemagne. Il en résulte une excessive facilité pour la contrebande. Aussi les commissaires délégués par le Gouvernement de la république, ont-ils cru souvent devoir faire arrêter des bateaux qui déjà avoient franchi la limite; mesure qui a fait crier à la violation du droit des gens et à l'infraction des traités.

Il seroit néanmoins presqu'impossible de trouver un expédient plus convenable que ce *thalweg* qui a, de plus, le mérite d'établir une démarcation entre les îles dont le Rhin est parsemé; de déterminer d'une manière tranchante et, la plupart du temps, exempte de toute équivoque, leur possession par l'un ou l'autre des deux Etats. Mais nous venons de donner une preuve des inconvéniens auxquels sont sujètes les choses en apparence les plus équitables : il nous reste à démontrer encore d'autres résultats funestes que produit, non pas à la vérité le *thalweg*, mais l'abus qu'on en fait pour la fixation des droits de douane.

Il faut, pour cet objet, entrer dans quelques détails sur le commerce du Rhin, et nous n'avons pu, à cet égard, puiser dans une source plus sûre, que dans un écrit judicieux de M. *Eichhoff*, maire de la ville de Bonn, sur la situation politique et commerciale des quatre départemens réunis. Nous allons analyser quelques-unes des idées lumineuses qui s'y trouvent abondamment répandues.

« On appelle, dit-il, *commerce du Rhin*, celui
» qui se fait sur ce fleuve, et sur les fleuves et rivières qui s'y jettent. Ce commerce s'étend donc
» sur tous les pays situés entre le Rhin, la Moselle,
» le Mein, le Necker, la Lahe, la Lippe et la
» Meuse. Les Hollandois en étoient, jusqu'à présent, les principaux agens, et on prétend qu'il
» formoit un objet annuel d'environ cent millions
» de florins, avant la guerre. Mais, pour pouvoir
» l'apprécier plus en détail, il convient de le considérer sous les trois points de vue suivans : sa-

B

» voir comme actif, passif, et comme commerce
» de fret, de transport ou *transit* ».

Il appelle commerce actif celui qui résulte de l'exportation, par la Hollande, des marchandises tirées des nouveaux départemens, et en outre du pays de Nassau, de la Franconie, de la Souabe, de l'Alsace et de la Suisse ; parmi lesquelles figurent des eaux minérales, dont nous avons vu sur notre passage des sources abondantes et renommées. Le vin seul que Mayence envoie dans la république Batave, formoit, avant la révolution, un objet de 500,000 florins.

Il appelle commerce actif l'importation que les Hollandois font dans les pays désignés ci-dessus, des épiceries et des marchandises des Indes.

Le commerce de *transit* n'existe plus régulièrement aujourd'hui que sur la rive droite. Il se compose exclusivement des marchandises et denrées que les négocians étrangers font naviger sur le fleuve, soit en montant, soit en descendant, et auquel des habitans des pays où elles passent, ne pennent d'autre part que le soin d'en faciliter le transport d'un bateau à l'autre. En voici l'origine.

Les villes impériales, dont les membres isolés formoient une confédération puissante dans les Etats de l'Allemagne, tendoient perpétuellement à s'attribuer le monopole exclusif du négoce qui étoit à leur portée. Celles qui étoient situées sur les grands fleuves s'emparoient à elles seules de la navigation.

Les Strasbourgeois, dont la ville étoit au nombre de ces cités privilégiées, avoient successivement obtenu de plusieurs empereurs la libre navigation du Rhin, tant au-dessus qu'au-dessous, mais en même temps, ils n'accordoient point la même faveur aux autres villes situées sur le Rhin. Ils excluoient de la partie du fleuve qui baigne l'Alsace, toutes celles situées sur le Bas-Rhin, telles que Manheim, Mayence, Cologne, etc.; et toutes celles au-dessus de Strasbourg, comme Brissack, Bâle et autres.

Cependant la découverte d'une route nouvelle aux Indes par le cap de Bonne-Espérance, changea la face du commerce : les Hollandois devenus les courtiers du monde, facilitèrent, par d'industrieux travaux, la navigation du Rhin dont les branches multipliées coupent leur territoire. On n'eut plus besoin, comme par le passé, de ménager Strasbourg, jadis l'unique intermédiaire entre l'Italie, les côtes de la Méditerranée et les pays du Rhin. Mayence, Cologne et les autres villes riveraines devinrent autant d'entrepôts de commerce, et répandirent les marchandises hollandoises dans la Franconie, la Souabe, l'Alsace et la Suisse.

Dès-lors, les Mayençois et les Colonois établirent des réglemens au moyen desquels ils n'étoient plus réduits à voir passer devant leurs ports des bateaux étrangers, sans en tirer le moindre profit, sans que la possession d'une vaste étendue du fleuve, leur assurât le moindre avantage. Ils établirent en conséquence des péages multipliés, mais l'innovation la plus importante qui eut lieu, ce fut d'interdire aux Strasbourgeois la navigation au-delà de Mayence. Les bateaux arrivés dans le port de cette ville, déchargeoient leur fret sur des navires mayençois, qui eux-mêmes n'avoient pas le droit de passer Cologne. On changeoit encore de bateaux dans cette ville ; et enfin à Dordrecht, les Hollandois s'emparoient, à leur tour, du transport des marchandises.

Ces changemens donnèrent lieu à de très-longues contestations, dans lesquelles plusieurs puissances, et entr'autres la France, jugèrent utile d'intervenir. On finit cependant par s'entendre, et par régler les prétentions des États, non seulement de la rive gauche, mais aussi de la rive droite; car l'Électeur palatin vouloit de son côté attribuer à Manheim la navigation intermédiaire entre Mayence et Strasbourg. Le traité de 1749 assura aux bateliers palatins la moitié de la navigation accordée aux bateliers mayençois.

Il étoit naturel que la réunion sous des lois uniformes, l'incorporation dans une même république, fît cesser les entraves qu'avoient occasionnées ces jalousies de ville à ville, de principauté à principauté. Mais d'autres obstacles ont remplacé ceux-ci, et sont devenus tellement effrayans, que l'on doit craindre de voir le commerce déserter totalement la rive gauche pour se jeter sur la rive droite.

Déjà les exactions du fisc avoient considérablement affoibli le commerce sur le Rhin. Il étoit arrivé pour ce fleuve la même chose que pour la Meuse. Les chicanes du fisc dont les prétentions exagérées avoient fini par rendre presque nulle la navigation de ce fleuve, étoient sur le point de frapper le Rhin d'une nullité non moins funeste. Les négocians avoient jugé moins onéreux de faire leurs transports par terre.

Quoique les objets de leur commerce fussent le plus souvent d'un volume considérable, et qu'il soit bien autrement dispendieux de recourir aux rouliers que d'employer huit, dix ou douze chevaux pour faire remonter un bateau énorme, ou de l'abandonner à la seule force du courant et à la direction des rames pour le descendre, ils aimèrent mieux se frayer des chemins par terre, depuis Francfort et Mayence jusque dans les anciennes provinces de Lorraine et d'Alsace, et même dans le cœur de la Suisse.

En effet, on n'avoit pas seulement augmenté la masse des impôts, mais on avoit multiplié les bureaux de péage. Depuis Amsterdam jusqu'à Cologne, il falloit s'arrêter à huit ou dix endroits; depuis Cologne jusqu'à Mayence, à onze ou douze; depuis Mayence jusqu'à Strasbourg, il y avoit dix bureaux; et le reste étoit dans la même progression.

Il est certain que ces péages sont nécessaires pour la réparation des chemins de hallage, et pour l'entretien des digues, mais on peut parvenir aisément au même but, sans donner lieu à tant de retards, à tant de vexations et de gènes. Rien n'est plus incommode pour des bateliers, que d'être obligés de s'arrêter à chaque instant ; d'être continuellement exposés à des visites qui deviennent importunes et fatigantes.

Il est d'autant plus urgent pour nos intérêts, que nous veillions à une meilleure organisation de nos douanes sur cette frontière, que Dusseldorf s'est déjà emparé d'une forte partie du commerce de Cologne, de Coblentz et de Mayence, et menace d'agrandir encore le cercle de ses spéculations. Pour comble de désavantages, la route de hallage qui borde, de notre côté, le cours du fleuve, est mal entretenue et dans un état affreux; si l'on n'y porte un prompt remède, nos bateliers eux-mêmes préféreront se porter sur la droite : car le fleuve n'est autre chose qu'une frontière indivisément possédée par les deux États voisins. C'est un véritable chemin public. Rien n'oblige les mariniers qui y font voguer leurs navires, d'aller plutôt d'un côté que de l'autre, si ce n'est la considération de leur plus grande commodité et de leur plus grand avantage. C'est, en un mot, une grande route où les voyageurs sont les maîtres de choisir leurs haltes, les lieux de chargeage et de déchargeage.

Tant que les deux rives du fleuve ont été assujéties à un mode uniforme de péage et de police, le commerce s'est porté sur la gauche, à raison de la commodité des stations et des ports; mais, aujourd'hui que les douanes ont été, comme cela devoit être, transférées de l'ancienne frontière à la rive gauche, nous avons à soutenir une concurrence dangereuse avec les États de la rive droite. Ils se sont jusqu'à présent efforcés, et auront le bon esprit de s'efforcer toujours de profiter de nos fautes, d'attirer les marchands par les facilités qu'ils leur offrent. Si nous laissons s'établir une routine, il ne sera plus temps d'y remédier.

Telles sont les vues que nous avons tirées tant de l'ouvrage de M. Eichhoff, que de nos observations. Ce magistrat éclairé ne voit d'autres moyens de pourvoir à un meilleur mode d'administration, que de convoquer une commission de négocians des quatre départemens. Entr'autres mesures qu'il voudroit voir adopter par la commission, il desireroit que l'on fît rouler les conférences sur :

« Les inconvéniens du choix du *thalweg* pour
» ligne de démarcation de la navigation du Rhin;

» La nécessité, l'utilité, de rendre la liberté en-
» tière du lit du fleuve aux commerçans des États
» riverains;

» La revision du tarif des douanes et des régle-
» mens de la navigation du Rhin, et la suppression
» des gênes et des entraves qui forcent le commerce
» à se porter sur la rive droite;

» La modification et l'organisation des droits de
» péage et de *transit*, et la diminution du nombre
» des lieux où ils se perçoivent;

» L'établissement d'entrepôts *libres* du com-
» merce sur le Rhin, et la désignation des villes et
» des établissemens propres à l'y faire fleurir, et à
» donner une direction naturelle et spontanée au
» commerce vers ces lieux destinés à son usage.

» Enfin, la commission, examinant chacun des
» objets sur lesquels le traité de commerce pourra
» avoir à stipuler, relativement aux droits, pro-
» hibitions, relations commerciales entre l'Alle-
» magne et la France, aura à donner au commis-
» saire les renseignemens qu'il croira utile de de-
» mander, pour parvenir au but que le Gouverne-
» ment se propose aujourd'hui, tant par rapport
» au commerce en général, qu'au bonheur et à la
» prospérité des nouveaux départemens de la rive
» gauche du Rhin ».

L'opinion de M. Eichhoff sur l'exportation des grains, diffère de la nôtre. Il la regarde comme essentielle à l'opulence des départemens réunis. Nous nous sommes déjà suffisamment expliqués à cet égard. L'un de ses principaux argumens ne nous a paru que spécieux. Le voici :

« Nous ne répondrons pas à cette crainte puérile,
» que l'ennemi nous affamera en tirant nos grains;
» il ne peut tirer que l'excédant de la production
» sur la consommation. Et puis rien n'est si facile
» que d'interdire la sortie, *au moment où le septier*
» *de grain est parvenu à un prix déterminé*, et fixé
» par l'ordre du Gouvernement ».

Bien certainement nous n'avons point à craindre,

dans le moment actuel, d'être affamés par nos *ennemis*, puisque nous sommes en paix avec toute l'Europe. Mais nos amis, nos alliés, peuvent, dans le but unique de s'approvisionner, nous donner la famine. Seroit-il temps d'y remédier, lorsque les effets de la pénurie se seroient fait sentir? Si en bonne police criminelle, le législateur doit plutôt s'occuper à prévenir le crime qu'à le réprimer; de même, en matière administrative, il vaut beaucoup mieux empêcher le désordre que d'attendre, pour y porter remède, que le mal soit invétéré, que les choses aient pris un cours difficile à détourner. L'expérience prouve qu'il est presque toujours impossible de faire rétrograder le mal; on est trop heureux quand on parvient à arrêter ses progrès.

Mettrons-nous, au nombre des richesses que le Rhin produit, l'or natif qu'on extrait de ses sables? Les torrens qui tombent avec fracas des montagnes de l'Helvétie, en détachent des particules du plus riche des métaux, que sa nature incorruptible et une pesanteur spécifique considérable ont rendu si propre à la fabrication des monnoies (4), et les apportent dans le lit du fleuve qui les roule dans ses eaux. C'est du côté de Germersheim, près de Spire que l'on trouve le meilleur or. Les hommes occupés à cette recherche lavent le sable sur des toisons de moutons : les parcelles précieuses s'attachent à la laine, et s'y rencontrent quelquefois en fragmens assez considérables. Cet or est, à peu de chose près, dans l'état de pureté: on n'a besoin, pour l'affiner, que de le fondre dans un creuset, et de le soumettre à l'opération de la coupelle. Ce genre d'industrie ne procure pas au-delà de trente, de quarante ou cinquante sols par jour, à ceux qui s'y livrent.

On montre encore dans les cabinets des curieux des ducats frappés au coin du Margrave de Bade, avec l'inscription, *Ex sabulis Rheni*, qui annonce leur origine.

Les anciens Germains n'avoient absolument aucune place forte, ils n'avoient pas même de ville. Les Romains les initièrent dans cette partie essentielle de la civilisation. Pendant quelques siècles, le théâtre de la guerre entre le *peuple-roi* et les tribus germaniques demeura fixé sur les bords du Rhin. C'est-là que furent construites les premières forteresses, telles que Mayence, Trèves, Cologne, Bonn et autres. Voilà l'origine de ces places importantes qui hérissent les approches du Rhin, et qui ont vu périr tant de soldats sous Louis XIV, et de nos jours. Lors de la dernière querelle qui a bouleversé l'Europe, qui y a propagé un incendie que des torrens de sang ont pu seuls éteindre, il paroît que les Etats de l'Empire s'étoient moins préparés à une guerre défensive qu'à une attaque offensive. Aussi, lorsque, contre l'attente des puissances alliées, les François devinrent eux-mêmes conquérans, les places situées sur le Rhin, Mayence elle-même n'opposèrent presque aucune résistance. Cette ville qui, depuis, résista si longtemps à un siége vigou-

reux, et ensuite à des blocus presque continuels, n'étoit point approvisionnée; la garnison s'y élevoit à peine au dixième du complet de guerre. Les munitions de guerre étoient de la plus mauvaise qualité. Pour servir les canons de vingt-quatre, on étoit obligé d'employer des boulets des douze. La terreur panique dont tous les esprits étoient frappés, étoit si grande que l'armée de Custine, composée au plus de douze mille hommes, leur présentoit une masse effrayante de quarante mille combattans. Il ne faut pas s'étonner si la place fut réduite en moins de quatre jours; et les habitans furent tout stupéfaits, lorsqu'ils s'aperçurent du petit nombre auquel ils avoient cédé, et surtout lorsqu'ils virent que les vainqueurs avoient à peine avec eux une pièce de grosse artillerie.

Les remparts de Spire, de Worms, de Bonn, de Cologne, étoient en si mauvais état, que si ces places eussent soutenu un siége, les murailles se seroient écroulées sous le poids de leur propre artillerie, des grosses pièces nécessaires pour résister aux batteries des assiégeans.

Spire, dont le nom vient de la rivière de *Speyer* qui l'arrose, étoit une ville riche et bien bâtie: mais réduite en cendres en 1689, dans l'espace de quelques heures, elle n'a pu se rétablir entièrement. La cathédrale, détruite comme les autres édifices, n'a point été reconstruite, on s'est contenté d'en rebâtir le chœur. La chambre impériale y résidoit autrefois, mais elle a été transférée à Wetzlaër, lors de l'occupation qu'en firent nos armées en 1734.

Il y existe un grand nombre de protestans; et même avant la conquête, lorsque les puissances temporelle et spirituelle étoient confiées à un évêque, les magistrats étoient toujours choisis dans cette religion. Dans le seizième siècle, au moment où la religion réformée *faisoit le tour du globe*, pour nous servir d'une expression que le feu roi de Suède appliqua à la révolution françoise, les habitans de Spire étoient de zélés Luthériens. On y avoit tenu en 1529 des conférences pour arranger, à l'amiable, les affaires de la religion : les Luthériens ne furent point satisfaits de leur résultat, et firent à cet égard les protestations les plus vives; c'est ce fait historique qui leur fit donner le nom de *protestans*; mais on applique aujourd'hui indifféremment cette dénomination aux Luthériens et aux Calvinistes, qui, bien que divisés par leurs dogmes, sont à une distance à-peu-près égale des sectateurs du culte catholique. Ceux-ci en conséquence les confondent dans une même classe; car l'esprit de parti, soit en matière politique, soit en matière religieuse, ne sait point discerner les nuances, et ne veut même voir aucun terme moyen entre les extrêmes.

Cette petite cité est la patrie du célèbre chimiste Becker, qui y naquit en 1645, et qui alla finir ses jours en Angleterre, dans l'année 1692, persécuté impitoyablement en Allemagne, obligé de fuir d'asyle en asyle. Il est, conjointement avec *Stahl*, l'auteur de la doctrine du *phlogistique* qui a si puis-

Worms

samment contribué à l'avancement de la science, quoique nos chimistes modernes en aient démontré l'insuffisance, l'absurdité même, dans certains cas, et lui aient substitué la théorie pneumatique.

De Spire à Worms, on jouit, à chaque pas, d'une perspective charmante qui auroit bien plus de charmes, si l'on n'apercevoit dans les villages, dans les hameaux que l'on traverse, des traces encore récentes des ravages de la guerre.

Rien n'est beau comme le spectacle qu'offre Manheim située sur la rive droite, lorsque s'avançant sur le pont de bateau qui joint cette ville au territoire françois, on voit se développer ses édifices, et à sa gauche le Necker qui se jette dans le Rhin, de sorte qu'elle est baignée de deux côtés par ces deux rivières.

Vers 1689, Louis XIV se vit dans la nécessité de livrer aux flammes la plupart des villes de cette malheureuse contrée : celle de Franckenthal ne fut point exceptée de ces ordres rigoureux, mais elle fut depuis rebâtie sur un plan régulier. Les rues sont alignées au cordeau, les maisons bâties d'une forme agréable, et les rues bien pavées. Il n'en est pas de même de Worms, d'Oppenheim qui sont loin de présenter une face aussi riante. Mais la terre inépuisable, seule n'a point souffert de ces dévastations; des forêts de châtaigniers couvrent les sommets irréguliers des montagnes et des collines; de vastes champs de bleds couvrent les plaines; des vignes florissantes font l'ornement des côteaux, l'espoir et la richesse du cultivateur.

Fidèles à notre plan de citer uniquement les villes ou les endroits les plus remarquables, nous passerons sous silence les petites villes du département, dont la position plus éloignée du Rhin n'offre rien de piquant pour l'économie publique. Le bourg d'Alsheim est à bien plus forte raison de ce nombre. Il s'y passa néanmoins, en 1793, un événement singulier qui auroit pu exercer une influence incalculable sur les destinées de l'Europe. Nous allons le rapporter en peu de mots.

Les Impériaux, que notre invasion subite avoit étonnés, et qui avoient repassé le Rhin, revinrent en plus grand nombre, et forcèrent Custine à la retraite. De toutes parts les postes s'étoient repliés sur Mayence : bientôt cette ville elle-même fut bloquée, et les troupes combinées de la Prusse et de l'Autriche reprirent successivement les autres places situées sur le Rhin. Dans la retraite d'Oppenheim, la cavalerie et l'artillerie volante de notre armée dirigeoient leur marche vers Alsheim. Cette colonne s'aperçut qu'elle étoit coupée par un petit corps de Prussiens, et disputa pendant quelques instans sa marche à coups de canon. Cependant comme cette escarmouche n'offroit en apparence aucun avantage, et sembloit retarder inutilement la marche, on préféra suivre une autre route, et le combat finit.

Mayence

Assurément les chefs de la colonne françoise ignoroient que le roi de Prusse venoit de dîner dans le bourg, et avoit tout au plus une centaine d'hommes autour de lui. Le monarque averti par le bruit du canon, n'eut que le temps de sortir avec précipitation par la porte opposée, et d'envoyer quelques hussards à la découverte. Il n'y a nul doute que si les François eussent été instruits de l'importante capture qu'ils pouvoient faire, et du petit nombre qu'ils avoient à combattre, au lieu de tirer le canon, ils se seroient avancés sans bruit, auroient facilement investi le bourg, et auroient ôté à sa majesté prussienne toute possibilité, tout espoir de retraite.

Cet événement auroit sans doute produit un changement étonnant dans les affaires, et très-probablement il auroit amené la paix; car on assure que quelque temps auparavant les François avoient fait faire au roi de Prusse des propositions.

Les approches de Mayence conservent les vestiges funestes des ravages qu'y ont occasionné les siéges de la dernière guerre. L'étendue immense des fortifications de cette place, sa situation dans une vaste plaine, dominée par des hauteurs, en rendroient la défense difficile; ou, pour mieux dire, toutes ces circonstances réunies en feroient une très-mauvaise ville de guerre, si l'on ne s'assuroit la possession de ces hauteurs par de nombreuses garnisons. Voilà pourquoi, ses murailles, ses édifices, n'ont point seuls souffert des siéges dont elle étoit l'objet. Tous les villages voisins, principalement ceux qui étoient protégés par des forts, étoient tour-à-tour attaqués et emportés de vive force par les assiégés et les assiégeans.

Lorsqu'un voyageur instruit, ami des arts et de la philosophie, aperçoit de loin une cité célèbre, son œil curieux y cherche, y examine en détail tout ce qu'il a vu dans ses livres. Ses regards se promènent sur les édifices consacrés, soit au culte religieux, soit à conserver la mémoire de la magnificence de quelque prince, et qui s'élèvent majestueusement au-dessus des autres. Il les compte, il en interroge la forme, la situation, et il devine avec une joie qu'il ne sauroit taire, leurs noms, leur usage, sans le secours de ses guides. Rien ne l'aide que sa mémoire et la fidélité des descriptions qu'il a lues, des plans, des dessins qu'il a examinés.

Mais c'est en vain que l'on chercheroit dans ces lieux le superbe palais de la *Favorite*, et quelques autres monumens qui ont été détruits par les bombes. Dans l'intérieur de la ville on voit des rues entières qui ont été dévastées, et dont la restauration n'est point complète. La plupart des églises, des bâtimens publics, qui, pendant le siége de 1793, ont servi d'hôpitaux aux soldats, sont dans un état déplorable. Le palais de l'électeur, bâti sur les bords du Rhin, dans une exposition charmante, n'a pas éprouvé un meilleur sort. L'église de Notre-Dame, dont le clocher passoit pour un des plus

beaux

beaux monumens de Mayence, n'a conservé que ses murailles latérales. Quelques bombes y ayant mis le feu, les assiégeans, dirigés par la lueur de l'incendie, avoient braqué leurs batteries sur cet endroit. Bientôt le clocher ébranlé se renversa sur la voûte qu'il broya. Cette église étoit construite, ainsi que la plupart des autres monumens, notamment le palais de l'électeur, en une pierre rouge, de couleurs variées et chatoyantes, qui produisent l'aspect le plus agréable.

Rien n'étoit beau comme l'ensemble du palais, que son élégance, la beauté de sa situation avoient fait nommer *la Favorita*, à l'exemple de plusieurs des palais qui ornent l'Italie.

Il est inconcevable, qu'après la rentrée de l'électeur, et ensuite lors de la cession à la France, on ne se soit pas occupé, sinon de réédifier, au moins de faire disparoître ces ruines hideuses, de substituer de jeunes arbres aux troncs vénérables que l'on arracha pendant le siége. Il en est de même du *Rhen-allée*, promenade délicieuse, où l'on voyoit encore naguère des arbres rompus et déracinés, cachés sous d'énormes monceaux de pierres.

Les fortifications sont, de toute la ville, la partie qui a le moins souffert, ou plutôt, dont les dégradations ont été réparées avec le plus de soin. L'importance de cette forteresse étoit telle, qu'il falloit que l'un des deux partis fût le maître, pour traverser le Rhin sans périls et avec sécurité, parce que, dans le cas contraire, et comme on en a

C

vu l'exemple, la garnison de Mayence pouvoit se joindre à celles des places environnantes, et couper retraite à l'armée envahissante.

Aujourd'hui, la position militaire de Mayence n'est plus aussi utile. C'est peu, comme nous l'avons dit, de posséder la ville, si l'on n'est pas en même temps maître des environs. Et comme nous n'avons plus Cassel, qui forme la tête fortifiée du pont de bois, on pourroit, en cas d'hostilités, bombarder la place, de ce même fort. Nous pensons que Mayence pourroit avoir une destination plus avantageuse, celle d'être exclusivement consacrée au commerce. Peut-être cette considération a-t-elle touché le Gouvernement; peut-être est-ce dans de pareilles vues, que des ingénieurs dressent en ce moment le plan de forteresses de première ligne, à quelque distance en-deçà du Rhin.

Mais, il ne faut pas seulement parler de Mayence, sous le rapport des désastres que les opérations militaires y ont occasionnés : il est nécessaire aussi de dire quelques mots sur ce qu'elle est par elle-même.

Il ne faut point se faire illusion : on ne peut dire que ce soit une jolie ville. Si nous en exceptons deux ou trois rues assez belles, la plupart des autres sont étroites, sales et obscures. Les maisons sont médiocrement hautes, et, il faut en convenir, d'une architecture assez agréable, et qui le seroit bien plus si la propreté extérieure y étoit entretenue. Nous y avons remarqué une mode assez bizarre qui existe d'ailleurs dans la plus grande partie des villes de ce département. Toutes les fenêtres basses des rez-de-chaussées sont munies de grillages de fer, comme des croisées de prison. Mais ces barreaux de sinistre augure ne sont pas destinés à retenir les malfaiteurs ; c'est au contraire, une barrière qu'on élève contr'eux. Car dans les petites villes d'Allemagne où la population n'est pas considérable, où surtout les habitans sont beaucoup plus sédentaires que ceux de nos villes de France, on a besoin de se prémunir contre des vols à force ouverte, qui y sont très-communs.

L'arsenal est un des édifices qui méritent le plus d'attention. Il fait face au fleuve, vis-à-vis le magnifique pont de bateaux qui établit la communication de l'un à l'autre bord. On voit aux fenêtres du premier étage, un rang de têtes casquées, lesquelles semblent considérer les passans avec la fierté imposante des anciens Romains. Si bien qu'il n'est pas rare que des étrangers prennent de loin ces figures pour des têtes d'hommes.

Nous ne quitterons point Mayence, sans avoir rappelé les prétentions, en apparence très-fondées, de ses citoyens qui se glorifient d'avoir découvert l'Imprimerie. Il est vrai que cet honneur leur est disputé par ceux de Strasbourg et de Harlem en Batavie. On a fait à cet égard beaucoup de dissertations; dans lesquelles on a mis autant de zèle, autant de chaleur et d'acharnement, que si ceux qui disputoient eussent été parties intéressées. Il est probable que, comme on ne parvint pas tout à coup à l'idée lumineuse de composer avec des caractères mobiles des livres dans toutes les langues d'Europe ; comme on n'atteignit pas du premier jet ce degré étonnant de perfection, au-delà duquel il semble qu'il n'y a plus d'amélioration possible (5), plusieurs hommes de génie ont pu se partager le mérite de la découverte; mais on attribue assez généralement l'idée primitive à Jean Faust de Mayence, qui, dit-on, imagina de graver en relief des caractères sur des planches de bois, et de les soumettre ensuite à l'action de la presse, comme le font encore les Chinois chez lesquels cette invention paroît remonter à une époque immémoriale.

On conserve à Strasbourg les premiers essais de Jean Guttemberg, que l'on assure avoir devancé tous les autres typographes. On montre à Harlem la maison de *Laurent Costerus*, à qui l'on attribue la même invention. On prétend que ce Costerus, concierge du palais de la ville, s'amusoit un jour à tailler avec un couteau des caractères sur du bois de hêtre : il les forma sur un papier, après les avoir trempés dans de l'encre. Il y avoit bien loin de cette épreuve grossière, à des résultats plus satisfaisans. Costerus eut assez de génie pour faire faire à l'art ce pas important. Il composa d'abord une encre plus gluante et plus épaisse que celle dont on se sert pour écrire. Il sculpta des discours entiers sur des planches de bois. On les conserve encore dans la maison de ville, avec le premier de tous les ouvrages qui ont été imprimés sur ces planches. Il est sous une enveloppe de soie, dans un coffre d'argent, et son titre est : *Den spiegel van onze zaligheyd* (le Miroir de notre salut). La garde de ce livre est confiée à plusieurs magistrats qui ont chacun une clef différente de l'endroit où il est déposé. Il faut, dit-on encore, avoir de grandes protections pour obtenir la faveur de le voir. Aussi, des incrédules dont peut-être la curiosité et les sollicitations ont été infructueuses, ont-ils révoqué en doute l'existence de ce livre; ils se fondent sur cet axiôme de droit : *Vanum est quod legitur.*

Au surplus, le magistrat de Harlem, non seulement a fait ériger une statue à Laurent Costerus, mais encore, a fait mettre en lettres d'or l'inscription suivante sur la façade de sa maison :

MEMORIÆ SACRUM.
TYPOGRAPHIA, ARS ARTIUM OMNIUM CONSERVATRIX,
HIC PRIMUM INVENTA, CIRCA ANNUM M. CDXL.

Malheureusement cet hommage a eu, suivant toute apparence, moins pour but d'éterniser la mémoire d'un homme utile, que de satisfaire la vanité et les prétentions des bourgeois de Harlem.

Il paroît au surplus incontestable, que ce fut à Mayence que Pierre Schoiffer de Gernsheim établit, en 1455, l'usage des lettres mobiles et métalliques. Ainsi, c'est à l'Allemagne que l'on doit, sinon la première idée, au moins le perfectionnement, sans lequel l'imprimerie seroit moins utile.

Ce fut également un habitant de Cologne qui inventa la poudre à canon; ce fut à Nuremberg que l'on imagina la gravure en taille douce, art non moins précieux qui éternise les chefs-d'œuvre des peintres et des dessinateurs, comme l'imprimerie immortalise les productions littéraires. Il est au surplus très-étonnant que la gravure en taille douce n'ait point précédé l'invention de l'autre art. Les Romains excelloient à buriner les pierres précieuses et les métaux : c'étoit une chose toute simple, d'en remplir les creux avec une encre épaisse, et d'en transporter l'image fidelle sur le papier. Mais ce sont les choses en apparence les plus simples qui se trouvent avec le plus de peine. Qui sait, si dans quelques siècles, nos arrière-petits neveux ne seront pas surpris de notre ignorance, ne trouveront pas inconcevable que nous n'ayions pas imaginé d'autres arts dont le moindre tâtonnement peut nous donner la connoissance ?

NOTES.

(1) Une erreur très-commune, c'est l'opinion où sont plusieurs personnes, même très-instruites, que les anciens croyoient comme article de foi, que les premiers hommes se nourrissoient de *gland*, c'est-à-dire, du fruit du chêne, lequel, dans son état naturel, n'offre point un aliment propre à notre nourriture. Mais il paroît que, chez les Latins particulièrement, le mot *glans* ne s'appliquoit pas seulement au *drupe* que porte le roi de nos forêts, mais à plusieurs autres péricarpes d'une nature très-différente, par exemple, aux noix et à des baies de diverses espèces. Le fruit du noyer étoit nommé par eux, *juglans*, comme qui diroit *jovis glans* (le fruit de Jupiter). Voilà pourquoi, en termes de forestier, on dit encore des *glands de hêtre*, quoique les graines de ce dernier arbre soient enfermées dans une capsule épineuse qui n'a rien de commun avec les semences oblongues du chêne, du liége et des autres espèces du même genre.

(2) Le sel, qui n'est pour nous qu'un assaisonnement agréable, et dont on use en Europe, d'une manière en général assez modérée, est chez les peuples du nord une denrée de première nécessité, un véritable aliment. Un Russe porte dans son havresac, de la farine, de l'eau-de-vie de genièvre et du sel ; il mélange ces trois substances, et une petite quantité de chacune d'elles lui fait

une provision pour plusieurs jours. L'usage que nous faisons de cette substance saline, communique, à ce qu'il paroît, un goût particulier à notre chair. On demandoit à un sauvage du Canada, quelle différence il faisoit entre un Européen et un Indien; *le premier*, dit-il, *est plus salé*.

(3) Smith, dans son bel ouvrage sur la Richesse des nations, regarde la crainte des acaparemens comme la plus vaine de toutes les terreurs. En effet, si tous les capitalistes d'un État fort étendu, combinoient leurs efforts et leur industrie pour s'emparer, à une sorte de signal, de toute une espèce de denrée, il n'y a pas de doute qu'ils ne parvinssent à en occasionner une extrême pénurie, et à dicter la loi aux consommateurs. Mais cette conspiration universelle est physiquement et moralement impossible, lorsqu'il s'agit surtout des productions naturelles du pays. S'il se trouve plusieurs acapareurs qui agissent d'abord séparément, mais de concert, bientôt quelques-uns d'entr'eux plus timides, ou ayant moins de facultés que les autres, saisiront l'occasion de placer leurs marchandises, ou seront même forcés de s'en débarrasser pour réaliser leurs capitaux; et de tous les mouvemens en sens contraires qui s'ensuivront, résultera cet admirable équilibre qu'aucune loi ne sauroit prescrire, que la persuasion ne pourroit amener, et qu'établit insensiblement le cours naturel des choses.

(4) Au premier aspect, on croiroit que la grande valeur intrinsèque qu'enferme l'or sous un petit volume, le rend plus favorable qu'aucun autre métal à servir de signes d'échange. Je ne dois pas dissimuler néanmoins

que

que des savans, faits pour entraîner les suffrages dans cette partie, sont d'un avis contraire. Le citoyen Mongez trouve que la valeur de l'or est trop variable, et que la facilité de rogner les espèces qui en sont frappées, doit le faire rejeter des atteliers monétaires. Mais les voyageurs, les personnes qui sont forcées d'emporter avec elles de fortes sommes, non pas seulement en lettres-de-change, mais en numéraire effectif, trouvent fort commode l'usage des pièces d'or.

A la Chine, on n'a pas sur les monnoies les mêmes notions qu'en Europe. On coupe avec des cisailles des lingots d'argent, jusqu'à concurrence de la somme que l'on veut payer. Les marques, les contrôles que portent ces lingots, ne servent qu'à en constater le *titre*, et non le poids. L'or n'y est pas employé à la fabrication des monnoies. C'est sans doute pour cela que, comparé à l'argent, il s'y trouve avoir une valeur moins considérable que chez nous. Le rédacteur du Voyage de lord Macartney, assure que c'est une très-bonne spéculation de porter dans ce pays des lingots d'argent, pour les échanger contre des lingots d'or. Dans ces sortes de marchés, le Chinois et l'Européen gagnent l'un et l'autre, mais la balance est réellement en faveur du dernier.

Le citoyen Mongez regarde comme nécessaire l'alliage dans les pièces d'or et d'argent, moins pour couvrir les frais de la fabrication, que pour donner plus de dureté au métal. Il est en effet reconnu que tous les efforts des Gouvernemens, pour rogner les espèces, ou en altérer le titre, sont infructueux. Les étrangers, les nationaux eux-mêmes analysent les monnoies, et calculent les prix, en raison de la quantité de *fin*.

Nous lisons aujourd'hui avec surprise, dans l'histoire,

qu'en 844, Charles le Chauve, roi de la seconde race, ayant ordonné une refonte générale des monnoies, il tira généreusement *cinquante livres* d'argent de ses coffres, pour les répandre dans la circulation. Nous ne sommes pas moins étonnés, d'apprendre que dans ces temps-là, la rétribution que chaque curé étoit tenu de fournir à son évêque, et qui consistoit en un minot de froment, un minot d'orge, une mesure de vin et un agneau, étoit évalué à *deux sols*.

Il ne faut pas croire que cette modicité dépendît tout-à-fait de la rareté des métaux monétaires; c'est qu'à cette époque, la valeur nominale des espèces n'étoit pas la même. Il est prouvé, par des calculs, que le septier de bled qui, sous François Ier., ne se vendoit, année commune, que quelques deniers, revenoit à peu près au même prix qu'aujourd'hui.

Lorsqu'on retranche quelques grains sur les pièces d'or, que l'on diminue en proportion les autres monnoies, dans le premier moment, la différence peut n'être pas sensible dans le commerce, parce que l'on tient aux vieilles habitudes; mais tôt ou tard l'équilibre se rétablit. Je serois tenté de regarder comme une des principales causes du renchérissement progressif de toutes choses, depuis la réapparition des écus, la quantité énorme de pièces altérées et rognées qui circulent.

(5) La stéréotypie est-elle une véritable amélioration de la typographie ? C'est ce dont la masse du public n'est pas en état de juger, parce que les procédés en quoi elle consiste sont encore pour elle un mystère. On ne peut que conjecturer de quel moyen se servent les Didot pour multiplier, non seulement la représentation d'un premier

type (merveille que l'imprimerie a réalisée), mais pour multiplier le type lui-même, et donner la facilité d'exécuter à la fois un nombre prodigieux d'exemplaires d'un même ouvrage.

Le polytypage consiste à accoler plusieurs caractères, particulièrement ceux qui forment des syllabes ou des mots fréquens dans le discours, et à les lever à la fois du même cassetin. Ce seroit-là un perfectionnement de la composition, mais il seroit sans doute contre-balancé par la quantité effrayante de divisions qu'il faudroit faire dans la casse, par la multitude de poinçons ou de matrices dont il faudroit faire usage pour ces sortes de fontes.

On a parlé, il y a quelques années, dans les journaux, d'une presse imaginée à Philadelphie, et qui pouvoit imprimer du même coup plusieurs feuilles d'un même ouvrage. On n'a pas donné d'autres renseignemens sur les procédés ni sur les résultats de cette invention. La réalité ne s'en est même pas confirmée.

VOYAGE
DANS LES DÉPARTEMENS
DE LA FRANCE,
PAR UNE SOCIÉTÉ D'ARTISTES
ET DE GENS DE LETTRES;

Enrichi de Tableaux Géographiques
et d'Estampes.

L'aspect d'un peuple libre, est fait pour l'univers.
LA VALLÉE, centenaire de la liberté. Acte Ier.

A PARIS,

Chez Brion, dessinateur, rue de Vaugirard, N°. 98,
   près le Théatre François.
Chez Buisson, libraire, rue Hautefeuille, N°. 20.
Chez Desenne, libraire, galeries du Palais-Royal,
   numéros 1 et 2.
Chez les Directeurs de l'Imprimerie du Cercle Social,
   rue du Théatre-François, N°. 4.

1792.
L'AN QUATRIÈME DE LA LIBERTÉ.

VOYAGE

DANS LES DÉPARTEMENS

DE LA FRANCE,

PAR UNE SOCIÉTÉ D'ARTISTES,

ET DE GENS DE LETTRES.

DÉPARTEMENT DE LA MOSELLE.

Le souvenir des crimes antiques des premiers Rois de la Monarchie, de leurs frères, de leurs enfans, est venu, Monsieur, empoisonner le plaisir que nous ressentions de toucher une terre long-tems habitée par le grand Agrippa, non par cet *Agrippa* du quinzième siècle, écrivain *fameux* dans ces tems d'absurdité, qui se fit à Metz une affaire avec les Cordeliers pour avoir soutenu que Sainte-Anne n'avoit pas eu trois maris, mais bien ce *Marcus Vispsanius Agrippa*, plébéïen de naissance, trois fois consul, deux fois tribun, une fois censeur, le dernier des Romains, et que le ciel ne fit naître à côté d'Auguste que pour mieux faire sentir à la terre quelle fin différente ont les vertus d'un grand-homme plébéïen et celles d'un grand-homme patricien. Auguste ne se montra qu'une fois dans sa vie l'égal d'Agrippa, et ce fut en restant son ami après le conseil qu'il en avoit reçu d'abdiquer l'Empire. La fortune capricieuse, cette Déïté persécutrice des humains, et qui se rit de leur encens, avoit donné la pourpre au moins digne, et ne souffrit pas que le plus homme de bien, le plus grand général, le meilleur citoyen, le Romain enfin qui ne laissoit un maître à sa patrie, que parce qu'il étoit au-dessus d'un crime, revêtît cette pourpre dont il n'eût usé que pour rendre la liberté au Capitole. Vainqueur et bienfaiteur des Gaules, des Germains et des Cantabres, Agrippa refusa le triomphe : que ne refusa-t-il le flétrissant honneur d'épouser Julie ! son lit eut été chaste comme sa gloire. Il falloit pour qu'Agrippa eût une tache qu'il s'unît à la fille d'un Empereur. Et les plébéïens aussi connoissent donc les mésalliances !

Ce département encore couvert des débris de la grandeur romaine, des chef-d'œuvres qu'enfantoit ce peuple dans l'agonie de la liberté, fut, depuis la décadence de Rome, le centre d'un grand royaume ; et cependant rien ne retrace sur cette terre cet instant de splendeur dont elle sembleroit avoir dû jouir alors. Le royaume d'Austrasie ne dura qu'un instant, et n'eut pour chefs que des monstres : quelle trace auroit-il pu laisser dans le monde ? Tout est mort quand les tyrans vivent.

Assassins, assassinés, en deux mots voilà l'histoire des Monarques d'Austrasie, dont la cour fut tantôt à Metz, tantôt à Thionville. Tandis que les prêtres bénissoient le ciel de leur avoir donné dans l'abominable *Clovis* un Roi selon leur cœur, il sembloit que le ciel eût maudit les Gaules en donnant, dans sa colère, quatre fils à ce *Clovis*.

Childebert fut Roi de Paris, *Clotaire* de Soissons, *Clodomir* d'Orléans; *Thierry* le fut de Metz, et c'est lui que l'on compte pour le premier Roi d'*Austrasie*. Depuis l'époque où ce *Thierry* souilloit les murs de cette ville de son aspect odieux, jusqu'à celle où Louis XV mourant *allarmoit* toute la France, la distance paroît énorme; mais qu'est-elle en la comparant à celle qui sépare la maladie de ce Roi, dit le *Bien-aimé*, d'avec l'instant où les citoyens du département de la Moselle jurèrent dans ces mêmes remparts de Metz, de vivre libres ou de mourir? Les opinions des hommes, et non les tems, constituent les distances. Hier esclaves, aujourd'hui libres, l'intervalle d'une nuit est plus grand que celui de la création du monde à sa chûte. Hier les derniers rayons du soleil firent étinceller les rubis dont le front d'un despote étoit couronné : hier sa lumière éclaira les projets de la fausse immortalité d'un tyran : l'or de ses flatteurs, le jaspe de ses palais, le glaive de ses esclaves, l'acier de ses armées luttoient d'éclat contre le flambeau de l'univers. Le soleil se couche : le peuple se lève : les oppresseurs tombent : et le soleil à son retour trouve le reptile rampant propriétaire des statues brisées des despotes du monde. S'il faut mille ans à l'oppression pour fonder son empire, il ne faut qu'une heure à la liberté pour asseoir le sien. Entre Thierry qui commence l'infortune de Metz, et Bouillé qui la clot, que trouve-t on ? une chaîne sur laquelle se traîne le peuple. Mais entre Bouillé fuyant et le berceau de la liberté s'est ouvert un principe incommensurable : tyrannie, flaterie, adulation, bassesse, fléaux du genre humain, il a tout dévoré ; et c'est un vide dans le globe où toutes les nations sont appellées à l'honneur de créer un nouveau monde (*).

Metz, chef-lieu de ce département, est comptée parmi les plus anciennes villes de l'Europe. *Tacite*

(*) Siécles futurs ! Si mon livre arrive jusqu'à vous, sachez que ce fut la veille du 10 août 1792, l'an quatre de la liberté, que fut écrit le paragraphe que vous venez de lire. L'histoire vous aura transmis la relation de ce jour mémorable où le peuple Français fut si grand et si terrible. Cette note a pour objet, non cette relation, mais une leçon que ce jour suprême donne à tous les peuples libres. Français ! mes frères ! mes concitoyens ! n'oubliez jamais qu'un peuple qui dégénère de la liberté devient plus vil qu'un peuple qui fut toujours esclave. Ce sont les fils de Guillaume Tell, les descendans de celui dont la main généreuse brisa les statues d'Albert d'Autriche, dont le cœur flétri par le souffle des despotes, dont la volonté, vendue aux antiques oppresseurs de leurs montagnes, conçurent et exécutèrent l'horrible projet d'assassiner tout un grand peuple. Le ciel fut juste. Il les effaça de la terre. Un même soleil vit leur crime et leur châtiment. O vous ! qui naîtrez de nous ! conservez cette liberté qu'aujourd'hui nous vous avons acquise au prix de notre sang : et que jamais aucun peuple de la terre ne vous puisse reprocher le crime, dont les Suisses dégénérés de la liberté se sont rendus coupables, envers le premier peuple du monde.

en parle avec éloge sous le titre de ville, non pas sujette, mais alliée des Romains : *civitas socia*.. César, l'itinéraire d'Antonin, et Ptolomée, en font également mention. Il semble même qu'elle ait voulu rivaliser de splendeur avec la reine du monde, ou tout au moins se modeler sur elle, puisque les inscriptions du pays nous apprennent qu'elle donnoit à ses rues et à ses édifices les noms usités dans Rome. Elle renfermoit des cirques, des amphithéâtres, des portiques et des palais superbes, dont il ne reste plus de vestiges, mais dont l'existence est confirmée par un manuscrit que l'on gardoit dans l'abbaye de *Saint-Symphorien*. Un de ces palais échappé aux ravages des *Huns* guidés par *Attila*, a servi de demeure pendant cent soixante et dix ans aux Rois d'Austrasie, et *Grégoire de Tours* le cite dans le huitième livre de son Histoire. Ce fut aux habitans de Metz, et non aux Romains comme on le croit communément, que cette ville dut ce superbe acqueduc dont on voit encore des débris à deux lieues de là, dans un endroit nommé le *Pont de Joui*. Les arches avoient soixante pieds de haut; et cet acqueduc parcourant un espace de terrain de plus de trois lieues, portoit dans Metz les eaux de Gorze. Les ravages d'*Attila* portèrent le premier coup de hache à cette magnificence. Bientôt après, Clovis étendit ses conquêtes, et ce fut à sa mort, comme nous l'avons dit, que se forma le royaume d'Austrasie, dont Thierry fut le premier Roi.

Digne fils d'un monstre, digne frère de trois brigands, lorsque *Clodomir*, l'un d'eux, pour s'emparer du royaume de Bourgogne, eut fait jetter dans un puits *Sigismond*, sa femme et ses enfans, et que puni de cet attentat par les Bourguignons sa tête sanglante eut été promenée au bout d'une pique, *Thierry* s'unit à *Childebert* et à *Clotaire* pour déchirer les Etats de Clodomir. Ces tigres, pour se délivrer de leurs neveux qui prétendoient au trône de leur père, les massacrèrent de leur propre main. Bientôt le partage de leurs dépouilles les arma l'un contre l'autre ; mais la soif du crime les réunit contre leur beau-frère *Almaric*, Roi des Visigoths, qu'ils poignardèrent à la sollicitation de sa femme, sœur de ces exécrables brigands.

Clotaire, le plus méchant des quatre frères, leur survécut seul, et réunit à lui tous leurs Etats. A sa mort, la France fut encore partagée entre ses enfans, et *Sigibert* fut Roi d'Austrasie ; c'est le mari de l'abominable *Brunehaut*. Pendant qu'il combat les *Huns* en Allemagne, son frère *Chilpéric*, mari de *Frédégonde*, fond sur l'Austrasie. *Sigibert* accourt, dépouille a son tour Chilpéric, et le force à fuir. Pendant ce tems *Cherebert*, son autre frère, Roi de Paris, meurt. *Sigibert* vole recueillir son héritage. *Frédégonde* le fait assassiner ; et *Chilpéric*, le Néron de la France, s'empare du trône.

Après *Sigibert*, *Childebert*, *Theodebert* et *Thierry II* lui succédèrent en Austrasie. Ce dernier n'ayant laissé que des enfans naturels, *Clotaire II* réunit l'Austrasie à la France, jusqu'à ce que Dagobert I la donna en partage à un de ses bâtards, qui prit le nom de Sigibert II et mourut saint, à ce que disent les prêtres. Il eut pour successeur son fils *Dagobert*, que *Grimoald*,

Maire du Palais, fit périr; et ce fut là le terme du royaume d'Austrasie.

Depuis, dans le partage des enfans de Louis-le-Débonnaire, il y eut un royaume de *Lorraine* d'un instant, en faveur de Lothaire: et c'est de lui que vient le nom de Lorraine. Après sa mort, *Charles*-le Chauve, et *Louis*, Roi de Germanie, ses oncles, se disputèrent son héritage, et il semble qu'il étoit de la destinée de ce malheureux pays d'être une pomme éternelle de discorde entre les Princes Français et les Princes Allemands. Insensiblement il fut démembré et devint le partage de quelques *Seigneurs* subalternes que les Rois enrichissoient des Etats qu'ils étoient las de ravager. Ce fut ainsi que *Gérard* d'Alsace, en 1048, obtint de l'Empereur une partie de la Lorraine, et devint la tige de cette maison de Lorraine, dont l'ambition a fait tant de mal à la France.

Metz, Toul et Verdun, comme nous vous l'avons observé, Monsieur, en voyageant dans le département de la Meuse, se firent un régime à part. Elles formèrent trois espèces de républiques sous la *protection* de l'Empire, sans être cependant ce qu'on appelle ailleurs villes *anséatiques*. Leurs évêques n'auroient pas demandé mieux que d'y fonder le régime théocratique; mais le peuple, quoique bien loin des lumières qui l'éclairent aujourd'hui, eut le bon esprit d'échapper à ce danger, le plus grand que puissent courir les nations, et se nomma un magistrat composé d'un Maire et d'un Conseil: et sans s'en appercevoir établit un gouvernement aristocratique, croyant se donner un gouvernement démocratique.

Ce magistrat une fois nommé, le peuple n'avoit plus le droit de revoir ses décisions, et bien ou mal il gouvernoit despotiquement. Cela devoit à la longue amener l'asservissement de ces trois villes. Ainsi donc quand l'ambition de Charles-Quint allarma les Princes d'Allemagne, et qu'ils recoururent à la protection de Henri II, dans le traité secret conclu à Chambord au mois d'octobre 1551, le magistrat de Metz, ainsi que celui de Toul et Verdun, consentirent que leurs villes fussent en ôtage entre les mains du Roi de France, ce que le peuple, s'il en eût été instruit, n'eût certainement pas accordé ; car enfin, c'étoit troquer vraiment un maître imaginaire contre un maître réel. Cette conduite attira sur ces malheureuses villes, et notament sur Metz, tout le ressentiment de Charles-Quint. Il fit tous les sacrifices possibles pour mettre fin aux troubles d'Allemagne. En est-il que les Rois ne fassent pour se venger ? Il marcha sur Metz en 1552, et c'est l'époque de ce siége fameux où sa fortune échoua, et où celle du trop fameux François de Guise commença.

Que les Rois et leurs satellites sont foibles quand les peuples ont la volonté de se défendre ! Charles-Quint étoit le plus puissant Monarque de l'Europe ; c'est avec cent mille hommes qu'il vint assiéger Metz. Cette ville, une fois plus grande qu'elle n'est aujourd'hui, n'avoit pas une muraille pour se défendre : et cependant cinq mille cinq cents hommes l'empêchent de tomber au pouvoir de cent mille. Au bout de soixante et cinq jours, Charles-Quint leva le siége. L'hiver, le froid, les pluies et les maladies avoient combattu de concert avec les Français, et l'armée Impériale étoit affoiblie de plus d'un tiers. La *Roche-sur-Yon* en poursuivit les foibles débris. Ayant joint quelques compagnies de cavalerie, il leur offrit le combat. « Comment voulez-vous, lui dit l'officier » qui les commandoit que nous ayons la force de » combattre ? vous voyez qu'il ne nous en reste pas » assez pour fuir ».

On est tout étonné, quand on se rappelle le genre affreux d'oppression qui règnoit alors, de voir de tems en tems quelques étincelles de liberté briller dans la conduite de ceux mêmes dont l'orgueil auroit voulu dominer les peuples et les Rois. Quel homme fut plus sincèrement l'ennemi de la liberté du genre-humain que ce *de Guise*, scélérat profond, habillé en vertu, dont un assassinat émané de la *noble* main du *gentilhomme Poltrot* de *Meré* termina la glorieuse et désastreuse carrière ? Un esclave vole un cheval à un officier Espagnol son maître, et se sauve avec sa proie dans Metz pendant le siége. L'officier fait redemander le cheval et l'esclave au *duc de Guise*. *Guise* achète le cheval à l'esclave, et le renvoye à l'officier. « Mais quant à l'esclave, dit-il, je ne le ren- » drai pas. Je ne contribuerai pas à remettre dans » les fers un homme devenu libre en mettant le pied » sur les terres de France. Ce seroit violer les pri- » viléges de ce royaume, qui consistent à donner » la liberté à tous ceux qui l'y viennent chercher ». Voilà de belles paroles ! C'est par de semblables phrases que des brigands obtiennent des écrivains serviles le titre d'hommes magnanimes. Le beau présent que

Guise faisoit à cet esclave, que celui de la liberté française d'alors ! Le droit de trembler sous des prêtres fanatiques ; d'égorger ses frères pour de pitoyables disputes de théologie ; de répandre son sang pour des Rois imbécilles ou assasins ; de gagner sa vie à la sueur de son front, pour verser les sept huitièmes de son gain dans le gouffre impur où se vautroient les grands, les courtisans, leurs mignons, leurs catins, et leurs valets. C'étoit donc là ce que *Guise* appelloit la liberté ! Et quelle opinion ce Lorrain s'en faisoit-il ? De fait, tout homme naît libre, il n'est que le crime qui puisse le rendre esclave ; et alors il ne devient pas esclave de la société, ce qui est moralement impossible, mais il devient esclave du supplice, parce que la loi l'y enchaîne. Or, c'est par un crime que le protégé de *Guise* monte à la liberté, et ce qui la lui faisoit perdre de droit, est, au systême *d'un Grand*, ce qui la lui vaut. Quand on a des principes aussi faux sur la justice éternelle, doit-on s'étonner que cette fausseté se propage avec le sang d'une maison, et que *Lambesc*, le descendant de *Guise*, ait commencé à coups de sabre au Pont-Tournant le cours des assassinats qu'*Antoinette de Lorraine*, autre nièce des *Guise*, vouloit consommer le 10 août. Que le peuple a bien d'autres idées sur la liberté ! Ce 10 août, où le peuple l'a rendu au monde, combien de brigands l'ont perdue, en se livrant au pillage. La terre de la liberté étoit plus sainte ce jour là, que celle que fouloit le *Guise* quand il protégeoit un esclave voleur : et le peuple n'a pas cru que le vol fût un titre à la liberté. Il a frappé tous

Metz.

ceux dont l'ame abjecte souilloient ce jour par d'autres actions que celle de la délivrance de l'univers. L'équité fut à ses yeux l'officier Espagnol qui redemandoit le cheval et l'esclave. Il a rendu le cheval; il a puni l'esclave.

Le siége de Metz acheva d'effacer le reste de splendeur que l'antique majesté de cette ville avoit laissée sur son front. Plus de trente églises, les monumens, les tombeaux de la majeure partie de la race Carlovingienne, les débris des thermes, des palais, des amphithéâtres, qui prononçoient encore le nom Romain au milieu des ronces qui les couvroient, tout fut abattu pour en élever des remparts conservateurs de l'autorité royale, que les *Valois* y fondoient à titre de protection. Comme les Rois ne sont pas généreux, et que la bassesse se charge de leur éviter la peine d'avoir de l'esprit pour persifler leurs ennemis, l'adulatrice épigrame poursuivit Charles-Quint vaincu. On frappa plusieurs médailles pour conserver la mémoire de la prétendue *délivrance* de Metz : on représenta d'un côté les colonnes d'Hercule avec ce mot latin *ultra*, pour faire entendre que par son expédition en Afrique Charles-Quint avoit surpassé les travaux du demi-dieu de la fable. On ajouta aux colonnes un aigle enchaîné, avec ces mots: *Non ultra Metas*. L'équivoque étoit sanglante; *Metas* signifie également Metz et les colonnes d'Hercule.

Nous vous envoyons une vue de cette ville, dont les dehors sont agréables. Les évêques avoient dans les environs une maison de plaisance, où le luxe et la volupté s'étoient unis pour *délasser la sollicitude* pastorale de ces Messieurs. Le trop fameux *Mazarin*, ce serpent en chapeau cardinal, le dernier des Italiens dont le soufle impur ait achevé d'infecter la cour de France, cet homme-chat, à la marche oblique et tortueuse, toujours terrassé et toujours triomphant, dont les griffes renaissoient à mesure qu'on les coupoit, dont l'œil double lisoit à-la-fois dans le cœur humain et dans l'avenir, le destructeur de cette loyauté que les *nobles preux* affectoient jadis pour voiler leur nullité, l'homme à qui la *feue noblesse* doit s'en prendre de sa destruction, parce qu'il lui légua ses défauts et ses vices, Mazarin enfin fut évêque de Metz. Ce *pauvre* homme n'avoit pour vivre que les abbayes de *S. Arnould*, *S. Clément* et *S. Vincent* de la même ville, et puis celle de *S. Denis* en France, et puis celle de *Cluny*, et puis celle de *S. Victor* de Marseille, et puis celle de *S. Médard* de Soissons, et puis celle de *S. Taurin* d'Evreux, et puis, etc. Que reste-t-il de tant d'éclat? un cadavre infect, une mémoire plus impure encore. Voilà le sort de ces *grands* hommes nés dans la pourpre.

Ce n'est pas celui des héros nés sous le chaume. Ce n'est point un paradoxe : la souveraine grandeur du peuple s'imprime sur les individus, comme la souveraine bassesse de ceux assez vils pour prétendre à faire un corps à part parmi les nations, se remarque jusques dans les plus vertueux d'entr'eux. Dans ces jours d'équitable vengeance, où le peuple armé du glaive de l'éternelle raison frappa les assassins dont la scélératesse s'étoit mûrie sous les voûtes des Tuileries, que l'on prenne en idée tous ces malheureux, qu'on les suppose nés parmi le peuple, qu'on les fasse agir ensuite d'après les principes qu'ils y auroient puisés, peut-être tous eussent fourni une carrière vertueuse; car le crime est rare : les préjugés seuls sont fréquens. L'origine de leurs forfaits, le point dont il sont partis, n'est donc que leur naissance. Eh! malheureux insensés! vous regrettiez une chimère, vous combattiez pour une chimère, et vous oubliez que l'échaffaut étoit une réalité. Contre qui s'armoit votre imbécille orgueil? quelles entrailles votre glaive esclave vouloit-il déchirer? celles où se forma *Fabert.* Eh! qui d'entre vous quand vous fûtes vertueux valut mieux que *Fabert?*

Fabert, né à Metz, petit-fils d'un libraire, étonna la France par son courage et ses talens. De misérables cordons étoient les récompenses des Rois. En effet que pouvoient-ils donner? leur estime! qui la prise? Leur amitié! qui peut s'y fier? De l'or! qui veut être complice de leurs vols? Ils donnoient donc des cordons. On offre à *Fabert* celui du Saint-Esprit. Il le refuse. « Mon manteau, dit-il, seroit décoré d'une » croix, mais mon ame seroit souillée d'une impos- » ture (1). Je n'en veux point. » Fabert ne veut point du cordon bleu! et vous, Maréchal *Mailli*, vous flétrissiez vos cheveux blancs, en passant la nuit du 9 au 10 août au château des Tuileries! Qui vous menoit là? votre naissance. Que n'êtes-vous né de la classe de *Fabert*, vous seriez mort vertueux. *Mazarin* propose à *Fabert* de lui servir d'espion : Mazarin ne rougissoit de rien. « Un ministre comme vous, ré- » pond *Fabert*, doit avoir toutes sortes de gens pour

« le service de la patrie, les uns qui la servent de
« leurs bras, les autres par leurs rapports. Souffrez
« que je sois des premiers ». *Prince de Poix* ! quand
Louis-le-Traître vous a proposé de lui servir d'agent
à *Coblentz*, que n'étiez-vous né dans la classe de
Fabert, vous lui auriez répondu ce que ce grand-
homme répondit à Mazarin. Veut-on connoître le
noble d'avec le *roturier* ? que l'on examine les grands
mouvemens de l'ame. Dans le *noble* elles dérivent
des opinions ; dans le *roturier* elles les maitrisent. On
ne peut s'y méprendre.

Fabert fut gouverneur de *Sedan*. O ville déplorable!
qu'avez-vous fait ? *Fabert* vous gouverna ! comment
avez-vous dégénéré d'un si beau titre de gloire ? Et
qui voulez-vous défendre dans votre insolente rébel-
lion (2) ? le monstre qui vouloit égorger ce peuple
où naissent les *Fabert*.

Rappellez-vous, peuple de Sedan, les guerres civiles que l'ambition de quelques *grands* scélérats,
la foiblesse d'un Roi mineur, et les intrigues d'une
Reine *Autrichienne* (3), allumèrent en France dans le
dix-septième siècle. Vos champs furent les seuls à
l'abri de l'orage. Qui le conjura ? *Fabert*. Vous sen-
tiez alors ce que vaut un grand homme né parmi le
peuple. Et aujourd'hui, renonçant à ce haut point
de gloire où vous étiez monté en partageant la souveraineté nationale, pour servir le plus vil d'entre les
grands, ce général l'écume d'une *noblesse* que vous
avez renversée, vous appellez sur vous toutes les horreurs de cette guerre civile. Que vous en reviendra-
t-il ? Vous offrites à *Fabert* pour prix de ses services

une

une tapisserie, qu'il refusa. Eh bien! l'Autrichien Beaulieu viendra chez vous, et vous volera cette tapisserie, comme il a volé celle du maire de Bavay (4). Malédiction sur vous, ville de Sedan! vous qui ramperiez aux pieds d'un Roi antropophage, et qui luttez insolemment contre la souveraineté du peuple. Malédiction sur vous! Soyez esclave : c'est le plus grand supplice qu'on puisse souhaiter à des hommes.

Ce fut à Metz que pensa mourir Louis XV. Bon peuple! vous pleuriez sur son danger! Eh! laissez mourir les Rois! Le malade doit-il s'inquiéter si la sang-sue que l'on ôte de sa plaie va mourir de l'indigestion de son sang. Vous le pleuriez! et la guerre qu'il soutenoit alors vous épuisoit : il avoit l'orgueil de faire un Empereur (5). Cette pamporc vous coûtoit cent mille hommes, et vous le pleuriez! Eh bien! il a vécu. Les portes du Tartare s'étoient ouvertes pour l'engloutir, vous avez empêché qu'elles ne se fermassent. Il en est sorti les *Choiseul*, les *Terray*, les *Maupeou*, les *Pompadour*, les *Bary*, que sais-je? les *furies*. Regrettez donc les Rois. Depuis quinze cents ans vous en aviez, et vous gémissiez. Depuis quinze jours vous n'en avez plus : en allez-vous plus mal? Non. La liberté et l'égalité sont descendues du ciel : elles sont les poulmons du peuple ; voilà pourquoi vous respirez.

Nous avons eu peine à quitter Metz, Monsieur, c'est réellement une ville précieuse, et nous éprouvons le même regret en vous rendant compte de notre voyage dans ce département. Son patriotisme est bon. Ne vous allarmez point de l'espèce de lenteur que son directoire a mis à l'exécution des loix nées depuis le 10 août. Elle sera fidelle. Le digne *Antoine* est le *Pétion* de Metz. Il faut des millions d'hommes aux despotes pour opprimer : il ne faut qu'un homme à la liberté pour triompher. Les crimes de Louis XVI y ont produit la sensation d'horreur qu'ils doivent inspirer. Lorsque la nouvelle en arriva à Metz, je lisois dans l'histoire d'Ecosse une petite anecdote, dont je veux régaler la *feue noblesse*. Elle apprendra peut-être à la fin que les Rois sont les mêmes dans tous les tems, et qu'à se fier à eux on trouve toujours maille à partir.

Durstus, onzième Roi d'Ecosse, étoit fils d'un père honnête homme; circonstance rare dans la lignée d'un Roi. Il s'abandonna aux femmes et au vin. Il fut tout ensemble et le Louis XV et le Louis XVI de l'Ecosse. Les *nobles* conspirèrent contre lui. Quand ce n'est pas contre le peuple c'est contre les Rois ; il faut bien que ces Messieurs passent le tems à quelque chose. Alors le *bon* Roi eut peur. Il fit semblant de se corriger : c'est dans la règle. Il fit assembler ses *sujets*. Il jura de se conduire par la justice. Un Roi est prodigue de serment comme d'or : l'un et l'autre lui servent à corrompre. Enfin, à l'en croire, *Durstus* étoit devenu un prodige de vertu. Roi qui vante sa probité ressemble au scélérat assis sur la sellette. Ce sont deux hommes qui cherchent, par leur babil, à étourdir leurs juges. Les nobles crurent avoir gain de cause. La conversion royale fut célébrée par des fêtes. Que fait le *Monsieur* couronné. Il rassemble à sa table tous les *nobles*, et les fait massacrer sous ses

Ruines de l'Aquéduc

Aqueduc de Joui

yeux. Nobles qui serviez Louis XVI ! victimes de la bassesse d'un lâche qui vous abandonna, que ne lisez-vous quelquefois ! Quand vous avez cessé de lire, le peuple a commencé à le faire. Voilà l'origine de votre perte.

Nous vous envoyons une vue des ruines de cet aqueduc, dont on voit encore des vestiges à Joui. Le peuple appelle cela le pont du diable. Les prêtres qui ne demandoient pas mieux que l'on crut au diable, et qui trembloient que l'homme ne lut sur le front des monumens la grandeur dont il est susceptible, ont aidé à cette erreur. Ainsi les bonnes femmes ne passent qu'en faisant le signe de la croix pour éviter la mort, devant un édifice qui ne fut bâti que pour porter la vie. C'est une grande arme que le merveilleux pour massacrer la raison du peuple. Les vertus de *Fabert* pouvoit enfler le cœur des roturiers. On répandit que Fabert s'étoit donné au diable. Un homme *du peuple* qui devient un héros ! Il falloit bien que le diable *s'en mêlât*.

Le véritable diable étoit l'église. Le pauvre *Marlorat*, né dans ces cantons, étoit prêtre : le calvinisme lui plut ; il l'embrassa, et le défendit au colloque de *Poissi*. Et ses confrères les prêtres le pendirent saintement. Ces Messieurs, entr'eux, ne se faisoient grace que pour les sotises. Ils avoient un privilége exclusif pour les absudités. D'après cela ils souffrirent jadis dans ce département les prédications grotesques du prêtre Ménot. Ce fut bien le plus bouffon des prédicateurs, sans en excepter le petit père *André*. Ce Ménot parodicit plaisamment l'*ave Maria*. « Les buche-

» rons, disoit-il dans un de ses sermons, coupent
» de grosses et de petites branches dans les forêts,
» et en font des fagots ; ainsi nos ecclésiastiques,
» avec des dispenses de Rome, entassent gros et petits
» bénéfices. Le chapeau de cardinal est lardé d'évê-
» chés ; les évêchés lardés d'abbayes et de prieurés,
» et le tout lardé de diables. Il faut que ces biens
» passent les trois cordelières de l'*ave Maria* ; car le
» *benedicta tu*, sont grosses abbayes de Bénédictins,
» *in mulieribus* sont les gourgandines de ces Messieurs,
» et *fructus ventris* ce sont banquets et goinfreries ».
Je crois que nous avons pensé comme Menot sur la
salutation angélique, un peu contre l'avis de M. de Laval, dernier évêque de Metz.

Nous avons vu Thionville. Cette ville est célèbre
dans la révolution pour avoir fermé ses portes au régiment du *Lambesc Royal Allemand*, en 1789, malgré
l'ordre de Bouillé. Ce fut là qu'échoua la première
des mille et une conjurations de l'aristocratie. Le
civisme des habitans et des régimens ci devant *Bretagne* et *Brie*, la déconcertèrent. *Condé* étoit aux portes
de Thionville, et le régiment Royal Allemand, une
fois introduit, il les lui auroit livrées. Cette belle
action est restée dans l'oubli. L'assemblée constituante
sembla en faire peu de cas. L'histoire ne doit pas
imiter cette coupable indifférence. Cette fermeté a
peut-être sauvé la France. Elle a du moins prévenu de
grands maux.

Thionville est une ville ancienne, que Charlemagne
a souvent habitée. C'est de là que sont sortis plusieurs
des capitulaires qui portent son nom. Il y tenoit fré-

quemment des assemblées de *prélats* et de *Barons* que, tout comme un autre, il appelloit les *honnêtes gens* de ses royaumes. Ce fut là qu'il partagea l'empire entre ses trois fils. Quand Louis-le-Débonnaire fut déposé, ce fut à Thionville que trente-deux évêques se réunirent pour rendre aux peuples un Roi imbécille et bigot. C'est dommage que la Fayette ne s'en soit pas souvenu. Il eût donné sûrement la préférence à Thionville sur Sédan pour la tenue du concile des prélats de son état major. En 1558, le *duc de Guise* la prit sur les Espagnols, mais à la paix elle retourna sous leurs puissances. Le siège le plus important est celui qu'elle a soutenu contre le *duc d'Enghien*, dit le *Grand-Condé*. Devenu superbe par la victoire de Rocroy, il brave tous les obstacles, traverse le territoire ennemi, nargue la puissance Espagnole, dérobe sa marche au général *Beck*, arrive devant Thionville, l'enveloppe, la foudroie, et y fait son entrée triomphale.

La vue de *Thionville* nous a paru mériter de vous être transmise par notre dessinateur. Cette ville est petite, mais jolie. Elle a sur la Mozelle un pont remarquable par sa hardiesse. Il est de bois, porté sur des piles de pierre, dont quelques-unes sont séparées par un espace de soixante pieds. Dans le principe, on tiroit des montagnes *des Vosges* des poutres de sapin de cette longueur, mais la difficulté du transport a fait imaginer des poutres de chêne de même longueur, faites de trois pièces, soutenues par des assemblages. Cette méchanique mérite l'attention des gens de l'art.

En sortant de Thionville, nous avons vu *Longwy*. Là jadis, dans un vallon, gissoit une ville, qui n'a retenu de ses anciennes fortifications qu'une grosse tour ronde, fort élevée. Vous ne savez pas peut-être que l'église de cette ville portoit le nom de S. *Dagobert*, roi de France, proverbialement connu par son amour pour les chiens. Ce Dagobert, qu'à la honte du dix-huitième siècle, et même depuis la révolution, des écrivains ont représenté sur la scène comme un honnête homme, passoit sa vie dans son sérail, ou dans son oratoire à dire le chapelet. L'imbécille frippon chassa tous les *juifs* de son domaine, dont l'activité et l'industrie faisoient vivre une foule de *chrétiens*. Mais il eut soin de garder, ou plutôt de voler leur argent, et cet argent lui servit à bâtir des églises, entr'autres celle de S. Denis. Chasser des juifs, et bâtir des abbayes, ne méritoit-il pas bien une place en paradis ?

Le nouveau Longwy a été bâti par Louis XIV. Telle fut toujours la manie des conquérans, ils bâtissent des maisons : on pourroit leur demander pour qui loger, puisqu'ils détruisent les hommes ? Toutes ces villes qui ont des Rois pour architectes ne sont que de belles prisons. Longwy est du nombre. On choisit pour l'édifier un rocher escarpé, à-peu-près comme ce fou, qui proposoit à ce dévastateur de l'Inde de tailler sa statue dans le Taurus, et de mettre une ville dans l'une de ses mains. Si cette proposition fût émanée d'un philosophe, on auroit pu la prendre pour un sarcasme. On auroit dit : c'est la statue d'un Roi qui tient son déjeûner dans sa main. Les rues de Longwy sont vastes et tirées au cordeau, mais peu peuplées. L'on n'aime point à demeurer dans un cachot. C'en est un dont les murailles sont taillées dans le roc. Le génie de Vauban s'est épuisé pour rendre cette ville imprenable, et la nature, souvent complice, malgré elle, de l'absurde férocité des hommes qui ont réduit en art le fléau de la guerre, a joint toutes ses ressources à l'habileté de l'ingénieur.

Tous ses environs sont aujourd'hui semés de troupes généreuses, armées pour la plus sainte des querelles contre des malheureux esclaves, encore aveuglés par ce respect superstitieux, dont les despotes répandent le narcotisme autour d'eux. Que dirois-tu? Frédéric! homme philosophe! mais irréprochable preuve qu'il est impossible d'être Roi sans avoir des foiblesses! Que dirois-tu, si tu voyois ton nigaud de successeur dépenser l'argent, que ton amitié pour l'ordre sut économiser, à donner des soupers fins aux charlatans qui lui procurent des tête à tête avec Jesus-Christ, et user le courage des troupes que tu formas à venir combattre la liberté d'un peuple qui le méprise. Lorsqu'il jouoit au volant dans ton cabinet, et que le petit taquin ne vouloit pas céder la raquette dont le jeu se distrayoit, au-lieu de dire, pauvre Frédéric! *Ce petit gredin ne se laissera pas reprendre la Silésie*, il valoit mieux prévoir que ce petit gredin insulteroit à la liberté de tous, puisqu'il ne respectoit pas la tienne ; et, la verge à la main, lui imprimer sur le pubis la première leçon du respect que l'on doit à l'homme qui travaille pour le bonheur de ses semblables. Mais non. Tu te conduisois comme une *bonne* champenoise. Le bambin faisoit bien du bruit, et tu en conclus qu'il seroit *bien gentil*. Qu'en arrivera-t-il ?

c'est que tu l'as gâté : et que nous ne le gâterons pas. Car tu sais, Frédéric, que quand les enfans sont grands, la société les punit de la foiblesse de *leurs papas* ou de leurs *tontons*. Que dirois-tu ? tu hausserois les épaules : et tu aurois raison. Car l'homme dont Frédéric n'a pu faire qu'une marionette, et que la lettre de Mirabeau n'a pu éclairer, ne mérite qu'un sentiment de pitié.

Nous, qui jugeons en philosophes, nous vous dirons que vraiment les Autrichiens se conduisent en brigands dans cette guerre. Nous avons pénétré dans ce village de *Sierck*, où ils ont commis des horreurs, dont les guerres entreprises par les Sauvages sont loin de présenter des exemples. Il faut cependant remarquer, à l'avantage du peuple, dont le caractère est le même dans tous les climats, que ces atrocités ont presque toutes des officiers ou généraux, ou subalternes pour auteurs. Jadis, dans le récit des belles actions, le soldat étoit toujours oublié ; aujourd'hui il laisse pour s'en venger, aux officiers, un éclat qu'ils avoient usurpé, et qui ne leur sert plus qu'à mettre leurs crimes au grand jour.

Nous vous envoyons une vue de ce village appellé *Sierck*, il nous a paru pittoresque : et les toîts de chaume des premières victimes de l'indignation des despotes contre la liberté d'un grand peuple, jettent dans l'ame un sentiment trop religieux, pour ne pas les offrir à la vénération de la république. *Briey, Boulay, Morhange, Sarguemine, Bitche*, et *Sar-Louis*, n'ont rien présenté à notre curiosité que le bon esprit et le patriotisme de leurs habitans, par-tout actif,

Sierck

par-tout le même. C'est à *Longwy* que se tiendra l'assemblée électorale pour la nomination des députés à la convention nationale.

L'aspect de *Sarbruck* a blessé nos yeux. Nous avons retrouvé là tout le luxe, toute la somptuosité des palais des dévorateurs de la subsistance du pauvre. C'est la cour du *Prince de Nassau Usingen*. Par respect pour les arts, il ne faut pas sans doute porter la coignée dans ces azyles de l'orgueil. Il y a même de la politique à les laisser subsister, afin que nos neveux puissent dire : " si ces palais insultent aux chau-
" mières, il falloit que ceux qui les habitoient in-
" sultassent à l'humanité : nos pères ont bien fait de
" les punir. "

Laissons subsister les palais. Ce sont les pièces du procès du premier criminel de lèze-nature. Chez un peuple où l'égalité est devenue la base du gouvernement, il ne faut pas abattre les anciens palais. C'est le moyen d'empêcher qu'on n'en élève de nouveaux.

Le territoire de ce département est en général fertile. Il produit des grains de toute espèce, et le commerce de l'empire en tire des vins, des huiles, des eaux-de-vie, des vinaigres, des bois de différentes qualités. L'industrie y a établi des manufactures de draperies, de soieries, de quincaillerie et de mercerie. On y fabrique aussi de la fayence, des porcelaines, des crystaux, du papier, de la poudre et de l'amidon. Beaucoup de ces diverses manufactures nous ont paru en vigueur. On y trouve aussi des mines de fer, et dans différens cantons des pâturages excellens.

C'est sur-tout dans les environs de *Gorze* que ces pâturages sont renommés, aussi les moines n'avoient-ils pas laissé échapper l'occasion de s'en emparer. Gorze étoit une abbaye fameuse de bénédictins, dont l'abbé a exercé long tems les droits régaliens. La pitié est le sentiment que l'on doit aujourd'hui à cette insolence, qui n'étoit fondée que sur l'épaisse ignorance, dont la main étendoit alors son bandeau sur tous les yeux. Mais la reconnoissance est encore un sentiment plus juste que nous devons aux législateurs de la France, pour nous avoir délivrés de cette pépinière d'hommes *de tous frocs*, dont tous les pores suintoient le crime, et du sein desquels un siécle voyoit rarement sortir une vertu.

Intérêt, égoïsme, tels furent dans tous les tems les mots sacrés de l'idiome monachal. Amis des peuples tant qu'ils purent les voler : ennemis des Rois quand ils ouvroient les yeux sur leurs basses et cupides intrigues. Tels furent les moines dans tous les siécles : aujourd'hui ils ont l'air de s'apitoyer sur le sort des tirans couronnés, et dans d'autres tems ils prêchoient le régicide. Un certain *Alexandre Hay*, Jésuite, dit publiquement dans Paris qu'il desiroit : « qu'Henri IV » passât devant la maison de son ordre, afin de se » laisser tomber de sa fenêtre sur lui, tête première, » pour lui rompre le cou. » Il est a remarquer que les moines n'ont jamais eu même la grande majesté du crime ; et que ce sont toujours les assassinats, les empoisonnemens, la calomnie et les délations secrètes, c'est-à-dire tout le bas chœur de la scélératesse dont ces Messieurs ont usé. Il est sorti bien des Ravaillac de la gente monachale : elle n'a pas fourni un *Cromwel.*

Voilà plusieurs départemens, Monsieur, où nous ne vous avons pas parlé du costume : c'est qu'en effet il ne nous a pas présenté de différences assez sensibles pour les relever. Dans celui-ci il ne s'en trouve pas encore, si l'on en excepte celui des juifs qui habitent en grand nombre à Metz. Leur séjour dans cette ville contribue pour beaucoup à la richesse dont elle jouit. Ce peuple infortuné goûte enfin, grace à nos loix, une tranquillité que le reste du globe leur refusoit. Il est beau à la France d'être devenue pour eux cette terre promise, si vantée dans leurs écritures. S'il est vrai que la justice divine les poursuive, le Dieu de l'univers, l'auteur de tous les biens, bénira les Français de les avoir cachés dans leur sein pour les dérober aux traits de sa colère. Il vaut mieux les présenter à sa miséricorde entourés de nos vertus, que d'envoyer jusqu'aux pieds de son trône la vapeur de leur sang dans la fumée d'un autodafé. Si des feux dispersèrent les matériaux de leur temple, que Julien vouloit faire rebâtir, c'est que cet empereur ne vouloit que relever un culte. Mais Dieu cansacrera notre temple à nous : nous l'avons élevé à l'humanité : ce sont des hommes que nous avons réintégré dans leurs droits. Je ne puis voir un juif sans que mes yeux se remplissent de larmes, sans que mes bras s'ouvrent pour le serrer contre mon cœur. Viens malheureux! Viens mon frère, lui dis-je. Peut-être un de mes pères, complice de quelque Roi, signa l'acte qui dépouilla les tiens ! Peut-être quelque prêtre de ma famille couvrit la tête de tes pères du fatal *sanbenito*. Viens ! que j'expie sur ton cœur le crime qu'ils ont commis. Ils l'ont commis de sang-froid, les monstres ! Ils m'ont légué les remords qu'ils ne sentoient pas : cet héritage m'est cher, et je le cultiverai jusqu'à ma dernière heure : viens, bon juif ! viens, mon frère. Aime-moi, parce que je ne suis point méchant, parce que je ne crois pas à un Dieu méchant, parce que je suis homme, et que je sens toute la dignité de ce nom, depuis que ma patrie a soulagé ton infortune.

NOTES.

(1) Il falloit faire preuve d'un certain nombre de quartiers de *noblesse* pour obtenir le cordon bleu. Le refus que *Fabert* fit de cette décoration est la plus belle preuve de noblesse qu'ait jamais produite aucun de ceux à qui le S. Esprit ait été présenté. Cette manière de se barder de rubans, à dix francs l'aulne, étoit bien la plus ridicule de toutes les parures : mais que l'homme attachât un sentiment de respect à ces bricoles gênantes, c'est celui de tous les ridicules que nous avons étouffés, auquel la postérité ajoutera le moins de créance. S. Foix fait remonter l'origine des ordres de chevalerie à un usage de certains Germains dont parle Tacite, qui se vouoient au service de leur *Prince* jusqu'à la mort. Il nous apprend que chez les *Cimbres* et les *Cimmériens*, il y avoit aussi des guerriers qui faisoient serment à leur Roi de ne point lui survivre, soit qu'il mourût de maladie, ou qu'il fût tué dans une bataille. Mais, de son côté, le Roi étoit obligé de se couper un petit morceau de l'oreille, lorsque quelqu'un de ses guerriers étoit tué en combattant pour lui. Les Rois de l'Europe, en instituant les ordres de chevalerie, ont eu soin de retrancher cet article des statuts.

(2) La ville de Sédan ne se lavera point parmi la postérité de la conduite que son département a tenu vis-à-vis des représentans du peuple-souverain, en poussant l'audace jusqu'à faire arrêter les commissaires qui lui portoient les décrets émanés du corps législatif, le fameux jour du 10 août de l'an quatrième de la liberté, et le premier de l'égalité. Pour de moindres crimes envers des Rois,

des villes ont vu passer la charrue sur leurs fondemens. Un semblable malheur vient du vice des élections, et ce sera toujours, dans les régimes populaires, le plus difficile à déraciner. Le peuple veut donner sa confiance au mérite. Le principe est bon, mais l'application est mauvaise. Le mérite gît dans les services, et non dans le détail des services. Le mérite gît dans l'opinion, et non pas dans l'exposé de l'opinion. Il n'est pas difficile de dire j'ai telle opinion : la difficulté consiste à l'avoir, cette opinion ; car entre celui qui parle, et celui qui agit ou pense, la différence est de la hardiesse de la langue à la hardiesse du caractère. Donc toutes les fois que le peuple, ébloui, donnera la préférence à celui qui parle sur celui qui pense, il n'aura pour défenseurs qu'un instrument, et se privera de l'ame qui vraiment pourroit le défendre. Or, qui ignore qu'un instrument se monte suivant la main qui l'accorde. Mais comment évitera-t-il de tomber dans l'erreur. En cherchant l'homme modeste, car à coup sûr celui-là ne pensera pas à lui, mais aux autres. En écartant ceux qui lui disent, ou font dire par d'autres : *nommez-moi*. Car à coup sûr ceux-là penseront à eux, et nullement aux autres. C'est une vérité que l'on cachera long-tems au peuple.

(3) Anne d'Autriche étoit mère de Louis XIV. Elle se conduisait avec la France suivant les principes de sa maison. Aussi sa régence fit-elle éclore la fronde. Cette fronde étoit une mauvaise farce, où tout le monde vouloit jouer le premier rôle, et où personne ne savoit le sien. Pour qu'une pièce soit bonne, il faut qu'il y ait unité d'action, d'intérêt et de lieu. Voilà pourquoi le drame de la révolution a tant de succès. Les révolutionnaires d'aujourd'hui pourroient dire aux frondeurs de l'autre siécle, ce que

Piron disoit à Voltaire : vous travaillez en marqueterie, je coule en bronze.

(4) L'autrichien Beaulieu, qu'on appelle *général* au-delà de nos frontières, a trouvé chez le maire de Bavay une tapisserie qui lui a plu, et l'a emportée sans payer. Il y a un peu de différence entre cet homme noble et le roturier Fabert. Beaulieu est un général à l'Autrichienne, et Fabert un général à la Française.

(5) Bien mal en prit à ce Charles VII de vouloir tâter de l'empire. Il comptoit sur la protection de Louis XV : sur l'intelligence de Belle-Isle, : sur la magnificence du cardinal de Fleury. Louis XV jouoit avec sa maîtresse : Belle-Isle avec la gloire, et Fleury avec le coffre-fort de la France : et Charles VII, pour un quart-d'heure d'empire, acquit une vie de douleurs et de remords. Il étoit électeur de Bavière.

A PARIS, de l'Imprimerie du Cercle Social, rue du Théatre-François, N°. 4.

VOYAGE
DANS LES DÉPARTEMENS
DE LA FRANCE,

Enrichi de Tableaux Géographiques
et d'Estampes;

Par les Citoyens J. LA VALLÉE, ancien capitaine au 46°. régiment, pour la partie du Texte; LOUIS BRION, pour la partie du Dessin; et LOUIS BRION, père, auteur de la Carte raisonnée de la France, pour la partie Géographique.

L'aspect d'un Peuple libre est fait pour l'univers.
J. LA VALLÉE. *Centenaire de la Liberté*. Acte Ier.

A PARIS,

Chez Brion, dessinateur, rue de Vaugirard, N°. 98, près le Théâtre-Français.

Buisson, libraire, rue Hautefeuille, N°. 20.

Desenne, libraire, galeries de la maison de l'Egalité, N°s. 1 et 2.

Et au Bureau de l'Imprimerie, rue du Théâtre-Français, N°. 4.

1794.
L'AN SECOND DE LA RÉPUBLIQUE.

AVIS.

L'assassinat de LEPELLETIER et de MARAT, deux Estampes faisant pendant, gravées d'après les tableaux de Brion, peintre, éditeur et dessinateur de cet ouvrage. A Paris, chez BRION, rue de Vaugirard, N°. 98; et chez BANCE, rue Severin, N°. 115; prix 6 livres chaque en noir, et 12 livres en couleur.

VOYAGE
DANS LES DÉPARTEMENS
DE LA FRANCE.

DÉPARTEMENT DU MORBIHAN.

Nous retrouvons ici le même aspect de stérilité dont nos regards étoient affligés dans les départemens du Finistère et des Côtes-du-Nord. Ce sont encore des landes, des côteaux couronnés de bois épais et sombres, des champs coupés par des espèces de remparts hérissés de ronces et de buissons, quelques campagnes couvertes de sarrazin, dont le verd triste et faux nuit à cette gaîté douce que souvent ailleurs la nature épanche dans l'ame du voyageur. La solitude des routes, le langage âpre et guttural du petit nombre d'habitans qui s'offrent sur votre passage, l'espèce de teinte d'indigence, et pour ainsi dire d'infortune, étendue sur les villages que l'on ne rencontre que de loin en loin, associent l'ennui à la fatigue de la journée, et l'on aspire le gîte du soir moins peut-être pour goûter le repos que pour cesser de voir.

Il ne faut pas croire cependant que le sol de ce département repoussât la main du cultivateur; c'est plutôt le cultivateur qui dédaigne les trésors que la terre complaisante lui prodigueroit avec joie. Mais un vice que nous avons blâmé plus d'une fois dans le cours de nos voyages, la routine, la mortifere routine retient ici, bien plus qu'ailleurs, l'homme sous un joug de plomb. Le grand usage que l'habitant y fait du sarrazin ou millet, semble l'avoir refroidi pour le froment, et la bouillie préparée avec la farine de ce millet lui tient lieu de pain. Cette nourriture est saine, dit-on, mais on pourroit croire qu'elle convient mieux aux nerfs qu'à la qualité du sang, puisqu'en général l'homme est robuste dans cette partie de la ci-devant Bretagne, quoiqu'il porte une carnation jaune et presque morbifique. Au reste, la simplicité de cet aliment a dû et doit plaire long-tems à un peuple dont les formes et les habitudes sont presque sauvages : et à ne considérer que l'intérêt de ses mœurs, il est peut-être à desirer qu'il ne s'en dégoûte pas de si-tôt. Mais pour l'intérêt général de la République, il faut encourager l'agriculture dans ces contrées, et c'est une partie considérable qui nous a paru envahie par la négligence, ou tout au moins par l'insouciance, qu'il faut rattacher à la masse productive de l'état.

La préparation de cette bouillie de millet ne demande que peu de soins, et convient par cela même parfaitement à la vie active des habitans de la campagne. On délaye simplement la farine dans de l'eau ; on la fait cuire jusqu'à ce qu'elle ait pris la consistance de la colle ; on la laisse refroidir dans une grande terrine ; et à l'heure du repas, toute la famille, assise autour de cette terrine, humecte chaque cuillerée de cette bouillie dans un vase plein de lait; et voilà l'espèce de chère patriarchale que fait ici chaque ménage champêtre.

Le costume des habitans de la campagne n'est pas plus recherché que leur nourriture. Ils portent presque tous des espèces de sarreaux et des guêtres de toile, ou d'étoffe de laine grossière pendant l'hiver. Une ceinture de paille, ou plus souvent de glayeuls, leur serre les reins; et des liens pareils contiennent les guêtres au-dessous du genou et au bas de la jambe. Ils laissent croitre leurs cheveux dans toute leur longueur, et les portent épars sur les épaules. Un chapeau de paille, ou un feutre épais et large, couvre leur tête, et la forme en est également ceinte d'un cordon de roseaux. Ils se servent de sabots, mais c'est pour eux une sorte de luxe, car il est plus ordinaire de les voir marcher nuds pieds. C'est dans cette parure qu'ils conduisent leurs charriots, dont la construction est assez légère; mais par une bisarrerie, qui est encore un ridicule effet de la routine, quoiqu'ils mettent sur ces charriots des fardeaux peu considérables, ils multiplient les forces pour les traîner: et il n'est pas rare de voir ces charriots attelés de quatre bœufs et de six chevaux, et ces chevaux étant retenus au timon par des chaînes d'une extrême longueur, ces attelages occupent une place aussi incommode pour celui qui les rencontre que pour celui qui les conduit, et ne réunissent qu'un embarras sans effet, puisque ces chevaux traînent bien plus leurs traits qu'ils ne traînent la voiture.

A ce costume, au peu d'agrémens que l'on remarque dans leurs habitations, on reconnoît aisément qu'ils ont peu de besoins : et l'on doit cette justice aux paysans de la ci-devant Bretagne, quoiqu'ils fréquentent les villes où le luxe avoit gagné comme ailleurs, de dire que ce vice ne les a point surpris ; mais en rendant à leurs vertus la part équitable qui leur est due, il faut dire avec la même vérité que cette sorte de négligence pour eux-mêmes, cette indifférence pour les douceurs qu'une culture plus soignée et plus étendue pourroit leur procurer, l'immobilité de leur génie quand il est urgent de chercher ou d'expérimenter quelques découvertes pour l'avantage général, viennent du double joug que leur avoient imposé les *seigneurs* et les *prêtres*. La crédulité rend paresseux, et cette crédulité leur avoit été incrustée par ceux-ci, toujours coalisés avec les grands, pour les soumettre davantage à l'esclavage. Dans la ci-devant Bretagne, les terres que possédoient les grands étoient d'une étendue prodigieuse. Les revenus n'étoient pas proportionnés à cette étendue de terrein ; mais tels qu'ils étoient, ils étoient encore énormes. Alors la richesse des grands ne leur permettoit ni de ressentir ni d'encourager le peu d'industrie des habitans de la campagne. Ces seigneurs étoient riches, cela leur suffisoit. Ils auroient pû l'être davantage en augmentant la félicité et l'opulence de ces hommes qu'ils nommoient leurs vassaux, et ils étoient loin d'y penser. Toujours à la cour, jamais dans leurs possessions, ils en abandonnoient la conduite à des intendans qui, loin d'encourager l'agriculture parmi les individus, livroient les fermes à des métayers avides qui les achetoient d'eux au poids de l'or, et dont l'intérêt étoit de ne pas souffrir que la culture se divisât entre les divers habitans. De-là l'indigence du grand nombre, de-là encore le pouvoir des prêtres, qui toujours habiles à faire parler le ciel, se félicitoient de la misère du peuple, parce que le besoin de consolation d'un côté amène la facilité du mensonge de l'autre, et que le mensonge n'est jamais si bien payé que par ceux qui ont le moins.

Vannes est le chef-lieu de ce département. Cette ville antique et percée de rues irrégulières n'est cependant pas sans importance pour le commerce et la richesse. Elle est assez grande, mais ses maisons, en général, sont mal bâties, ses places sans régularité et ses édifices publics sans graces et sans majesté. Elle a un petit port, qui communique par un canal à la Baye du Morbihan, mais il ne peut y remonter que de foibles barques du port de soixante ou cent tonneaux tout au plus; encore faut-il pour cela que la marée soit haute. Quand la mer est basse, ce petit port, ou canal, reste à sec, et laisse à découvert une vase noire et infecte, dont l'odeur est aussi insupportable que mal-saine, sur-tout lorsque la chaleur du soleil pendant l'été fait évaporer tous les miasmes qu'elle renferme. Les quais de ce port sont pourtant l'unique promenade qu'il y ait à Vannes. Ils sont bordés, d'un côté seulement, d'une allée d'arbres assez bien entretenus et taillés. Dans l'ancien régime, *le dimanche* étoit le seul jour où le peuple eût pu profiter de cette promenade ; mais point du tout, les gens du bel air s'en emparoient, et il falloit que le peuple fût au loin dans la campagne, ou dans le fond des cabarets, chercher des délassemens que les gens bien mis, dont l'orgueil eût été offusqué par le voisinage d'un matelot ou d'un porte-faix, les empêchoient de trouver dans le sein de ses remparts.

La corruption des mœurs d'autrefois, attiroit jadis beaucoup de petits-maîtres sur cette promenade, et en voici la raison. Les murs de plusieurs couvens bordoient ce cours. Ces couvens renfermoient de jeunes pensionnaires, filles non-seulement des habitans de Vannes, mais des autres villes de la ci-devant Bretagne. Les fenêtres de ces couvens donnoient assez près de cette promenade pour que les entretiens fussent faciles. Cette facilité, à la honte des mœurs et de la décence, a fourni le sujet de mille anecdotes galantes et scandaleuses, que les religieuses souffroient et dont elles partageoient souvent les douceurs ; et telles étoient ces maisons dont on vantoit la pudeur, et où les parens crédules croyoient leurs filles dans le sein de la vertu et à l'abri de toute séduction.

Une cathédrale gothique, dont les revenus alimentoient un évêque et des chanoines mollement endormis dans la gloire de Dieu et les grandeurs mondaines, est le seul édifice un peu remarquable de cette commune. Elle est comme tous les monumens de ce genre, vaste, sombre, sans graces, mais non pas sans majesté. L'homme admire toujours avec une sorte de complaisance ces énormes amas de pierres que sa force, plutôt que le bon goût, a amoncelés. Il semble qu'il y retrouve un certificat de sa puissance et de sa hardiesse, et l'attention que l'on prête à ces temples, si on l'examine avec l'œil de la sagesse, a toujours pour mobile un sentiment d'amour propre.

Crédulité, et conséquemment penchant à la superstition, nous ont paru former une partie du caractère des habitans de Vannes. Cependant ils ne manquent pas d'une sorte de sagacité, et l'on y trouve des gens instruits. Une espèce de rivalité a amené cette nuance aimable que l'on ne retrouve pas également dans les autres petites villes de ce département. La fierté de la *noblesse Bretonne* étoit extrême, et l'emportoit sur tout ce que l'on rapporte de ridicule à cet égard des autres contrées de la France. Jamais ce que l'on appelloit alors bourgeoisie n'étoit reçue dans la société des personnages *blasonnés* et *écartelés*. Les *nobles* de ce pays s'étoient condamnés à s'ennuyer augustement. L'homme ou la femme les plus aimables n'eussent jamais été admis; les plaisirs, même les besoins indiqués par la nature, ne pouvoient les rapprocher. La table, qui dès long-tems avoit décrété l'égalité, puisqu'elle rappelle cet appétit où tous les êtres vivans sont soumis, ne pouvoit les réunir ; et le *noble* que l'on auroit convaincu d'avoir mangé avec un *bourgeois*, ou dansé avec une bourgeoise, *ipso facto* eût été rejetté du sein de la *matricule chapitrale*. D'après cet usage absurde, ce qu'il étoit du *bon* ton d'appeller *bonne compagnie*, se divisoit en deux castes, la société dite des *nobles* et la société dite du port ; c'étoit la bourgeoisie ; et en vérité la plus agréable.

Les *nobles* étoient persuadés qu'il leur suffisoit de leurs *seize* ou *trente-deux quartiers* pour rendre leur société intéressante. Celle de la bourgeoisie, pour compenser ce que la *naissance* lui avoit refusé, appella à son secours l'amabilité, les connoissances, une sorte de philosophie douce et gaie, et les talens soignés ; ensorte qu'en dépit des parchemins et des diplômes, ce que les nobles de Vannes appelloient la mauvaise compagnie étoit véritablement la bonne, celle où du moins alors on découvroit une étincelle de cette liberté et de cet esprit d'égalité qui font aujourd'hui le bonheur de la France, et que l'on chériroit peut-être plus encore dans ces contrées éloignées du foyer de la révolution, s'il y avoit eu moins de bigotisme, et si l'on se fût empressé davantage à accoutumer le peuple à parler la langue française.

L'on y parviendra sans doute, mais ce sera une véritable conquête sur l'esprit *Breton*. Ce peuple a une sorte d'amour et de vénération pour sa langue : et cela tient en lui à un sentiment de vertu dont peut-être lui-même est bien loin de se douter, mais qui n'existe pas moins. Il est presque impossible de ne pas convenir aujourd'hui que cette langue ne soit une transfuge fidèle qui accompagna dans leur émigration les peuples du nord de l'Angleterre qui fuyoient l'oppression des Saxons, puisque les

la Roche Bernard.

Vannes.

Gallois et les *Bretons* s'entendent parfaitement, et qu'il y a bien peu de différence entre les deux dialectes. L'attachement des ci-devant *Bretons* pour leur langue, tient donc au souvenir de leur antique patrie et de l'époque de leur première liberté. Que l'on fasse une question, ou que l'on demande quelque service en langue française à un Breton, quoique souvent il comprenne à merveille, il vous répondra qu'il n'entend pas ; mais répétez-lui la même demande en breton, il volera avec empressement pour vous satisfaire. Cette langue extraordinaire, dont les inflexions sont dures et rauques, et dont la prononciation est âpre, ne manque cependant pas d'une sorte de richesse et d'énergie ; et l'amour qui verse de la douceur sur tous les accens des êtres animés, ne dédaigne pas quelquefois de prêter de l'harmonie au Bas-Breton. C'est ainsi que les rochers s'entre-choquoient avec douceur quand ils s'approchoient aux sons de la lyre d'Orphée.

Vannes, que long-tems on appella Vermes, laisse son origine se perdre dans l'histoire. Elle étoit déjà fameuse du tems de César, et ce conquérant, trop et pas assez fameux, parce qu'il eut le malheur d'être ensemble et tyran et grand homme, n'a pas trouvé l'éloge de Vannes indigne de sa plume. « C. Velanius et T. Silius, dit-il au livre troisième
» de ses commentaires, se rendirent à Vannes,
» dont l'autorité et la puissance sont bien au-dessus
» de toutes les autres cités de la côte maritime
» de ces quartiers-là. Elle possède une grande quan-

» tité de vaisseaux qui navigent en Angleterre , et
» elle surpasse tous ses voisins en connoissance et
» en pratique de la mer. Tous ceux qui fréquentent
» ces parages lui doivent tribut , parce que l'Océan
» étant extrêmement impétueux , et sujet aux tem-
» pêtes sur cette côte , elle possède tous les ports
» où l'on peut se mettre à l'abri ».

Ce fut Crassus que César chargea de soumettre Vannes à l'empire Romain. Elle défendit sa liberté avec enthousiasme, et ce général ne put la soumettre qu'après avoir éprouvé une longue résistance. Il emmena des ôtages avec lui pour s'assurer de sa fidélité ; mais après son départ, cette considération n'arrêta point les habitans de Vannes. Ils emprisonnèrent à leur tour les ambassadeurs romains, et c'est alors que l'on peut juger de la puissance ancienne de cette ville , quand on la voit pour résister aux ressentimens de Rome, armer pour sa défense les peuples de Nantes, de Landrigués, d'Avranches, de Lisieux , de Hondoul , et se chercher des défenseurs jusque dans la Gueldres et le pays de Clèves. Elle subit enfin le joug commun alors à toute la terre , et resta en la puissance des Romains jusqu'à la décadence de l'empire, époque où elle devint une des plus fameuses cités du *royaume* de Bretagne : titre que cette contrée échangea bientôt contre celui de comté et de duché ; et la splendeur dont elle jouissoit alors, la fit choisir long-tems par les comtes et les ducs pour y tenir leur cour.

Elle dispute aux Paphlagoniens l'honneur d'avoir fondé Venise en Italie ; et Strabon, l'un des plus anciens géographes que l'on puisse consulter, est incertain si c'est aux habitans de Vannes dans les Gaules, ou aux Humètes, conduits par Antinor après le siège de Troyes, qu'il faut rapporter la gloire d'avoir fait sortir Venise du sein des marais adriatiques.

Il vous importe peu, j'imagine, de savoir que ce fut Saint-Patern, que les Bretons appellent Saint-Poil, nom baroc pour un saint, qui bâtit sa cathédrale, ni que Saint-Melan et Saint-Aubin, que l'ignorance baptisa élégamment les *lumières* du soleil, y aient vu le jour, ni que Saint-Vincent-Ferrier, cet infatigable voyageur de la propagande catholique, qui mérita les honneurs du paradis pour avoir été si long-tems le confesseur d'un pape (1) schismatique, ait eu le plaisir de s'y faire enterrer pour la plus grande *gloire* de la ville de Vannes, et le plus grand profit des Dominicains qui vouloient s'y établir. Vous aimerez mieux que nous vous parlions des ruines du château de l'Hermine, que l'on y voit encore, et qui nous rappellent une des grandes époques de l'histoire de ces cantons, c'est-à-dire les divisions des maisons de Montfort et de Blois, dont l'ambition sanglante couvrit ces malheureuses campagnes de deuil et de ravages, et dont le peuple embrassa tour à tour le parti, parce qu'il falloit peut-être aux différens peuples de la terre un long apprentissage de calamités sous les grands, pour se convaincre que les grands étoient une calamité. Nous vous avions promis, dans les précédens départemens, quelques détails sur les célèbres discords de ces deux familles : nous sommes sur le théâtre de leurs plus importantes fureurs, et nous allons acquitter notre parole.

En 1329, Jean III *régnant* en Bretagne, son frère Jean de Bretagne, *comte* de Montfort, épousa Jeanne de Flandres, fille du *comte* de Nevers et de Rhétel. Sa dot fut de 3000 livres sur le comté de Nevers, et de 2000 livres sur celui de Rhétel, somme qui paroît modique aujourd'hui, mais qui alors étoit considérable.

En 1337, huit ans après, Charles de Castillon, dit de Blois, neveu du *roi* Philippe de Valois, épousa Jeanne de Bretagne, comtesse de Penthièvre et duchesse douairière de Bretagne, mère du duc *régnant* alors.

Ce Jean III mourut quelque tems après à Caen, sans postérité, et Jean de Montfort crut qu'il étoit naturel qu'il recueillît l'héritage de son frère. Il s'empara d'abord de ses trésors, se fit proclamer duc de Bretagne à Nantes, et se présenta successivement à Chateauceaux, Brest, Rennes, Hennebourg et Vannes, où il fut solemnellement reconnu. Quelques places cependant lui opposèrent de la résistance. Il échoua devant le château de la Roche-Perçon; il soumit Goi-la-Forêt et Carhaix, et parvint à s'emparer d'Auray en corrompant les chefs de la garnison. Ce fut au siège de Brest, dont nous avons parlé ailleurs, que le brave Clisson (2) mourut de ses blessures.

Cependant, au milieu de ses succès, Montfort ne se crut pas tranquille possesseur de son héritage. Il avoit su que Charles de Blois avoit été trouver son oncle Philippe de Valois, et s'étoit plaint qu'un usurpateur lui enlevoit un bien qu'il prétendoit lui appartenir, et que ce roi, bien aise d'avoir pour créature un duc de Bretagne, quoique ses prétentions fussent chimériques, lui en avoit accordé l'investiture. Il voulut donc opposer un protecteur puissant à un rival si bien appuyé. L'éternelle rivalité de l'Angleterre et de la France lui ouvroit une grande ressource, et la célèbre querelle de la succession qui existoit alors entre le roi d'Angleterre et la branche collatérale des Valois, rendit Edouard III très-empressé d'accueillir Jean de Montfort. Cet Edouard trouvoit la Bretagne beaucoup plus commode pour pénétrer en France, que la Flandre, où le siège de Calais avoit si fort outragé son orgueil. Montfort passa donc à Londres, et prêta foi et hommage au roi d'Angleterre pour le duché de Bretagne.

A son retour sur le continent, il trouva la cour de France extrêmement irritée de son audace. Philippe de Valois le fit ajourner à comparoître devant la cour des pairs, et c'est ici que va commencer, de part et d'autre, un cours de perfidie et de mauvaise foi, digne de gens d'un rang si élevé, et qu'une femme va se placer au rang des héros, dans ce tems où les extravagances chevaleresques passoient pour des vertus.

Jean de Montfort se rendit à la cour de France, et voulut déguiser la terreur que cette démarche lui inspiroit sous l'appareil d'un faste peu commun alors. Il se fit suivre de quatre cens *gentilshommes*, et vint loger rue de la Harpe. L'histoire de ce tems s'est plu à décrire la magnificence de cette suite, dont les habits, les harnois des chevaux et les livrées de leurs écuyers étoient tissus d'or et d'argent. Montfort, couvert lui-même de brocard et de pierreries, monté sur un coursier magnifique, se rendit au palais de Philippe de Valois. Il l'attendoit au milieu des *pairs*, des *barons*, et appuyé sur Charles de Blois. On lui fit un grand crime de la visite et de l'hommage qu'il avoit rendus à Edouard. Ainsi il n'étoit nullement question du fond de l'affaire, mais du simple accessoire dont l'orgueil de Philippe se trouvoit offusqué, et si Jean de Montfort eût fait hommage à Philippe, au lieu de le faire à Edouard, c'eût été Charles de Blois qui auroit eu tort.

Montfort se tira de ce pas épineux par un mensonge. Il avoua la visite et nia l'hommage. Quant à l'espèce de guerre qu'il avoit faite pour s'emparer de quelques places, il dit qu'il étoit naturel qu'il se fût emparé de l'héritage de son frère, et qu'il ne voyoit personne autre que lui qui eût le droit d'y prétendre. Philippe de Valois feignit de se contenter de ces raisons, mais lui défendit de sortir de Paris avant quinze jours.

Montfort sut que malgré l'apparente douceur de Valois, l'intention de ce monarque, que la flatterie même long-tems après sa mort, a si bassement adulé, étoit de le faire arrêter. Il crut devoir éviter ce coup par la fuite. Il avoit promis de laisser écouler le délai, il faussa sa parole, partit et se rendit à
Nantes,

Nantes, où il se prépara à la guerre qu'il regardoit comme inévitable. Il visita toutes les places fortes, y mit des commandans à sa dévotion, les approvisionna de munitions de guerre et de bouche, leva des troupes, et se tint prêt à tout évènement.

Cependant, avant que la guerre commençât, les deux concurrens furent sommés par la *cour des pairs* d'établir leurs droits respectifs sur des titres. Montfort demanda quelque tems pour établir les siens. Charles de Blois n'en avoit aucuns, ce fut une raison de plus pour être vivement protégé par un roi. Valois corrompit l'assemblée des pairs, et le duché de Bretagne fut adjugé à Charles, avant que Montfort eût fourni ses titres. Ce Charles en fit hommage à Valois. C'étoit ce qu'il vouloit, et de part et d'autre la guerre fut décidée.

Elle commença par la prise de Chantonceaux, de Carquefou, et par le siège de Nantes. Montfort sollicita les habitans de s'armer en sa faveur. Intimidés par la puissance de la France, ils le refusèrent, sous prétexte que lorsqu'ils lui avoient prêté serment de fidélité, ils n'avoient point prétendu faire tort à Charles de Blois, et que c'étoit sous la condition qu'ils accepteroient pour duc celui qu'il plairoit à Philippe de Valois de leur envoyer. Et tel étoit alors l'état d'asservissement où étoient les peuples, qu'ils se croyoient heureux d'accepter le tyran qu'il plaisoit à un autre tyran de leur donner.

Ce siège de Nantes traîna en longueur, et les troupes de Charles de Blois attaquèrent alors le château de Valgarnier, où commandoit Ferrand

B

capitaine habile, qui fit une vigoureuse résistance, et fit prisonnier Sauvage d'Artegui, un des meilleurs commandans de Montfort. Ce fut alors que se proposa ce fameux duel de deux cens *gentilshommes* Bretons contre deux cens gentilshommes de l'armée de Charles. Ce duel eut lieu. Les deux cens Bretons y périrent tous, à l'exception de trente. Le duc de Normandie, qui commandoit pour Charles de Blois, eut la lâcheté de faire égorger ces trente prisonniers, et fit jeter leurs têtes dans la ville de Nantes. Cet exemple, d'une férocité barbare, épouvanta tellement les Nantois, qu'ils parlèrent de capituler. Montfort se vit contraint à rendre la ville. Philippe de Valois lui accorda un sauf-conduit pour se rendre auprès de lui, sous la promesse de concilier les deux rivaux. Montfort eut la sottise d'en croire à la parole d'un roi, et se rendit à Paris, où Philippe le fit arrêter, et le retint prisonnier au Louvre.

Cette odieuse injustice éveilla le ressentiment et le courage dans le cœur d'une femme, et c'est à cette époque où la comtesse de Montfort va se placer parmi les héros, et mériter, non par son talent pour la guerre, mais par son amour conjugal, le titre d'*illustre*, que l'histoire lui a décerné.

Lorsque cette femme, vraiment généreuse, apprit la détention de son époux, elle ne prit conseil que de son courage et de son ressentiment. Certes, on ne nous taxera pas d'indulgence pour cette classe d'hommes qui se disoient *souverains* de leurs semblables, et si nous rendons justice à la *comtesse* de Montfort, c'est parce que la vertu n'a pas le droit d'être laide nulle part. Son époux opprimé, elle ne vit plus que le devoir de le venger. Son repos, ses plaisirs, sa tendresse maternelle, tout ce qui fait enfin les charmes de la vie de ce sexe, que le ciel forma pour assurer les charmes du nôtre, s'évanouit pour elle. Vengeance fut sa devise, son sentiment unique, son existence, sa vie. Elle étoit à Rennes lorsqu'elle en apprit la nouvelle : elle convoqua les habitans, les harangua, leur peignit ses malheurs, et parcourant les rues, son enfant dans les bras, mit l'innocence, la candeur et la foiblesse de moitié dans l'éloquence de la douleur. On l'écoute, on la plaint, on lui jure fidélité. Soudain ses trésors sont ouverts, l'or lui assure des soldats, et sa beauté des vengeurs. Bientôt elle possède une armée, elle a pour elle son sexe, et Tangui du Chatel ; c'en est assez pour intéresser et commander. C'est peu du courage, elle y joint la politique, et Amaury de Clisson vole en Angleterre reconnoître, en son nom, Edouard comme roi des Français, et lui faire hommage du duché de Bretagne.

Alors Charles de Blois se crut perdu, il tenta de négocier ; mais il n'étoit plus tems. Ce n'étoit pas le duché, ce n'étoit pas la puissance qu'elle vouloit, c'étoit son mari ; et Charles de Blois n'avoit plus lui-même le pouvoir de l'arracher des mains de Philippe de Valois.

Il fallut donc faire la guerre ; et la faire comme on la faisoit alors ; c'est-à dire en brigand, c'est-à-dire, en faisant supporter au peuple tout le poids d'un fléau qui l'accabloit toujours sans jamais le soulager; car enfin, qu'importoit à l'homme d'avoir tel ou tel maître, puisqu'il étoit dans son infortune d'avoir un maître? Le premier exploit de Charles de Blois, fut d'incendier Saint-Aubin du Cormier, dont il fut contraint d'abandonner les cendres, parce que le château lui offrit une résistance qu'il ne put vaincre. La *comtesse* de Montfort s'étoit retirée à Hennebond, place importante alors, et il fallut aller l'y chercher. Sans doute c'est un des mémorables sièges dont l'histoire fasse mention dans ces tems de la longue enfance de la tactique militaire.

Ce siège fut aussi meurtrier que long, et la comtesse étoit perdue, si son esprit ne se fût pas mis au-dessus des terreurs que l'évêque de Léon, tout-puissant dans la place, vouloit lui inspirer. Ce prêtre qui tour-à-tour arboroit la mitre et le casque, après avoir intimidé, par sa dangereuse éloquence, les habitans de la ville, voulut porter la *comtesse* à capituler. Cette femme au désespoir de voir sa vengeance prête à lui échapper, monte sur une des tours de la ville, et dévorant de l'œil le camp des assiégeans, croit reconnoître un endroit plus foible où la garde étoit négligée, elle descend, s'arme, rassemble trois cens amis fidèles, se fait ouvrir les portes, tombe sur le quartier qu'elle avoit remarqué, surprend ses ennemis, jette le désordre dans leurs rangs, incendie leurs tentes, et, victorieuse, court à Auray, s'y renforce de six cens cavaliers d'élite, et revient à toute bride se jeter dans Hennebond. Elle y retrouve l'évêque et ses lâches projets. Tout ce qu'elle put obtenir fut un délai de trois jours; elle avoit un pressentiment de sa fortune. Le terme alloit expirer, la flotte anglaise arrive, Hennebond et la courageuse *comtesse* sont délivrés ; Charles de Blois est forcé de prendre la fuite, et l'évêque de Léon, avantageux comme tous les lâches, orgueilleux comme tous les prêtres, voulut s'arroger la gloire de cette courageuse défense.

De toutes les extravagances de cette guerre, ce ne fut pas là sans doute la plus forte. Le ridicule et chevaleresque combat des trente réclame le pas. Les Anglais étoient arrivés, et long-tems ils restèrent en Bretagne. Si la *comtesse* de Montfort s'étoit rendue célèbre, la fureur de guerroyer avoit également gagné la *comtesse* de Blois. Elle avoit plu à Beaumanoir, et l'on sait ce que dans ces tems d'aventurière galanterie la fureur de servir sa maîtresse enfanta de gigantesque. On avoit voulu plâtrer une paix entre les deux prétendans, et Béaumanoir pour les Français, Richard Bembro pour les Anglais, étoient les deux plénipotentiaires.

Dans ces tems où l'homme ne savoit rien, parce qu'il ne savoit que se battre, les exploits guerriers étoient la conversation commune de ces valeureux ignorans. Des propos sur la bravoure respective des deux nations furent jetés entre les deux ambassadeurs : on s'échauffa, et bientôt on se proposa d'en faire l'épreuve. On convint donc que trente Bretons se battroient contre trente Anglais, en champ clos. C'est le duel le plus célèbre que la folie humaine ait jamais connu. Il n'étoit là question ni de patrie, ni de conquête, ni même de cet aveugle préjugé qui faisoit chérir à l'homme la cause du tyran qu'il avoit l'imbécillité d'embrasser. Il s'agissoit de faire prononcer par les armes laquelle des deux nations étoit la plus vaillante : comme si la vertu d'une nation pouvoit dépendre du plus ou moins de force d'un individu qui se croit appellé par son amour-propre à l'honneur de faire la renommée des lieux qui l'ont vu naître! Tel étoit cependant l'excès de vanité de ces *chevaliers* si célèbres, que les Petites-Maisons réclament à bien plus juste titre que le temple de la gloire.

Ce fut dans une plaine de ce département, entre Ploërmel et Josselin, que se donna ce spectacle sanglant en 1350. Les champions s'y rendirent un samedi. Les Anglais laissèrent percer un sentiment qui déposoit contre leur valeur, et qui fut au moins le présage de leur défaite. Ils annoncèrent que l'on ne pouvoit se battre sans l'agrément des deux rois. Si ce n'est pas un trait de caractère national, c'est un témoignage au moins qu'ils ont toujours été plus dignes d'être esclaves que les Français. Ceux-ci les raillèrent de leur pusillanimité, et assurèrent qu'ils ne seroient point venus dans la plaine *sans jouer des mains et savoir qui avoit la plus belle amie.*

Le signal se donna, et le choc fut terrible. Jamais acharnement ne fut pareil. Les combattans se prirent corps à corps. Long-tems la victoire fut incertaine, et deux fois on fut obligé de se séparer pour reprendre haleine. Ce fut alors que ce propos féroce, anthropophage, que l'histoire des rois a conservé comme les chapitres de la philosophie conservent le souvenir d'une vertu, fut proféré par un des champions. Beaumanoir épuisé de sang, baigné de sueur, accablé de lassitude, demande à boire. Un des siens s'écrie : Beaumanoir, bois ton sang, ta soif passera. On le dit avec douleur; il faut être homme pour ne pas croire que c'est un tigre qui rugit ces paroles. A l'instant même le chef des Anglais est renversé. Un Guillaume de Montauban les prend en flanc, les rompt, en tue sept au premier choc, et la victoire se décide. Les Anglais fuient, et l'honneur de cette journée sans exemple demeure aux Français. Qu'est-ce donc que le génie de la liberté! il fallut trente Français pour combattre tout un jour trente Anglais avant de les vaincre, et aujourd'hui quatre Français suffisent pour triompher de trente ennemis. Le Français libre se présente nud aux combats et terrasse tout ce qui l'attend : et ces héros si vantés marchoient aux batailles couverts de fer, et la victoire les fuyoit souvent.

Cependant Montfort étoit sorti de sa prison, mais l'ambition des deux rivaux ne s'étoit pas éteinte par la paix que l'on avoit ménagée entre eux. Vingt fois ils traitèrent et vingt fois ils revolèrent aux armes. La mort seule pouvoit les accorder, et Charles de Blois la trouva à l'une des plus fameuses batailles dont le quatorzième siècle fut témoin; ce fut la bataille d'Auray. Les deux plus célèbres capitaines du temps, Chandos du côté de Montfort, et Duguesclin du côté de Charles de Blois, déployèrent dans cette action tout ce que leur génie et l'étude de l'art leur fournirent. La pétulance de Charles et une méprise qu'il commit, lui arrachèrent la victoire et bientôt la vie. Malgré les conseils de Duguesclin qui vouloit ménager l'avantage du terrein, il chargea le premier. Par une singulière justice, les Bretons ennuyés de la longueur de cette guerre, avoient décidé qu'il falloit qu'un des deux princes pérît ce jour-là pour mettre fin à ce discors qui depuis vingt ans plongeoit toutes les familles dans le deuil. Fût-ce prudence, fût-ce lâcheté qui porta Montfort à user d'une ruse qui prépara la perte de Charles de Blois ? Ce fut au moins barbarie, puisqu'elle coûta la vie à l'ami fidèle qui voulut bien se dévouer pour lui. Il le couvrit de ses armes et de ses couleurs, et dans ce déguisement, le lança au milieu de la bataille. Charles de Blois trompé fond sur lui, lui fend la tête d'un coup de hache, et s'écrie victoire ! Bretagne ! Bretagne ! Montfort est mort ! Tout-à-coup Montfort se montre, et Charles interdit recule. Alors la mêlée devint affreuse, et Blois pressé de toutes parts, poursuivi, combattu, accablé par le nombre, est frappé, tombe et meurt au milieu des cadavres dont la terre étoit jonchée. Les uns disent que Montfort s'attendrit à sa vue : d'autres prétendent qu'il tomba vivant entre ses mains, et qu'il eut la scélératesse de lui faire trancher la tête. Lequel croire ? Mais de quoi n'étoient pas capables les grands seigneurs ?

Ainsi se termina cette guerre qui dura plus de trente ans, et épuisa la *Bretagne* d'hommes et d'argent ; et que gagnoit le peuple à de si grands sacrifices ? un maitre.

Cette petite ville d'Auray, dont cette bataille a

rendu le nom fameux, est assez jolie. C'est ainsi que jadis en écrivant l'histoire on eût parlé d'Auray. Périsse à jamais cette odieuse célébrité, cette exécrable manière d'attacher, pour ainsi dire, les exploits des tyrans sur une ville. La véritable célébrité d'Auray, c'est l'activité de ses habitans. Mais jamais écrivain s'est-il avisé de parler dans l'histoire des travaux du peuple? Parcourez les fastes, les annales, les chroniques, les voyages, les géographies même. Vous saurez dans le plus long détail quel monstre régna dans telle ville, combien on lui tua de *sujets*, combien il en tua aux autres; combien de palais, combien d'églises, combien de moines. Ces hommes savans ne vous feront pas grace d'un présidial, d'une sénéchaussée, ni certainement des chiens de monseigneur. Mais du peuple, mais des vertus et de l'industrie du peuple, pas un mot. Que dis-je? je m'abuse. Oh! oui, ils parleront d'un homme du peuple, ils citeront l'échafaud d'un d'Arteveld, par exemple, parce que l'amour de la liberté l'avoit inspiré. Si l'histoire est écrite vingt fois, vingt fois ils l'égorgeront pour plaire aux tyrans du jour. Deux choses sont à remarquer, c'est que si les écrivains sacrés et profanes, ainsi que la sottise les distingua longtems, comme si quelque chose étoit sacré autre que la vertu, et profane autre que le vice; si ces écrivains, dis-je, avoient pu laisser chacun dans leurs écrits la lacune d'un siècle, ceux-là n'eussent jamais parlé de Jésus-Christ, et ceux-ci de Guillaume Tell. Mais le roi le plus inconnu, le plus despote, le plus obscur, en est-il un seul qu'ils n'aient tiré de la poussière des âges ? Il leur seroit impossible d'indiquer le sol même que telle ou telle nation occupa dans l'antiquité, et cependant ils sauront le nom de ses rois, ils vous en feront impitoyablement parcourir la dynastie menteuse, et au bout de quatre mille ans, ils enfanteront des tyrans, pour flétrir des nations qui peut-être n'ont jamais existé, ou n'eurent jamais de maîtres. Il est bien beau ce discours de Bossuet sur l'histoire universelle. Pourquoi pas ? Le chapitre du tigre, dans Buffon, n'est-il pas superbe ? Est-il étonnant que sous l'ancien régime cet éloquent morceau d'un évêque ait trouvé tant d'admirateurs ? Promenez un jouaillier au milieu de cadavres infects couverts d'or et de pierreries, il trouvera ce spectacle fort beau.

Auray n'a qu'une rue, ou, pour mieux dire même, qu'un quai sur le confluent de deux petites rivières qui se jettent deux lieues plus bas dans le Morbihan, espèce de golfe ou bras de mer, qui s'enfonce dans les terres, et qui a donné son nom à ce département. Il y a peu d'habitans, mais ils sont pleins d'industrie, et après l'Orient, c'est la commune où se fait le commerce le pl s étendu. C'étoit sur-tout en grains qu'ils trafiquoient avec l'Espagne, et sur les côtes de Gascogne, et en miel et en sardines avec le reste de l'Europe.

Ces cantons fourmilloient d'usages ridicules que la féodalité avoit introduits. On peut mettre de ce nombre un certain jeu nommé *saoule*, dont les seigneurs se donnoient le spectacle. Il sembloit que ce n'avoit pas été assez pour ces hommes de conduire le peuple à la mort comme de vils troupeaux, en le forçant à se battre pour eux; il falloit encore que pendant la paix ils l'avilissent en le faisant servir à leurs plaisirs, et qu'ils corrompissent sa candeur en attachant un méprisable intérêt à l'honneur de se montrer le plus adroit dans ces sortes de joutes inventées pour le passe-tems de ces pygmées de tyrans : car en tyrannie il y a des Lapons comme il y a des Patagons.

La *soule* étoit un jeu bisarre et sans aucune moralité. Les *seigneurs* de paroisse faisoient lancer au hasard un ballon assez fortement huilé par dehors, pour que l'on eût de la peine à le saisir. Les efforts que chacun faisoit pour empoigner cette boule glissante, étoient une récréative délicieuse pour les *seigneurs* et leur *cour*. Ce jeu se jouoit de village à village. La grande adresse étoit de parvenir à le faire passer d'un territoire à un autre, et celui-là qui y parvenoit gagnoit le prix.

Il semble qu'il en soit de certains pays comme de certains hommes. On seroit quelquefois tenté de dire, tel canton n'est pas *né* heureux. Peu de contrées dans les Gaules ont été plus tourmentées par les guerres, et plus victimes des fléaux de la nature, que la ci-devant Bretagne. Mais est-il bien certain qu'il y ait des fléaux dans la nature, et que ces calamités ne soient pas toujours la faute de l'homme ? Si quelque désastre n'a pas pour principe quelque grand accident du globe, je ne vois pas trop la raison d'accuser la nature. Sera-ce d'elle, par exemple, dont on devra se plaindre dans une famine ? En y regardant de bien près, en remontant à l'origine du mal, on le trouveroit peut-être ou dans la paresse, ou dans la méchanceté de quelques individus.

En 1161, la *Bretagne* fut en proie à l'une des plus étonnantes disettes dont l'histoire fasse mention. Les habitans se virent réduits à manger la terre même épuisée de l'herbe dont leur faim l'avoit dépouillée. On avoit fait long-tems du pain avec les semences ou les graines les plus dédaignées jusqu'alors. Le septier d'avoine se vendit jusqu'à cinquante sols, somme prodigieuse pour un tems où le marc d'argent ne valoit que treize sols quatre deniers. De cette extrême pénurie de denrées on passa aux plus épouvantables excès ; on osa chercher l'aliment d'une vie déplorable jusques dans les tombeaux, et la faim étouffant tous les sentimens de l'humanité, des pères assouvirent leur faim barbare avec la chair de leurs propres enfans.

Cependant les divisions d'Eudon, comte de Bretagne, et de Henri d'Angleterre, avoient insensiblement amené ce fléau dans ces climats, et de nos jours, nous venons de voir le peuple des campagnes tenté de repousser la liberté, cette source de son bonheur, pour embrasser le parti de monstres semblables à ce Henri et à cet Eudon, prendre pour prétexte de son mécontentement quelques privations bien légères, en comparaison de celle de 1161, et ne pas se douter que la disette qu'il éprouvoit étoit l'ouvrage des auteurs même de son aveuglement momentané. Ces murmures étoient l'ouvrage des prêtres qui stimu-

Josselin

loient des souvenirs pour les tyrans, parce que le trône est le paratonnerre du sacerdoce, comme la famine du douzième siècle fut l'ouvrage du *fameux* Saint - Thomas de Cantorbery, qui conseilla à Henri d'Angleterre d'affamer le peuple Breton pour réduire plus sûrement leur *comte* Eudon. Aussi pour empêcher que ce peuple ne s'apperçût de la scélétatesse de ce célèbre et fougueux archevêque, eut-on le soin de mettre ce fléau sur le compte de la Divinité. Les histoires du tems fourmillent des présages funestes qui manifestèrent la colère céleste ; ce ne sont que grêles de feu, ruisseaux de sang, astres éclipsés, morts échappés du cercueil, et tous les autres mensonges dont l'église effrayoit la multitude, pour l'empêcher d'être effrayée des crimes que l'on commettoit pour l'opprimer.

Si les plaines de Josselin que nous venons de parcourir pouvoient parler, elles attesteroient encore les forfaits dont ce Henri souilla sa vie. Ce fut là qu'ayant reçu en ôtage la fille de cet Eudon pour le garantir de la foi que son pere venoit de lui jurer en signant le traité de la paix, ce roi féroce eut la barbarie de la violer en présence de sa cour, et que, prévenant la furie des *Bretons* qui avoient juré de venger dans son sang cet horrible outrage fait à l'hospitalité comme au droit des gens, il mit tout à feu et à sang dans le pays de Porhoet, en égorgea tous les habitans, vint mettre le siège devant Josselin, Vannes et Auray, et livra les villes aux flammes pour les punir de l'indignation que le récit de son attentat leur avoit fait éprouver. Ce ne fut jamais le crime que les tyrans aimèrent à punir, ce furent les vertus.

Ecraser les foibles et dépouiller les grands, telle fut la commune politique des *comtes* ou *ducs* de Bretagne. L'aristocratie romaine ne vouloit point de rois dans le monde, parce qu'elle avoit besoin que la corruption de ses citoyens fût au-dessus des trônes. Le despotisme *Breton* ne vouloit point de grands puissans par leurs trésors, parce qu'il avoit besoin que la corruption des petits fût au-dessus des richesses des grands. Le maréchal de Laval de Rais fit la fatale épreuve de cette politique de la cour de Bretagne. Cet homme, bien plus fou qu'il ne fut criminel, avoit la manie de croire que la pierre philosophale étoit au nombre des choses possibles. Prodigue jusqu'à l'excès, amoureux de tous les genres de dépenses que le faste peut inventer, ayant toutes les portes de son cœur ouvertes aux intrigans qui flattoient son espoir de combler ses trésors par des moyens surnaturels, il vit bientôt s'écouler ceux que ses pères lui avoient transmis. Dans ces siècles d'ignorance où la ridicule pompe du tabernacle étoit le culte privilégié, où l'homme couvert des rubis et des saphirs que l'opulente crédulité amonceloit dans la sacristie, s'approprioit l'adoration que la superstition croyoit adresser à l'Être suprême, en se prosternant devant une mitre d'or ou une chape de brocard; de Rais crut ajouter à son éclat en s'entourant de la pompe orgueilleuse de l'Aube. Il préparoit une procession, il dessinoit le plan d'une messe, comme un autre ordonne un bal ou médite un spectacle. Si les *seigneurs* de son tems entretenoient des hommes d'armes, lui avoit à sa solde trente chanoines et autant de chantres; et si au sortir d'une orgie, le délassement d'un vêpre ou d'un salut devoit poignant, il faisoit un signal, et, par une magie d'une volupté nouvelle, la salle du festin se convertissoit en cathédrale. Tant que ses trésors durèrent, il fut un homme tout céleste pour les prêtres. On l'invoquoit avec plus de ferveur que tous les saints. Un homme qui faisoit nager dans les délices soixante prêtres, étoit l'homme de Dieu. Quand ses trésors furent épuisés, il fut obligé de vendre ses terres, et alors il devint pour le *duc* de Bretagne le plus aimable des courtisans, parce qu'il lui achetoit ses biens à vil prix. Mais il n'est point de gloire durable; de Rais survécut à sa canonisation prématurée et à sa faveur passagère, et, ce qui fut cent fois plus désastreux pour lui, à son immense fortune. Ce fut alors que son enthousiasme pour l'alchimie se fit sentir plus vivement que jamais. Des intrigans, ducs et prêtres, l'avoient ruiné, des charlatans achevèrent de l'abîmer. Des deux bouts de l'Europe accoururent tous les sorciers, tous les adeptes fameux. Ainsi de nos jours nous avons vu Brunoi fondre dans des reposoirs et des *saints sacremens* les richesses que ses pères avoient amoncelées en se proxénetant auprès du *monarque*; ainsi nous avons vu Cagliostro engloutir les diamans du collier volé par Antoinette, et revolé par Rohan. Il fût auprès du maréchal de Rais un certain François Prelati de Florence qui lui ravit la dernière somme d'argent qui lui restoit, en lui persuadant que le diable qui lui étoit apparu sous la figure d'un léopard, lui avoit commandé d'aller chercher au loin certaine herbe qui lui manquoit pour achever sa poudre de projection. De Rais n'avoit eu que des courtisans, il ne lui resta point d'amis dans son infortune. Il resta seul avec les crimes qu'on lui supposa pour le perdre; la liste en fut énorme comme l'intitulé étoit atroce. On l'accusa de magie, de sorcellerie, de commerce avec le diable, d'avoir égorgé des enfans, de s'être désaltéré dans leur sang, d'avoir abusé de leur innocence, enfin on l'accusa de tous les crimes impossibles pour ne pas l'accuser du seul véritable aux yeux de ses délateurs, le crime de n'avoir plus d'argent à leur prodiguer. Le *duc* de Bretagne usurpateur de tous ses biens, et les prêtres gorgés de ses richesses furent ses accusateurs; il ne lui manquoit que d'être jugé par l'inquisition, et il le fut. Il est au moins une époque dans la vie où la majesté de l'homme perce. Le maréchal de Rais, à l'instant de son supplice, reprit toute sa dignité, il reprocha à ses juges leur bassesse et leur avidité, et marcha au supplice, non en coupable, mais en héros. Il sentoit que la mort alloit le délivrer de ses oppresseurs, et sa fermeté étoit le pressentiment de sa liberté. Il est bien peu d'hommes en qui la voix de cette liberté ne se décèle au sein même de l'esclavage. C'est ainsi que Brunoi dont nous parlions tout à l'heure, fuyant à Brest les lettres de cachet que sa femme et ses beaux-frères achetoient cent mille

francs

francs contre lui, du ministre Saint-Florentin, disoit en jouant au piquet avec Hector, major de la marine, mon jeu est bien plus beau que le vôtre, car vous avez quatorze de rois, et le mien est une république.

Une des plus agréables communes de ce département et même de la République, est l'Orient, ville moderne, ville charmante, mais enfantée par l'une des plus grandes plaies de l'ancien régime, les priviléges. La compagnie des Indes étoit un monstre dans l'ordre social. Qu'étoit-ce en effet dans un état industrieux qu'une compagnie dont le droit étoit d'empêcher tous les droits du commerce ? Qui pouvoit se dire : je ferme l'Océan et les trois parties du monde à la quatrième partie ? Qu'étoit-ce dans un état politique qu'un corps à part qui avoit sa marine, ses soldats, ses possessions ? dont les caprices, l'orgueil, la cupidité, et plus souvent peut-être l'incurie et l'ineptie pouvoient entraîner la masse de la patrie dans des guerres désastreuses ; ou qui, dans le cas contraire, s'il n'étoit que partie secondaire dans une guerre nationale, offroit toujours, par sa foiblesse et l'immensité de ses possessions lointaines, une proie certaine et lucrative à l'ennemi. La compagnie des indes, inventée par des financiers avides, astucieux et frippons, tant de fois supprimée et tant de fois rétablie, parce que, dans les deux hypothèses, elle présentoit un grand moyen de brigandage aux ministres financiers, étoit, pour le corps politique, un véritable cautère qui l'épuisoit sans le soulager. La superbe insolence de ces commerçans à priviléges est encore écrite toute entière sur les magasins ou les monumens de l'Orient. On y reconnoît la gigantesque petitesse de la vanité de quelques marchands, qui mettoient bien moins d'importance à enrichir la nation qu'à lutter avec elle de splendeur et de puissance. Ici les palais des directeurs et des subrécargues de la compagnie orientale disputoient de faste contre les palais des rois. Les despotes de l'Asie étoient traités avec mépris par ces marchands impérieux, non par haine pour la tyrannie, mais par ce raffinement de despotisme qui met de la jouissance à tyranniser les tyrans. Un marchand de l'Orient vous traînoit à son char vingt Nababs de l'Inde, et la philosophie apprenoit d'eux combien la pourpre du trône est méprisable quand elle est l'esclave des esclaves de la cupidité. Il n'y avoit point de vertu à l'Orient : il n'y en avoit point sur ses vaisseaux pompeux : il n'y en avoit point dans ses comptoirs asiatiques : il y avoit de l'or, et voilà tout.

Communément les vaisseaux de cette compagnie toujours ruineuse et conséquemment souvent ruinée, arrivoient dans le port de l'Orient, depuis le commencement d'avril jusqu'à la fin de juin et de juillet, vieux style (3), et les ventes commençoient dans le courant de septembre. C'est alors que toutes les richesses depuis le Gange jusqu'au Bengale, depuis Mosambique jusqu'au Japon, s'étaloient dans ce coin de la France. C'étoit alors aussi que tous les facteurs, et, disons-le avec franchise, tous les frippons de l'Europe accouroient à l'Orient depuis le Sund jusqu'aux Orcades, depuis l'Adriatique jusqu'au Tage, les uns pour être dupés, les autres pour duper. Le jour, la compagnie des Indes pressuroit la bourse des marchands, et la nuit, les *chevaliers d'industrie* voloient et l'une et les autres. Les ventes de la compagnie n'ont jamais enrichi que les filoux, et il n'en fut pas une qui n'ait été marquée par un déficit pour la France et par quelques banqueroutes pour l'étranger.

Quoi qu'il en soit, l'Orient est une ville charmante. Toutes les maisons sont d'une architecture agréable et moderne. Les rues sont tirées au cordeau, longues, larges et bien pavées; les places y sont jolies, et les promenades extérieures sont assez agréables, chose bien rare dans la ci-devant Bretagne.

C'est dans les villes modernes que l'on reconnoît aisément que le clergé avoit bu toute honte vers les derniers tems de l'esclavage de la France. Il n'existe pas de villes antiques dans l'état, quelque dépourvues de monumens qu'elles soient, où les églises n'aient un certain air de grandeur et de majesté qui perce à travers le mauvais goût, ou, pour mieux dire, le goût gothique de leur construction. Il n'est pas même nécessaire pour cela que ces églises aient été destinées à être des cathédrales d'évêque : de simples *paroisses*, comme ils les appelloient, avoient encore ce caractère d'architecture imposant. On voit par-là que les prêtres, quoique déjà bien puissans dans les siècles d'absurdité, avoient au moins alors la pudeur de vouloir donner une haute idée du Dieu qu'ils annonçoient par la somptuosité de ses temples, et il n'étoit pas fort étonnant de voir des prêtres ou des chanoines peu riches autour d'une église magnifique; mais dans ces derniers tems ce n'étoit plus cela. Ils sembloient avoir oublié, dans les villes modernes, la pompe des tabernacles. On n'y voyoit qu'une église, et cette église communément étoit une écurie. Ils ne s'embarrassoient plus guères de parler aux yeux du peuple par le faste des édifices religieux; mais aussi il n'en étoit pas de même de la maison du curé ; plus le palais du Dieu perdoit, plus celui du prêtre gagnoit. L'Orient, Brest, Rochefort, Dunkerque, aujourd'hui Dune-libre, et toutes les villes modernes n'avoient qu'une église sale, petite, mesquine, dégoûtante ; fort bien ; mais en revanche elles avoient *un curé* qui jouissoit de vingt, trente et quelquefois quarante mille livres de rente.

Le port de l'Orient est non seulement superbe par sa nature, mais encore se couvre de tout ce que l'art peut imaginer dans ce genre. Ses magasins sont immenses et magnifiques. Les cales pour la construction, commodes et nombreuses. Les plus gros vaisseaux mouillent et se chargent à bord même de ses quais. Sa rade est grande et sûre, et peut contenir les plus fortes escadres. On n'y peut entrer et sortir que par un canal ou goulet fort étroit, entièrement défendu par le canon de la citadelle d'une petite ville appellée jadis le Port-Louis, et maintenant Port-libre. On compte deux lieues de l'Orient à cette citadelle, et un avantage encore de ce port, c'est que trois lieues en mer au-delà de Port-libre, on trouve l'isle de Groaix où les vaisseaux peuvent mouiller en sûreté au moment de leur aterrage, si les vents leur étoient contraires pour entrer.

Quand on ne l'auroit pas su, il eût été facile de deviner que l'Orient avoit été bâti par des tyrans et des esclaves. Les rues ne portoient que des noms de grands ou de financiers. C'étoient les rues de *Faouedic*, de *Bourbon*, d'*Orri*, etc. La liberté a purgé leurs angles de ces miasmes d'adulation qui s'étoient accrochés, en forme de caractères typographiques, contre les murs, et insultoient à l'homme du peuple qui circuloit dans les rues. Les oppresseurs ne pouvant semer l'outrage dans l'air que le peuple respiroit, l'avoient au moins étendu jusqu'aux limites les plus reculées, et avoient dit à ce peuple : tu seras contraint de prononcer encore notre nom pour indiquer la place où gît la masure ou le grenier dont nous arrachons jusqu'à la paille qui sert à te coucher.

Nous avons, avec regret, quitté l'Orient où l'esprit public, l'amour pour la patrie et les vertus républicaines nous ont paru excellentes; mais le desir de connoître les isles semées le long des côtes de l'Ouest, ou, pour mieux dire, de la ci-devant Bretagne, nous a emportés, et nous nous sommes embarqués sur un de ces petits bâtimens qu'on nomme *chasses-marées*, et qui ne sont connus que dans ces parages. Ce sont de simples barques du port de quarante à soixante tonneaux, assez véloces à la marche, mais moins commodes que les tartannes de la

Méditerranée. Elles ne portent point comme elles de voiles latines, mais deux voiles quarrées qui se hissent à deux mâts sans huniers placés non verticalement, mais presque diagonalement, et dont l'inclinaison est de l'arrière du bâtiment, ce qui donne plus de chasse en forçant la proue à une élévation beaucoup plus forte que la poupe. Ces petites barques ne poussent guères leurs traversées plus loin que Bordeaux et rarement Bayonne. Elles s'éloignent beaucoup moins encore du côté de la Manche, et il est rare d'en voir même au Havre. Elles ne servent communément qu'à porter à l'Orient, à Nantes et dans la rivière de Bordeaux, les sardines que l'on pêche en abondance sur ces côtes: elles les reçoivent ou fraîches ou nouvellement salées des bateaux pêcheurs, et vont les distribuer sur le continent, d'où elles rapportent les marchandises ou les denrées nécessaires aux isles de l'Ouest.

C'est dans un de ces frêles bâtimens que nous avons bravé les vagues profondes et menaçantes du plus terrible des élémens, et que nous avons franchi deux rochers célèbres appellés la Teiniouse, et que les fables ont enveloppés de terreur à-peu-près comme le Bec-d'Ambès que l'on prétend si fertile en naufrages. Le fait est que cette Teiniouse n'est autre chose que la pointe de deux rochers ou montagnes dont la base touche au fond des mers, mais assez élevées pour être apperçues de loin, et assez éloignées du canal où passent les vaisseaux entre Belle-Isle et le continent pour être peu dangereuses. Elles ne peuvent l'être que pour les petits bâtimens qui veulent entrer dans le Morbihan, mais qui, par cela même qu'ils voyagent peu la nuit et qu'ils ont à peu de distance des mouillages sûrs, ont peu raison de les redouter. La marine a ses monstres nocturnes, comme chaque veillée de village a ses revenans et ses loups-garoux.

Nous avons abordé à Belle-Isle à un petit port que l'on appelle le Palais, car la petitesse humaine a souvent des mots plus grands que les choses. Ce palais, proprement dit, est un assemblage de bicoques de pêcheurs et de quelques maisons de commerçans en poisson, c'est-à-dire, de ces hommes qui sont venus glainer leur fortune dans un champ où les dangers et les fatigues sont toutes pour l'homme qui n'en profite pas. Une assez mauvaise citadelle défend ce port où ne peuvent pénétrer que des bateaux pêcheurs, et qui s'ouvre entre deux rochers. Le canon de cette citadelle défend la rade où peuvent mouiller, mais à une assez grande distance, parce que la grève est plate, des vaisseaux de tout rang. Cette rade est une de celles que l'on nomme foraines, c'est-à-dire, peu sûres. Elle n'est guères à l'abri que des vents d'ouest, encore incommodent-ils fortement les vaisseaux en passant par-dessus l'isle, en sorte qu'il est rare qu'ils y fassent un long mouillage. Presque tous ceux qui font le retour de l'Amérique, et principalement des Antilles, viennent aterrer sur Belle-Isle, et passent entre elle et le continent pour se rendre à Nantes et à Bordeaux. Ceux qui reviennent de l'Inde, s'élèvent davantage en mer, et passent en dehors.

Belle-Isle nous a paru avoir dix à douze lieues de tour, et deux lieues au plus dans sa largeur. Un arbre y est une chose rare, et à peine y en a-t-il une douzaine protégés par la nature et étrangers à l'art. Outre le Palais, trois mauvais villages, Soson, Locmaria et Bangore, sont les seules habitations de cette isle, où quelques grains se cultivent, mais où la pêche enlève tous les bras à l'agriculture. Le terrein y est aride, le rocher est proche de la surface; et les vents de mer l'inondent de sables.

Le revers de l'isle, c'est-à-dire, la côte opposée au continent, présente en tous temps un aspect aussi terrible qu'imposant, et les habitans sont dans l'usage d'indiquer ce côté par le nom de mer sauvage. En effet, dans l'espace de dix-huit cens lieues peut-être, rien n'arrête les flots qui viennent se briser contre cette côte, et exposée aux vents d'ouest, ceux du Compas qui soulèvent les vagues avec le plus de furie. Il est bien rare que la mer n'y présente en tous tems le spectacle horrible et pompeux des tempêtes. En effet, la côte coupée à pic et d'une élévation prodigieuse, semble avoir semé des immenses débris qui s'en seroient détachés plus d'une demi-lieue de la plage qui la précède. C'est sur ce vaste tapis de rochers qui s'étend au loin, que les flots d'un Océan, errans libres et fiers dans un bassin de quelques milliers de lieues, viennent dérouler leurs énormes volutes, et pressentir la barrière de grais où l'Eternel plaça les limites de leur orgueil. Indignés, ils franchissent avec fracas ces premières entraves à leur fureur. L'onde comprimée, repoussée, ramenée, se pressant, se culbutant sur elle-même, s'élance dans les nues en mille jets divers, où de son front pesant sillonne le sable et semble déraciner le roc immobile qui se blanchit de son écume. A travers les mugissemens et le fracas horrible, simulacre des tempêtes, elle arrive enfin au pied de la côte. C'est là qu'en effet on croit la voir redoubler d'efforts pour engloutir la terre, et que son impuissance sublime atteste l'Eternel en osant le braver.

O contraste atterrant! étonnante fécondité des jeux de la nature! de cette nature qui parle toujours à l'homme de sa foiblesse au moment même où sa grandeur se proclame. Les vaisseaux, ces colosses imposans qu'il créa pour deviner l'énigme du globe, pour aller, si j'ose le dire, épancher la flamme de son génie sur les glaces des deux pôles, ces vaisseaux qui dépensent les forêts pour asservir les ondes, fuient ces rivages dangereux, comme le voyageur fuyoit les rives embrâsées de la Lemnos antique! eh bien! le frêle oiseau, ce jouet animé du caprice des vents, assis et porté sans alarmes sur la cime de ces flots agités, y roule sur les flancs des vagues en furie, et semble la colombe d'Anadiomène qui navige en paix sur l'écume des mers.

La peuplade de ces oiseaux marins est innombrable sur ces bords. Rarement fréquentés par l'homme, rien ne les y trouble. Les creux des rochers en sont remplis, et l'explosion imprévue d'un coup de fusil en fait soudre une foule incalculable dont l'air est soudain obscurci. La main dégradante du tems, de concert avec l'opiniâtre frottement des flots, ont lentement creusé des cavernes infiniment curieuses au pied et le long de cette côte. Lorsque la marée se retire, on peut y descendre facilement. Leurs voûtes irrégulières s'abaissent ou s'élèvent au hasard ; la lumière paroît y suivre leurs contours avec mystère, et l'on diroit que le jour n'y est qu'incognito. Rien n'est aimable comme la fraîcheur qui règne sous ces grottes ; rien de pittoresque comme les échappées de mer que l'on apperçoit à travers leurs ouvertures. Un sable doux et brillant tapisse leurs planchers ; on croit marcher sur l'albâtre pulvérisé. Une sorte de volupté religieuse s'empare des sens alors qu'on y pénètre. Les douces fables voltigent autour de l'imagination ; le pied que l'on pose est lentement suivi par le pied qui lui succède ; une timidité magique suspend jusqu'à votre haleine ; on craint de surprendre la Néréide qui s'y cache.

Mais la scène change. Le moindre son frappe-t-il l'écho qui vous épie ? alors les oiseaux dont vous profanez la retraite s'élèvent, s'envolent avec un bruit affreux. Leurs cris percent les voûtes : leurs ailes froissent en tumulte le grais rabotteux : ils se pressent pour s'enfuir : ils vous entourent, ils vous assiègent, et la terreur qui les poursuit les ramène vingt fois autour de l'importun, et multiplie leurs alarmes à mesure qu'ils redoublent d'efforts pour s'y soustraire. Leur nombre est si prodigieux, leur vol si rapide, ils décrivent autour de vous tant de cercles, tant d'élipses, qu'on est contraint de lutter à son tour pour échapper à leur troupe timide. Tout-à-l'heure c'étoit la grotte enchanteresse où Didon soupiroit près d'Énée : maintenant c'est la caverne voisine des rivages du Styx, où l'inconsolable Orphée se rapproche d'Euridice, en combattant les noires harpies.

Ils cèdent enfin, ils volent, ils s'échappent : et quand on est maître du champ de bataille, rien n'est plus délicieux que de dîner dans ces grottes des bienfaits mêmes que la mer abandonne sur le sable en se retirant. Le poisson que l'on pêche non seulement dans les environs de Belle-Isle, mais le long de la côte de ce département, est excellent. La sardine est une des grandes richesses de cette mer. La pêche en est peu curieuse : elle est même dégoûtante pour ceux qui la suivent pour la première fois. On se sert d'œufs de harengs pour appât, et l'odeur en est insupportable. C'est à deux ou trois lieues de la côte que les bateaux pêcheurs vont chercher les colonnes de ce poisson voyageur, et c'est presque toujours la nuit, à la lueur des flambeaux et par des tems calmes, que cette pêche est heureuse.

Belle-Isle est un nom moderne. Les *Bretons* la nommèrent long-tems *Guedel*. Ils s'en servoient autrefois pour mettre la côte méridionale de la *Bretagne* à couvert des incursions des pirates. Elle resta presque impeuplée pendant nombre de siècles. Des moines crurent qu'elle leur seroit propre ; il est peu d'endroits en Europe qu'ils n'aient jugés dignes d'être usurpés par l'église. Quand ils en furent maîtres, et que, suivant l'usage, les richesses furent venues les y chercher, les pirates leur firent quelques visites. D'un autre côté, ceux que l'on appella long-tems *criminels d'état*, et dont le crime souvent n'étoit que de détester des états criminels, s'y réfugioient. De semblables hôtes amusoient peu les moines. Il falloit donner à ceux ci et se laisser voler par ceux-là, et l'église ne se prêtoit pas plus commodément à l'un qu'à l'autre. Mais comment s'en défendre ? il n'y avoit point d'habitans que l'on pût armer. Le danger contraignit l'avarice monacale à se montrer généreuse. Elle exempta de toute espèce d'impôts ceux qui viendroient s'y établir; mais une des clauses de cette charte de concession fut que les habitans défendroient les moines contre les attaques de leurs ennemis, et quelques familles attirées par cet avantage, vinrent s'y établir.

Ce fut à la hauteur de Belle-Isle que se donna ce combat de mer si honteusement fameux pour cette *marine royale* dont tu te rappelles sans doute, citoyen, que nous t'avons peint les vices dans le département du Finistère. Comme assurément nous ne regarderons pas la rencontre d'Ouessant où Philippe Orléans se montra si lâche, comme un combat naval, on peut dire que la bataille dont il est question ici, et que perdit *Conflans*, fut le dernier adieu que la marine royale fit à la France : et comme la lâcheté des *Beaufremont*, des *Montbazon*, et de tant d'autres capitaines de *haute distinction*, marqua cette journée désastreuse, on peut dire que c'étoit ainsi qu'il appartenoit à cette marine de *qualité* de terminer son insolente et funeste carrière. Il appartenoit de même à la marine de la République de commencer la sienne par des exploits inconnus jusqu'ici sur les plaines de l'Océan, et de débuter dans la guerre, comme au retour de l'été la foudre débute dans les campagnes du ciel. C'est un rapprochement assez singulier à faire que celui de deux évènemens à-peu-près semblables qui marquent ces deux batailles si incohérentes entre elles par l'esprit qui y présidoit. En les rapprochant, on peut juger ce qu'est un peuple quand les fers l'accablent ou quand la liberté l'anime : je veux parler de la perte du *Thésée* et de celle du *Vengeur*. C'est la même situation, voyons si la conduite du peuple est la même. A la bataille de Conflans, le Thésée coula bas. L'étourderie d'un maître d'équipage en fut cause. Un *Kersaint* commandoit ce vaisseau. Il faut être vrai, ce capitaine n'imita point alors la lâcheté de ses semblables, il se battit bien. Kersaint pendant le combat commande que l'on se prépare à virer de bord. Pour que le lecteur puisse entendre l'accident dont je vais parler, il faut lui dire qu'il est deux manières de virer de bord. On vire *vent arrière*, et l'on vire *vent devant*. En virant vent arrière, le vaisseau ne souffre aucun effort ; il décrit seulement une longue courbe, à peu près, si l'on peut comparer un grand effet à un petit, à peu près, dis-je, comme on voit l'homme qui patine sur la glace décrire un demi-cercle pour revenir sur ses pas. Il n'en est pas de même quand on vire vent devant. Le vaisseau fait le pivot sur lui-même, et éprouve alors une compression forte. En présentant le bout au vent, ce vent coëffe avec violence les voiles sur les mâts, et le gouvernail indiquant au vaisseau le côté où il doit céder, il s'abandonne et tourne avec une sorte de rapidité. A peine a-t-il tourné un quart du cercle que les *amures* des voiles sont lâchées, et les bras de l'autre bord *chargés*. Alors le vent entrant avec violence dans les voiles, fait achever le tour du cercle au vaisseau; mais par cela même que la manœuvre est plus rapide et plus sûre, à mesure que le vent charge davantage les voiles, il arrive aussi que le vaisseau se couche infiniment sous le poids de la voile, et ne se relève que quand sa marche se décide.

A présent on va concevoir aisément comme le Thésée se perdit. Kersaint, comme nous le disions tout-à-l'heure, commande que l'on vire *vent devant*. Le maître d'équipage répète le commandement et prépare la manœuvre : mais étourdi par le combat, inquiété par le gros tems qui rendoit la manœuvre plus scabreuse, il oublie que les sabords de la batterie d'en bas sont ouverts. La manœuvre commence, le vaisseau vire. Au commandement d'*adieu-va* (c'est le signal de larguer les amures pour recevoir la force du vent), le vaisseau, suivant le mouvement ordinaire, se couche sur le côté opposé au vent: dans un clin-d'œil la mer entre comme un torrent par tous les sabords d'en bas. C'étoit un vaisseau de 80 pièces de canon; ce sont par conséquent vingt fleuves qui se débordent tout-à-coup dans cette carcasse énorme. C'en est fait, rien ne peut la sauver; elle s'enfonce avec cette pesanteur rapide qui double, s'il est possible encore, la terreur par la majesté même de l'accident. Ce sont des esclaves qui périssent ; entendez-vous les cris de la frayeur? voyez-vous le trouble, le désordre, la crainte de la mort saisir tous ces hommes qui ne combattoient que pour la gloire d'un tyran? remarquez-les s'élancer sur les débris flottans de cette citadelle des mers, les bras élevés, les fronts supplians, invoquer, implorer les secours de leurs ennemis triomphans, et baiser les mains qui les arrachent au cercueil entr'ouvert sous leurs pieds. Ce sont des Français qui vantent, qui bénissent la générosité des Anglais! Ah! Dieux! ce n'est pas ainsi que la liberté parle au cœur de ses enfans. Admirez le *Vengeur* : il s'enfonce; des hommes libres vont quitter le jour. Les vaisseaux qui les ont combattus les entourent; ils leur offrent un asyle; mais des fers sont là; et la mort a la préférence. Le vaisseau se pavoise. Par-tout les couleurs nationales flottent et brillent. C'est l'autel de la liberté qu'ils embellissent, c'est leur tombeau que leurs mains parent. Ils ont appris aux Anglais comme on se bat pour la patrie, ils vont leur apprendre comme on meurt pour elle; mais déjà l'eau gagne, et l'hymne de la liberté fait retentir les airs. O combien de vous, généreux martyrs, pérites en chantant ce vers : *Amour sacré de la patrie!* Mais c'en est fait; le vaisseau s'est englouti, il n'existe plus que leur gloire, et la mer a vu la première apothéose. Qu'importe à présent ce qui se passera sur la scène du monde? Vents, entr'ouvres les abimes des mers! dernière heure de l'univers, sonnes! leurs noms sont à l'abri des naufrages; ils sont encore à l'abri de la chûte du globe, car tout périt, excepté ceux qui périssent pour la patrie.

NOTES.

(1) Ce Benoît XIII est ce fameux cardinal de Lune, qui fut tour à tour écolier et professeur en droit, soldat, puis prêtre, puis cardinal, puis légat en Espagne, puis pape, ou anti-pape, comme ses antagonistes les papes de son tems l'appellerent; car ils étoient plusieurs. Ce Saint-Vincent-Ferrier fut son confesseur, et ne l'empêcha pas d'être le plus méchant homme de son siècle. Le schisme, dont il fut en partie cause, dura plus de cinquante ans, et l'on vit le sang inonder l'Europe, parce que trois scélérats prétendoient gouverner le monde en camail et en rochet. Charles VI, plus fou que lui, le fit enfermer à Avignon, et Benoît, moins imbécille que le *monarque*, trouva le secret de s'échapper. C'est à cet homme que l'on dut la fête de la Sainte-Trinité. Que l'on juge par-là combien les fêtes du catholicisme avoient une origine pure et sage. Deux conciles l'anathématisèrent, et à son tour il e communia les conciles; chacun de son côté ne s'en porta pas plus mal. On faisoit aussi des calembours de son tems; le grave Gerson disoit qu'il n'y avoit que l'éclipse de cette Lune qui pût donner la paix à l'église. Il vécut jusqu'à 90 ans, et dans l'abandon où se trouvoit sa vieillesse, il ne conserva de sa grandeur orageuse que le plaisir d'excommunier le monde. Cela prouve combien il y a de bénéfice pour la vertu, à avoir un saint pour directeur.

(2) Cet Olivier de Clisson mourut au château de Josselin. Nous en parlons quelquefois avec plaisir, parce qu'il est du petit nombre de gens de son espèce qui ait su résister au plaisir si flatteur pour les grands, de commettre un crime. Il étoit tuteur des enfans de Jean V, *duc* de Bretagne. La *duchesse* de Penthièvre, sa fille, voulut lui persuader de les assassiner pour donner la *couronne* à Jean de Blois, son époux. Il rejetta ce projet avec horreur, mais comme il faut que la grandeur perce toujours un peu, il eut la foiblesse de le lui pardonner.

(3) Vieux style. C'est la première fois que nous employons cette expression. Notre ouvrage a vu finir l'ère esclave et commencer l'ère républicaine, et nous le confions à la protection des siècles de gloire qui s'ouvrent pour la France.

www.ingramcontent.com/pod-product-compliance
Lightning Source LLC
Chambersburg PA
CBHW050420240426
43661CB00055B/2220